建成后的涔天河水库大坝

大坝上游

水库大坝坝顶

水库初期蓄水

大坝上游面板

右岸洞群进口

大坝下游护坡施工场景

泄洪洞泄洪

涔天河水电站外景

涔天河水电站厂房内景

雾江滑坡体

水口镇移民安置点

前　　言

涔天河水库扩建工程是湖南省"十二五"水利"一号工程"，被国务院列为全国172个重大节水工程之一。工程竣工后，不仅为基本解决江华、江永、道县、宁远四县潇水两岸的农田灌溉和人畜饮水问题提供水源，还能提高下游沿河城镇的防洪标准，缓解当地电力供需矛盾，并在湘江枯水期向下游河道补水，改善库区航运条件，是一处具有灌溉、防洪、下游补水和发电，兼顾航运等综合利用的大型水利工程。

在涔天河水库扩建工程建设过程中，存在如下关键技术问题：①位于扩建工程库首右岸的雾江滑坡体体积量大，距大坝和泄水建筑物近，需要制定安全、经济、有效的治理措施。②坝址区河谷为北西向 V 形峡谷，两岸地形陡峻，坡度40°～70°，左右岸均无低矮垭口，泄水建筑物布置和体型需要优选。③堆石坝工程领域至今仍存在"高坝变形计算偏小，低坝变形计算偏大"的问题，如何准确计算获得涔天河面板堆石坝的变形性态仍需深入研究。④结合涔天河水库扩建工程的特点，如何研究推广筑坝新技术、新工艺、新材料和新设备。为了解决上述关键技术问题，自1991年以来，设计单位协同科研、业主和施工单位开展了系列科技攻关。此外，在涔天河水库扩建工程建设期间，参建各方基于创新理念，开展了系列筑坝新技术、新工艺、新材料和新设备的应用，为保证涔天河水库扩建工程施工质量提供了有力的支撑。2021年12月23日，涔天河水库扩建工程通过了竣工验收。为此，对上述研究成果进行总结提炼撰写了本书。

本书共13章。第1章～第5章为雾江滑坡体优化治理，系统介绍了水库扩建前滑坡体监测资料分析、基于刚体极限平衡法的雾江滑坡体稳定性分析、基于非线性有限元法的雾江滑坡体变形分析、雾江滑坡体滑坡涌浪高度的估算以及危害程度的预测、综合多方面因素的治理方案优化，以及水库扩建后的滑坡体监测资料分析；第6章～第9章为泄洪洞消能防蚀，系统介绍了泄洪洞布置方案比选与选型、泄洪洞减压模型试验研究、掺气减蚀技术研究，以及泄洪洞泄流数值反馈与掺气坎布置优化；第10章～第13章为面板堆石坝反馈分析及筑坝新技术，分别介绍了面板堆石坝设计与施工、面板堆石坝应力变形反馈分析、大坝堆石料现场碾压施工参数与室内力学参数关系分析，以及筑坝新技术、新工艺、新材料和新设备在涔天河水库扩建工程中的应用。

本书由詹双桥、郑洪、黄耀英、彭映凡总体策划并统稿。参与撰写的人员还有湖南省水利水电勘测设计规划研究总院有限公司 杨志明 、王强翔、刘智杰、申幸志、周自力、谢育健、廖燕华、孟凡威、李帅、丁辉、李球、幸添、李润杰、罗果等；三峡大学赵新瑞、袁斌、万智勇、张耀、庄维、王廷、李泽鹏、徐世媚、余正源、何一洋、邵成羽、练迪、高俊、陈勋辉等；湖南涔天河工程建设投资有限责任公司王振华、王显峰等；中国水利水电科学研究院王玉杰、姜龙等；长江科学院姜伯乐；武汉大学徐青；水利部水利水电规划设计总院吴剑疆；中科院武汉岩土力学所孙冠华、李春光。

　　本书参考相关设计科研成果和文献资料，并得到了多家单位和多位专家的大力支持。谨以此书献给所有参与和关心涔天河水库扩建工程研究、论证和建设的单位、专家、学者，并向他们表示崇高的敬意与衷心的感谢！

　　限于水平，书中难免存在不当之处，敬请广大读者批评指正。

作者

2022 年 12 月

目　　录

到议事日程，2008 年湖南省人民政府再次向国家发展和改革委员会申报；2010 年 8 月，国家发展和改革委员会批复立项；2012 年 6 月，国家发展和改革委员会批复《涔天河水库扩建工程可行性研究报告》（以下简称"可研报告"）；2013 年 9 月，水利部批复《涔天河水库扩建工程初步设计报告》。

自 1991 年以来，结合涔天河水库扩建工程关键技术问题，相关人员开展了一系列科技攻关。针对雾江滑坡体优化治理问题，分别对雾江滑坡体稳定性分析、变形性态计算、失稳影响评价、方案优选等进行了系列研究；针对泄洪建筑物泄洪消能防蚀问题，分别对泄洪洞方案比选与选型、单体模型试验、泄洪洞防空蚀措施、泄洪数值反馈等进行了大量室内试验和数值计算；针对面板堆石坝应变变形问题，采用非线性有限元法对涔天河面板堆石坝的静动力特性进行了系列研究。此外，在涔天河水库扩建工程建设期间，参建各方基于创新理念，开展了系列筑坝新技术、新工艺、新材料和新设备的应用，为保证涔天河水库扩建工程施工质量提供了有力的支撑。2021 年 12 月 23 日，涔天河水库扩建工程通过了竣工验收。

1.3 研　究　成　果

1.3.1 雾江滑坡体研究成果

（1）基于雾江滑坡体实测资料，采用参数解耦和智能优化算法，反演获得了雾江滑坡体全套强度参数、变形参数和时变参数，为深入认识雾江滑坡体的真实性态奠定了基础，也为类似散粒堆积滑坡体的研究提供参考。

（2）综合雾江滑坡体变形监测资料、历次研究成果、地勘和试验资料、科研单位对雾江滑坡体现状反演、滑移模式分析、滑坡体稳定性及滑后影响分析，以及加固处理难度分析，创造性提出了雾江滑坡体分期实施治理措施：即一期考虑适当降低抗滑稳定安全系数标准，按接近 2 级边坡标准控制，加强边坡稳定监测，一旦发现边坡变形有加大趋势，立即实施二期处理——削坡减载及边坡防护。该方案一期措施无削坡，在运行期若边坡一直处于稳定状态，则可避免对滑坡体表面的扰动，极大地减小对环境的影响程度。

（3）首次采用 FLOW-3D 软件研究了雾江滑坡体滑坡涌浪时空分布特性，弥补了基于潘家铮法和水科院法仅能计算获得状态量，不能计算获得过程量的缺点。

（4）综合应用二维刚体极限平衡法、三维刚体极限平衡法、二维非线性有限元法、三维非线性有限元法、DDA 法、可靠度法等多种研究方法，深入细致地研究了雾江滑坡体滑移特征、滑移模式、变形性态等，为类似散粒堆积滑坡体的研究提供借鉴。

1.3.2 泄洪洞研究成果

（1）针对涔天河水库扩建工程泄水建筑物的设计是一个复杂多因素问题，根据水库扩建工程坝型及枢纽布置特点，充分考虑两岸地形、经济指标、泄洪规模和安全等因素，通过系列试验研究和理论分析，优化确定了两条泄洪洞洞身布置：1# 泄洪洞采用"龙落尾"布置形式，在"龙落尾"首部设置一道掺气坎，2# 泄洪洞采用"龙抬头"布置形式，在

"龙抬头"末端设置一道掺气坎。为类似狭窄河谷设计土石坝工程泄水建筑物提供了有力参考。

（2）通过系列试验研究和理论分析，提出了与"龙抬头"和"龙落尾"两种布置形式泄洪洞相适应的掺气体型，即"龙抬头"泄洪洞通过反弧半径调整形成掺气跌坎，"龙落尾"泄洪洞在缓坡段末端设置翼型挑坎，为类似泄洪洞工程提供了有力借鉴。

（3）通过系列流体力学数值反馈分析，优化了"龙落尾"布置形式泄洪洞的掺气体型和斜坡坡度，为"龙落尾"掺气体型的设计提供了理论支撑。

1.3.3　面板堆石坝研究成果

（1）基于堆石坝实测资料，采用数值计算-正交设计-神经网络相结合的方法，反演获得了涔天河面板堆石坝全套非线性参数和流变参数，为深入认识涔天河面板堆石坝的真实性态奠定了基础，也为类似百米级面板堆石坝的研究提供了参考。

（2）采用 Prandtl-Reuss 流动法则，导出了 3 参数指数流变模型下的三维流变速率计算式，由推导的三维流变速率计算公式导出了常规三轴试验时轴向应变、体积应变和广义剪切应变的合理关系式，与此同时，基于关联流动法则，假设塑性势函数为 Mises 屈服函数，采用 Prandtl-Reuss 流动法则推导了湿化剪切应变分量。严谨和完善了堆石坝流变和湿化计算，为精确计算获得高面板堆石坝应力变形提供有力的指导。

（3）建立了碾压试验分析模型、室内物理力学参数试验分析模型，以及碾压试验和室内物理力学参数试验之间的关系模型，首次提出了基于堆石料室内力学参数优选碾压施工参数及基于堆石体碾压参数优化室内力学参数的方法，搭建了以现场碾压试验控制堆石坝施工质量和以数值计算控制堆石坝变形之间的桥梁。

1.3.4　筑坝新技术和新工艺成果

（1）首次将三维激光扫描技术成功应用于涔天河水库扩建工程堆石体挤压边墙时空位移场监测，成功应用了挤压边墙、挤压边墙表面喷涂沥青和反向排水系统组合技术，确保了施工期的涔天河堆石体经历 2015 年"5·20"洪水、"11·11"罕见冬汛顺利度汛。

（2）在湖南省率先应用了混凝土格式新型护坡工艺，引进了大坝填筑联系压实控制系统和压力钢管专用自动化组圆焊接技术，提出了大直径岔管水压试验检测方法和叠梁门式分层取水技术，确保了涔天河水库扩建工程的顺利建设。

1.4　主要建筑物运行状态

2016 年 12 月 30 日导流洞下闸蓄水，2017 年 10 月 30 日大坝工程完工，2018 年 8 月 31 日通过正常蓄水位验收，2017 年 9 月 23 日首台机组投产，2018 年 6 月 9 日四台机组全部投产。2021 年 12 月 23 日通过竣工验收。雾江滑坡体、泄洪洞、大坝和引水发电洞全部接受正常运行考验。截至 2022 年，监测和检查资料综合分析表明，雾江滑坡体、泄洪洞、大坝和引水发电洞各项性态指标均在设计控制范围内，涔天河水库扩建工程工作状态安全、良好。

1.4.1　面板堆石坝运行状态

1. 堆石坝变形

（1）坝体沉降主要发生在施工期，在填筑和浇筑一期面板时段内，沉降变化速率较大，其变化量约占总变形量的 95%；2016 年 2 月垂直位移累计达 1049.20mm，位于河床部位堆石体区内，其变化符合一般堆石坝变形规律。后期测得最大沉降增量不大，蓄水前后及库水位上升过程中，沉降变化平缓，库水位上升对沉降增加没有明显影响。

（2）坝体各部位水平位移很小，在 −1.0～4.0mm，变化也很平稳，表明坝体同一高程各部位之间无较大的相对位移。

2. 面板应力变形

（1）面板与挤压边墙之间存在相对变形，但最大值小于 3mm，面板与挤压边墙接触基本良好。

（2）面板压性缝面开度测值小（或处于闭合状态），张性缝面开度测值大（或处于张开状态）；高程较高的张性缝面开度周期变化，受温度变化影响明显，呈拉压交替状态，变幅大；实测张性缝面开度最大为 6.19mm；变幅 6.57mm；压性缝面变幅小，部分缝面基本处于闭合状态。

（3）面板和趾板间的缝面开度除 J33−1 测得 35.06mm 外，一般在 10mm 以下；其他两向（切向和沉降）变化幅度较小，最大测值为 8mm。近年来周边缝开度变化较小，趋于稳定。

3. 大坝渗流

（1）坝基渗压水位总体从上游至下游逐渐降低，渗压变化过程和分布正常，符合一般规律，渗透稳定性好。

（2）右岸绕坝渗流水位与库水位变化关联度大于左岸，2020 年 2 月前变幅 48.49m，后段变幅 17.97m。其变化主要受在引水隧洞内采取相应的工程措施所致。

（3）已有的渗流量监测资料表明，大坝渗流量较小，渗流量最大值约为 0.2L/s。其变化主要与降水量有关，库水位对渗流量的影响不明显。

1.4.2　雾江滑坡体运行状态

1. 外部变形监测

（1）扩建工程蓄水以来，雾江滑坡体尚未发现表面位移速率明显加大、快速下滑的迹象，其仍处于缓慢的蠕变过程中。

（2）从 4 个剖面各布置的 4 个测点看，A 向（顺坡向 N215°）位移整体表现为滑坡体下部变形大，向上部变形逐渐减小，即靠近河床部位（前缘）变化大，后缘变化小。三个方向的位移速率未见明显变化，B 方向（顺水流向 N305°）除个别测点外，大部分测点呈现往复变化，即左右摆动。

2. 内部变形监测

（1）从测斜孔各测点的位移过程曲线看，由于滑坡体表部为含碎块石黏土的坡积层，上部为碎块石、大块石夹少量黏土的散体结构，呈松散堆积、架空状，中部剪切带为碎石质黏土，下部为碎裂结构似层状岩体，导致滑坡体内存在一定的扰动、蠕动变化，尚未形成滑坡体整体下滑趋势。虽然雾江滑坡体整体上尚未发现明显的变形，但仍处于缓慢的蠕变状态，仍需继续观测。

（2）从 $M_1 \sim M_4$ 多点位移计的监测成果看，4 组多点位移计的变幅在 0.17～2.89mm 之间；4 组多点位移计的测值变化趋势基本一致，测值的变化量均较小，均处于正常的变化范围之内，尚未发现异常。

3. 地下水位监测

自测压管安装以来，各孔地下水位的变幅为 1.13～32.88m，位于高程 321.00m 纵 2-2 的 P2 测压管发生最大变幅（32.88m）；测孔内最高水位发生在 P5 测压管，为 368.07m。各孔地下水位与库水位呈正相关变化。总体来看，各孔地下水位的变化趋势正常，波动较小。但在库水位达到 280.00m 后，P2 测压管地下水位变化几乎与库水位持平，二者的变化趋势基本一致，变化的滞后时间很短，说明 P2 与库水连通性很好，建议加强监测。

1.4.3　泄洪洞和引水发电洞运行状态

由于无原型水力学监测，在泄洪和发电后，分别对泄洪洞进口段、洞身段和出口段以及引水发电洞进口段、洞身钢衬和出口岔管进行了现场检查。经现场检查表明，泄洪洞进口段、洞身段和出口段无明显空蚀现象，掺气减蚀效果良好；发电引水洞进口段、洞身钢衬和出口岔管工作性态良好。2022 年 6 月 22 日经历汛期泄洪后，泄洪洞现场检查如图 1-2 所示。

（a）泄洪洞进水口　　　　　　　　　　（b）发电引水洞进水口

（c）1#泄洪洞出口段

图 1-2（一）　泄洪洞现场检查

（d）2#泄洪洞出口段

图1-2（二）　泄洪洞现场检查

第2章　雾江滑坡体稳定性分析

2.1　概　　述

雾江滑坡位于涔天河水库扩建工程库首右岸的雾江峡谷进口段，下游边缘距涔天河原大坝仅 300 余米，距水库扩建工程坝轴线约 590m，上游边界距涔天河原大坝约 1000m，滑坡总体积为 1327 万 m^3，是典型的古滑坡。水库扩建前滑坡体监测资料分析表明，雾江滑坡处于缓慢的蠕滑变形状态。由于水库扩建后，滑坡体将受到约 60m 库水增量荷载的作用，此时雾江滑坡体的稳定性是工程建设及后期运维中的关键问题。

滑坡体稳定性分析主要采用刚体极限平衡法。根据滑坡体的几何形状和荷载特性，可以区分为二维极限平衡法和三维极限平衡法。当滑坡体稳定性分析方法确定后，强度参数的可靠性直接制约着安全系数计算的准确性。为此，本章首先对水库扩建前滑坡体监测资料进行分析，进而介绍滑坡体稳定性分析方法及相应荷载，重点探讨滑坡体室内试验参数、地质建议参数和反演参数的复核分析，再基于反演参数分别开展滑坡体二维极限平衡法和严格三维极限平衡法分析，最后综合上述分析，判定滑坡体类型，以及对滑坡体进行可靠度评价。

2.2　扩建前滑坡体监测资料分析

2.2.1　扩建前滑坡体监测布置

1998 年 1 月，滑坡地表建立变形观测网，共布设 7 个观测点，编号 D1～D7；2011 年补充增设了 3 个测斜孔，编号 VL1C～VL3C；为了解滑坡体内地下水位的变化情况，在滑坡体的 6 个钻孔，即 ZKh3、ZKh4、ZKh6、ZKh8、ZKh9、ZKh11 处设置地下水位观测孔，具体情况如表 2-1～表 2-3、图 2-1 所示。

表 2-1　　　　　　　　　　　滑坡体变形观测点位置表

点号	X 坐标	Y 坐标	高程/m	备　　注
D1	82435.7605	67376.1509	267.86	②号冲沟右侧滑坡前缘
D2	82354.4120	67443.6214	259.71	②号冲沟左侧突出坡体
D3	82294.1553	67567.2321	257.44	纵 2 剖面库边

续表

点号	X 坐标	Y 坐标	高程/m	备 注
D4	82300.1111	67708.4557	264.88	2# 临时测点 LC2 附近，一级平台
D5	82733.6713	67827.2463	431.45	ZKh3 钻孔平台
D6	82441.7207	67653.0073	323.87	ZKh8 钻孔平台
D7	82569.1317	67711.9245	390.31	二级平台前缘

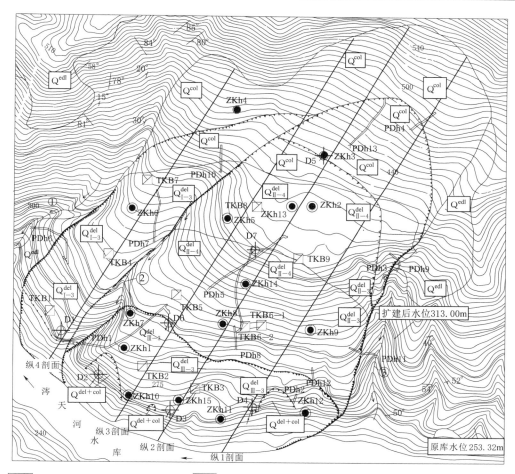

Q^{edl}	残坡积堆积物（碎石、块石黏土）	Q_{I}^{del}	第四系第一期地滑堆积物（含少量壤土的碎块石及变形岩体，下同）
Q_{II}^{del}	第四系第二期地滑堆积物	Q_{III}^{del}	第四系第三期地滑堆积物
$Q^{del+col}$	近期崩滑堆积体	Q^{col}	崩积堆积碎块石

冲沟编号，图中有冲沟分别为①、②、③ 　　滑坡体边界及滑坡体分期界限

●ZKh8 钻孔及其编号 　　TKB9 取样试坑及其编号

PDh2 平硐及其编号 　　D3 表部变形观测点及其编号

40° 岩层产状

（a）滑坡体表面变形监测点与测斜孔的位置图

图 2-1（一） 雾江滑坡体变形监测布置图

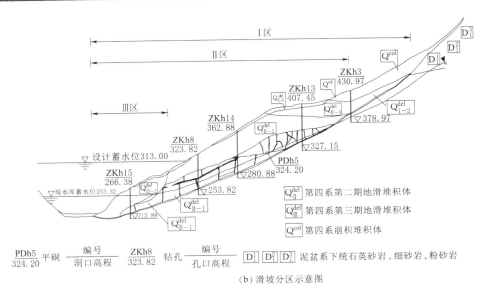

（b）滑坡分区示意图

图 2-1（二）　雾江滑坡体变形监测布置图

表 2-2　　　　　　　　　　滑坡内部测斜观测孔位置表

孔号	X 坐标	Y 坐标	高程/m	备　　注
VL1C	82516.3961	67700.4382	362.88	钻孔 ZKh14
VL2C	82641.5847	67773.8173	407.45	钻孔 ZKh13
VL3C	82311.8077	67580.6550	266.38	钻孔 ZKh15

表 2-3　　　　　　　　　　滑坡内部地下水位观测孔位置

点号	X 坐标	Y 坐标	高程/m	备　　注
ZKh3	82733.9501	67828.0267	430.97	滑体中后部
ZKh4	82817.8788	67677.707	441.29	后缘外围
ZKh6	82630.4301	67505.9962	347.23	下游侧
ZKh8	82441.8501	67656.7193	323.82	滑体中部
ZKh9	82433.0121	67808.0017	330.24	上游侧
ZKh11	82284.9617	67648.4509	253.32	前缘岸边

2.2.2　地表变形监测资料分析

　　建网后，先后对滑坡进行了 8 次观测。第 3 次观测成果异常，已剔除。将各表面变形监测水平点变形量随时间的变化关系曲线如图 2-2～图 2-5 所示。地表变形方向规定：X 方向为顺滑坡体指向河床方向（N215°）为"＋"、反之为"－"；Y 方向垂直于 X 方向顺河流向（N305°）为"＋"、反之为"－"。

　　由图 2-2～图 2-5 可知：

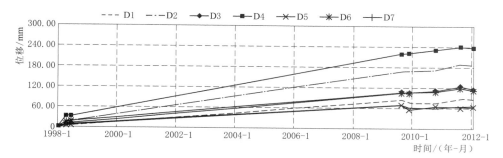

图 2-2　各表面变形监测水平点 X 方向（N215°方向）位移监测结果

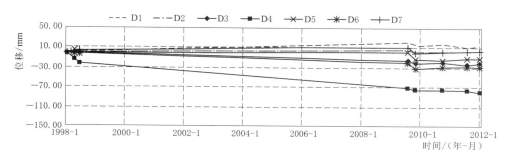

图 2-3　各表面变形监测水平点 Y 方向（N305°方向）位移监测结果

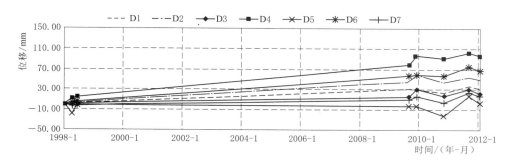

图 2-4　各表面变形监测水平点 Z 方向位移监测结果

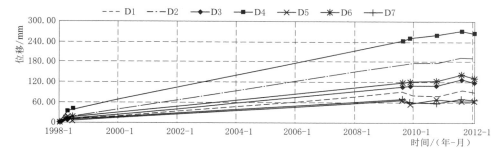

图 2-5　各表面变形监测水平点空间总位移监测结果

（1）滑坡体上前缘至后缘各监测点位移具有由大变小的趋势。从纵向分布看，滑坡变形量自前缘至后缘由大变小，如主剖面 D3、D7、D5 沿主滑方向最大位移分别为123.38mm、69.11mm、68.49mm。从横向分布看，上游段变形最大，下游段变形最小，中部居中，如滑坡前缘，D4、D3、D2、D1 沿主滑方向最大位移分别为 239.75mm、123.38mm、186.68mm、87.54mm。

（2）各监测点的水平向与竖直向累积位移量值不大，变化曲线总体趋于水平，表明滑坡体目前的变形基本趋于稳定状态。根据变形观测成果统计，最大变形分布在滑坡前缘Ⅲ区，观测总位移变形量为 129.13～271.38mm（D2、D3、D4、D6），年均变形量为 9.22～19.38mm，其中前缘局部出现崩滑和拉裂缝的部位（D2、D4 观测点附近）总变形量 194.3～271.4mm，年均变形量达 13.9～19.4mm。Ⅱ区变形量居中，总位移量为 68.97～71.04mm，年均变形量为4.93～5.07mm。Ⅰ区后缘变形量也不大，总变形量 95mm。

（3）滑坡体前缘出现拉裂缝的部位变形量较大。受滑坡裂缝和浅表崩滑体影响，前缘小崩滑体上的 D2 最大位移194.31mm，前缘 LC1、LC2 裂缝附近的 D4 最大位移达 271.38mm。

综上所述，滑坡体目前处于缓慢的变形状态。根据滑坡前缘变形大，后缘变形小，以及出现拉裂缝部位变形量增大的特点，表明目前滑坡变形形式为缓慢蠕滑变形为主，滑坡前缘以浅层拉裂坍滑的可能性大，而滑坡整体快速滑动的可能性较小。

2.2.3　内部变形监测资料分析

2011 年 4 月—2013 年 11 月对滑坡体内部进行变形观测，VL1C～VL3C 孔测斜累积最大位移值关系曲线分别如图 2-6～图 2-8 所示。内部变形方向规定：A 向表示指向滑坡体的滑动方向（N215°），B 向表示顺河流指向上游方向（N125°）。

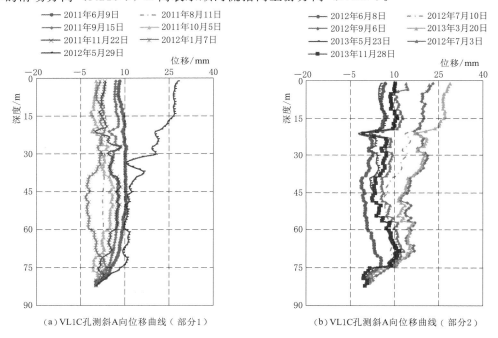

（a）VL1C孔测斜A向位移曲线（部分1）　　（b）VL1C孔测斜A向位移曲线（部分2）

图 2-6（一）　VL1C 孔测斜累积最大位移值关系曲线

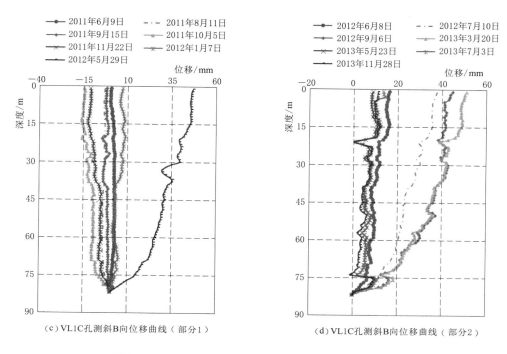

图 2-6（二） VL1C 孔测斜累积最大位移值关系曲线

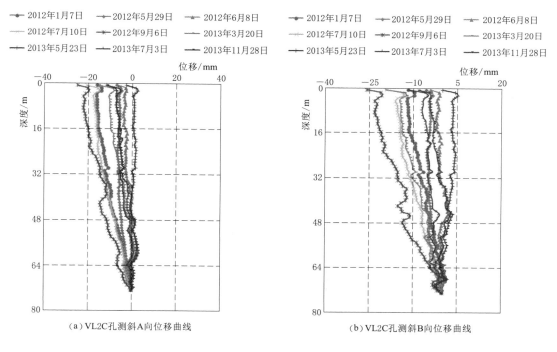

图 2-7 VL2C 孔测斜累积最大位移值关系曲线

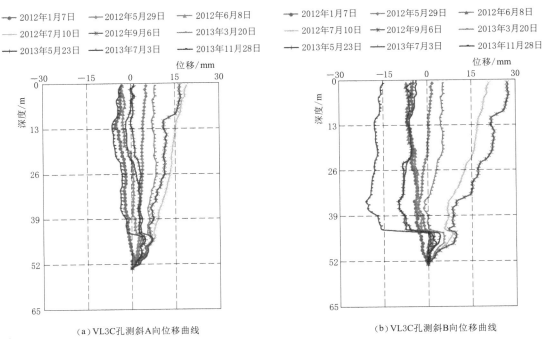

图 2-8 VL3C 孔测斜累积最大位移值关系曲线

由图 2-6～图 2-8 可知：

（1）滑坡体的内部位移监测成果受影响因素较多，数据振幅较大，但总体上看滑坡体处于缓慢的变形过程中，监测到的最大位移量为 32.5mm（VL1C 孔，2012 年 7 月 10 日，深度 1m）。

（2）滑坡体变形总体趋势随着深度的增加变形量减少。

1）滑坡体上部散体结构变形量较大，但总体趋势变化不大，相对比较稳定，随深度变化不明显（VL1C 孔深 0～41m、VL2C 孔深 0～45m、VL3C 孔深 0～34m 为散体结构）。

2）滑坡体下部碎裂结构，变形随深度的加深逐渐减小（VL1C 孔深 41～72.5m、VL2C 孔深 45～63m、VL3C 孔深 34～42m 为碎裂结构），而在滑带位置变形量出现明显的拐点，变形量急剧变小（VL1C 孔深 72.5～74m、VL2C 孔深 63～64.5m、VL3C 孔深 42～43m 为滑带）。

3）基岩段，变形量总体都较小。

综合来看，滑坡变形特征与滑坡体的地层结构十分吻合。

综上所述，深部观测的结果与表层观测结果基本一致，滑坡体目前处于缓慢的蠕滑变形状态，且浅部、中部的变形量远大于深度 40m 以下变形量，这也进一步印证了滑坡体表层崩解与浅、上部滑动的可能性最大，而整体滑动的可能性相对较小。

2.2.4 地下水位监测资料分析

1994 年 9 月—1995 年 11 月，对滑坡区地下水动态规律进行连续观测。地下水位观测结果及相应时段的降水情况如图 2-9～图 2-14 所示。

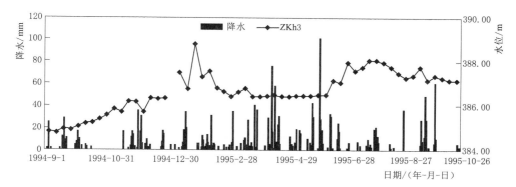

图 2-9 ZKh3 观测孔地下水位与降水量的变化情况曲线

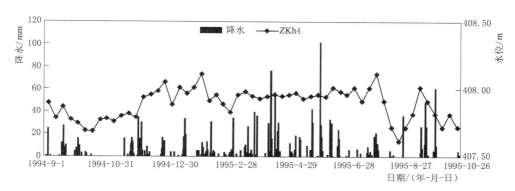

图 2-10 ZKh4 观测孔地下水位与降水量的变化情况曲线

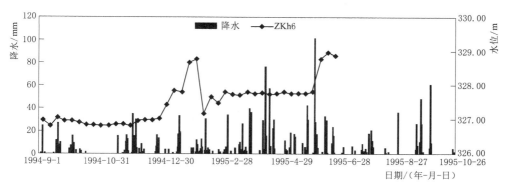

图 2-11 ZKh6 观测孔地下水位与降水量的变化情况曲线

由图 2-9～图 2-14 可知：

（1）根据滑坡体内的地下水位与基岩的位置关系，ZKh3、ZKh4、ZKh9 的地下水位位于底滑带下的基岩内部，而 ZKh6、ZKh8、ZKh11 的地下水位位于底滑带以上的滑坡体内部。

（2）降水与滑坡体内部的地下水位并无明显的相关关系，表明滑坡体地表植被及腐殖土层具有良好的隔水性（地质工程师估计渗透系数 $K = 5.3 \times 10^{-6} \sim 9.5 \times 10^{-6}$ cm/s），而滑体内部结构具有良好的透水性（$K = 1.21 \times 10^{-4} \sim 5.0 \times 10^{-3}$ cm/s），滑带（滑床）为弱透水性（$K = 2.0 \times 10^{-5} \sim 3.0 \times 10^{-5}$ cm/s）。

（3）各钻孔地下水位的变幅情况为：

1）除 ZKh11 处的地下水位主要受老库水位的变化而变化较为显著外，其他部位地下水位变幅较小，其中滑坡后缘外围基岩中地下水年变幅最小，仅 0.7m。

2）滑体两侧变幅较小，为 1.68～2.16m。

3）滑体中部变幅相对较大，为 4.06～4.53m。

（4）地下水等水位线弯曲方向与地形等高线相反，与滑床基岩面等高线一致，地下水位在滑带附近，且多高于滑带。表明滑带物质隔水性较好，而滑坡体松动架空，渗透性好。

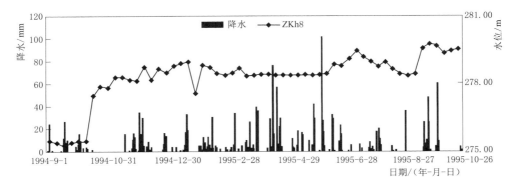

图 2-12　ZKh8 观测孔地下水位与降水量的变化情况曲线

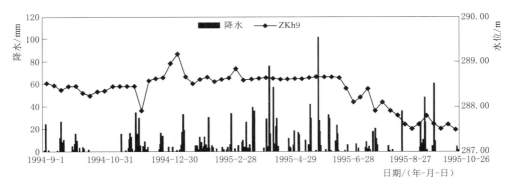

图 2-13　ZKh9 观测孔地下水位与降水量的变化情况曲线

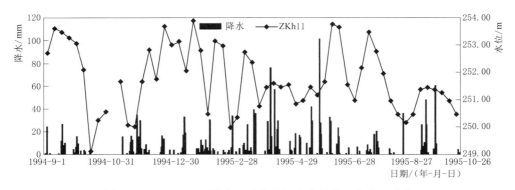

图 2-14　ZKh11 观测孔地下水位与降水量的变化情况曲线

2.3　滑坡体稳定性分析方法

对于经稳定性初步判别有可能失稳的边坡与初步判别难以确定稳定性状的边坡需进行边坡稳定计算。进行稳定分析计算时，应根据边坡的地形地貌、工程地质条件以及工程布置方案等，分区段选择有代表性的剖面。

对于土质边坡和呈碎裂结构、散体结构的岩质边坡，当滑动面呈圆弧形时，宜采用简化毕肖普法和摩根斯坦-普莱斯（Morgenstern-Price，以下简称 M-P 法）法进行抗滑稳定分析；当滑动面呈非圆弧形时，宜采用摩根斯坦-普莱斯法和不平衡推力传递法进行抗滑稳定分析；对于呈块体结构和层状结构的岩质边坡，宜采用萨尔玛法和不平衡推力传递法进行抗滑稳定计算；对于由两组及其以上节理、裂隙等结构面切割形成楔形潜在边坡，宜采用楔体法进行抗滑稳定分析。因此，本书主要介绍滑坡稳定性分析方法中的摩根斯坦-普莱斯法和滑坡体稳定性分析中关键荷载的计算。

2.3.1　M-P 法

边坡稳定性分析方法有工程地质类比法、图解分析法、岩体质量分级法、有限元法和极限平衡分析法等。前两种方法为定性分析；后三种方法为定量-半定量分析法。其中，极限平衡分析法是边坡稳定计算的基本方法。当滑动面呈非圆弧形时，宜采用 M-P 法进行抗滑稳定计算。

M-P 法首先对任意曲线形状的滑裂面进行了分析，导出了满足力的平衡及力矩平衡条件的微分方程式，然后假定两相邻土条法向条间力和切向条间力之间存在对水平方向坐标的函数关系 $f(x)$，根据整个滑动土体的边界条件求出问题的解答。条间力的侧向法线力在简化计算条件时，涉及函数 $f(x)$ 如何选择的问题，可以利用弹性理论的解答加以算出，也可以在直观假设的基础上指定。对于接近圆弧的滑裂面，安全系数对内力分布的反应是很不灵敏的，往往取完全不同的 $f(x)$，得到的安全系数却相当接近。

M-P 法考虑条块之间的相互作用力，对任意形状滑动面上，可能滑动土体中的微分条块列出了满足力与力矩平衡条件的微分方程式，假定条块侧面切向力 X 与法向力 E 之间存在函数关系 $X=\lambda f(x)E$。其中，$f(x)$ 为一个预先给定的条间力函数，λ 为任意选择的一个常数。其整体安全系数 K 为

$$
\begin{cases}
K = \dfrac{\sum\limits_{i=1}^{n-1}\left(R_i \prod\limits_{j=i}^{n-1}\psi_j\right)+R_n}{\sum\limits_{i=1}^{n-1}\left(T_i \prod\limits_{j=i}^{n-1}\psi_j\right)+T_n} \quad (\text{当 } E_0=0, E_n=0 \text{ 时}) & (2-1)\\[4mm]
R_i = \left[W_i\cos\alpha_i - K_c W_i\sin\alpha_i + P_i\cos(\omega_i-\alpha_i)-U_i\right]\tan\phi_i' + C_i b_i\sec\alpha_i & (2-2)\\[2mm]
T_i = W_i\sin\alpha_i + K_c W_i\cos\alpha_i - P_i\sin(\omega_i-\alpha_i) & (2-3)
\end{cases}
$$

$$\begin{cases} \psi_{i-1} = \dfrac{(\sin\alpha_i - \lambda f_{i-1}\cos\alpha_i)\tan\phi_i' + (\cos\alpha_i + \lambda f_{i-1}\sin\alpha_i)K}{\Phi_{i-1}} & (2-4) \\[2mm] \lambda = \dfrac{\sum\limits_{i=1}^{n}\left[b_i(E_i + E_{i-1})\tan\alpha_i + K_c\omega_i h_i - 2P_i\sin\omega_i h_i\right]}{\sum\limits_{i=1}^{n}\left[b_i(f_i E_i + f_{i-1}E_{i-1})\right]} & (当\,M_0 = 0,\,M_n = 0\,时)\quad(2-5) \\[2mm] M_i = E_i z_i & (2-6) \\[1mm] E_i\Phi_i = \psi_{i-1}E_{i-1}\Phi_{i-1} + KT_i - R_i & (2-7) \\[1mm] \Phi_i = (\sin\alpha_i - \lambda f_i\cos\alpha_i)\tan\phi_i' + (\cos\alpha_i + \lambda f_i\sin\alpha_i)K & (2-8) \end{cases}$$

式中　　K_c——水平地震惯性力影响系数；

$\qquad M_i$——第 i 块和第 $i+1$ 条块间的条间力矩；

$\qquad U_i$——第 i 条块底面水压力的合力；

E_i、E_{i-1}——作用于第 i 条块的左右两边条块间的法向力；

R_i、R_n——第 i 条块和第 n 条块底面抗滑力的合力；

T_i、T_n——第 i 条块和第 n 条块底面滑动力的合力；

$\qquad \alpha_i$——第 i 条块底面和水平面的夹角；

$\qquad \omega_i$——第 i 条块外力 P_i 与竖直方向夹角；

$\qquad z_i$——第 i 条块和第 $i+1$ 条块间的条间力 E_i 至条块侧面底的距离；

$\qquad h_i$——第 i 条块高度；

$\qquad \phi_i'$——第 i 滑动条块底面的有效内摩擦角；

Φ_i，Φ_{i-1}——传递系数。

　　式（2-1）左右两边均有安全系数 K，其是一个复杂的隐式表达式，需要迭代求解。当 $\lambda=0$ 时，并假定滑动面为圆柱面及滑动土体为不变形的刚体，即意味着忽略条间切向力和法向力，M-P 法即退化为瑞典条分法。此时，瑞典条分法的整体安全系数表达式为

　　（1）考虑水荷载情况，即

$$K = \frac{\sum\left[C_i l_i + (W_i - u_i b_i)\cos\alpha_i\tan\phi_i\right]}{W_i\sin\alpha_i} \tag{2-9}$$

　　（2）不考虑水荷载情况下，即

$$K = \frac{\sum(C_i l_i + W_i\cos\alpha_i\tan\phi_i)}{W_i\sin\alpha_i} \tag{2-10}$$

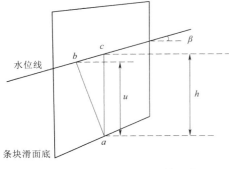

图 2-15　典型条块孔压计算示意图

2.3.2　运行期重度和孔隙水压力

　　依据极限平衡法基本理论和国际边坡计算软件（如 Slide 软件）的说明，水位线以上的计算区域取天然重度，水位线以下取饱和重度。

　　典型条块孔压计算示意图如图 2-15 所示。渗流面为 bc 线与水平面夹角为 β，bc 为一流线过条块底部中点的等势线为 ab，ab 与 bc 垂直。以过 a 点的水平线为基线，由于同一等势线上的总

水头相等，b 点的位置水头为 u，压力水头为 0，a 点的位置水头为 0，所以其压力水头为 u。

故 a 点的孔隙水压力为

$$u = \gamma_w h \cos^2 \beta \qquad (2-11)$$

式中　　γ_w——水的重度；

　　　　h——条块底部中点至浸润线的垂直距离。

2.3.3　地震作用

根据《中国地震动参数区划图》（GB 18306—2001），水库坝址区地震动峰值加速度为 0.05g，地震动反应谱特征周期为 0.35s，相应的地震基本烈度为Ⅵ度。

根据《水工建筑物抗震设计规范》（DL 5073—2000），折减系数取 0.25。根据《水利水电工程边坡设计规范》（SL 386—2007），动态分布系数可取 1.0❶。

2.3.4　暴雨作用

对于暴雨作用，国际边坡计算软件（如 Slide 软件）采用计算孔压的方法（孔压系数法）来近似模拟暴雨作用。孔压系数表示孔隙水压力与静止土压力的比值，其表达式为

$$R_u = u / \gamma h \qquad (2-12)$$

式中　　u——孔隙水压力；

　　　　γ——土体重度；

　　　　h——条块高度。

该方法是岩土工程中应用较早和较为广泛的一种简化计算暴雨作用的方法。陈祖煜等建议暴雨工况孔隙水压力系数一般取值为 0.15。

2.3.5　库水位变化

Slide 软件的 B-bar 法计算超孔隙水压力也可用于卸载的情形。如果某一荷载从一低渗透土层中卸载，将会引起负的超孔隙水压力，即

$$\Delta u = B \Delta \sigma_v \qquad (2-13)$$

式中　　B——土层的整体超孔隙水压力系数；

　　　　$\Delta \sigma_v$——附加应力。

在 Slide 软件里，该超孔隙水压力的变化可以用来模拟库水变化，分析过程如下：

（1）定义初始的水位线，包括初始的孔压分布和库水位。

（2）水位逐步下降过程中，下降后水位线将要重新计算。该情况下，卸载取决于相对于下降后的库水移除量，这也就决定了未排水土层的孔压变化。排水土层的孔压将由骤降后的水位线决定。

2.3.6　库水位骤降渗透力计算方法

水库蓄水后，库水的骤降对坡体稳定不利，有可能导致库岸边坡的失稳破坏。库水的

---

❶　涔天河水库扩建工程设计时参照的相关标准，现已分别替换为《中国地震动参数区划图》（GB 18306—2015）、《水工建筑物抗震设计标准》（GB 51247—2018）、《水利水电工程边坡设计规范》（SL 386—2016）。

下降属于不稳定渗流问题，与库水的下降速度、坡体的渗透系数等因素有关。严格来说，需要精确考虑这些因素来确定库水消落时坡体内的地下水浸润线，然后依据浸润线来确定渗透压力，并进行坡体稳定性分析。

库水消落时坡体内的地下水浸润线需要通过非稳定渗流的有限元分析来确定，由于缺乏不同材料分区的渗透参数和给水度等，为此，采用目前边坡工程上使用较多的一种近似方法进行分析。如图 2-16 所示，对应于不同水位下降速度，浸润面近似计算式为

$$h = h_0 - V_0 t(0.1091\lambda^4 - 0.7501\lambda^3 + 1.9283\lambda^2 - 2.2319\lambda + 1) \tag{2-14}$$

$$\lambda = \frac{x}{2}\sqrt{\frac{\mu}{kh_m t}} \tag{2-15}$$

$$h_m = \frac{2}{3}h + z \tag{2-16}$$

式中　V_0——库水下降速度，m/d；

　　　k——渗透系数，m/d；

　　　t——库水下降时间，d；

　　　h_m——平均含水层厚度；

　　　μ——给水度；

　　　h——库水下降高度；

　　　h_0——库水位；

　　　z——下降后库水位到不透水层的距离。

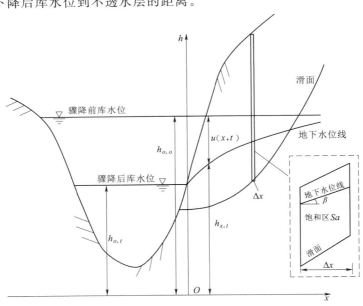

图 2-16　浸润线计算示意图

2.3.7　地下水位线法

地下水作为地质环境内最活跃的成分，对岩土体的力学性质的影响不可忽视。地下水

位的变化导致土坡中潜在滑裂面上土的有效应力分布的变化，如在深基坑开挖井点降水过程中，随着坑底水位的降低，地下水位线会形成漏斗状，浸润线的形状决定滑坡体中有效应力的分布。当土的渗透性较好时，如在砂土中地下水位线相对平缓；在黏性土中，由于渗透性较差，地下水位线相对曲率较大。这种确定方法具有一定的随意性。由于实际工程问题的复杂性，水库蓄水后的地下水位具有不确定性。许多文献里都基于不同假定提出了各自的地下水位公式，本书不再赘述。工程中两种地下水位近似处理方式的基本原理如下：

水位上升，滑坡体内地下水位将随之变化。蓄水前，可以通过测压孔水位观测获得初始地下水位，蓄水后，由于尚没有实测资料以及实际工程问题的复杂性，一般需要基于某种假定获得新的地下水位线，目前一般采用如下两种近似处理方式：①假设库水位水平延伸至滑坡体内，与坡内地下水位相交；②假设考虑滑坡体内地下水位变化。两种处理方式的原理示意图如图 2-17 所示。

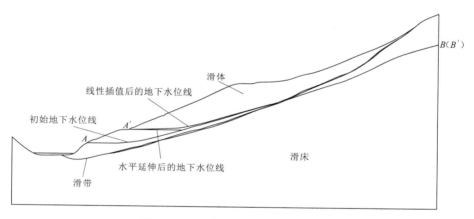

图 2-17 两种处理方式的原理示意图

图 2-17 中 A 表示初始地下水位与坡面的交点，A' 表示新水位与坡面的交点。一般情况下，当库水位上升或下降时，库区远处的水位是相对稳定的（即 $B \approx B'$），再加上库水位的高程是已知的，因此可以利用这一特性，通过线性插值的方法来得到不同水位的地下水水面线。曲线 AB 表示初始地下水位线，曲线 $A'B'$ 表示插值后的地下水位线。

其坐标变换规律是使得 $A'B'$ 线与 AB 线相似，且 A 与 A' 对应，B 与 B' 对应。已知坐标 $A(x_A, y_A)$、$B(x_B, y_B)$、$A'(x_{A'}, y_{A'})$、$B'(x_{B'}, y_{B'})$，其对应于 AB 上的任一点坐标为 (x, y)，则 $A'B'$ 上对应点 (x', y') 坐标为

$$x' = x_{A'} + \frac{x - x_A}{x_B - x_A}(x_{B'} - x_{A'}) \tag{2-17}$$

$$y' = y_{A'} + \frac{y - y_A}{y_B - y_A}(y_{B'} - y_{A'}) \tag{2-18}$$

该方法对于坡度变化不大，且坡体性质沿深度规律性较好的边坡比较有效。

27

2.4 滑坡体强度参数反演

2.4.1 概述

岩土体抗剪强度参数的确定是边（滑）坡稳定分析的关键问题。滑带土抗剪强度的确定对于雾江滑坡体稳定性分析尤其重要。虽然雾江滑坡体经过历次勘察取样，开展了系列室内试验，但分析表明雾江滑坡体室内试验参数偏低。结合地质建议参数进行雾江滑坡体稳定分析表明，在相应水位工况下，尤其是在库水位骤降工况下，雾江滑坡体各剖面沿滑带抗滑稳定安全系数大部分小于 1.0，边坡处于不稳定状态。由于涔天河水库（原大坝）已经安全运行多年，而雾江滑坡体多年的监测资料也表明，即使在暴雨等特殊工况下，雾江滑坡体也基本处于稳定状态，这说明岩体参数偏于保守。根据涔天河水库（原大坝）边坡状况，对力学参数进行反演，进而确定雾江滑坡体强度参数。

2.4.2 雾江滑坡体强度参数确定方法评述

目前，滑带土抗剪强度参数的确定仍然是岩土工程的热点和难点。滑带土的强度特性可用其峰值抗剪强度、残余抗剪强度、滑坡启动强度、完全软化强度以及流变研究中的长期抗剪强度等 5 个特征强度进行表述。它可能等于滑带土的峰值强度、残余强度、完全软化强度或长期抗剪强度，也可能是介于以上各种强度之间的某一数值。

滑带土抗剪强度研究方法基本可以概括为试验与理论研究相结合、微观与宏观研究相结合。其中最基本的方法是通过室内试验，结合理论研究对滑带土的峰值强度、残余强度、完全软化强度和长期抗剪强度进行分析；现场试验也是一种有效的研究手段，但相对于室内试验而言，具有试验时间长、耗资大、方法单一的缺点。常用的岩土参数确定方法如下。

1. 室内试验得到抗剪强度参数

目前，滑带土残余强度研究较多，常用的测试方法为大位移剪切、人工切面剪切、沿天然滑动面剪切。各测试方法对应的主要仪器如下：

（1）环状剪切仪。用于环剪试验。

（2）应变式直剪仪。可进行往复直剪、多次直剪、切面直剪及涂抹剪、天然滑面剪试验。

（3）三轴剪力仪。可进行三轴切面剪和三轴薄片剪。

（4）现场大面积剪切仪。用于在现场的试坑、探井或滑动面上进行直接测试。

由室内试验或现场试验得到的土体强度试验数据，将这些试验数据放在由正应力与剪应力构成的坐标系中，然后分析其分布规律来确定岩土体抗剪强度参数，但得到的土体强度参数中的黏聚力 C 往往偏小。

2. 工程类比法确定抗剪强度参数

基于实验室内或现场试验成果分别计算每组的强度回归值，然后进行统计，取其平均值,再参考以往的类似工程经验加以综合,由此确定滑坡体抗剪强度参数的设计值,最后提交实际工程应用。该方法不足之处在于,试验组数有限,土体抗剪强度影响因素多,从而离散性较大。

3. 基于极限平衡法的参数反演

基于极限平衡法的参数反演是目前滑坡工程实践中常用的手段之一。采用极限平衡法是假定滑面已知、滑(边)坡处于临界状态的前提下提出的。如果滑(边)坡处于临界状态,即最小安全系数接近并略小于1.0的状态,必然伴随有滑(边)坡岩体蠕滑、后缘开裂、前缘剪出等典型现象,这说明滑(边)坡滑面已经形成并处于临界状态,抗滑安全系数略小于1.0。因此,可以根据确定的抗滑稳定安全系数和滑面来反演滑动面抗剪强度参数,如果滑面是岩体结构面,当岩质边坡处于临界状态,也可确定结构面的抗剪强度。此方法在滑(边)坡已经活动的情况下,通过确定抗剪强度参数拟定滑(边)坡治理方案,应用较广且较为有效。但该方法存在以下两个问题:

(1)如果滑(边)坡未处于临界状态,没有明显的滑面产生,此时无法确定安全系数和滑动面,反演无法进行。

(2)即使处于临界状态,抗剪强度参数 C、f 值的反演也只能假设其中一个参数已知,通过稳定安全系数和滑动面反演另一参数。

综上可知,不同的滑坡体岩土参数确定方法均存在优缺点。考虑到进行滑坡体抗滑稳定分析时,抗剪强度参数的确定与是否固结、是否排水有关,且涉及总强度指标、有效强度指标之分,为此,将以雾江滑坡体力学参数地质建议值及室内试验参数为基础,分别针对典型剖面纵1～纵4进行岩土参数的极限平衡法综合反演,根据反演结果再提出整个滑坡体的合理计算参数。在反演过程中,对滑坡体及滑带的强度力学参数同步反演。

2.4.3 基于室内试验选取参数稳定复核

雾江滑坡体经过历次勘察,在 PDh6、PDh8、PDh10 及 PDh13 平硐中取滑带土样进行了 19 组中型(面积为 25cm×25cm)、10 组小型(环刀)和 4 组三轴剪切试验,滑带室内中剪试验成果统计见表 2-4。从试验结果来看,小型(环刀)剪切试验和三轴剪切试验强度参数很低,室内中剪试验强度参数稍高。从试验和取样的工况来看,由于小型(环刀)剪切试样和三轴剪切试样体积较小,扰动对剪切面的影响较大,中剪试样体积较大,扰动对剪切面的影响相对较小。

若采用滑面中剪试验屈服强度平均值:$f_{水上}=0.27$,$C_{水上}=12.7\text{kPa}$;$f_{水下}=0.23$,$C_{水下}=8.8\text{kPa}$ 为计算参数,以剖面纵2为代表,根据等 Fs 法计算的原状(原库水位 253.30m)稳定系数仅为 0.67;而采用《可研报告》参数:$f_{水上}=0.36$,$C_{水上}=20.0\text{kPa}$;$f_{水下}=0.32$,$C_{水下}=14.2\text{kPa}$,同样以剖面纵2为计算剖面,计算滑坡原状(原库水位 253.30m)稳定系数为 0.91,两组参数计算的稳定性系数均小于 0.95,表明滑坡处于整体滑动破坏阶段,这与滑坡现状处于缓慢的蠕滑变形状态不吻合,同时也说明基于室内试验所选取的计算参数偏小。

表 2-4 滑带室内中剪试验成果统计表

状 态	峰 值 强 度		屈 服 强 度		取样位置
	f	C/kPa	f	C/kPa	
天然	0.35	14.7	0.28	6.9	PDh8
	0.25	8.7	0.19	5.4	PDh8
	0.31	15.6	0.21	10.4	PDh8
	0.27	24.7	0.23	16.3	PDh8
	0.35	6.9	0.28	6.9	PDh8
	0.35	19.1	0.31	10.6	PDh8
	0.45	30.3	0.35	22.2	PDh8
	0.34	26.9	0.28	17.4	PDh8
	0.38	33.0	0.33	18.3	PDh8
平均值	0.34	20.0	0.27	12.7	
最大值	0.45	33.0	0.35	22.2	
最小值	0.25	6.9	0.19	5.4	
大值平均	0.38	28.7	0.30	18.6	
小值平均	0.29	13.0	0.21	8.0	
饱和	0.28	13.4	0.2	8.4	PDh8
	0.25	9.6	0.19	6.6	PDh8
	0.24	15.2	0.18	11.0	PDh8
	0.33	15.9	0.21	13.9	PDh8
	0.31	22.7	0.22	16.2	PDh8
	0.29	14.1	0.22	9.3	PDh8
	0.32	7.2	0.25	5.2	PDh6
	0.48	7.8	0.36	5.2	PDh6
	0.29	7.1	0.24	3.6	PDh6
平均值	0.31	12.5	0.23	8.8	
最大值	0.48	22.7	0.36	16.2	
最小值	0.24	7.1	0.18	3.6	
大值平均	0.36	16.3	0.28	12.6	
小值平均	0.27	7.9	0.20	5.8	

2.4.4 地质建议参数稳定复核

涔天河水库（原大坝）自 1971 年下闸蓄水以来，经历了多次不同库水位的考验，2013—2014 年，涔天河水库（原大坝）曾发生过 2 次水位骤降，但雾江滑坡体多年的监测资料也表明，即使在暴雨等特殊工况下，雾江滑坡体也基本处于稳定状态。换言之，对自然边坡历史上经历过的工况进行稳定分析，如果计算的安全系大于 1.0，那么地质建议参数能合理表征自然边坡强度参数。为此，分别采用不同计算程序或方法复核地质建议参数的合理性。

1. 基于边坡稳定分析程序 STAB 的稳定复核

采用中国水利水电科学研究院自主开发的边坡稳定分析程序 STAB2010 复核地质建议参数的合理性。对于任意形状滑裂面，采用考虑力与力矩平衡条件的 Spencer 法（M-P 法的特殊形式）；对于圆弧滑面，则采用简化 Bishop 法；在稳定分析时，该分析程序采用最优化方法搜索最小安全系数对应的临界滑裂面。

雾江滑坡体地质建议物理力学参数见表 2-5。选取自然边坡剖面纵 1～纵 4 为分析对象，计算在不同水位工况下各剖面整体与局部滑动时的安全系数。各滑移模式滑裂面位置图如图 2-18 所示。滑坡体采用地质建议参数稳定分析成果见表 2-6。对于库水位骤降工况：工况一模拟 2013 年 10 月，水位由 247.30m 降至 235.70m，降速为 3.66m/d；工况二模拟 2015 年 5 月，水位由 260.80m 骤降至 252.50m，降速为 7.6m/d。

表 2-5　　　　　　　　　　　雾江滑坡体地质建议物理力学参数

岩 土 结 构 类 型	状态	容重 /(kN/m³)	抗 剪 强 度	
			摩擦系数	黏聚力/kPa
砾质黏土（滑坡体）Q_{I-3}^{del}、Q_{II-4}^{del}、Q_{III-3}^{del}	天然	19.0	0.25	35.0
	饱和	19.5	0.22	30.0
含黏土碎块石（滑坡体）Q_{I-2}^{del}、Q_{II-2}^{del}、Q_{II-3}^{del}、Q_{III-2}^{del}	天然	20.5	0.48	28.0
	饱和	21.0	0.42	22.0
似层碎裂岩体（滑坡体）Q_{III-1}^{del}、Q_{II-1}^{del}、Q_{I-1}^{del}	天然	23.8	0.52	80.0
	饱和	24.0	0.46	50.0
含黏土碎块石（崩塌堆积体）Q^{col}、$Q^{del+col}$	天然	21.0	0.48	25.0
	饱和	21.5	0.42	20.0
河床泥混砂砾石 Q_4^{al}	饱和	22.1	0.42	5.0
滑动面（带）	天然	21.9	0.38	24.0
	饱和	22.3	0.33	20.0
后缘崩塌碎块石与基岩接触面	天然		0.55	15.0

表 2-6　　　　　　　　　　　滑坡体采用地质建议参数稳定分析成果

计算剖面	计算滑移模式	不同库水位条件下的稳定渗流期				水位骤降期	
		254.26m	245.00m	240.00m	230.00m	工况一	工况二
纵 1	中下部沿滑带土剪出	1.02	0.99	0.97	0.95	0.93	0.97
	中部至底部沿滑带土剪出	0.94	0.93	0.92	0.92	0.92	0.93
	顶部至底部沿滑带剪出	1.01	1.00	0.99	0.99	0.99	0.99
	滑坡体内部按圆弧滑动	1.13	1.06	1.02	1.00	1.00	1.05
	中上部沿滑带土剪出	1.19	1.18	1.18	1.18	1.19	1.18

续表

计算剖面	计算滑移模式	不同库水位条件下的稳定渗流期				水位骤降期	
		254.26m	245.00m	240.00m	230.00m	工况一	工况二
纵2	中下部沿滑带土剪出	1.09	1.08	1.08	1.08	0.97	0.95
	中部至底部沿滑带土剪出	0.96	0.96	0.96	0.96	0.94	0.92
	顶部至底部沿滑带剪出	0.99	0.99	0.99	0.99	0.97	0.96
	滑坡体内部按圆弧滑动	1.06	1.07	1.09	1.17	0.85	0.88
	中上部沿滑带土剪出	1.40	1.42	1.42	1.42	1.39	1.40
纵3	中下部沿滑带土剪出	1.04	1.08	1.08	1.08	0.97	0.94
	中部至底部沿滑带土剪出	1.00	1.00	1.00	1.01	0.97	0.96
	顶部至底部沿滑带剪出	1.00	1.01	1.01	1.01	0.98	0.98
	滑坡体内部按圆弧滑动	0.95	0.96	0.98	1.05	0.87	0.82
	中上部沿滑带土剪出	1.36	1.37	1.37	1.37	1.36	1.36
纵4	中下部沿滑带土剪出	0.99	0.91	0.90	0.91	0.88	0.88
	中部至底部沿滑带土剪出	0.96	0.92	0.91	0.91	0.91	0.91
	顶部至底部沿滑带剪出	0.93	0.89	0.88	0.89	0.88	0.88
	滑坡体内部按圆弧滑动	1.20	0.98	0.96	0.97	0.98	0.95
	中上部沿滑带土剪出	1.26	1.22	1.22	1.22	1.22	1.21

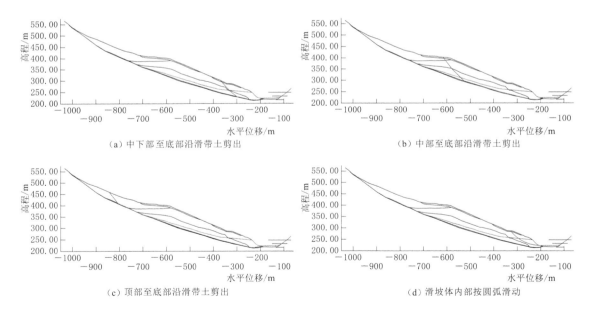

图 2-18 各滑移模式滑裂面位置图

从计算结果可知：随着库水位的降低，大部分的稳定安全系数也随之降低，其中部分剖面的稳定安全系数小于 1.0。此外，库水位骤降时，各计算剖面沿中下部滑动的安全系数小于 1.0。

2. 基于计算软件 core-LAM 稳定复核

当采用武汉大学自主开发的刚体极限平衡法软件 core-LAM 复核地质建议参数的合理性时,结合表 2-5 中雾江滑坡体地质建议参数,采用 Spencer 法对剖面纵 1~纵 4 的稳定性进行分析,分别计算了现水库蓄水位 253.32m、度汛水位 275.00m 和正常蓄水位 313.00m 三种工况。剖面纵 2 各滑移模式滑裂面位置如图 2-19 所示。滑坡体采用地质建议参数时 core-LAM 软件计算结果见表 2-7。

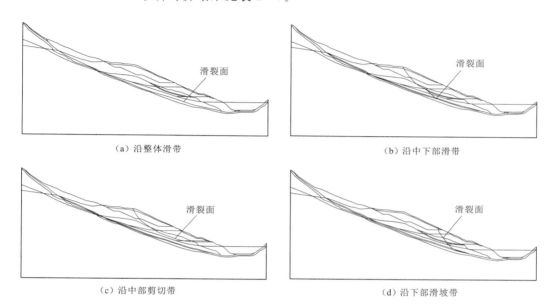

（a）沿整体滑带 　　　　　　　　　　　　　（b）沿中下部滑带

（c）沿中部剪切带 　　　　　　　　　　　　（d）沿下部滑坡带

图 2-19 剖面纵 2 各滑移模式滑裂面位置图

表 2-7　　　　　　　　　滑坡体采用地质建议参数时 core-LAM 软件计算结果

剖面	计算滑移模式	原水库蓄水位 253.32m	度汛水位 275.00m	正常蓄水位 313.00m
纵 1	沿整体滑带	0.945	0.964	0.957
	沿中下部滑带	0.956	0.981	0.970
	沿下部滑带	0.880	0.930	0.945
纵 2	沿整体滑带	0.985	0.987	0.997
	沿中下部滑带	0.951	0.955	0.951
	沿中部剪切带	1.203	1.148	0.972
	下部滑坡体	1.037	1.125	1.107
纵 3	沿整体滑带	0.983	0.989	1.002
	沿中下部滑带	0.990	0.997	1.015
	下部滑坡体	0.951	1.039	1.124
纵 4	沿整体滑带	0.887	0.904	0.946
	沿中下部滑带	0.920	0.944	1.000
	下部滑坡体	1.066	1.202	1.268

剖面	计算滑移模式	原水库蓄水位253.32m	度汛水位275.00m	正常蓄水位313.00m
加权平均	沿整体滑带	0.957	0.967	0.979
	沿中下部滑带	0.957	0.971	0.981
	沿下部滑坡体	1.028	1.071	1.055

按地质建议力学参数进行稳定性分析，在现有水位工况下，各剖面沿滑带抗滑稳定安全系数大部分小于1.0，边坡处于不稳定状态。

综上，无论是采用STAB2010程序，还是采用core-LAM软件，按地质建议力学参数进行雾江滑坡体稳定性分析，剖面稳定安全系数大部分小于1.0，与雾江滑坡体目前的稳定现状不相吻合。这说明岩土参数偏于保守，需要根据目前的边坡状况，对力学参数进行反演。

2.4.5 雾江滑坡体物理力学参数反演

通过对不同安全系数下雾江滑坡体物理力学参数反演情况及3家科研单位反演结果进行对比，最后选取滑坡体物理力学参数反演结果。

2.4.5.1 不同安全系数下滑坡体物理力学参数反演

以湖南省水利水电勘测设计规划研究总院有限公司《湖南省潇水涔天河水库扩建工程初步设计阶段近坝库区雾江滑坡体专题报告》地质建议参数为基础，区分滑坡体水上和水下的黏聚力和内摩擦角，以剖面纵1～纵4为地质模型，严格按照地质材料分区建立计算分析模型，如图2-20所示。反演分析等安全系数法下滑带土的强度参数反演，分别对应于安全系数为1.0、1.05及1.10时的滑带土的强度参数见表2-8。

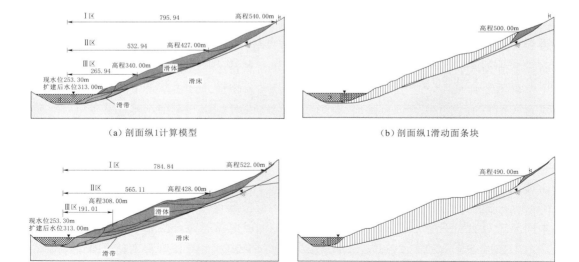

（a）剖面纵1计算模型　　　　　　　　　　（b）剖面纵1滑动面条块

（c）剖面纵2计算模型　　　　　　　　　　（d）剖面纵2滑动面条块

图2-20（一）　剖面纵1～纵4计算模型与滑动面条块

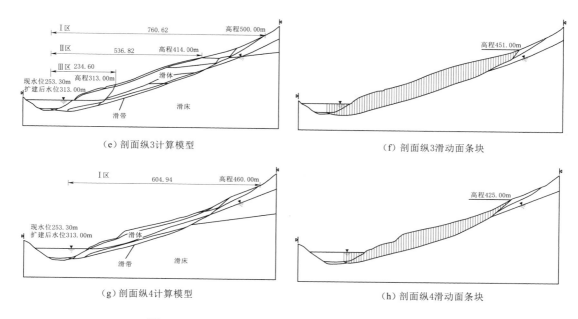

（e）剖面纵3计算模型　　　　　　　　　（f）剖面纵3滑动面条块

（g）剖面纵4计算模型　　　　　　　　　（h）剖面纵4滑动面条块

图 2-20（二）　剖面纵1~纵4计算模型与滑动面条块

表 2-8　　　　滑坡体物理力学参数反演分析结果（三峡大学）

拟定条件	岩土结构类型	状态	容重 /(kN/m³)	抗剪强度		备注
				摩擦系数	黏聚力/kPa	
253.30m （安全系数1.00）	滑坡体内	水上	21.7	0.521	31.25	
		水下	22.1	0.469	26.04	
	河床含泥砂砾石	水下	22.1	0.420	5.00	
	滑动面（带）	水上	21.9	0.396	25.00	
		水下	22.3	0.344	20.84	
253.30m （安全系数1.05）	滑坡体内	水上	21.7	0.547	32.81	
		水下	22.1	0.492	27.35	
	河床含泥砂砾石	水上	19.0	0.364	5.00	
		水下	20.0	0.325	2.00	
	滑动面（带）	水上	21.9	0.416	26.25	
		水下	22.3	0.361	21.87	
253.30m （安全系数1.10）	滑坡体内	水上	21.7	0.573	34.38	
		水下	22.1	0.516	28.65	
	河床含泥砂砾石	水上	19.0	0.382	5.25	
		水下	20.0	0.341	2.10	
	滑动面（带）	水上	21.9	0.436	27.51	
		水下	22.3	0.378	22.92	

由计算可知：

（1）对应于安全系数 1.00、1.05 和 1.10 的摩擦系数和黏聚力，无论是滑体的参数还是滑带的参数，无论是水上的还是水下的，剖面纵 1～纵 3 的数值都比较一致，但对于同样的安全系数，剖面纵 4 的强度参数相对略高。

（2）对应于安全系数 1.00、1.05 和 1.10 的强度参数逐渐提高，对应于安全系数为1.10 的强度参数最大，对应于安全系数为 1.00 的强度参数最小。

2.4.5.2　不同科研单位反演结果对比

1. 中国水利水电科学研究院

中国水利水电科学研究院通过刚体极限平衡法对雾江滑坡体进行强度参数反演时，采用了如下计算依据：

（1）雾江滑坡在原涔天河水库蓄水以来，一直处于蠕滑变形之中，且在原水库运行期间经受过不同水位变动的多次考验而未呈现明显的滑动迹象，这表明滑带土经过多次剪切，其抗剪强度已由峰值强度变为残余强度。

（2）因Ⅰ区的变形是导致滑坡发生变形失稳的触发因素，反演分析以滑坡体Ⅰ区的稳定安全系数 F 在 1.00～1.05。

（3）根据平硐揭露情况，滑带土按物质组成由上至下可分为 4 层，即砾质黏土剪切带、含黏土碎块石带、含少量砾的黏土带及糜棱岩带，其中表层的砾质黏土带中黏粒含量约为 40.5%，且在不同方向的剪切面较为发育，应为控制性滑裂面位置。

进行滑坡体的抗剪强度参数反演分析的主要步骤如下：

（1）以"从滑坡体内部圆弧剪出"滑移模式反演滑坡体的强度参数。

（2）以"中下部沿滑带土剪出"与"中部至底部沿滑带土剪出"这两种滑移模式反演水下滑带土的强度参数。

（3）以"顶部至底部沿滑带土剪出"滑移模式反演水上滑带土的强度参数。

通过工程类比及多次试算，获得的滑坡体及滑带土抗剪强度参数反演分析结果见表 2-9。

表 2-9　　滑坡体及滑带土抗剪强度参数反演分析结果（中国水利水电科学研究院）

岩土结构类型	状体	抗　剪　强　度		备　注
		摩擦系数	黏聚力/kPa	
滑坡体	水上	0.521	28	
	水下	0.456	22	
滑动土	水上	0.394	26	
	水下	0.374	22	

采用上述反演参数，对各典型计算剖面计算分析不同水位条件下的稳定安全系数，滑坡体采用反演参数的稳定分析结果见表 2-10。对于库水位骤降工况：工况一模拟 2013 年10 月，水位由 247.30m 降至 235.70m，降速为 3.66m/d；工况二模拟 2015 年 5 月，水位由 260.80m 骤降至 252.50m，降速为 7.6m/d。

表 2-10　　　　　　　　　　　　滑坡体采用反演参数的稳定分析结果

计算剖面	计算滑移模式	不同水位条件下的稳定渗流期		水位骤降工况	
		253.32m	248.00m	工况一	工况二
纵1	中下部沿滑带土剪出	1.10	1.06	1.01	1.06
	中部至底部沿滑带土剪出	1.01	1.00	0.99	0.99
	顶部至底部沿滑带土剪出	1.05	1.05	1.05	1.05
	从滑坡体内部圆弧剪出	1.17	1.12	1.05	1.10
	顶部至中部沿滑带土剪出	1.23	1.23	1.23	1.22
纵2	中下部沿滑带土剪出	1.17	1.11	1.06	1.03
	中部至底部沿滑带土剪出	1.05	1.04	1.03	1.01
	顶部至底部沿滑带土剪出	1.09	1.09	1.08	1.07
	从滑坡体内部圆弧剪出	1.11	1.04	0.89	0.93
	顶部至中部沿滑带土剪出	1.47	1.45	1.46	1.47
纵3	中下部沿滑带土剪出	1.14	1.13	1.07	1.03
	中部至底部沿滑带土剪出	1.10	1.10	1.08	1.06
	顶部至底部沿滑带土剪出	1.12	1.11	1.10	1.08
	从滑坡体内部圆弧剪出	1.01	1.00	0.93	0.87
	顶部至中部沿滑带土剪出	1.48	1.48	1.48	1.45
纵4	中下部沿滑带土剪出	1.03	1.01	0.97	0.96
	中部至底部沿滑带土剪出	1.04	1.03	1.01	1.01
	顶部至底部沿滑带土剪出	1.01	1.00	0.99	0.99
	从滑坡体内部圆弧剪出	1.15	1.17	1.04	1.01
	顶部至中部沿滑带土剪出	1.34	1.34	1.34	1.32

各纵剖面在已经历的不同水位工况下，最不利滑移模式（不包括滑坡体内部圆弧剪出模式）的安全系数分别为：剖面纵1 0.99～1.01；剖面纵2 1.01～1.05；剖面纵3 1.03～1.10；剖面纵4 0.96～1.01。该计算结果表明反演分析获得的滑带土参数基本符合实际情况，且反演的滑带力学参数尚有一定富余（滑坡体力学参数富余更大些）。

2. 武汉大学

武汉大学在对雾江滑坡体材料参数进行反演分析时，计算思路和计算条件如下：

（1）以主滑面（即纵2剖面）为主要反演对象，且特别注重沿中下部滑带的滑动模式，使其在原水位工况下安全系数 $K \approx 1.10$ 作为参数反演的主要标准。

（2）计算工况为历史上经历过的2次骤降工况（2013年10月水位自247.30m骤降至235.70m，历时76h；2015年5月20日水位自260.80m骤降至252.50m，下降速度7.6m/d）。

（3）基于上述选定计算工况下，以剖面纵1～纵4沿整体滑带及中下部滑带抗滑稳定安全系数 $K \geqslant 1.0$ 作为参数反演的复核标准。

（4）反演分析后，经适当调整，得到反演参数。

滑坡体物理力学参数反演分析结果（武汉大学）见表 2-11。

表 2-11　　　　　　　　　滑坡体物理力学参数反演分析结果（武汉大学）

岩土结构类型	状态	抗 剪 强 度		备　注
		摩擦系数	黏聚力/kPa	
含黏土碎块石（滑坡体）	水上	0.529	28	
	水下	0.462	22	
似层碎裂岩体（滑坡体）	水上	0.570	80	
	水下	0.503	50	
滑带土	水上	0.458	24	
	水下	0.396	20	

采用反演参数，由 core-LAM/Spencer 计算得到剖面纵 1～纵 4 在不同水位工况下的安全系数见表 2-12。

表 2-12　　　　　　　　　　　　不同水位工况下的安全系数

计算剖面	计算滑移模式	库水位 253.32m	水位骤降工况/m	
			工况一	工况二
纵 1	沿下部滑带	1.010	0.945	0.990
	沿中下部滑带	1.098	1.063	1.089
	沿整体滑带	1.100	1.079	1.095
纵 2	沿下部滑带	1.202	1.111	1.154
	沿中下部滑带	1.092	1.055	1.076
	沿整体滑带	1.159	1.137	1.153
纵 3	沿下部滑带	1.255	1.161	1.202
	沿中下部滑带	1.149	1.112	1.135
	沿整体滑带	1.161	1.131	1.148
纵 4	沿下部滑带	1.065	1.020	1.053
	沿中下部滑带	1.055	1.024	1.048
	沿整体滑带	1.039	1.012	1.026
加权平均	沿下部滑带	1.140	1.064	1.105
	沿中下部滑带	1.102	1.066	1.090
	沿整体滑带	1.123	1.098	1.114

各纵剖面在已经历的不同水位工况下最不利滑移模式的安全系数分别为：剖面纵 1 0.945～1.01；剖面纵 2 1.055～1.092；剖面纵 3 1.112～1.149；剖面纵 4 1.012～1.039。稳定渗流期的最小加权平均安全系数 1.102，水位骤降时的最小加权平均安全系数 1.064，由此可知反演参数基本合理。

3. 三峡大学

三峡大学利用国际边坡计算 Slide 软件，强度水下折减系数取为 0.84，滑坡体物理力学参数反演分析结果见表 2 - 8，经综合分析，推荐自然边坡安全系数对应于 1.05 的强度参数。

2.4.5.3 雾江滑坡体物理力学参数选用

长期的监测成果及现场边坡表面勘察表明，雾江滑坡体处于基本稳定-缓慢蠕滑变形状态，采用刚体极限平衡法，开展了滑体与滑带力学参数的反演分析，对于长时间运行工况按稳定安全系数 1.00～1.05 考虑，短暂工况按 0.95～1.00 考虑，对原大坝建成前天然河床水位 230.00m、240.00m，原大坝运行水位 245.00m、254.00m，施工期经历高洪水位 267.00m 及相应水位暴雨、骤降等工况进行了计算分析。虽然 3 家科研单位所采取的计算依据、计算程序和假设略有差异，但反演结果比较接近，详见表 2 - 13。

表 2 - 13   3 家科研单位反演强度力学参数成果表

科 研 单 位	水 上		水 下	
	f	C/kPa	f	C/kPa
中国水利水电科学研究院	0.394	26.00	0.374	22.00
武汉大学	0.458	24.00	0.396	20.00
三峡大学	0.416	26.25	0.361	21.87

以试验成果、滑坡现状反算参数为基础，结合工程类比，综合确定本滑坡体滑带抗剪强度参数为：天然（水上）$f=0.4$，$C=25kPa$；饱和（水下）$f=0.38$，$C=21kPa$。

2.5   基于二维极限平衡法的滑坡体稳定性分析

结合雾江滑坡体反演的强度参数，采用二维极限平衡法，对 4 个典型剖面，分别计算分析施工期自然边坡、运行期自然边坡、施工期现有工程措施下边坡的稳定性。

2.5.1   计算工况

根据设计规范要求，并结合雾江滑坡体的特点，拟复核滑坡体稳定性的计算工况见表 2 - 14。对于库水位骤降期滑坡体内部的渗流场变化，采用二维非稳定渗流分析方法，从定量的角度计算库水位降落期间滑体内部的地下水变化情况，进而为稳定分析提供渗流荷载。各工况下的稳定分析结果见表 2 - 15、表 2 - 16。

表 2 - 14   稳定分析计算工况

运用条件	工 况 组 合
施工期	常水位 248.00m
	20 年一遇洪水 264.17m
	100 年一遇洪水 274.55m
	20 年一遇洪水 264.17m 降至常水位 248.00m（6.3m/d）
运行期	正常蓄水位 313.00m
	正常蓄水位 313.00m＋暴雨
	校核洪水 320.27m
	校核洪水位 320.27m 降至汛期限制水位 310.50m（4.8m/d）

2.5.2　施工期自然边坡

施工期自然边坡不同工况条件下的稳定分析成果见表 2-15。

表 2-15　　　　施工期自然边坡不同工况条件下的稳定分析成果

计算剖面	计算滑移模式	施工常水位 248.00m	20 年一遇度汛 水位 264.17m	100 年一遇度汛 水位 274.55m	水位骤降工况
纵1	中下部沿滑带剪出	1.07	1.10	1.15	1.03
	中部至底部沿滑带剪出	1.00	1.03	1.05	0.99
	顶部至底部沿滑带剪出	1.05	1.07	1.08	1.04
	水位变动带处沿圆弧滑动	1.10	1.25	1.32	1.07
纵2	中下部沿滑带剪出	1.11	1.20	1.24	1.02
	中部至底部沿滑带剪出	1.04	1.06	1.06	1.02
	顶部至底部沿滑带剪出	1.09	1.10		
	水位变动带处沿圆弧滑动	1.08	1.16		
纵3	中下部沿滑带剪出	1.13	1.17		
	中部至底部沿滑带剪出	1.10	1.12		
	顶部至底部沿滑带剪出	1.11	1.13		
	水位变动带处沿圆弧滑动	1.00	1.04		
纵4	中下部沿滑带剪出	1.01	1.07		
	中部至底部沿滑带剪出	1.03	1.05		
	顶部至底部沿滑带剪出	1.00	1.02		
	水位变动带处沿圆弧滑动	1.17	1.15		

由施工期自然边坡的稳定分析结果可知：

（1）当库水位为施工期常水位 248.00m 时，各剖面不同滑移模式的安全系数为 1.00～1.17；当库水位为 264.17m 时，其安全系数为 1.02～1.25；当库水位为 274.55m 时，其安全系数为 1.03～1.32；20 年一遇、100 年一遇度汛水位工况下的安全系数均较原滑坡体经历的施工期常水位工况的安全系数大。

（2）水位骤降期间（$P=5\%$ 洪水位），各剖面不同滑移模式的安全系数为 0.90～1.09，较正常挡水工况均有不同程度的降低，降幅为 $-0.95\%\sim-17.74\%$；相对于施工前期已发生的水位骤降工况则有升有降，变幅为 $-3.77\%\sim1.98\%$，由此可知自然边坡在施工期水位骤降时存在安全系数降低的风险。

2.5.3　运行期自然边坡

运行期自然边坡不同工况条件下的稳定分析成果见表 2-16。

从运行期自然边坡的稳定分析结果可知：

（1）水库蓄水至正常蓄水位 313.00m 时，各计算剖面的安全系数为 1.07～1.52，较原水库正常挡水工况下的安全系数均有所增大，增幅为 $0.89\%\sim10.58\%$；正常蓄水位

表 2-16 运行期自然边坡不同工况条件下的稳定分析成果

计算剖面	计算滑移模式	计 算 工 况			
		水位 313.00m	水位 313.00m+暴雨	水位 320.27m	水位骤降
纵 1	中部至底部沿滑带剪出	1.09	1.08	1.09	1.03
	顶部至底部沿滑带剪出	1.10	1.07	1.10	1.05
	滑体内部按圆弧剪出	1.37	1.34	1.32	1.26
纵 2	中部至底部沿滑带剪出	1.07	1.06	1.07	1.03
	顶部至底部沿滑带剪出	1.12	1.11	1.12	1.10
	滑体内部按圆弧剪出	1.25	1.24	1.24	1.16
纵 3	中部至底部沿滑带剪出	1.13	1.12	1.14	1.09
	顶部至底部沿滑带剪出	1.13	1.12	1.13	1.10
	滑体内部按圆弧剪出	1.52	1.42	1.45	1.33
纵 4	中部至底部沿滑带剪出	1.15	1.15	1.18	1.09
	顶部至底部沿滑带剪出	1.07	1.07	1.09	1.02
	滑体内部按圆弧剪出	1.49	1.49	1.58	1.12

313.00m+暴雨工况下,各计算剖面的安全系数为 1.06~1.42;水库蓄水至校核洪水位 320.27m 时,各计算剖面的安全系数为 1.07~1.58。

（2）校核库水位骤降工况下,各计算剖面的安全系数为 1.02~1.33,部分计算剖面中部至底部滑动与整体滑动的安全系数小于 1.05,其稳定性不高,但各剖面各滑移模式下安全系数较已经发生的水位骤降工况（0.89~1.10）均有所提高。

值得注意的是,水位降落期间滑坡体安全系数较稳定渗流期低,施工期水位骤降工况,部分滑移模式较已发生工况略小,滑坡体有局部或整体失稳破坏的危险,为保障施工安全、工程进度,施工期有必要对雾江滑坡体进行处理,以保证其稳定安全。

2.5.4 施工期现有工程措施下的边坡稳定分析

根据现场施工实际情况,洞群进口开挖弃料已有约 23 万 m³ 运至滑坡体脚堆压,右岸尚有约 4 万 m³ 弃料可在汛前进行压脚,设计拟在 2015 年汛前形成 1/3 河床宽度压脚至高程 250.00m、外坡 1:1.5 伸入河床底部的压脚断面。因此,对施工期按该压脚方案补充各工况稳定分析。压脚材料参数取值:$\gamma_s=19.4\text{kN/m}^3$,$\varphi_{\text{水下}}=10°$,$C=0\text{kPa}$。施工期部分压脚不同工况条件下的稳定分析成果见表 2-17。

表 2-17 施工期部分压脚不同工况条件下的稳定分析成果

计算剖面	计算滑移模式	不同水位条件下的稳定渗流期			库水位由 264.17m 降至 248.00m
		248.00m	264.17m	274.55m	
纵 1	中部至底部沿滑带土剪出	1.10	1.12	1.14	1.09
	顶部至底部沿滑带土剪出	1.12	1.13	1.14	1.11
	从滑坡体内部圆弧剪出	1.27	1.30	1.32	1.30

计算剖面	计算滑移模式	不同水位条件下的稳定渗流期			库水位由 264.17m 降至 248.00m
		248.00m	264.17m	274.55m	
纵 2	中部至底部沿滑带土剪出	1.12	1.12	1.12	1.09
	顶部至底部沿滑带土剪出	1.12	1.13	1.13	1.11
	从滑坡体内部圆弧剪出	1.43	1.40	1.51	1.31
纵 3	中部至底部沿滑带土剪出	1.20	1.21	1.21	1.18
	顶部至底部沿滑带土剪出	1.18	1.18	1.18	1.16
	从滑坡体内部圆弧剪出	1.28	1.29	1.26	1.19
纵 4	中部至底部沿滑带土剪出	1.10	1.12	1.13	1.08
	顶部至底部沿滑带土剪出	1.05	1.05	1.06	1.03
	从滑坡体内部圆弧剪出	1.43	1.52	1.23	1.29
加权平均	中部至底部沿滑带土剪出	1.14	1.15	1.15	1.12
	顶部至底部沿滑带土剪出	1.13	1.14	1.14	1.12

从上述计算成果可知，在采取部分压脚措施后，各剖面各水位工况下安全系数为 1.05～1.51，比压脚措施前的 1.00～1.32 提高了 2.73%～10%，除纵 4 剖面整体滑移模式安全系数仅 1.05～1.06 外，其余均大于 1.10，加权平均安全系数 1.13～1.15，基本能达到 3 级边坡施工期的安全系数要求。骤降工况下各剖面安全系数为 1.03～1.31，比 2013 年 10 月骤降时的 0.93～1.10 提高了 2.78%～10.10%，除纵 4 剖面整体滑移模式安全系数仅 1.03 外，其余均大于 1.08。如考虑相邻剖面的相互牵制或整体效应，加权平均安全系数 1.12，基本接近 3 级边坡的要求。

2.5.5　小结

基于二维极限平衡法进行雾江滑坡体稳定性分析，原状边坡的稳定性评价结论如下：

（1）从位移、测斜观测资料分析，滑坡体存在缓慢蠕滑变形，自前缘至后缘、由表及里，位移具有由大变小的趋势。

（2）从地下水位与降水资料的关联性分析，滑体内地下水位与降水关系不密切，地下水位较恒定。这一现象与地勘成果揭示滑体表层覆盖土和底层滑带透水性弱、中间滑体结构透水性强是吻合的。

（3）从各运行水位（含施工期）稳定渗流下的稳定计算成果看，当库水位抬升，假设库水位水平延伸至滑坡体内与坡内地下水位相交时，随着库水位的抬升，抗滑稳定安全系数总体而言是逐渐加大的。

（4）从水位骤降工况的稳定计算成果看，施工期水位骤降工况稳定安全系数较稳定渗流工况均有不同程度的下降，与施工前期发生的骤降工况比较则有升有降。因此，自然边坡在施工期水位骤降时存在安全系数降低的风险。

（5）从施工期部分压脚处理的分析成果看，各施工洪水工况下安全系数基本能达到

2～3级边坡施工期的安全系数要求。可见施工期临时局部压脚是有效的，从相对安全度分析，采用部分压脚后，滑坡体在施工期是安全的。

2.6 基于严格三维极限平衡法的滑坡体稳定性分析

2.6.1 概述

现有边坡设计规范指出，边坡稳定分析一般以二维稳定性分析为主，当三维效应明显时应在相同强度参数基础上作三维稳定性分析。其实，严格来说实际边坡是三维空间问题，将三维边坡简化为平面模型进行分析，计算结果难免与实际情况存在差异，为此，采用严格三维极限平衡法进行雾江滑坡体稳定性分析，以"验算"平面模型稳定性分析结果。

2.6.2 雾江滑坡体三维整体稳定性分析模型

1. 自然边坡三维整体稳定性分析模型的建立

雾江滑坡体三维整体稳定性分析模型如图2-21所示。

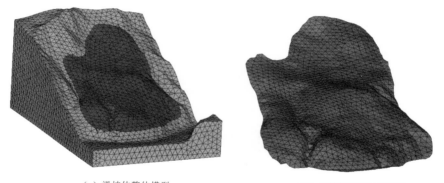

（a）滑坡体整体模型　　　　　　　　（b）滑坡体地表计算模型

（c）滑坡体滑床计算模型

图2-21　雾江滑坡体三维整体稳定性分析模型

2. 削坡压脚治理方案下三维整体稳定性分析模型

剖面纵2削坡压脚卸荷治理方案示意图如图2-22所示。由此建立削坡压脚治理方案下雾江滑坡体三维整体稳定性分析模型。图 2 - 23（a）为开挖至高程 395.00m，压脚填土在河床；图 2 - 23（b）为开挖至高程 365.00m，河床继续压脚；图 2 - 23（c）为开挖至高程 330.00m，河床继续压脚；图 2 - 23（d）为全部开挖完毕，河床压脚完成。

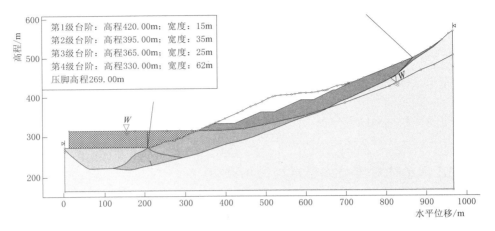

图 2 - 22　剖面纵 2 削坡压脚卸荷治理方案示意图

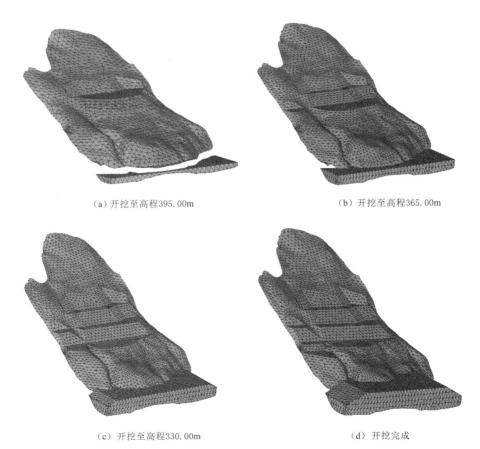

（a）开挖至高程395.00m　　　　　　　（b）开挖至高程365.00m

（c）开挖至高程330.00m　　　　　　　（d）开挖完成

图 2 - 23　削坡压脚治理方案下雾江滑坡体三维整体稳定性分析模型

2.6.3 基于严格三维极限平衡法的雾江滑坡体三维整体稳定性分析

1. 自然条件下稳定性分析

针对雾江滑坡体,采用严格三维极限平衡法计算的自然条件下雾江滑坡体安全系数见表 2-18。

表 2-18 自然条件下滑坡体安全系数

滑坡体	安 全 系 数			
	现状 (水位 253.30m)	暴雨工况 (水位 253.30m)	地震工况 (水位 253.30m)	扩建工程蓄水后 (水位 313.00m)
自然条件（1）	1.105	1.087	1.076	1.049

注 表中"(1)"为工况编号,下同。

由表可知,自然条件下在现水位高程 253.30m 条件下的安全系数为 1.105,暴雨工况和地震工况下安全系数分别为 1.087 和 1.076,若不采取治理措施,扩建工程蓄水到高程 313.00m 后的安全系数则从水位高程 253.30m 条件下的 1.105 降为 1.049。

2. 施工过程稳定性分析

施工过程三维整体稳定分析模型如下:
(1) 施工步骤一。开挖至高程 395.00m,料渣河床压脚。
(2) 施工步骤二。开挖至高程 365.00m,料渣河床压脚。
(3) 施工步骤三。开挖至高程 330.00m,料渣河床压脚。
(4) 施工步骤四。开挖高程至 320.00m,完成全部开挖,河床压脚完成。

采用严格三维极限平衡法计算施工过程条件下滑坡体安全系数见表 2-19。

表 2-19 施工过程条件下滑坡体安全系数

滑坡体	安 全 系 数		
	基本工况（水位 253.30m）	暴雨工况	地震工况
施工步骤一（2）	1.114	1.094	1.087
施工步骤二（3）	1.130	1.112	1.105
施工步骤三（4）	1.143	1.126	1.114
施工步骤四（5）	1.212	1.189	1.178

注 表中"(2)~(5)"为工况编号,下同。

随着施工的进行,安全系数逐渐提高,施工完成后的安全系数最高。对于基本工况,由施工步骤一进行到施工步骤四,安全系数由 1.114 提高到 1.212;对于暴雨工况,由施工步骤一进行到施工步骤四,安全系数由 1.094 提高到 1.189;对于地震工况,由施工步骤一进行到施工步骤四,安全系数由 1.087 提高到 1.178。

3. 水库运行条件下稳定性分析

采用严格三维极限平衡法对潆天河水库扩建工程完工后的各种运行条件计算了各安全系数,其中运行条件分为正常运行条件、非正常运行条件Ⅰ和非正常运行条件Ⅱ。各运行工况下的安全系数见表 2-20、表 2-21。

表 2-20 水库运行条件下滑坡体安全系数（运行工况）

运行条件	运 行 工 况	安全系数	规范允许安全系数
正常运行条件	正常蓄水位 313.00m（6）	1.315（1.20）	1.20～1.25
	发电死水位 270.00m（7）	1.253（1.17）	
非常运行条件 I	校核洪水位 320.27m（8）	1.325（1.22）	1.15～1.20
	校核洪水位 320.27m 降至正常蓄水位 313.00m（9）	1.284（1.17）	
非常运行条件 II	校核水位＋遇 100 年一遇暴雨地下水位（10）	1.186（1.10）	1.05～1.10

注 括号内数值为剖面纵 2 二维安全系数（三峡大学计算结果）。

表 2-21 水库运行条件下滑坡体安全系数（运行工况叠加暴雨工况或地震工况）

运行条件	运 行 工 况	叠加暴雨	叠加地震
正常运行条件	正常蓄水位 313.00m（6）	1.290	1.287
	发电死水位 270.00m（7）	1.235	1.224
非常运行条件 I	校核洪水位 320.27m（8）	1.305	1.295
	校核洪水位 320.27m 降至正常蓄水位 313.00m（9）	1.266	1.264
非常运行条件 II	校核水位＋100 年一遇暴雨地下水位（10）	—	1.159

注 括号内数值为剖面纵 2 二维安全系数（三峡大学计算结果）。

相对于典型剖面的二维极限平衡法计算的安全系数来说，采用严格三维极限平衡法计算的雾江滑坡体三维整体安全系数均有所增大，如正常蓄水位工况，滑坡体安全系数由 1.20（二维极限平衡法）提高到 1.315（严格三维极限平衡法）。二维极限平衡法计算的安全系数介于规范允许安全系数的下限值，而严格三维极限平衡法计算的安全系数均满足规范运行安全系数。运行工况叠加暴雨工况或地震工况后，雾江滑坡体的安全系数均有所降低，但降低的幅度较小。如正常蓄水位工况下，叠加暴雨或叠加地震后，安全系数分别降低 0.025 和 0.028。

安全系数按照自然边坡-施工期-运行期全过程的统计，雾江滑坡体三维整体模型安全系数演化规律如图 2-24 所示。自然边坡条件下安全系数为 1.105，随着处理措施的进行，进入施工期后安全系数逐步提高。在加固处理初期，安全系数的提高幅度较低，主要是因为河床的压脚还未施工至古滑坡体的剪出口，中部的开挖量较大，主动力卸荷较大，随着压脚的高程逐步提高，安全系数提高幅度较大，施工完成后的安全系数为 1.212。扩建工程完成后，在运行期主要考虑水位及水位的变化对稳定性的影响，蓄水至正常水位高程 313.00m 安全系数为 1.315，水位涨落对稳定性有一定影响，从校核洪水位 320.27m 降至正常蓄水位 313.00m，安全系数从 1.305 降到 1.266，降低 3%。在校核洪水位 320.27m 叠加 100 年一遇的暴雨和地震这一极端条件下的安全系数较低，仅为 1.159。

2.6.4 小结

建立了雾江滑坡体三维整体稳定性分析模型，采用严格三维极限平衡法重点分析了在自然条件、施工过程、运行期间的安全系数，得到结论如下：

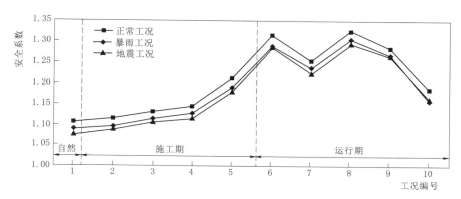

图 2-24 雾江滑坡体三维整体稳定性分析模型安全系数演化规律

自然边坡条件下安全系数为 1.105，随着处理措施的进行，进入施工期后安全系数逐步提高。在加固初期，安全系数的提高幅度较低，主要是因为河床的压脚还未施工至古滑坡体的剪出口，中部的开挖量较大，主动力卸荷较大，随着压脚高程的逐步提高，安全系数提高幅度较大，施工完成后的安全系数为 1.212。扩建工程完成后，在运行期主要考虑水位及水位的变化对稳定性的影响，蓄水至正常水位高程 313.00m 安全系数为 1.315，水位涨落对稳定性有一定影响，从校核洪水位 320.27m 降至正常蓄水位 313.00m，安全系数从 1.305 降到 1.266，降低 3%。在校核洪水位 320.27m 叠加 100 年一遇的暴雨和地震这一极端条件下的安全系数较低，为 1.159。

作为对二维计算必要的补充，目前人们对三维极限平衡法的经验相对较少，且一般情况下，三维计算得到的安全系数要大于平面问题得到的结果。三维计算成果能够从全局上掌握边坡的稳定性，是对平面计算的有益补充。

2.7　滑坡体类型判定

从受力状态来看，雾江滑坡体属于牵引式滑坡还是推移式滑坡为工程单位所关注。通过对雾江滑坡体的类型进行判定，可以更好地了解滑坡的特征，为滑坡体的治理提供参考。为此，从地质特征、边坡变形原型监测、稳定性分析等方面逐一分析。

2.7.1　地质特征分析

从地形地貌和地质条件来说，坡度和滑体对牵引式滑坡的形成发生起着重要作用。牵引式滑坡的滑面形态近平直型、下陡-中缓-上陡型和上陡-下缓型。坡脚抗滑段较为短小，而前部主滑段坡角较陡且坡体较厚，滑坡前缘坡脚形成有效临空面，前缘受力集中。牵引式滑坡滑体多为堆积层滑坡。滑体堆积物的物质组成包括残坡堆积物、冲洪堆积物、崩塌堆积物以及它们的过渡或混合类型等。滑体物质结构松散，具有较大的孔隙性、透水性，前缘强度较低，可以产生较大的塑性变形。

雾江滑坡处于两套岩性不同，力学性质差异较大的地质不整合接触部位，上覆泥盆系砂岩、石英砂岩，岩性坚硬，抗风化能力强，多形成悬崖陡壁，下伏寒武系砂岩夹板岩，软硬相间，易风化剥蚀，从图 2-1 可以看出滑坡上部较陡而下部相对较缓，故滑坡属于上陡下缓型边坡，为拉裂-蠕滑变形创造了有利条件。因此，从地质特征角度来看，雾江滑坡符合牵引式滑坡的地质特征。

2.7.2　边坡变形原型监测

地表变形观测网对滑坡体的变形进行观测中共有 7 个表部变形观测点 D1～D7。根据变形观测成果统计，最大变形分布在滑坡前缘Ⅲ区，观测总水平位移变形量为 129.1～142.8mm，年均变形量为 9.2～10.2mm。但局部出现崩滑和拉裂缝的部位（D2、D4 观测点附近）总变形量增大到 194.3～271.4mm，年均变形量达 13.9～19.4mm；Ⅱ区变形量居中，总位移量为 71.0、69.0mm，年均变形量为 5.4～5.6mm。

从变形来看，整体年均变形量为 9.2～10.2mm，滑坡目前处于缓慢的变形状态。根据滑坡前缘变形大，后缘变形小，以及出现拉裂缝部位变形量增大的特点，表明目前滑坡变形形式为缓慢蠕滑变形为主，滑坡前缘以浅层拉裂坍滑的可能性大，而滑坡整体快速滑动的可能性较小。

2.7.3　稳定性分析

基于滑坡体多年地下水监测水位，采用线性插值获得扩建工程蓄水后所对应的地下水位，按 M-P 法进行稳定性计算。采用 Slide 软件，分别对 4 个典型剖面对扩建工程蓄水前的水位（253.30m）和扩建工程蓄水后的水位（313.00m）两种工况进行稳定性分析。滑坡体强度参数采用安全系数 1.0 对应的反演参数。以剖面纵 2 为例，计算模型与剖面滑动面条块如图 2-25 所示。水位为 253.30m、313.00m 时各剖面的安全系数计算结果见表 2-22。

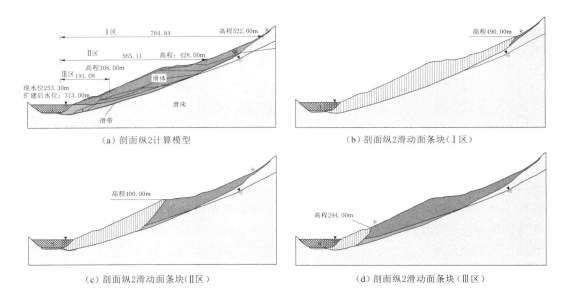

（a）剖面纵2计算模型　　　　　　　　　　（b）剖面纵2滑动面条块（Ⅰ区）

（c）剖面纵2滑动面条块（Ⅱ区）　　　　　　（d）剖面纵2滑动面条块（Ⅲ区）

图 2-25　剖面纵 2 计算模型与剖面滑动面条块

表 2-22　　　　水位为 253.30m、313.00m 时各剖面的安全系数计算结果

水位/m	滑面	计 算 剖 面			
		纵 1	纵 2	纵 3	纵 4
253.30	Ⅰ区	1.005	1.013	1.014	1.004
	Ⅱ区	1.001	1.008	1.003	—
	Ⅲ区	0.990	0.999	1.002	—
313.00	Ⅰ区	0.922	0.949	0.999	0.919
	Ⅱ区	0.902	0.941	0.994	·
	Ⅲ区	0.882	0.966	0.990	—

对于典型剖面Ⅰ区、Ⅱ区、Ⅲ区的安全系数随着水位升高而减少，并且都处于不稳定状态。目前滑坡体Ⅰ区稳定性系数为 1.004～1.014，除滑坡体两侧由于前缘被水冲蚀，导致阻滑段减少，稳定系数偏低外，滑体综合稳定系数为 1.01；Ⅱ区稳定性系数为 1.001～1.008（三条剖面稳定性系数均略低于Ⅰ区）；Ⅲ区稳定性系数为 0.990～1.002；滑坡体目前整体上处于临界稳定～缓慢蠕滑变形状态，其中Ⅱ区稳定性相对略差。但当库水位蓄水至 313.00m，滑坡体Ⅰ区稳定性系数为 0.919～0.999；Ⅱ区稳定性系数为 0.902～0.994；Ⅲ区稳定性系数为 0.882～0.990；滑坡体各区均处于不稳定状态，同时也存在沿中部剪切带滑动破坏的可能。

从以上计算结果得知：水位为 253.30m 与水位为 313.00m 时，Ⅰ区安全系数大于Ⅱ区安全系数，Ⅱ区安全系数大于Ⅲ区安全系数。这说明坡脚正处于薄弱区，最容易率先发生滑动，从而引起其他滑体相继发生滑动。

2.7.4　滑坡类型判定

综合雾江滑坡体的地质特征、边坡变形原型监测以及稳定性分析，可以看出：

（1）滑坡属于上陡下缓的峡谷型高边坡，为拉裂-蠕滑变形创造了有利条件。

（2）滑坡目前处于缓慢的变形状态，滑坡的整体年均变形量为 9.2～10.2mm，表明目前滑坡变形形式为缓慢蠕滑变形为主。

（3）Ⅰ区安全系数大于Ⅱ区安全系数，Ⅱ区安全系数大于Ⅲ区安全系数。这说明坡脚最容易率先发生滑动，从而引起其他滑体相继发生滑动。由此判定涔天河扩建工程雾江滑坡体属于牵引式滑坡。

2.8　滑坡体可靠度评价

采用基于安全系数的方法对边坡进行可靠度评价。

2.8.1　计算公式

1. 功能函数

功能函数计算式为

$$F(X_1, X_2, X_3, \cdots, X_n) - 1 = 0 \qquad (2-19)$$

式中　　F——安全系数；

$X_1, \cdots, X_n$——影响安全系数的因素，本计算主要考虑岩体抗剪强度参数 f 和 c。

2. 可靠度指标

可靠度指标计算式为

$$\beta = \frac{\mu_F - 1}{\sigma_F} \qquad (2-20)$$

式中　　μ_F——安全系数的平均值；

σ_F——安全系数的标准差。

3. 不确定参数标准差

不确定参数标准差计算式为

$$\sigma_X = \frac{X_{ub} - X_{lb}}{6} \qquad (2-21)$$

式中　　σ_X——确定参数的标准差；

X_{ub}——不确定参数的上限值；

X_{lb}——不确定参数的下限值。

4. 破坏概率

破坏概率计算式为

$$P_f = 1 - \varphi(\beta) \qquad (2-22)$$

式中　　P_f——破坏概率；

$\varphi(\beta)$——标准正态分布函数，可查正态分布表。

2.8.2　计算参数

以抗剪强度参数 f 和 C 为不确定参数，分别求取其平均值和标准差，可靠度分析强度参数表见表 2-23。

表 2-23　　　　　　　　　　　　可靠度分析强度参数表

不确定参数	下限值	上限值	平均值 μ	标准差 σ	$\mu + \sigma$	$\mu - \sigma$
f	0.36	0.46	0.41	0.02	0.43	0.39
C	20.00	26.25	23.13	1.04	24.17	22.08

2.8.3　计算工况

根据规范要求，并结合雾江滑坡体的基本特点，边坡稳定可靠度评价计算工况同本书第 2.5.1 节的计算工况。

2.8.4　施工期自然边坡

施工期自然边坡各工况下的稳定可靠度评价计算成果见表 2-24～表 2-28。

表 2－24　自然边坡施工常水位 248.00m 工况下的可靠度评价计算成果表

计算滑移模式	计算剖面	安全系数 F	黏聚力 C 一定			摩擦系数 f 一定			安全系数标准差 σ_F	可靠度指标 β	破坏概率 P_f
			F_f^+	F_f^-	ΔF_f	F_c^+	F_c^-	ΔF_c			
中部至底部沿滑带剪出	纵1	1.00	1.04	0.96	0.08	1.05	0.95	0.09	0.060		
	纵2	1.04	1.08	1.00	0.08	1.09	0.99	0.09	0.062		
	纵3	1.10	1.14	1.06	0.09	1.15	1.05	0.10	0.066		
	纵4	1.03	1.07	0.99	0.08	1.08	0.98	0.09	0.062		
4个剖面平均值		1.04							0.062	0.68	0.248
顶部至底部沿滑带剪出	纵1	1.05	1.09	1.01	0.08	1.10	1.00	0.09	0.063		
	纵2	1.09	1.13	1.05	0.08	1.14	1.04	0.10	0.065		
	纵3	1.11	1.15	1.07	0.08	1.16	1.06	0.10	0.066		
	纵4	1.00	1.04	0.96	0.08	1.05	0.95	0.09	0.060		
4个剖面平均值		1.06							0.064	0.98	0.164
水位变动带处沿圆弧滑动	纵1	1.10	1.14	1.06	0.08	1.15	1.05	0.09	0.066		
	纵2	1.08	1.12	1.04	0.08	1.13	1.03	0.10	0.065		
	纵3	1.00	1.04	0.96	0.08	1.05	0.95	0.10	0.060		
	纵4	1.17	1.22	1.12	0.09	1.22	1.12	0.11	0.070		
4个剖面平均值		1.09							0.065	1.34	0.090

表 2－25　自然边坡 20 年一遇度汛水位 264.17m 工况下的可靠度评价计算成果表

计算滑移模式	计算剖面	安全系数 F	黏聚力 C 一定			摩擦系数 f 一定			安全系数标准差 σ_F	可靠度指标 β	破坏概率 P_f
			F_f^+	F_f^-	ΔF_f	F_c^+	F_c^-	ΔF_c			
中部至底部沿滑带剪出	纵1	1.03	1.07	0.99	0.08	1.08	0.98	0.09	0.062		
	纵2	1.06	1.10	1.02	0.08	1.11	1.01	0.10	0.063		
	纵3	1.12	1.16	1.08	0.08	1.17	1.07	0.10	0.067		
	纵4	1.05	1.09	1.01	0.08	1.10	1.00	0.09	0.063		
4个剖面平均值		1.07							0.064	1.02	0.154
顶部至底部沿滑带剪出	纵1	1.07	1.11	1.03	0.08	1.12	1.02	0.09	0.064		
	纵2	1.1	1.14	1.06	0.08	1.15	1.05	0.10	0.066		
	纵3	1.13	1.17	1.09	0.09	1.18	1.08	0.10	0.068		
	纵4	1.02	1.06	0.98	0.08	1.07	0.97	0.09	0.061		
4个剖面平均值		1.08							0.065	1.24	0.108
水位变动带处沿圆弧滑动	纵1	1.25	1.30	1.20	0.10	1.31	1.19	0.11	0.075		
	纵2	1.16	1.21	1.11	0.09	1.21	1.11	0.10	0.069		
	纵3	1.04	1.08	1.00	0.08	1.09	0.99	0.10	0.062		
	纵4	1.15	1.20	1.10	0.09	1.20	1.10	0.10	0.069		
4个剖面平均值		1.15							0.069	2.18	0.015

表 2－26　自然边坡 100 年一遇度汛水位 274.55m 工况下的可靠度评价计算成果表

计算滑移模式	计算剖面	安全系数 F	黏聚力 C 一定			摩擦系数 f 一定			安全系数标准差 σ_F	可靠度指标 β	破坏概率 P_f
			F_f^+	F_f^-	ΔF_f	F_c^+	F_c^-	ΔF_c			
中部至底部沿滑带剪出	纵 1	1.05	1.09	1.01	0.08	1.10	1.00	0.09	0.063		
	纵 2	1.06	1.10	1.02	0.08	1.11	1.01	0.10	0.063		
	纵 3	1.12	1.16	1.08	0.09	1.17	1.07	0.10	0.067		
	纵 4	1.06	1.10	1.02	0.08	1.11	1.01	0.10	0.063		
4 个剖面平均值		1.07							0.064	1.13	0.129
顶部至底部沿滑带剪出	纵 1	1.08	1.12	1.04	0.09	1.13	1.03	0.10	0.065		
	纵 2	1.1	1.14	1.06	0.09	1.15	1.05	0.10	0.066		
	纵 3	1.13	1.17	1.09	0.09	1.18	1.08	0.10	0.068		
	纵 4	1.03	1.07	0.99	0.08	1.08	0.98	0.09	0.062		
4 个剖面平均值		1.09							0.065	1.31	0.095
水位变动带处沿圆弧滑动	纵 1	1.32	1.37	1.27	0.10	1.38	1.26	0.12	0.079		
	纵 2	1.22	1.27	1.17	0.10	1.27	1.17	0.11	0.073		
	纵 3	1.11	1.15	1.07	0.09	1.16	1.06	0.10	0.066		
	纵 4	1.18	1.23	1.13	0.10	1.23	1.13	0.11	0.071		
4 个剖面平均值		1.21							0.072	2.87	0.002

表 2－27　自然边坡水位骤降工况下的可靠度评价计算成果表

计算滑移模式	计算剖面	安全系数 F	黏聚力 C 一定			摩擦系数 f 一定			安全系数标准差 σ_F	可靠度指标 β	破坏概率 P_f
			F_f^+	F_f^-	ΔF_f	F_c^+	F_c^-	ΔF_c			
中部至底部沿滑带剪出	纵 1	0.99	1.03	0.95	0.08	1.03	0.95	0.09	0.059		
	纵 2	1.02	1.06	0.98	0.08	1.07	0.97	0.09	0.061		
	纵 3	1.07	1.11	1.03	0.08	1.12	1.02	0.10	0.064		
	纵 4	1.02	1.06	0.98	0.08	1.07	0.97	0.09	0.061		
4 个剖面平均值		1.03							0.061	0.41	0.341
顶部至底部沿滑带剪出	纵 1	1.04	1.08	1.00	0.09	1.09	0.99	0.09	0.062		
	纵 2	1.07	1.11	1.03	0.09	1.12	1.02	0.10	0.064		
	纵 3	1.09	1.13	1.05	0.09	1.14	1.04	0.10	0.065		
	纵 4	0.99	1.03	0.95	0.08	1.03	0.95	0.09	0.059		
4 个剖面平均值		1.05							0.063	0.76	0.224
水位变动带处沿圆弧滑动	纵 1	1.07	1.11	1.03	0.08	1.12	1.02	0.10	0.064		
	纵 2	0.95	0.99	0.91	0.08	0.99	0.91	0.09	0.057		
	纵 3	0.9	0.94	0.86	0.07	0.94	0.86	0.08	0.054		
	纵 4	1.01	1.05	0.97	0.08	1.06	0.96	0.09	0.060		
4 个剖面平均值		0.98							0.059	(0.30)	—

表 2-28　　　　　　　　　自然边坡各工况稳定可靠度评价计算成果汇总表

工　况	滑移模式	安全系数平均值 μ_F	安全系数标准差 σ_F	可靠度指标 β	破坏概率 P_f
施工期常水位 248.00m	中部至底部沿滑带剪出	1.04	0.062	0.68	0.248
	顶部至底部沿滑带剪出	1.06	0.064	0.98	0.164
	滑体内部按圆弧剪出	1.09	0.065	1.34	0.090
20 年一遇度汛水位 264.17m	中部至底部沿滑带剪出	1.07	0.064	1.02	0.154
	顶部至底部沿滑带剪出	1.08	0.065	1.24	0.108
	滑体内部按圆弧剪出	1.15	0.069	2.18	0.015
100 年一遇度汛水位 274.55m	中部至底部沿滑带剪出	1.07	0.064	1.13	0.129
	顶部至底部沿滑带剪出	1.09	0.065	1.31	0.095
	滑体内部按圆弧剪出	1.21	0.072	2.87	0.002
水位骤降工况	中部至底部沿滑带剪出	1.03	0.061	0.41	0.341
	顶部至底部沿滑带剪出	1.05	0.063	0.76	0.224
	滑体内部按圆弧剪出	0.98	0.059	(0.30)	—

从施工期的边坡稳定可靠度计算成果可知：

（1）当库水位为施工期常水位 248.00m 时，边坡不同滑移模式的破坏概率为 0.090～0.248；当库水位为 264.17m 时，其破坏概率为 0.015～0.154；当库水位为 274.55m 时，其破坏概率为 0.002～0.129；施工期库水位上升，边坡稳定可靠度升高、破坏概率降低；施工期各水位下滑体内部按圆弧剪出破坏概率最低，顶部至底部沿滑带剪出次之，中部至底部沿滑带剪出破坏概率最大。

（2）水位骤降期间，边坡不同滑移模式的破坏概率为 0.224～0.341，可见自然边坡在施工期水位骤降时稳定可靠度降低，边坡破坏概率较大。

2.8.5　运行期自然边坡

运行期自然边坡各工况下稳定可靠度评价计算成果见表 2-29。

表 2-29　　　　　　　　运行期自然边坡各工况下稳定可靠度评价计算成果

工　况	滑移模式	安全系数平均值 μ_F	安全系数标准差 σ_F	可靠度指标 β	破坏概率 P_f
正常蓄水位 313.00m	中部至底部沿滑带剪出	1.11	0.066	1.65	0.050
	顶部至底部沿滑带剪出	1.11	0.066	1.59	0.056
	滑体内部按圆弧剪出	1.41	0.084	4.83	0.000
313.00m 水位＋暴雨	中部至底部沿滑带剪出	1.10	0.066	1.55	0.061
	顶部至底部沿滑带剪出	1.09	0.065	1.41	0.079
	滑体内部按圆弧剪出	1.37	0.082	4.53	0.000
校核水位 320.27m	中部至底部沿滑带剪出	1.12	0.067	1.79	0.037
	顶部至底部沿滑带剪出	1.11	0.066	1.65	0.050
	滑体内部按圆弧剪出	1.40	0.084	4.75	0.000

工　　况	滑移模式	安全系数平均值 μ_F	安全系数标准差 σ_F	可靠度指标 β	破坏概率 P_f
水位骤降工况	中部至底部沿滑带剪出	1.06	0.063	0.95	0.171
	顶部至底部沿滑带剪出	1.07	0.064	1.06	0.145
	滑体内部按圆弧剪出	1.22	0.073	2.98	0.001

从运行期自然边坡的稳定可靠度计算成果可知：

当库水位为正常水位 313.00m 时，边坡不同滑移模式的破坏概率为 0.000～0.056；当库水位 313.00m 时遭遇强降雨，其破坏概率为 0.000～0.079；当库水位为校核水位 320.27m 时，其破坏概率为 0.000～0.050；当运行期库水位骤降时，其破坏概率为 0.001～0.171；运行期库水位上升，边坡稳定可靠度升高、破坏概率降低；运行期各水位下滑体内部按圆弧剪出破坏概率最低，中部至底部沿滑带剪出次之，顶部至底部沿滑带剪出破坏概率最大；水位骤降期间，边坡不同滑移模式的破坏概率有所增大。

2.8.6　施工期现有工程措施下边坡

施工期现有措施下边坡各工况稳定可靠度评价计算成果见表 2-30。

表 2-30　　　　施工期现有措施下边坡各工况稳定可靠度评价计算成果

工　　况	滑移模式	安全系数平均值 μ_F	安全系数标准差 σ_F	可靠度指标 β	破坏概率 P_f
施工常水位 248.00m	中部至底部沿滑带剪出	1.13	0.068	1.92	0.027
	顶部至底部沿滑带剪出	1.12	0.067	1.76	0.039
	滑体内部按圆弧剪出	1.35	0.081	4.35	0.000
20 年一遇度汛水位 264.17m	中部至底部沿滑带剪出	1.14	0.068	2.08	0.009
	顶部至底部沿滑带剪出	1.12	0.067	1.82	0.034
	滑体内部按圆弧剪出	1.38	0.083	4.58	0.000
100 年一遇度汛水位 274.55m	中部至底部沿滑带剪出	1.15	0.069	2.18	0.015
	顶部至底部沿滑带剪出	1.13	0.068	1.89	0.029
	滑体内部按圆弧剪出	1.33	0.080	4.14	0.000
水位骤降工况	中部至底部沿滑带剪出	1.11	0.066	1.65	0.050
	顶部至底部沿滑带剪出	1.10	0.066	1.55	0.061
	滑体内部按圆弧剪出	1.27	0.076	3.58	0.000

从施工期现有工程措施下边坡的稳定可靠度计算成果可知：

（1）当库水位为施工期常水位 248.00m 时，边坡不同滑移模式的破坏概率为 0.000～0.039；当库水位为 264.17m 时，其破坏概率为 0.000～0.034；当库水位为 274.55m 时，其破坏概率为 0.000～0.029；当施工期库水位骤降时，其破坏概率为 0.000～0.061；施工期库水位上升，边坡稳定可靠度升高、破坏概率降低；施工期各水位下滑体内部按圆弧剪出破坏概率最低，中部至底部沿滑带剪出次之，顶部至底部沿滑带剪出破坏概率最大。

（2）水位骤降期间，边坡不同滑移模式的破坏概率在 0.000～0.061，可见边坡在施工期水位骤降时稳定可靠度有所下降，边坡破坏概率有所增大。

2.8.7　小结

从边坡稳定可靠度计算成果分析，关于雾江滑坡体现状边坡的稳定性评价结论性意见如下：

（1）自然边坡及现有工程措施下的边坡，无论是施工期还是运行期，库水位上升，边坡稳定可靠度升高、破坏概率降低；水位骤降期间，边坡不同滑移模式的破坏概率有所增大；变化趋势与安全系数法计算结果吻合。

（2）运行期自然边坡及施工期现有工程措施下边坡稳定可靠度相对较高，破坏概率水平较低，边坡稳定性较高。

2.9　本　章　小　结

（1）由扩建前雾江滑坡体监测资料分析来看：滑坡处于缓慢的蠕滑变形状态，其中，前缘变形大，后缘变形小。测斜孔的观测成果显示，滑坡体变形总体趋势随着深度的增加而减少，缓慢蠕滑变形尚未停止。

（2）由于雾江滑坡体多年的监测资料表明，即使在暴雨等特殊工况下，雾江滑坡体也基本处于稳定状态。但基于雾江滑坡体现场勘察取样的室内试验参数和地质建议参数进行雾江滑坡体稳定复核分析表明，雾江滑坡体室内试验参数和地质建议参数均偏低。为此，设计协同中国水利水电科学研究院、武汉大学和三峡大学，根据浐天河水库（原大坝）边坡状况，对力学参数进行反演，进而选用确定的雾江滑坡体强度参数为：天然（水上）$f=0.4$，$C=25\text{kPa}$；饱和（水下）$f=0.38$，$C=21\text{kPa}$。

（3）结合雾江滑坡体反演选定的强度参数，采用二维极限平衡法，对 4 个典型剖面，分别计算施工期自然边坡、运行期自然边坡、施工期初步设计治理方案下边坡的稳定性，分析结果表明：

1）随着库水位的抬升，抗滑稳定安全系数总体而言是逐渐加大，施工期水位骤降工况稳定安全系数较稳定渗流工况均有不同程度的下降，自然边坡在施工期水位骤降时存在安全系数降低的风险。

2）各施工洪水工况下安全系数基本能达到 2～3 级边坡施工期的安全系数要求，从相对安全度分析，采用部分压脚后，滑坡体在施工期是安全的。

（4）由于实际边坡是三维空间问题，为此，采用严格三维极限平衡法进行雾江滑坡体稳定性分析。建立了雾江滑坡体三维稳定性分析模型，重点分析了在自然条件、施工过程、运行期间的安全系数，得到结论：在自然条件、施工过程、运行期间三种不同工况下得到的安全系数分别为 1.105、1.212 和 1.159。一般情况下，三维计算得到的安全系数要大于平面问题得到的结果。三维计算成果能够从全局上掌握边坡的稳定性，是对平面计算的有益补充。

（5）综合雾江滑坡体的地质特征、边坡变形原型监测以及稳定性分析，由此判定浐天河扩建工程雾江滑坡体属于牵引式滑坡。

（6）采用基于安全系数的方法对边坡进行可靠度评价，分析表明：

1）自然边坡及初步设计治理方案下的边坡，无论是施工期还是运行期，库水位上升，边坡稳定可靠度升高、破坏概率降低；水位骤降期间，边坡不同滑移模式的破坏概率有所增大；变化趋势与安全系数法计算结果吻合。

2）运行期自然边坡及施工期初步设计治理方案下边坡稳定可靠度相对较高，破坏概率水平较低，边坡稳定性较高。

第3章 雾江滑坡体变形分析

3.1 概 述

本书采用刚体极限平衡法对雾江滑坡体稳定性进行了分析,然而刚体极限平衡法仅能分析滑坡体极限状态,不能反映滑坡体的变形性态,也不便于结合滑坡体监测资料进行实时在线监控。此外,雾江滑坡体地质勘探表明,滑坡体表层为砾质黏土,上部为散体结构,下部为破碎结构岩体,滑体最大厚度84m。文献检索表明,关于这类散粒体堆积滑坡体的变形参数和时变参数的文献报道少,缺乏相应的参考值。

随着计算技术的快速发展,采用非线性有限元法对雾江滑坡体变形进行计算分析,能更直观地反映滑坡体的变形性态。同样,滑坡体的变形参数和时变参数的可靠性直接制约着滑坡体变形性态计算的准确性。为此,本章首先介绍滑坡体变形分析方法,进而结合雾江滑坡体变形监测资料,重点探讨滑坡体变形参数和黏塑性参数的反演分析,然后基于反演参数,开展不同工况下二维边坡变形分析和三维边坡变形分析。

3.2 滑坡体变形分析方法

3.2.1 滑坡体屈服准则的选用

滑坡体的变形计算与屈服准则密切相关,因此要选择合适的岩土屈服准则。目前岩土工程上常采用广义 Mises 准则和莫尔-库仑准则。由于广义 Mises 准则可以认为是莫尔-库仑准则的扩展,本书主要介绍莫尔-库仑准则。

1. 屈服准则

莫尔-库仑准则假定作用在某一点的剪应力等于该点的抗剪强度时,该点发生破坏,剪切强度与作用在该面的正应力呈线性关系。莫尔-库仑准则是基于材料破坏时应力状态的莫尔圆提出的,破坏线是与这些莫尔圆相切的直线,如图 3-1 所示,莫尔-库仑准则表示为

$$\tau = C - \sigma \tan\phi \qquad (3-1)$$

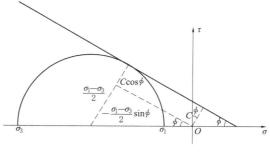

图 3-1 莫尔-库仑准则模型

式中　τ——剪切强度；

　　　σ——正应力；

　　　C——材料的黏聚力；

　　　ϕ——材料的内摩擦角。

从莫尔圆得到计算式为

$$\tau = s\cos\phi \tag{3-2}$$

$$\sigma = \sigma_m + s\sin\phi \tag{3-3}$$

将 τ 和 σ 代入式（3-1），则莫尔-库仑准则表示为

$$s + \sigma_m\sin\phi - C\cos\phi = 0 \tag{3-4}$$

式中　s——大小主应力差的一半，即为最大剪应力 $s = \dfrac{\sigma_1 - \sigma_3}{2}$；

　　　σ_m——大小主应力的平均值，$\sigma_m = \dfrac{\sigma_1 + \sigma_3}{2}$。

莫尔-库仑准则假定材料的破坏和中主应力无关，典型的岩土材料的破坏通常会受中主应力的影响，但这种影响比较小。因此，对于大部分岩土工程应用来说，莫尔-库仑准则都具有足够的精度。莫尔-库仑与 Drucker-Prager（Mises）在 π 平面上的屈服面如图 3-2 所示。

由图 3-2 可知，由于在 π 平面上莫尔-库仑准则模型为等边不等角的六边形，屈服面存在尖角，可能导致塑性流动方向不唯一。而广义 Mises 准则在主应力空间的屈服面为一圆锥面，在 π 平面上为圆形，不存在角点上的数值计算问题，因此，目前国际上流行的大型有限元软件 ANSYS、ABAQUS、MARC、NASTRAN 等均采用广义 Mises 准则，一般用它来代替莫尔-库仑准则。当选取合适的广义 Mises 准则强度参数时，广义 Mises 准则和莫尔-库仑准则计算结果十分接近。

各屈服准则在 π 平面上的曲线如图 3-3。

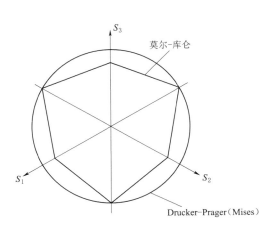

图 3-2　莫尔-库仑与 Drucker-Prager（Mises）
在 π 平面上的屈服面

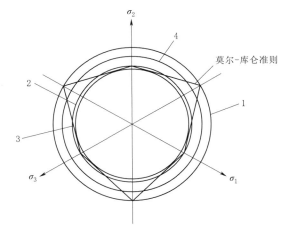

图 3-3　各屈服准则在 π 平面上的曲线

1—莫尔-库仑外角点外接圆准则；2—莫尔-库仑内角点外接圆；
3—莫尔-库仑内切圆准则；4—莫尔-库仑等面积圆准则

2. 流动势函数

流动势函数为

$$G=\sqrt{(\in C\mid_0\tan\psi)^2+(R_{mw}q)^2}-p\tan\psi \tag{3-5}$$

这里 p 为平均正应力，即

$$p=-\frac{1}{3}trace(\sigma) \tag{3-6}$$

q 为等效 Mises 应力，即

$$q=\sqrt{\frac{3}{2}(s:s)} \tag{3-7}$$

$$R_{mw}=\frac{4(1-e^2)\cos^2\Theta+(2e-1)^2}{2(1-e^2)\cos\Theta+(2e-1)\sqrt{4(1-e^2)\cos^2\Theta+5e^2-4e}}R_{mc} \tag{3-8}$$

$$R_{mc}=\frac{1}{\sqrt{3}\cos\phi}\sin\left(\Theta+\frac{\pi}{3}\right)+\frac{1}{3}\cos\left(\Theta+\frac{\pi}{3}\right)\tan\phi \tag{3-9}$$

式中 σ、s——应力和偏应力张量；

     $C\mid_0$——初始黏聚力；

     $\in$、e——势函数形状参数，一般 $\in$ 可取 0.1，e 可取为 0.5～1.0 中的一个数；

     R_{mc}——莫尔-库仑准则；

     Θ——偏极角；

     ψ——剪胀角。

π 平面上的偏极角如图 3-4 所示。

子午面上的势函数和 π 平面上的势函数分别如图 3-5、图 3-6 所示。

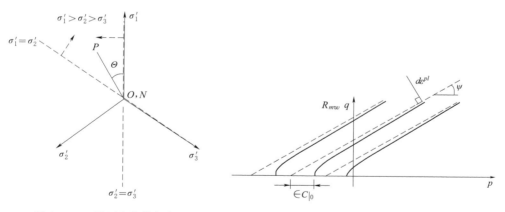

图 3-4 π 平面上的偏极角   图 3-5   子午面上的势函数

3.2.2 非线性有限元计算原理

采用非线性有限单元法来研究雾江滑坡体的应力-应变特性时，将荷载划分为若干增量，逐步施加。滑坡体的整体平衡方程可归结为如下非线性方程组

$$\{\psi\}=[K(\delta)]\{\delta\}-\{P\}=0 \tag{3-10}$$

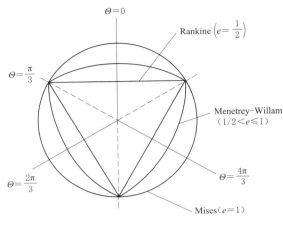

图 3-6　π 平面上的势函数

式中　$[K]$——整体刚度矩阵，与材料
所处的应变和应力状态
及加载历史有关，记为
$[K(\delta)]$。

求解非线性问题常用分段线性化的
应力应变曲线来代替实际的非线性的应
力应变曲线。设在计算中将总荷载 $\{P\}$
分为 m 级子增量，则总荷载可表述为

$$\{P\}=\sum_{j=1}^{m}\{\Delta P_j\} \qquad (3-11)$$

在施加第 i 级荷载增量后，结构上
实际承受的总荷载为

$$\{P_i\}=\sum_{j=1}^{i}\{\Delta P_j\} \qquad (3-12)$$

每级荷载增量将产生位移增量 $\{\Delta\delta_j\}$ 和应力增量 $\{\Delta\sigma_j\}$，因此在施加第 i 个荷载增
量后，位移和应力分别为

$$\{\delta_i\}=\sum_{j=1}^{i}\{\Delta\delta_j\} \qquad (3-13)$$

$$\{\sigma_i\}=\sum_{j=1}^{i}\{\Delta\sigma_j\} \qquad (3-14)$$

3.2.3　边坡变形分析的有限元强度折减法

边坡变形分析的有限元强度折减法是通过不断降低边坡岩土体抗剪切强度参数直至达
到极限破坏状态为止，计算程序自动根据弹塑性有限元计算结果得到滑动破坏面，同时得
到边坡的强度储备安全系数。

基于强度储备概念的安全系数 f_s 的定义为：当材料的抗剪强度参数 C、ϕ 分别用其
临界强度参数 C_c、ϕ_c 代替后，结构将处于临界平衡状态，其中

$$C_c=\frac{C}{f_s} \qquad (3-15)$$

$$\tan\phi_c=\frac{\tan\phi}{f_s} \qquad (3-16)$$

在用有限元法寻找 f_s 时，通常需要求解一系列具有下列强度参数 C_i 和 ϕ_i 的函数

$$C_i=\frac{C}{Z_i} \qquad (3-17)$$

$$\tan\phi_i=\frac{\tan\phi}{Z_i} \qquad (3-18)$$

式中　Z_i——强度折减系数。

若某一问题的解接近临界平衡状态，就将安全系数 f_s 取为对应的 Z_i。

采用有限元法进行滑坡体分析时，临界平衡状态的定义较多。一般认为，对于给定的
强度参数 C_i 和 ϕ_i，若能在给定的迭代次数内收敛，而对于稍低于 C_i 和 ϕ_i 的参数 C_i' 和

ϕ'_i，在给定的迭代次数内不能收敛，就认为结构已达到临界平衡状态。由于无法准确确定迭代次数，因此这一定义在使用上尚有不便。为此，将临界平衡状态定义为：当边坡内的塑性区能够形成潜在的滑移通道时的状态。

对于岩石类材料，若其满足莫尔-库仑准则，则其摩擦角 ϕ 和泊松比 ν 应满足不等式（3-19），即

$$\sin\phi \geqslant 1 - 2\nu \tag{3-19}$$

3.3 滑坡体变形参数反演分析

3.3.1 滑坡体变形参数反演分析思路

根据雾江滑坡体变形观测资料统计分析表明，滑坡体最大变形分布在滑坡前缘Ⅲ区，观测总水平位移变形量为 129.1～142.8mm，年均变形量为 9.2～10.2mm，局部出现崩滑和拉裂缝。总体上，滑坡体目前处于缓慢的变形状态，且滑坡体以缓慢蠕滑变形为主。

工程扩建前原水库的正常运行水位为 254.26m，从运行情况看，原水库水位分别经历过 240.00m 和 248.00m。而雾江滑坡体监测资料表明，原水库蓄水运行以来，雾江滑坡体的总变形在 30cm 左右。

（1）以滑坡体实测总变形 30cm 为依据。

（2）强度参数采用本书第 2 章中基于刚体极限平衡法的反演值。

（3）由水库水位 230.00m 工况计算应力场作为滑坡体初始应力场。

（4）初始变形参数采用设计提供的滑坡体压缩模量，计算模拟水库水位从 230.00m 经历 240.00m 和 248.00m 后滑坡体的变形，通过与滑坡体实测总变形 30cm 进行对比，进而反演获得滑坡体的变形参数。

3.3.2 地质建议变形参数复核

根据变形参数进行初步的边坡失稳分析：第一步计算自重应力；第二步考虑库水位 230.00m 的天然地下水位；第三步考虑水库蓄水到施工期水位 248.00m。

水位 230.00m 时滑坡体地下水位线和应力场如图 3-7 所示。图 3-8 为地质建议变形参数下滑坡体计算总变形。河床水位从 230.00m 上升到 240.00m，从水位 240.00m 上升到 248.00m 后滑坡体的计算总变形。

由图可知，水位从 230.00m 上升到 240.00m 后，在一级平台下部岩体出现较大的变形，最大变形在 1m 左右；水位上升到 248.00m 后，二级平台下部岩体出现较为显著的变形，最大变形部位在一级平台下部岩体，最大变形在 60cm 左右。

综上，岩体的总变形最大约为 1.6m，远大于监测资料中边坡变形量值，这说明地质建议参数的变形模量偏低，需要做进一步调整。

3.3.3 变形参数反演

通过多次试算和调整，最后把雾江滑坡体的变形模量由建议参数扩大约 5 倍，参数调整后滑坡体变形如图 3-9 所示。

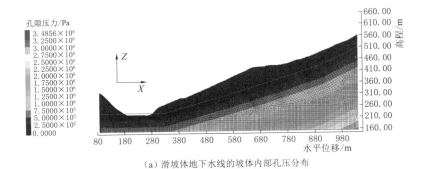

（a）滑坡体地下水线的坡体内部孔压分布

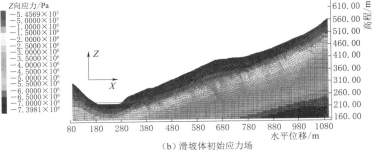

（b）滑坡体初始应力场

图 3-7　水位 230.00m 时滑坡体地下水位线和应力场

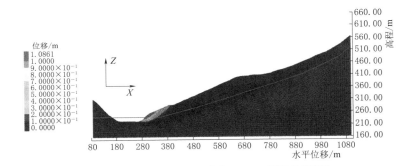

（a）水位从230.00m升到240.00m时滑坡体总变形

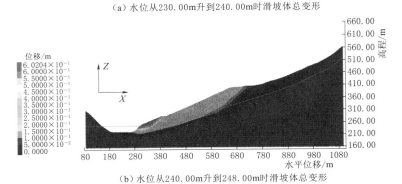

（b）水位从240.00m升到248.00m时滑坡体总变形

图 3-8　地质建议变形参数下滑坡体计算总变形

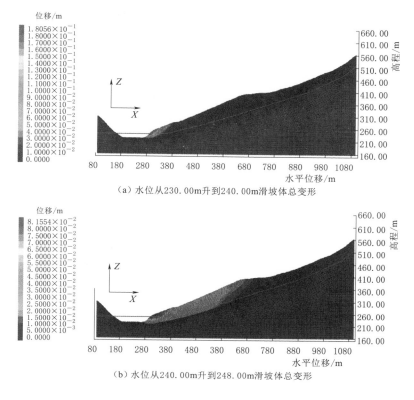

（a）水位从230.00m升到240.00m滑坡体总变形

（b）水位从240.00m升到248.00m滑坡体总变形

图3-9 参数调整后滑坡体计算总变形

由图可知，水位上升到240.00m后，在一级平台下部岩体出现较大的变形，最大变形在18cm左右；河床水位从240.00m升到248.00m，二级平台下部岩体出现较为显著的变形，最大变形部位在一级平台下部岩体，最大变形在8cm左右。

从上述反演结果看出，变形参数扩大5倍后，水位从230.00m升高到248.00m，分析得到边坡的最大总变形在26cm左右，因此认为采用此套变形参数得到滑坡体的变形与监测结果较为吻合。由此，滑坡体反演变形参数见表3-1。

表3-1 滑坡体反演变形参数表

岩 土 结 构 类 型	变形模量/MPa	泊松比
砾质黏土（滑坡体）Q_{I-3}^{del}、Q_{II-4}^{del}、Q_{III-3}^{del}	30.0	0.32
含黏土碎块石（滑坡体）Q_{I-2}^{del}、Q_{II-2}^{del}、Q_{III-3}^{del}、Q_{III-2}^{del}	55.5	0.30
似层碎裂岩体（滑坡体）Q_{III-1}^{del}、Q_{II-1}^{del}、Q_{I-1}^{del}	334	0.25
含黏土碎块石（崩塌堆积体）Q^{col}、$Q^{del+col}$	63	0.32
河床泥混砂砾石 Q_4^{al}	50.0	0.28
滑动面（带）	15.6	0.35

3.4　滑坡体弹-塑性参数反演分析

当进行滑坡体黏塑性参数反演分析时，存在强度参数、变形参数和时变参数等多个参数。针对多参数反演存在不唯一性，采用参数解耦的方法进行参数反演分析，即首先进行滑坡体强度参数的反演，然后基于实测变形进行滑坡体弹-黏塑性参数反演，对于滑坡体的容重和泊松比等参数则依据室内试验或工程类比确定。

3.4.1　弹-黏塑性本构模型及数值分析方法

1. 弹-黏塑性本构模型

当假定岩土材料的应力达到屈服极限时，就要产生黏塑性变形。由于弹-黏塑性模型构造简单，同时也可反映材料的黏塑性变形，为此，采用弹-黏塑性模型分析雾江滑坡体的蠕滑变形。

设复杂应力状态下的应力 σ 和应变 ε，则总应变速率为

$$\dot{\boldsymbol{\varepsilon}} = \dot{\boldsymbol{\varepsilon}}^e + \dot{\boldsymbol{\varepsilon}}^{vp} \tag{3-20}$$

式中　$\dot{\boldsymbol{\varepsilon}}$——总应变速率；

$\quad\quad\dot{\boldsymbol{\varepsilon}}^e$——弹性应变速率；

$\quad\quad\dot{\boldsymbol{\varepsilon}}^{vp}$——黏塑性应变速率。

应力速率计算式为

$$\dot{\boldsymbol{\sigma}} = \boldsymbol{D}\dot{\boldsymbol{\varepsilon}}^e \tag{3-21}$$

式中　$\boldsymbol{D}$——弹性矩阵。

据波兹纳（P. Perzyna）假设，黏塑性应变率 $\dot{\boldsymbol{\varepsilon}}^{vp}$ 与瞬时应力之间关系式为

$$\dot{\boldsymbol{\varepsilon}}^{vp} = \gamma \langle \Phi(F) \rangle \frac{\partial Q}{\partial \sigma} \tag{3-22}$$

式中　Q——塑性势，$Q = Q(\sigma,\ \varepsilon^{vp},\ k)$；

$\quad\quad\gamma$——流动系数；

$\quad\Phi(F)$——屈服函数的函数。

符号 $\langle\ \rangle$ 的意义为

$$\left.\begin{array}{l}\langle \Phi(x) \rangle = \Phi(x)\ (x > 0) \\ \langle \Phi(x) \rangle = 0 \quad\quad (x \leqslant 0)\end{array}\right\} \tag{3-23}$$

不同的函数 Φ，有时也可简单地取为

$$\Phi(F) = \frac{F}{F_0} \tag{3-24}$$

式中　F——屈服函数；

$\quad\quad F_0$——常数。

如果采用关联流动法则，即假定 $Q \equiv F$，则有

$$\begin{cases} \dfrac{\partial Q}{\partial \sigma} = \dfrac{\partial F}{\partial \sigma} = \dfrac{\partial F}{\partial I_1}\dfrac{\partial I_1}{\partial \sigma} + \dfrac{\partial F}{\partial (J_2^{1/2})}\dfrac{\partial (J_2^{1/2})}{\partial \sigma} + \dfrac{\partial F}{\partial J_3}\dfrac{\partial J_3}{\partial \sigma} = C_1\dfrac{\partial I_1}{\partial \sigma} + C_2\dfrac{\partial (J_2^{1/2})}{\partial \sigma} + C_3\dfrac{\partial J_3}{\partial \sigma} \\[4mm] \dfrac{\partial I_1}{\partial \sigma} = \begin{bmatrix} 1 & 1 & 1 & 0 & 0 & 0 \end{bmatrix}^{\mathrm{T}} \\[4mm] \dfrac{\partial (J_2^{1/2})}{\partial \sigma} = \dfrac{1}{2J_2^{1/2}}\begin{bmatrix} s_x & s_y & s_z & 2\tau_{xy} & 2\tau_{yz} & 2\tau_{zx} \end{bmatrix}^{\mathrm{T}} \\[4mm] \dfrac{\partial J_3}{\partial \sigma} = \begin{Bmatrix} s_y s_z - \tau_{yz}^2 \\ s_z s_x - \tau_{zx}^2 \\ s_x s_y - \tau_{xy}^2 \\ 2(\tau_{yz}\tau_{zx} - s_z\tau_{xy}) \\ 2(\tau_{xy}\tau_{zx} - s_x\tau_{yz}) \\ 2(\tau_{xy}\tau_{yz} - s_y\tau_{zx}) \end{Bmatrix} + \dfrac{1}{3}J_2\begin{Bmatrix} 1 \\ 1 \\ 1 \\ 0 \\ 0 \\ 0 \end{Bmatrix} \end{cases} \tag{3-25}$$

式中　s_{ij}——偏应力；

$\quad\quad I_1$——应力第一不变量；

J_2、J_3——应力偏量第二和第三不变量。

边坡工程上常采用莫尔-库仑屈服函数

$$F = \frac{1}{3}I_1\sin\phi + \sqrt{J_2}\left(\cos\theta - \frac{1}{\sqrt{3}}\sin\theta\sin\phi\right) - C\cos\phi \tag{3-26}$$

式中　C——黏聚力；

$\quad\quad \phi$——内摩擦角；

$\quad\quad \theta$——Lode 角。

则

$$\begin{cases} C_1 = \dfrac{1}{3}\sin\phi \\[3mm] C_3 = \dfrac{\sqrt{3}\sin\theta + \sin\phi\cos\theta}{2J_2\cos3\theta} \\[3mm] C_2 = \cos\theta\left[1 + \tan\theta\tan3\theta + \dfrac{\sin\phi(\tan3\theta - \tan\theta)}{\sqrt{3}}\right] \end{cases} \tag{3-27}$$

其中

$$-\frac{\pi}{6} \leqslant \theta = \frac{1}{3}\sin^{-1}\left(-\frac{3\sqrt{3}}{2}\frac{J_3}{J_2^{\frac{3}{2}}}\right) \leqslant \frac{\pi}{6} \tag{3-28}$$

2. 弹-黏塑性有限元公式及计算步骤

弹-黏塑性的有限元公式为

$$\boldsymbol{K}\boldsymbol{\delta} = \boldsymbol{R} + \boldsymbol{F}^{vp} \tag{3-29}$$

$$\boldsymbol{F}^{vp} = \sum_e \int_v \boldsymbol{B}^{\mathrm{T}}\boldsymbol{D}\boldsymbol{\varepsilon}^{vp}\mathrm{d}v \tag{3-30}$$

式中　$\boldsymbol{K}$——刚度矩阵；

$\boldsymbol{\delta}$——位移列阵；

$\boldsymbol{R}$——外荷载列阵；

$\boldsymbol{F}^{vp}$——黏塑性应变引起的等效荷载列阵；

$\boldsymbol{B}$——应变位移矩阵；

$\boldsymbol{D}$——弹性矩阵。

具体计算步骤归纳如下：

（1）设已知第 n 次时步的应力 σ_n，位移 δ_n，黏塑性应变 ε_n^{vp}，外荷载 R_n，计算出黏塑性应变率 $\dot{\boldsymbol{\varepsilon}}_n^{vp}$。

（2）采用前差分析式（显式）计算黏塑性应变 ε^{vp} 的增量为

$$\Delta \boldsymbol{\varepsilon}_n^{vp} = \dot{\boldsymbol{\varepsilon}}_n^{vp} \Delta t \tag{3-31}$$

如果外荷载 R_n 在该时刻也有变化，取为 R_{n+1}，则

$$\begin{cases} F_{n+1}^{vp} = \sum_e \int_v B^T D \boldsymbol{\varepsilon}_{n+1}^{vp} dv \\ \boldsymbol{\varepsilon}_{n+1}^{vp} = \boldsymbol{\varepsilon}_n^{vp} + \Delta \boldsymbol{\varepsilon}_n^{vp} \end{cases} \tag{3-32}$$

（3）解式（3-29），计算出 $n+1$ 时刻位移 δ_{n+1}，则

$$\delta_{n+1} = K^{-1}(R_{n+1} + F_{n+1}^{vp}) \tag{3-33}$$

（4）由几何方程确定 $n+1$ 时刻应变 ε_{n+1}，则

$$\sigma = D(\varepsilon - \varepsilon^{vp}) \tag{3-34}$$

求得 $n+1$ 时刻应力 σ_{n+1}，则 t_{n+1} 时步的 σ_{n+1}，δ_{n+1}，ε_{n+1}^{vp}，F_{n+1}^{vp} 都已知，再可重复计算下一时步。依次类推，可求得应力和应变随时间变化的发展曲线。

3.4.2　弹-黏塑性参数反演步骤

采用正交设计法和优化算法相结合进行弹-黏塑性参数反演，分两个步骤：

（1）步骤 1：采用正交设计-数值计算方法确定弹-黏塑性参数的初始值。

（2）步骤 2：然后在步骤 1 获得初始值的基础上，采用优化算法-数值计算方法进行弹-黏塑性参数优化反演。

步骤 1 的主要思想是首先设置待反演参数的取值水平，利用正交设计方法在待反演参数的可能取值空间中构造参数取值组合，形成待反演参数的若干个取值集合。把每一个待反演参数取值集合输入给雾江滑坡体弹-黏塑性有限元模型进行正分析，计算出关键点的位移值，比较计算位移和实测位移，选取计算位移和实测位移最接近的参数组合作为步骤 2 优化反演分析的初始值。

步骤 2 的基本思想是基于步骤 1 确定的弹-黏塑性参数初始值，假定若干待反演弹黏塑性参数的值，将其代入雾江滑坡弹-黏塑性有限元模型进行正分析，计算出雾江滑坡在假定参数下的响应 U，再将此计算响应 U 与实测响应 U^* 进行比较，当两者的差值达到最小值时，认为该假定的参数值为最优参数。

本书采用单纯形优化算法进行雾江滑坡弹-黏塑性参数优化反演。

3.4.3　雾江滑坡体强度参数反演

详见本书第 2.4.5 节。

3.4.4 基于正交设计和优化算法反馈雾江滑坡体弹黏塑性参数

首先采用正交设计法获得优化反演分析的初始值，然后基于上一步骤获得的初始值，采用单纯形优化算法进行局部寻优，从而获得最优的反演参数。

1. 反演参数的确定和反演参数取值范围

虽然雾江滑坡体开展了变形观测，但变形观测资料仍显不足，又由于基于观测变形反演滑坡体的力学参数是综合等效参数，为此，假设水上和水下的滑坡体的弹性模量相同，水上、水下的滑带的弹性模量也相同，且滑坡体和滑带的黏滞系数相同，即选取滑坡体的综合等效弹性模量 E_{sm}、滑带的综合等效弹性模量 E_{sb} 和综合等效黏滞系数 η 作为待反演参数。依据工程经验及敏感性数值分析，参数取值范围为 $E_{sm} \in [100, 200]\mathrm{MPa}$、$E_{sb} \in [5, 45]\mathrm{MPa}$、$\eta \in [2, 10] \times 10^4 \mathrm{Pa} \cdot \mathrm{d}$。采用正交表进行参数组合，典型钻孔高程处年蠕滑率见表3-2。

表 3-2 　　　　　　　　　　典型钻孔高程处年蠕滑率

试验编号	滑坡体 E_{sm}/MPa	滑带 E_{sb}/MPa	黏滞系数 $\eta/(10^4\mathrm{Pa} \cdot \mathrm{d})$	高程266.38m $u_1/(\mathrm{cm}/年)$	高程362.88m $u_2/(\mathrm{cm}/年)$
1	100	5	2	16.715	5.654
2	100	15	4	7.564	2.659
3	100	25	6	5.139	1.799
4	100	35	8	3.970	1.372
5	100	45	10	3.272	1.118
6	125	5	4	8.368	3.195
7	125	15	6	5.261	1.811
8	125	25	8	3.967	1.347
9	125	35	10	3.237	1.084
10	125	45	2	14.801	5.241
11	150	5	6	6.069	2.503
12	150	15	8	4.098	1.422
13	150	25	10	3.256	1.088
14	150	35	2	12.730	5.157
15	150	45	4	7.034	2.608
16	175	5	8	4.911	2.152
17	175	15	10	3.402	1.197
18	175	25	2	12.919	5.232
19	175	35	4	7.267	2.618
20	175	45	6	4.829	1.724
21	200	5	10	4.197	1.930
22	200	15	2	13.745	5.350

续表

试验编号	滑坡体 E_{sm}/MPa	滑带 E_{sb}/MPa	黏滞系数 $\eta/(10^4\mathrm{Pa\cdot d})$	高程 266.38m u_1/(cm/年)	高程 362.88m u_2/(cm/年)
23	200	25	4	7.953	2.661
24	200	35	6	4.855	1.717
25	200	45	8	3.709	1.271

2. 有限元模型和计算荷载

建立雾江滑坡体典型剖面有限元模型，如图 3-10 所示。在剖分的 2643 个四边形等参单元中，滑床 1885 个单元；滑体 674 个单元；滑带 84 个单元。计算荷载为滑坡体的自重和库水位 253.30mm 对应的渗流体荷载。滑坡体底部为完全位移约束，左右侧为法向位移约束。

工程实践表明，由于自重引起滑坡的变形已经完成，自重应当作为初始应力施加。而在渗流体荷载作用下，滑坡体有限元模型首先产生一个瞬时变形，然后产生减速蠕变和等速蠕变。此时，计算位移和实测位移难以直接进行比

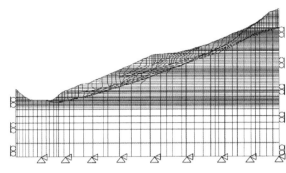

图 3-10 雾江滑坡体典型剖面有限元模型

较。由于监测表明，雾江滑坡体目前处于缓慢蠕滑过程中，即选取关键点实测年蠕滑率和计算年蠕滑率进行对比是可行的，而且当采用年蠕滑率进行对比时，由于对比的位移是相对位移，此时自重可以作为初始应力考虑，也可以作为外荷载考虑，两种考虑方式对年蠕滑率的影响很小。为此，采用关键点年蠕滑率（相对值）进行反演分析。

3. 基于正交设计法获得初始值

首先根据雾江滑坡体多年实测地下水位条件进行滑坡体的稳定渗流场分析，然后由势头函数计算渗流体积力，将自重和渗流体积力施加于滑坡体，浸润线以下采用水下容重，反之采用水上容重；浸润线以下的渗流体积力在垂直向考虑浮力。假定滑坡体满足莫尔-库仑屈服准则，同时假定滑坡体满足理想黏塑性体，由波兹纳（P.Perzyna）假设计算黏塑性应变率，设 $\Phi(F)=\dfrac{F}{F_0}$，$F_0=C\cos\phi$，结合典型剖面的有限元模型，采用弹-黏塑性有限元计算程序进行滑坡体蠕变分析，累计计算时间 5400d，时间步在初期采用 10d，在后期采用 20d。

计算表明，由于滑坡体和滑带的强度参数是假定滑坡体稳定系数为 1.0 反演所得，因此，滑坡体首先产生一个瞬时变形，然后产生减速蠕变，最后处于缓慢等速蠕滑状态，等速蠕滑率与滑坡体的弹性模量和黏滞系数关系密切。通过计算，获得 25 种不同参数组合下的 VL3C 钻孔（高程 266.38m）深度 1m 处和 VL1C 钻孔（高程 362.88m）深度 1m 处的等速年蠕滑率。试验编号 16 和试验编号 21 的参数组合对应的关键点位置的计算年蠕滑

率与实测年蠕滑率较接近，即滑坡体的弹性模量较大，而滑带的弹性模量较小。

4. 基于单纯形优化算法的局部寻优

分别选取表 3-2 中试验编号 16 的参数组合（$E_{sm}=175\text{MPa}$、$E_{sb}=5\text{MPa}$ 和 $\eta=8\times10^4\text{Pa}\cdot\text{d}$）和试验编号 21 的参数组合（$E_{sm}=200\text{MPa}$、$E_{sb}=5\text{MPa}$ 和 $\eta=10\times10^4\text{Pa}\cdot\text{d}$）作为初始值，采用单纯形优化算法进行局部寻优。由于单纯形优化反演方法在反演分析时，容易陷入局部最优，为此，在反演过程中，寻优 10 次后，在当前最优值的基础上按一定幅度扰动，如此反复，直到获得最优反演值。优选出滑坡体弹性模量 $E_{sm}=228.462\text{MPa}$、滑带弹性模量 $E_{sb}=3.363\text{MPa}$ 和黏滞系数 $\eta=10.952\times10^4\text{Pa}\cdot\text{d}$。

5. 反演参数检验

将优选出的滑坡体参数进行弹-黏塑性有限元分析，经计算获得滑坡体不同高程处的关键点年蠕滑率见表 3-3。

表 3-3 关键点年蠕滑率

关键点	高程 266.38m	高程 285.00m	高程 322.37m	高程 362.88m	高程 390.00m	高程 433.90m
年蠕滑率/(cm/年)	4.348	2.875	2.500	2.267	2.073	0.938

由表 3-3 可知，VL1C 钻孔深度 1m 处（高程 362.88m）的年蠕滑率为 2.267cm/年，VL3C 钻孔深度 1m 处（高程 266.38m）的年蠕滑率为 4.348cm/年，与实测年蠕滑率 2.560cm/年 和 4.550cm/年 接近。这说明基于实测位移反馈的滑坡体弹黏塑性参数是可靠的。

3.5 二维边坡变形分析

3.5.1 滑坡体计算模型与计算条件

1. 代表剖面的选取

边坡潜在不稳定岩土体为三维结构体。其中最简单的三维结构体为双滑面滑动楔形体，应按三维计算。除冲沟内堆积体外，一般滑坡体底面常大致呈弧面形，中间较厚、两侧和前缘较薄，加之岩体内部裂隙切割，三维效应不大明显，作为安全储备，一般潜在不稳定岩土体宜按二维计算。边坡稳定计算剖面应平行于滑动方向，滑动方向应根据实测的平均位移方向，或根据滑动面或楔形体底面交线的倾向确定。每个代表性剖面应有其明确代表的区段范围。一个大型边坡或滑坡，其各区段滑动方向不尽相同，代表性剖面也不尽平行。

沿着滑坡滑动的主滑方向选取了 4 个剖面，足以覆盖整个滑坡体，代表整个滑坡体的特征。从位置上，剖面纵 2 几乎位于滑坡体的中间，更具有典型性，可以作为代表性剖面。因此，二维有限元分析均以剖面纵 2 作为研究对象。

2. 滑坡体计算模型

根据涔天河雾江滑坡体滑床等高线图和地质图等资料，以滑坡体为中心，滑坡体纵向

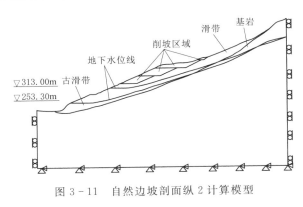

图 3-11　自然边坡剖面纵 2 计算模型

取 1000m 为计算范围，由此建立的雾江滑坡体自然边坡剖面纵 2 计算模型如图 3-11 所示。其中，以滑坡体水平向为 X 轴，计算范围从河床向坡体内延伸 1000m；Z 轴为竖直方向，计算范围从高程 0.00m 到地表。

3. 蓄水位 313.00m 时地下水面线获取

经过勘查单位的详细勘查，目前在库水位为 253.30m 时的地下水面线已比较明确，但扩建后蓄水水位为 313.00m 时，地下水面线是未知的。因此，必须获得 313.00m 的地下水面线，才能比较合理地计算该工况下滑坡体变形情况及稳定性情况。

一般情况下，当库水位上升或下降时，库区远处的水位是相对稳定的。另外，库水位高程是已知的，可以利用此特性，通过线性插值的方法得到蓄水位 313.00mm 的地下水面线。

3.5.2　滑坡体自然边坡有限元分析

结合剖面纵 2，对比进行水位 253.30m 和水位 313.00m 下雾江滑坡体自然边坡应力状态的应力变形计算。

1. 有限元计算模型与计算工况

（1）雾江滑坡体剖面纵 2 有限元模型如图 3-10 所示。滑坡体安全系数为 1.0，反演变形参数见表 3-1。

（2）本次计算考虑的荷载为自重荷载和渗流荷载。计算了 2 组不同水位工况如下：

1）工况 1-1：水位 253.30m 下雾江滑坡体自然边坡分析。

2）工况 1-2：水位 313.00m 下雾江滑坡体自然边坡分析。

（3）滑坡体横河向位移以指向边坡内（右边）为"+"，指向河床（左边）为"-"；垂直位移以上抬为"+"，下沉为"-"；应力以拉为"+"，压为"-"。

2. 滑坡体自然边坡有限元分析结果及分析

不同水位下自然边坡计算结果特征值见表 3-4，不同水位下自然边坡应力变形计算云图如图 3-12、图 3-13 所示。其中，滑坡体水平向位移和垂直向位移是相对于滑坡体零应力状态下的位移，该位移与观测位移不同。

表 3-4　　　　　　　　　　　不同水位下自然边坡计算结果特征值

水位	水平向位移/m	垂直向位移/m	最大等效塑性应变	第一主应力/MPa	第三主应力/MPa
253.30m	−0.341/0.016	−1.781	1.197×10^{-3}	0.5749	−5.831
313.00m	−0.299/0.017	−1.736	3.431×10^{-3}	0.4945	−5.741

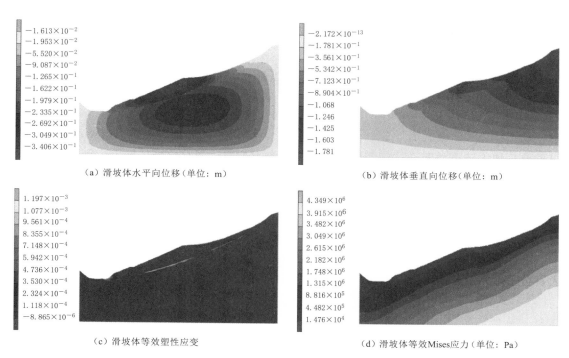

图 3-12 水位 253.30m 下滑坡体应力变形计算云图

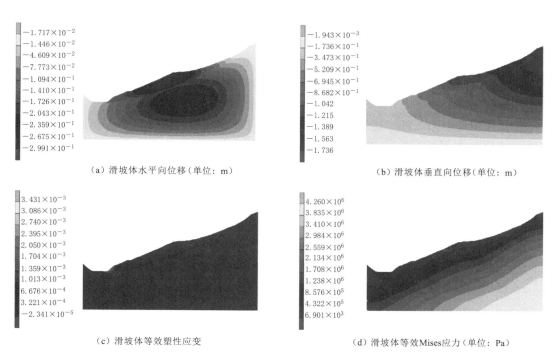

图 3-13 水位 313.00m 下滑坡体应力变形计算云图

（1）滑坡体位移。

1）水位升高，浮力增大，自然边坡水平向位移和垂直向位移均有一定程度的减小。水位 253.30m 时，自然边坡水平向位移和垂直向位移分别为 0.341m（河床向）、1.781m（下沉）；而水位 313.00m 时，自然边坡水平向位移和垂直向位移分别减小为 0.299m（河床向）、1.736m（下沉）。

2）在自重和渗流荷载作用下，由于计算位移是相对于零应力状态下的位移，计算位移值与观测位移差异较大。但从计算位移可知，水平向位移在高程 360.00～390.00m 区域的位移最大，垂直向位移在自然边坡右侧顶部位移最大，这是由于自然边坡右侧顶部的岩土层厚最大，受自重影响，该处压缩变形也最大。

（2）滑坡体等效塑性应变。等效塑性应变在古滑带及滑坡体剪出口最大。而水位升高，等效塑性应变逐渐增大。水位 253.30m 时，最大的等效塑性应变为 1.197×10^{-3}，而水位 313.00m 时，最大的等效塑性应变增大为 3.431×10^{-3}。

（3）滑坡体应力。随着水位升高，自然边坡的第一主应力和第三主应力均有一定程度的减小。

1）水位 253.30m 时，第一主应力为 0.5749MPa（拉应力）；第三主应力为 5.831MPa（压应力）。

2）水位 313.00m 时，第一主应力减小为 0.4945MPa（拉应力）；第三主应力减小为 5.741MPa（压应力）。

3.5.3　滑坡体初步设计治理方案非线性有限元分析

压脚高程至 263.00m，在高程 420.00m、390.00m、360.00m 和 330.00m 设置 4 个平台，对于剖面纵 2 对应的台阶宽度分别为 10m、30m、20m、64m。本节将对该初步设计治理方案进行施工仿真。

1. 有限元计算模型

对雾江滑坡体剖面纵 2 建立有限元模型，采用等参四边形单元剖分网格时，在同一套有限元网格中考虑 4 种不同方案下的开挖台阶高程、台阶宽度和压脚高程。雾江滑坡典型剖面有限元模型如图 3-10 所示。对于初步设计治理方案，开挖至不同高程并部分压脚时有限元模型如图 3-14 所示。

2. 计算条件与计算工况

（1）本次计算考虑的荷载为自重荷载、库水位 253.30m 对应的渗流荷载和相应的开挖释放荷载。其中，开挖过程中，开挖释放荷载计算式为

$$P = \sum_{i=1}^{M} \int_{V_i} \boldsymbol{B}^{\mathrm{T}} \sigma_0 \, \mathrm{d}V - \sum_{i=1}^{M} \int_{V_i} \boldsymbol{N}^{\mathrm{T}} \gamma \, \mathrm{d}V \tag{3-35}$$

式中　σ_0——开挖区域初始地应力场；

M——开挖掉的单元数；

γ——容重；

$\boldsymbol{B}$——应变位移矩阵；

$\boldsymbol{N}$——形函数矩阵。

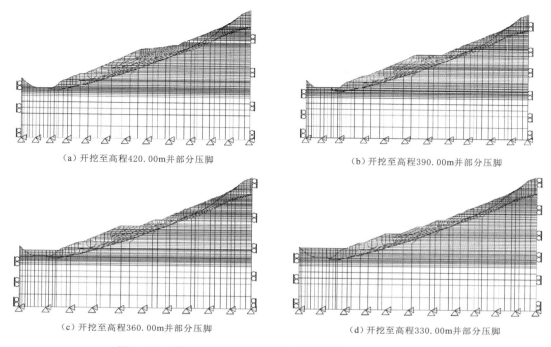

（a）开挖至高程420.00m并部分压脚　　　　　（b）开挖至高程390.00m并部分压脚

（c）开挖至高程360.00m并部分压脚　　　　　（d）开挖至高程330.00m并部分压脚

图 3-14　剖面纵 2 开挖至不同高程并部分压脚时有限元网格

（2）初步设计治理措施方案设计施工进度见表 3-5。针对该治理措施设计了两组计算工况如下：

1）工况 2-1：设计治理措施（滑床弹性模量 1GPa）；

2）工况 2-2：设计治理措施（滑床弹性模量 5GPa）。

表 3-5　　　　　　　　初步设计治理措施方案设计施工进度

次 序	台 阶	部 位
1		开挖至高程 420.00m
2	第 1 级台阶	开挖至高程 409.32m，压脚至高程 227.38m
3		开挖至高程 399.63m，压脚至高程 231.55m
4		开挖至高程 390.00m，压脚至高程 235.73m
5	第 2 级台阶	开挖至高程 378.73m，压脚至高程 239.77m
6		开挖至高程 365.00m，压脚至高程 243.82m
7		开挖至高程 360.00m，压脚至高程 249.24m
8	第 3 级台阶	开挖至高程 347.50m，压脚至高程 254.66m
9		开挖至高程 338.70m，压脚至高程 258.83m
10	第 4 级台阶	开挖至高程 330.00m，压脚至高程 263.00m

3. 滑坡体初步设计治理方案有限元仿真分析

设计治理措施（滑床弹性模量 1GPa）下施工期滑坡体位移云图如图 3-15 所示；

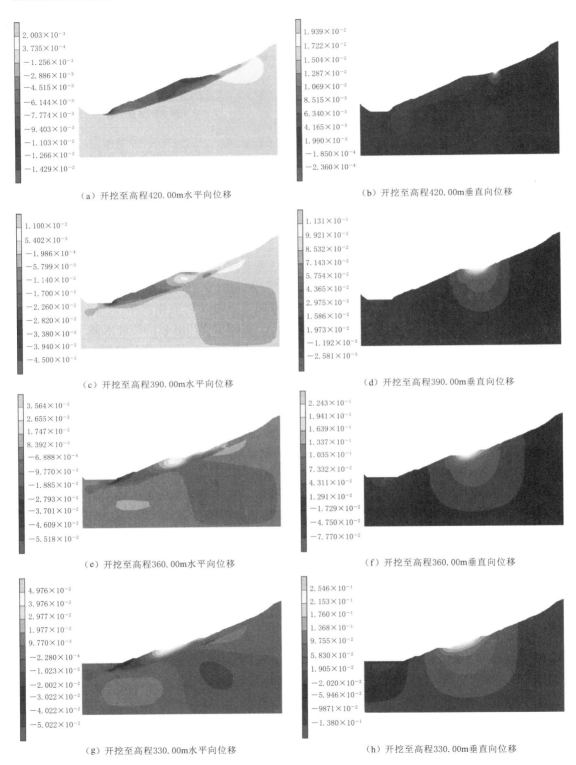

（a）开挖至高程420.00m水平向位移

（b）开挖至高程420.00m垂直向位移

（c）开挖至高程390.00m水平向位移

（d）开挖至高程390.00m垂直向位移

（e）开挖至高程360.00m水平向位移

（f）开挖至高程360.00m垂直向位移

（g）开挖至高程330.00m水平向位移

（h）开挖至高程330.00m垂直向位移

图 3-15　设计治理措施（滑床弹性模量 1GPa）下施工期滑坡体位移云图（单位：m）

典型部位变形随开挖步变化曲线如图3-16所示。图中位移均扣除了自重荷载和水位253.30m下稳定渗流荷载引起的初始位移。不同方案下滑坡体特征值计算结果见表3-6。

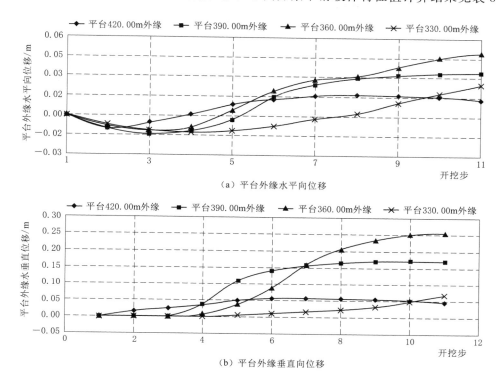

（a）平台外缘水平向位移

（b）平台外缘垂直向位移

图3-16 设计治理措施（滑床弹性模量1GPa）下典型部位变形随开挖步变化曲线

表3-6　　　　　　　　　不同方案下滑坡体特征值计算结果

设计治理措施	第1级台阶		第2级台阶		第3级台阶	
	水平向位移/cm	垂直向位移/cm	水平向位移/cm	垂直向位移/cm	水平向位移/cm	垂直向位移/cm
滑床1GPa	−7.145	1.939	−4.091	11.31	−1.548	22.43
滑床5GPa	−45.362	1.577	−4.178	7.885	−1.408	15.49

设计治理措施	第4级台阶		开挖前		第1级台阶	
	水平向位移/cm	垂直向位移/cm	第一主应力/MPa	第三主应力/MPa	第一主应力/MPa	第三主应力/MPa
滑床1GPa	−1.009	−0.716	0.5749	−5.831	0.5742	−5.827
滑床5GPa	25.46	16.95	0.5801	−5.829	0.5788	−5.825

设计治理措施	第2级台阶		第3级台阶		第4级台阶	
	第一主应力/MPa	第三主应力/MPa	第一主应力/MPa	第三主应力/MPa	第一主应力/MPa	第三主应力/MPa
滑床1GPa	0.5742	−5.803	0.5704	−5.792	0.5668	−5.79
滑床5GPa	0.5772	−5.802	0.5724	−5.791	0.5681	−5.79

续表

设计治理措施	等效塑性应变					
	开挖前	第 1 级台阶	第 2 级台阶	第 3 级台阶	第 4 级台阶	
滑床 1GPa	$1.197×10^{-3}$	$2.326×10^{-3}$	$4.169×10^{-3}$	$4.169×10^{-3}$	$4.169×10^{-3}$	
滑床 5GPa	$1.598×10^{-3}$	$2.483×10^{-3}$	$3.667×10^{-3}$	$3.874×10^{-3}$	$3.874×10^{-3}$	

（1）滑坡体位移。

1）由于目前雾江滑坡体处于缓慢蠕滑状态，计算采用的强度参数是假定库水位 253.30m 时自然边坡的安全系数为 1.0 的反演参数，因此，在初期开挖时，将一定程度扰动滑坡体，导致初期开挖，除了开挖平台处存在因削坡卸荷的回弹外，在其他区域也存在一定的变形。随着施工的进行，滑坡体的安全系数提高，开挖引起的变形主要发生在开挖平台附近。

2）随着滑床弹性模量的增加，滑坡体的位移逐渐减小，设计治理方案，开挖至高程 330 平台时，滑床弹性模量 1GPa 计算的垂直向位移为 25.46cm，而滑床弹性模量 5GPa 计算的垂直向位移减小为 16.95cm。

（2）滑坡体应力。不同滑床弹性模量，对滑坡体应力影响很小。滑坡体最大拉应力发生在滑坡体右侧 2/3 高度处，该拉应力主要是由渗流荷载引起，最大拉应力不超过 0.6MPa；而滑坡体最大压应力发生在滑坡体底部右端，该压应力主要是由自重荷载引起，最大压应力不超过 5.9MPa，该压应力近似等于该部位以上滑坡体厚度与浮容重的乘积。另外，在滑坡体表面也存在一定的拉应力，但拉应力值很小。

（3）滑坡体塑性区。在第 2～第 4 级台阶，等效塑性应变随着滑床弹性模量的增大而减小。

3.5.4　滑坡体治理后边坡非线性有限元分析

本节采用非线性有限元对工程治理后的雾江滑坡体进行分析，以分析设计治理措施治理后滑坡体的应变变形和塑性区分布。

1. 有限元计算模型与计算条件

（1）基于初步设计治理措施治理后滑坡体建立有限元计算模型，如图 3-14（d）所示，滑坡体安全系数为 1.0，反演变形参数见表 3-1。

（2）本次计算考虑的荷载为自重荷载和库水位 313m 对应的渗流荷载，假设滑床弹性模量为 1GPa。

2. 设计治理措施治理后滑坡体计算

设计治理措施（滑床弹性模量 1GPa）治理后应力变形云图如图 3-17 所示，边坡治理前后特征值见表 3-7。其中，滑坡体水平向位移和垂直向位移是相对于滑坡体零应力状态下的位移，该位移与观测位移不同。

对雾江滑坡体进行治理后，滑坡体的水平向位移和垂直向位移均有减小，对稳定有利；滑坡体的等效塑性应变减小，对稳定有利；治理前后滑坡体的应力差异较小。

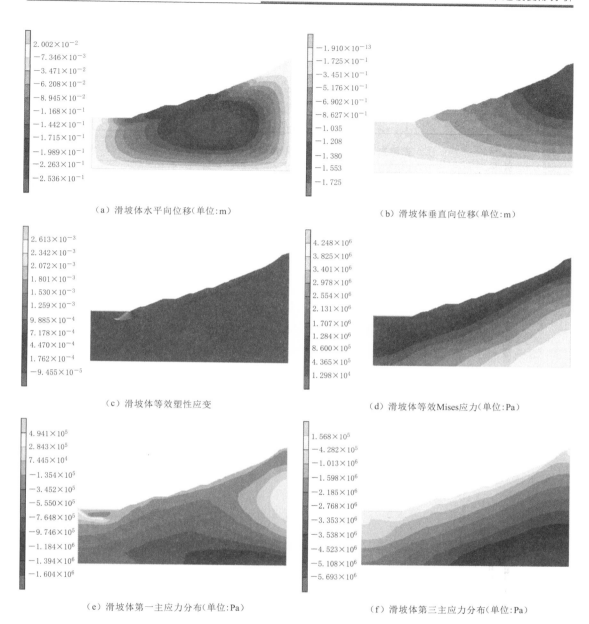

（a）滑坡体水平向位移（单位：m）

（b）滑坡体垂直向位移（单位：m）

（c）滑坡体等效塑性应变

（d）滑坡体等效Mises应力（单位：Pa）

（e）滑坡体第一主应力分布（单位：Pa）

（f）滑坡体第三主应力分布（单位：Pa）

图 3-17　设计治理措施（滑床弹性模量 1GPa）治理后应力变形云图

表 3-7　　　　　　　　　　　　　边坡治理前后特征值

边坡情况	水平向位移 /m	垂直向位移 /m	最大等效塑性应变	第一主应力 /MPa	第三主应力 /MPa
自然边坡	−0.299/0.017	−1.736	$3.431×10^{-3}$	0.4945	−5.741
初步设计治理措施	−0.253/0.020	−1.726	$2.613×10^{-3}$	0.4941	−5.693

3.6　三维边坡变形分析

3.6.1　FLAC 3D 软件简介

FLAC（Fast Lagrangian Analysis of Continua 连续介质快速拉格朗日分析）是由美国 ITASCA 公司研发推出的有限差分计算软件，也被称为拉格朗日元法程序，目前在全球七十多个国家已经得到了广泛应用，在国际土木工程领域享有盛誉。其包含二维有限差分程序（FLAC 2D）和三维有限差分程序（FLAC 3D）两个计算软件版本。FLAC 3D 是 FLAC 的扩展程序，不但包含了 FLAC 的所有功能，而且在其基础上做了进一步开发，使之能模拟计算三维岩土体和其他介质中的工程结构受力与变形形态。

FLAC 3D 软件中有两种输入模式：①人机交互模式，即通过键盘输入命令来控制软件的运行；②命令驱动模式，即写成命令（集）文件，其与批处理相类似，通过导入命令流文件来控制软件的运行。其中，命令驱动模式是 FLAC 3D 软件中主要的输入模式，在修改参数和调试命令等方面方便快捷。该软件内置有 11 种材料模型，包括三种弹性模型（各向同性弹性模型、正交各向异性弹性模型和横观各向同性弹性模型）和八种塑性模型（德鲁克-普拉格塑性模型、莫尔-库仑塑性模型、应变强化/软化莫尔-库仑塑性模型、遍布节理塑性模型、双线性应变强化/软化莫尔-库仑塑性模型、双屈服塑性模型、修正剑桥模型和霍克-布朗塑性模型）。

在采用 FLAC 3D 软件进行数值模拟计算时，基本工作包括：①生成有限差分网格，用来定义所分析模型的几何形状；②定义本构关系和和与之相对应的材料特性，用来表征模型在外力作用下的力学响应特征；③定义边界条件和初始条件，用来设定模型的初始状态。

完成三步基本工作后，可计算求解模型的初始状态，执行变更条件（开挖加载或变更其他模拟条件），进而计算求解获得模型对相应变更后的模拟条件做出的响应。

3.6.2　三维有限元模型与计算工况

1. 三维有限元模型

为全面了解滑坡体的变形规律，验证稳定分析成果，选用 FLAC 3D 软件，建立三维边坡计算模型，采用理想弹塑性本构模型，屈服准则为莫尔-库仑准则，材料参数采用前述中国水利水电科学研究院的反演参数，计算模型的底部边界采用全约束，其他 4 个竖直向边界采用法向约束。雾江滑坡体三维有限元计算模型如图 3-18 所示。

2. 计算工况

三维有限元计算分析现状边坡、施工期

图 3-18　雾江滑坡体三维有限元计算模型

部分压脚边坡以及削坡压脚边坡在施工期水位及正常蓄水位工况下边坡的稳定安全系数，工况组合见表 3-8。

表 3-8　　　　　　　　　　　三维有限元变形分析计算工况表

边坡所处阶段	工　况　组　合
现状边坡	施工期 20 年一遇洪水 264.17m
	施工期 100 年一遇洪水 274.55m
	正常蓄水位 313.00m
施工期部分压脚边坡	施工期 20 年一遇洪水 264.17m
	施工期 100 年一遇洪水 274.55m
	正常蓄水位 313.00m
削坡压脚边坡	施工期 20 年一遇洪水 264.17m
	施工期 100 年一遇洪水 274.55m
	正常蓄水位 313.00m

3.6.3　不同水位和方案下三维边坡极限状态分析

1. 正常水位 313.00m 下三维边坡极限状态变形分析

正常水位 313.00m 下，三种方案边坡在极限状体时的总变形如图 3-19 所示。三种方案边坡在极限状态时剖面纵 2-2 位移图如图 3-20 所示。

在库水位 313.00m 下，边坡不进行治理时，边坡的可能滑动范围后缘在二级平台，潜在滑动面由滑坡体内破坏面和滑动带组合形成；进行不完全压脚处理后，对坡脚滑坡体有了明显的阻滑作用，但对于二级平台部位滑坡体作用有限，潜在滑动面出现在二级平台滑坡体内部；压脚和削坡组合措施下，极限状态下滑坡体潜在滑动面基本沿滑动带失稳，底部从滑体内剪出，基本改变了牵引式滑坡的模式，安全系数会进一步提高。

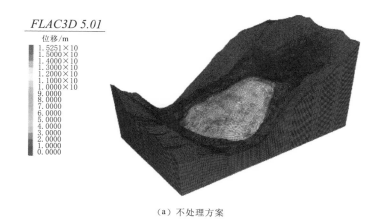

（a）不处理方案

图 3-19（一）　三种方案边坡在极限状体时的总变形（单位：m）

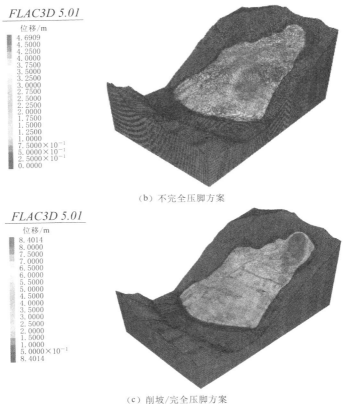

（b）不完全压脚方案

（c）削坡/完全压脚方案

图 3-19（二）　三种方案边坡在极限状体时的总变形（单位：m）

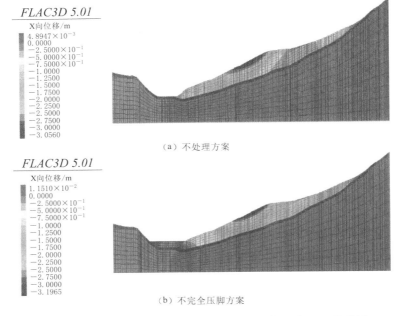

（a）不处理方案

（b）不完全压脚方案

图 3-20（一）　三种方案边坡在极限状态时剖面纵 2-2 位移图

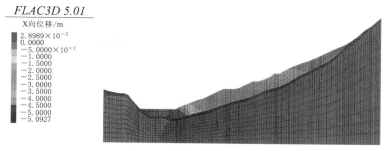

（c）削坡/完全压脚方案

图 3-20（二）　三种方案边坡在极限状态时剖面纵 2-2 位移图

2. 正常水位 313.00m 下三维边坡安全系数分析

采用强度折减法计算分析得到三种方案边坡折减系数与特征点位移曲线如图 3-21 所示。三种方案边坡折减曲线对比如图 3-22 所示。

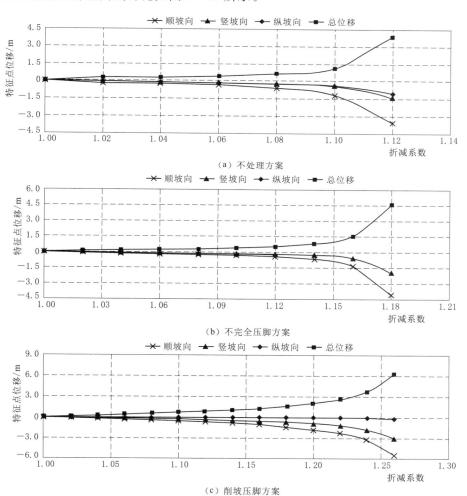

图 3-21　三种方案边坡折减系数与特征点位移曲线

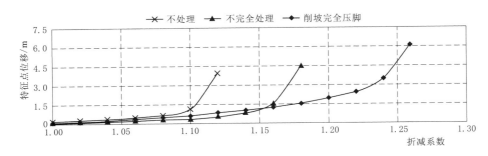

图 3-22　三种方案边坡折减曲线对比

当以折减系数与特征点位移曲线突变作为判据时，在正常水位下，自然边坡安全系数约为 1.10，不完全压脚处理方案下安全系数约为 1.15，相对提高 0.05，完全压脚和削坡综合处理后安全系数约为 1.22，相对提高 0.12 左右。

3. 三维边坡安全系数对比

三种方案边坡安全系数统计表见表 3-9。

表 3-9　　　　　　　　　　　　　三种方案边坡安全系数统计表

处理方案	20 年一遇洪水位 264.17m	100 年一遇洪水位 274.55m	正常运行水位 313.00m
不处理	1.04	1.06	1.10
不完全压脚	1.14	1.12	1.15
削坡/完全压脚	1.20	1.21	1.22

（1）在施工期和运行期各种水位下，边坡的安全系数都在 1.0 以上。

（2）相对于不处理措施，削坡/完全压脚措施对安全系数提高范围在 0.1～0.12。

（3）三种方案计算的安全系数基本上达到了边坡设计规范规定的施工期和运行期边坡容许安全系数，但通过刚体极限平衡分析和工程经验来判断，在施工期洪水位消落时以及正常运行期库水位骤降时，边坡的安全系数要低于边坡设计规范的容许安全系数，因此，需要有必要开展滑坡涌浪分析和滑坡淤积范围和形态对附近建筑物影响分析。

3.6.4　三维边坡变形对比分析

以下对不同水位工况（施工期 5% 洪水位 264.17m、1% 洪水位 275.15m、0.5% 洪水位 278.34m 以及正常蓄水位 313.00mm）和不同方案 ［不压脚（自然边坡）、部分压脚（压至 250.00m）以及大压脚（压至 256.50m）+削坡］ 下三维边坡变形进行对比分析，见表 3-10。

由表中计算结果可知：

（1）对于施工期洪水位工况以及运行期水位工况，边坡显著变形区域范围随着水位升高逐渐变大，库水位 264.17m 时，边坡变形区域主要在Ⅲ区范围内岩体，在正常运行水位下，显著变形区域范围扩大到Ⅱ区范围，二级平台高程以下岩体。

表 3－10　　　　　　　　　　　三维有限差分法变形分析成果表

工况/工程措施		变形情况	屈服区状态	最大变形量/cm
施工期20年一遇水位 264.17m	自然边坡	最大变位约为 14.9cm，位于剖面纵 3 附近一级平台	边坡Ⅱ区范围边界和部分Ⅰ区范围边界出现有剪切或拉伸屈服区	14.9
	压脚 250.00m	最大变位约为 10.4cm	使坡脚处岩体的屈服部位明显上移	10.4
	压脚 256.50m＋削坡	Ⅲ区边坡岩体变形进一步减小，上部岩体的变形量有一定程度的减小，缩小了显著变形区范围	减小了Ⅱ区的屈服区域，同时使坡脚处屈服区上移	—
施工期100年一遇水位 275.15m	自然边坡	最大变位约为 23.6cm，位于剖面纵 3 附近一级平台	边坡Ⅱ区范围边界和部分Ⅰ区范围边界出现有剪切或拉伸屈服区	23.6
	压脚 250.00m	最大变位约为 18.2cm，位于剖面纵 3 附近一级平台，对上部岩体的变位影响较小	使坡脚处岩体的屈服部位明显上移	18.2
	压脚 256.50m＋削坡	进一步减小了Ⅲ区岩体的变位	Ⅲ区的屈服区域稍有减小	—
施工期200年一遇水位 278.34m	自然边坡	最大变位约为 26.6cm，位于剖面纵 3 附近一级平台	与 275.15m 工况基本相同	26.6
	压脚 250.00m	位移变化规律与 275.15m 工况基本相同		—
	压脚 256.50m＋削坡			—
正常蓄水位313.00mm	自然边坡	最大变位约为 50.8cm，位于剖面纵 3 附近一级平台；二级平台处变位约 20cm	边坡Ⅱ区范围边界和部分Ⅰ区范围边界出现有剪切或拉伸屈服区	50.8
	压脚 250.00m	Ⅲ区最大变位约为 44.1cm，对Ⅲ区以上岩体变形影响较小	使坡脚处岩体的屈服改善，对Ⅱ区的屈服区域影响有限	44.1
	压脚 256.50m＋削坡	进一步减小了Ⅲ区岩体的变位	减小了Ⅱ区的屈服区域，使坡脚处屈服区上移	—

（2）对于施工期洪水位工况以及运行期水位工况，岩体变位最大部位基本都在Ⅲ区范围，尤其是剖面纵 3 下部和剖面纵 1 下部岩体变位较为显著，随着水位升高，最大位移的位置基本不变，但量值随着水位升高而变大。

（3）对于三种方案，与自然边坡相比，压脚 250.00m 方案对Ⅲ区的变形影响较大，最大值有显著减小，但对于Ⅱ区范围岩体的变形，及显著变形区范围影响不大；"削坡＋压脚 256.50m"方案，既减小了Ⅲ区岩体的变形量值，也使Ⅱ区岩体的变形明显减小。

（4）对比于不处理方案，不完全压脚方案基本使坡脚处屈服有所改善，但对于Ⅱ区内的屈服区范围影响不明显；"削坡＋压脚 256.50m"方案，边坡Ⅱ区范围边界处的屈服区基本消失，岩体明显改善，但Ⅲ区内滑坡体屈服仍然存在。

3.7　本　章　小　结

（1）基于地质建议变形参数计算得到的雾江滑坡体变形大于滑坡体实测位移，为此，以滑坡体实测位移为对照值，反演获得了雾江滑坡体变形参数，反演变形参数约为地质建议变形参数的 5 倍。

（2）采用正交设计和优化算法相结合的方法优化反演获得了雾江滑坡弹、黏塑性参数，优选出的滑坡体弹性模量 $E_{sm} = 228.462\text{MPa}$、滑带弹性模量 $E_{sb} = 3.363\text{MPa}$ 和黏滞系数 $\eta = 10.952 \times 10^4 \text{Pa} \cdot \text{d}$。

（3）当进行二维边坡变形分析时，相对于自然边坡而言，对雾江滑坡体进行治理后，滑坡体的水平向位移和垂直向位移均有减小，此外，滑坡体的等效塑性应变也有所减小，但治理前后滑坡体的应力差异较小。

（4）当进行三维边坡变形分析时：

1）与自然边坡相比，压脚 250.00m 方案对Ⅲ区的变形影响较大，最大值有显著减小，但对于Ⅱ区范围岩体的变形，及显著变形区范围影响不大；"削坡＋压脚 256.50m"方案，既减小了Ⅲ区岩体的变形量值，也使Ⅱ区岩体的变形明显减小。

2）对比于不处理方案，不完全压脚方案基本使坡脚处屈服有所改善，但对于Ⅱ区内的屈服区范围影响不明显；"削坡＋压脚 256.50m"方案，边坡Ⅱ区范围边界处的屈服区基本消失，岩体明显改善，但Ⅲ区内滑坡体内屈服仍然存在。

第4章　雾江滑坡体失稳影响评价

4.1　概　　述

本书分别采用刚体极限平衡法和非线性有限元法对雾江滑坡体的稳定性和变形性态进行了计算分析，研究结果表明，按初步设计治理措施对雾江滑坡体治理后，滑坡体的抗滑稳定能满足规范要求，且滑坡体变形性态总体良好。但由于雾江滑坡体与枢纽建筑物距离近，边坡稳定与建筑物安危直接相关，而且滑坡体变形监测资料表明，当前滑坡体仍处于缓慢蠕滑变形状态，当扩建工程建成蓄水后，库水位将提升近60m，此时，滑坡体一旦失稳，可能在水库内形成较大涌浪与堆积，危及大坝安全以及淤塞坝前隧洞进口，从而造成重大损失。针对上述问题，在开展系列滑坡涌浪研究工作，并在扩建工程大坝坝顶高程设计时，充分考虑了滑坡涌浪造成的影响的基础上，本章阐述了基于潘家铮法和FLOW-3D软件进行雾江滑坡体滑坡涌浪高度的估算以及危害程度的预测。

4.2　基于潘家铮法的滑坡体滑坡涌浪分析

4.2.1　潘家铮法滑速计算原理

假定滑坡为平面问题，且为沿光滑缓变的曲面滑动。将滑体切分为许多垂直条块，每一条块可以按刚体处理，如图4-1（a）所示。由于相邻条块之间滑面形状变化较小，忽略条块垂直界面的切向力。根据动力平衡方程求解滑体的水平加速度，再根据滑动历时和

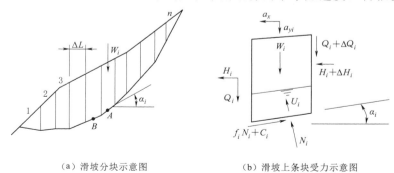

（a）滑坡分块示意图　　　　　（b）滑坡上条块受力示意图

图4-1　滑坡分块及上条块受力示意图

滑距进而求解滑速。

在滑坡体上取出一个垂直分条，设为 i 号，其上除作用有自重 W_i（地下水位以上用湿容重计算，以下用饱和容重计算）外，尚作用有以下各力：垂直界面上反力：法向力 H_i、$H_i + \Delta H_i$（该力包含条块两侧受到的水压力）；切向力 Q_i、$Q_i + \Delta Q_i$。如图 4-1（b）所示。

该垂直分条的动力平衡方程为

$$\frac{W_i}{g}a_x = \Delta H_i + (N_i + U_i)\sin\alpha_i - (f_i N_i + C_i)\cos\alpha_i \tag{4-1}$$

$$\frac{W_i}{g}a_{yi} = \Delta Q_i + (W_i - U_i\cos\alpha_i) - N_i\cos\alpha_i - (f_i N_i + C_i)\sin\alpha_i \tag{4-2}$$

式中　a_x、a_{yi}——第 i 垂直分条的水平和垂直加速度；

　　　α_i——垂直分条底部倾斜角度。

假定滑坡在滑动过程中各垂直分条仍为垂直条，即将每一分条按刚体处理，各垂直分条不产生水平错动，仅是由于滑动面的变化产生垂直错动。根据假定，各条块的水平加速度 a_x 是相同的，记为 a_x；而各条块的垂直加速度 a_{yi} 可以各不相同，仍记为 a_{yi}。

潘家铮通过分析认为，a_x 与 a_{yi} 的关系式为

$$\frac{a_{yi}}{a_x} = \tan\alpha_0 \tag{4-3}$$

式中　α_0——这一条块与下一条块中点连线的夹角。

将式（4-3）代入式（4-2）中并略去切向力 ΔQ_i，则

$$N_i = \frac{(W_i - U_i\cos\alpha_i) - C_i\sin\alpha_i - \dfrac{W_i}{g}a_x\tan\alpha_0}{\cos\alpha_i + f_i\sin\alpha_i} \tag{4-4}$$

对于滑坡整体而言，ΔH_i 为内力，因而有

$$\sum_{i=1}^{n}\Delta H_i = 0 \tag{4-5}$$

对式（4-1）中所有条块求和，则

$$\frac{W}{g}a_x = \sum_{i=1}^{n}N_i\sin\alpha_i + \sum_{i=1}^{n}U_i\sin\alpha_i - \sum_{i=1}^{n}f_i N_i\cos\alpha_i - \sum_{i=1}^{n}C_i\cos\alpha_i \tag{4-6}$$

式中　W——滑坡体全部重量，$W = \sum\limits_{i=1}^{n}W_i$；

　　　g——重力加速度。

将式（4-4）代入式（4-6）中得到

$$\begin{cases} \dfrac{a_x}{g} = \dfrac{\sum\dfrac{W_i - U_i\cos\alpha_i}{W}D_i - \sum\dfrac{C_i}{W}(D_i\sin\alpha_i + \cos\alpha_i) + \sum\dfrac{U_i}{W}\sin\alpha_i}{1 + \sum\dfrac{W_i}{W}D_i\tan\alpha_0} \\[2ex] D_i = \dfrac{\sin\alpha_i - f_i\cos\alpha_i}{\cos\alpha_i + f_i\sin\alpha_i} \end{cases} \tag{4-7}$$

式中　W_i——第 i 块滑体重量，kN；

W——滑体总重量，kN；

U_i——第 i 块滑体扬压力，kN；

α_i——第 i 块滑面倾角，（°）；

C_i——第 i 块滑面黏聚力，kPa；

f_i——第 i 块滑面摩擦系数；

α_0——相邻滑面中点连线的倾角，（°）。

滑坡体滑速计算步骤如下：

（1）步骤 1：经过静力分析，当在某些情况下滑坡体稳定安全系数小于 1 时，就可以分析这种情况下的滑速发展过程。

（2）步骤 2：将滑坡体分为 n 个垂直分条，对分条进行编号，出口处编为 $i=1$，依次到顶部为第 n 号。

（3）步骤 3：计算每一条的重量 W_i、滑面的平均角度 α_i，以及 $\tan\alpha_i$、$\sin\alpha_i$、$\cos\alpha_i$、$\tan\alpha_0$ 等。

（4）步骤 4：取滑坡开始急剧下滑的瞬间为时间原点 $t_0=0$，当滑坡体依次水平位移为 ΔL 时，记为 t_1，t_2，t_3，…，t_n 等。

计算 t_0 时的加速度，则此段的末速度为

$$V_{x1}=\sqrt{2a_{x0}\Delta L} \tag{4-8}$$

滑移过这一水平距离的时间为

$$\Delta T_1=\sqrt{\frac{2\Delta L}{a_{x0}}} \tag{4-9}$$

4.2.2　潘家铮法涌浪计算原理

潘家铮认为初始涌浪高度决定性因素为滑坡体侵入水库断面面积随时间的变化率，初始涌浪高度即为最大涌浪高度，涌浪传播计算如图 4-2 所示。考虑岸坡水平运动、垂直运动两种模式，基于一些近似假设，分析较为复杂的水库涌浪问题。这些假定为：

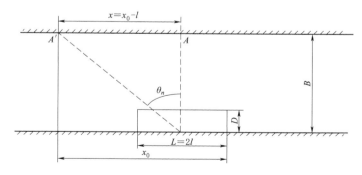

图 4-2　涌浪传播计算图

（1）涌浪首先在滑坡入水处产生，形成初始涌浪，然后以此为中心向周围传播。传播过程中不断变形，假定损耗为已知或者忽略能量损耗。

（2）视涌浪过程为一系列小波影响的线性叠加，忽略边界条件的非线性影响。

（3）假设每个小波都是孤立波，波速 c 为常数。

（4）假设涌浪传播到对岸后发生全反射。

对岸（A）最高涌浪计算式为

$$\xi_{\max} = \frac{2\xi_0}{\pi}(1+k)\sum_{2n-1}^{n}\left\{k^{2(n-1)}\ln\left\{\frac{\dfrac{L}{2}}{(2n-1)B}+\sqrt{1+\left[\frac{\dfrac{L}{2}}{(2n-1)B}\right]^2}\right\}\right\} \quad (4-10)$$

坝前（A'）涌浪高计算式为

$$\begin{cases} \xi = \dfrac{\xi_0}{\pi}\sum_{2n-1}^{n}(1+k\cos\theta_n)k^{n-1}\ln\dfrac{\sqrt{1+\left(\dfrac{nB}{x_0-L}\right)^2}-1}{\dfrac{x_0}{x_0-L}\left[\sqrt{1+\left(\dfrac{nB}{x_0}\right)^2}-1\right]} \\[4ex] \xi_0 = 1.17v\sqrt{\dfrac{h}{g}} \\[3ex] \theta_n = \arctan\dfrac{x}{nB} \end{cases} \quad (4-11)$$

式中　ξ_0——初始浪高，m，对于水平变形；

　　　k——波的反射系数，对岸 $k=1$，坝前 $k=0.9$；

　　　θ_n——波第 n 次入射线与岸坡法线的夹角；

　　　L——滑坡前缘岸宽，m；

　　　x——滑坡中心点距 A' 的距离，m；

　　　B——水面宽度，m；

　　　h——水深，m；

　　　$\sum$——级数和，级数项数取决于滑坡历时与传播至对岸的时间，$\Delta t = B/C$，具体取值见表 4-1。

表 4-1　　　　　　　　　　不同 $\dfrac{T}{\Delta t}$ 比值对应的级数项数

不同 $\dfrac{T}{\Delta t}$ 比值对应的级数项数				
$\dfrac{T}{\Delta t}$	1～3	3～5	5～7	7～9
级数应采用的项数	1	2	3	4
n 的取值	1	1，3	1，3，5	1，3，5，7

　　潘家铮法涌浪公式级数项数的合理确定，直接关系到涌浪计算的精度。潘家铮认为，对岸涌浪级数项数取决于滑坡历时 T 及涌浪从本岸传播到对岸需时 Δt，而坝前涌浪级数

项数取决于 $\dfrac{x_0}{B}$、$\dfrac{x_0-L}{B}$、$\dfrac{T}{\Delta t}$ 参数。

由于潘家铮法涌浪公式是一个级数表达式。通过简单的实际滑坡为例，设某滑坡体所在区域水面宽度 $B=500\text{m}$，计算水深 $h=100\text{m}$，滑坡体长度 $L=1000\text{m}$，$x_0=2500\text{m}$，滑速 $v=10\text{m/s}$。对岸、坝前涌浪级数项均取 1 项即可。当直接对潘家铮法涌浪级数公式进行敏感性分析时，采用涌浪级数公式研究级数第 i 项与第 $i-1$ 项相对误差变化情况，见表 4-2。

表 4-2 涌浪级数项数对比计算表

级数项数	1	2	3	4	5	6	7	8	9	10
坝前涌高/m	7.16	13.13	17.29	20.08	21.97	23.28	24.20	24.85	25.33	25.67
坝前涌高相对误差		83.4%	31.7%	16.1%	9.4%	6.0%	**4.0%**	2.7%	1.9%	1.3%
对岸涌高/m	41.92	51.37	56.64	60.30	63.10	65.36	67.26	68.90	70.34	71.63
对岸涌高相对误差		22.5%	10.3%	6.5%	**4.6%**	3.6%	2.9%	2.4%	2.1%	1.8%

注 表中黑体部分涌高值满足工程精度 5% 的要求。

坝前涌浪级数取 7 项、对岸涌浪级数取 5 项才能满足工程精度 5% 要求，而且级数项数取 5 项或 7 项的涌高远大于级数项数取 1 项的涌高。由此可见，对级数项数的确定，不能直接对潘家铮法涌浪级数公式进行敏感性分析来确定。

4.2.3 中国水利水电科学研究院滑坡涌浪计算结果

1. 滑速计算结果

针对不同时期最不利工况的控制性滑移模式，采用潘家铮法建议的条分法进行滑速估算。根据工程经验，滑坡体滑动时滑面的抗剪强度参数为 $\phi=16°$，$C=0\text{kPa}$，与此同时，对滑面的摩擦角 $\phi=18°$ 进行敏感性分析。以剖面纵 2 为典型计算剖面，分别对自然边坡中部至底部沿滑带土剪出压脚 250.00m 滑速计算结果分别见表 4-3、表 4-4。

表 4-3 自然边坡中部至底部沿滑带土剪出滑速计算结果表

工 况		滑面动摩擦角 $\phi/(°)$	最大滑速 v_{max}	v_{max} 对应滑距 L/m	总滑距 L/m	历时 T/s	平均滑速 $v/(\text{m/s})$
施工期	20 年一遇度汛洪水 264.17m	16	4.01	10.80	30.20	9.89	3.05
		18	3.41	10.80	30.20	12.50	2.42
	水位 264.17m 降至 248.00m	16	4.38	13.26	41.30	13.20	3.13
		18	3.76	13.20	29.50	10.60	2.78
运行期	正常蓄水位 313.00m	16	3.45	9.14	29.90	12.30	2.43
		18	2.79	9.14	23.90	12.90	1.85
	水位 320.27m 降至 310.50m	16	3.55	10.80	26.70	10.00	2.62
		18	3.03	7.20	21.66	9.55	2.27

表 4 - 4　　　　　　　　　　　　压脚高程 250.00m 滑速计算结果表

工　况		滑面动摩擦角 $\phi/(°)$	最大滑速 v_{max}	v_{max} 对应滑距 L/m	总滑距 L/m	历时 T/s	平均滑速 $v/(m/s)$
施工期	20 年一遇度汛洪水 264.17m（中部至底部沿滑带土剪出）	16	3.51	5.56	27.80	11.60	2.39
		18	2.99	5.56	22.20	11.60	1.91
运行期	正常蓄水位 313.00m（中部至底部沿滑带土剪出）	16	2.89	6.69	16.70	8.50	1.97
		18	2.43	3.35	13.30	8.26	1.62
	水位 320.27m 降至 310.50m（中部至底部沿滑带土剪出）	16	3.48	9.22	27.65	10.57	2.61
		18	2.81	9.22	23.04	11.50	2.00
	水位 320.27m 降至 310.50m（顶部至底部沿滑带土剪出）	16	3.70	16.30	48.90	19.10	2.56
		18	2.56	8.15	32.60	19.20	1.69

由计算结果可知，自然边坡中部至底部沿滑带土剪出条件下各工况最大滑速为 2.79~4.38m/s，平均滑速为 1.85~3.13m/s。当压脚高程 250.00m 条件下各工况最大滑速为 2.43~3.70m/s，平均滑速为 1.62~2.61m/s。即压脚后，各工况最大滑速有一定程度减小。在施工期水位 264.17m 降至 248.00m 时，自然边坡产生最大滑速；在运行期水位 320.27m 降至 310.50m（顶部至底部沿滑带土剪出）时，压脚高程 250.00m 时产生最大滑速。

2. 失稳后堆积形态的影响分析

采用非连续变形分析方法（DDA）对剖面纵 2 在自然边坡沿中下部滑动或沿整体滑动和压脚至高程 250.00m 时沿中下部滑动或沿整体滑动共 4 种不同滑移模式下的滑动过程进行模拟，计算得到滑坡后淤积范围和入水方量，如图 4-3 所示。

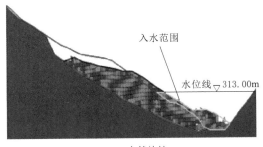

（a）自然边坡

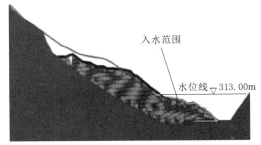

（b）压脚至高程250.00m

图 4 - 3　剖面纵 2 沿整体滑动失稳后堆积形态

计算结果表明，各滑移模式条件下滑体整体缓慢滑动，逐渐向河床淤积，没有出现局部高速滑移现象；4 种滑动模式均未完全堵塞河道，单宽入水滑体方量为 2112~6102m³，占总滑体体积的 11.87%~26.25%；通过滑坡滑动距离及滑坡后休止角估算滑坡可能影响范围，最大淤积高度约 47m，影响范围不超过 130m，故滑坡失稳后堆积形态对对岸的左岸临时交通洞出口及距离最近的右岸灌溉洞进口都不会有影响。

3. 涌浪计算结果

采用潘家铮法进行涌浪高度预测，以剖面纵 2 为典型计算剖面，采用滑体的平均速度作为涌浪预测的滑动速度，分别对自然边坡中部至底部沿滑带土剪出涌浪分析计算结果自然边坡和压脚高程 250.00m 涌浪分析计算结果分别见表 4-5、表 4-6。

表 4-5　　　　　　自然边坡中部至底部沿滑带土剪出涌浪分析计算结果表

工　　况		滑面动摩擦角 $\phi/(°)$	潘　家　铮　法		
			初始浪高 ζ_0/m	对岸最大浪高 ζ_{max}/m	坝前最大浪高 ζ/m
施工期	20 年一遇度汛洪水 264.17m	16	7.29	11.92	3.71
		18	5.78	9.46	2.94
	水位 264.17m 降至 248.00m	16	5.78	9.45	2.94
		18	5.14	8.40	2.61
运行期	正常蓄水位 313.00m	16	8.61	14.07	5.84
		18	6.55	10.71	4.45
	水位 320.27m 降至 310.50m	16	9.15	14.96	6.21
		18	7.93	12.96	4.04

表 4-6　　　　　　压脚高程 250.00m 涌浪分析计算结果表

工　　况		滑面动摩擦角 $\phi/(°)$	潘　家　铮　法		
			初始浪高 ζ_0/m	对岸最大浪高 ζ_{max}/m	坝前最大浪高 ζ/m
施工期	20 年一遇度汛洪水 264.17m （中部至底部沿滑带土剪出）	16	3.36	5.50	1.71
		18	2.69	4.39	1.37
运行期	正常蓄水位 313.00m （中部至底部沿滑带土剪出）	16	5.84	9.54	2.97
		18	4.80	7.85	2.44
	水位 320.27m 降至 310.50m （中部至底部沿滑带土剪出）	16	7.58	12.39	3.86
		18	5.81	9.49	2.95
	水位 320.27m 降至 310.50m （顶部至底部沿滑带土剪出）	16	7.43	12.15	5.04
		18	4.91	8.02	3.33

由计算结果可知，自然边坡中部至底部沿滑带土剪出条件下各工况对岸最大浪高为 8.40~14.96m，坝前最大浪高为 2.61~6.21m；当压脚高程 250.00m 条件下各工况对岸最大浪高为 4.39~12.39m，坝前最大浪高为 1.37~5.04m。即压脚后，各工况最大浪高有一定程度减小。在运行期水位 320.27m 降至 310.50m 时，对岸和坝前均产生最大浪高。

4.2.4　武汉大学滑坡涌浪计算结果

1. 滑速计算结果

采用潘家铮法，对滑坡体沿整体或中下部滑带滑动产生的滑速进行计算。对施工期度汛工况、水位骤降工况和正常蓄水位工况下压脚至高程 248.00m 的 5 组计算工况进行了滑坡涌浪计算。

考虑到滑坡体滑动后，黏聚力减小，因此，正常蓄水位工况材料强度参数取 $C=0$、$f=f_{反演}/1.2$；施工期度汛工况及各水位骤降工况材料强度参数取 $C=0$、$f=f_{反演}/1.15$。以剖面纵 2 为代表性剖面计算滑速，各工况沿整体滑带滑动时滑速计算成果和各工况沿中下部滑带滑动时滑速计算成果分别见表 4-7 和表 4-8。

表 4-7　　　　　各工况沿整体滑带滑动时滑速计算成果表

工　况	部分压脚水位 248.00m+264.17m 骤降至 247.00m	部分压脚水位 248.00m+ 264.00m	部分压脚水位 248.00m+ 275.00m	压脚水位 248.00m+320.27m 骤降至 310.50m	压脚水位 248.00m+ 313.00m
最大滑速/(m/s)	4.07	3.47	3.30	2.92	3.85
平均滑速/(m/s)	2.70	2.26	2.22	1.91	2.62
滑坡历时/s	33.76	38.18	37.97	39.74	37.91

表 4-8　　　　　各工况沿中下部滑带滑动时滑速计算成果表

工　况	部分压脚水位 248.00m+264.17m 骤降至 247.00m	部分压脚水位 248.00m+ 264.00m	部分压脚水位 248.00m+ 275.00m	压脚水位 248.00m+320.27m 骤降至 310.50m	压脚水位 248.00m+ 313.00m
最大滑速/(m/s)	4.77	3.76	3.43	3.62	3.57
平均滑速/(m/s)	3.13	2.48	2.34	2.43	2.35
滑坡历时/s	23.87	23.04	22.03	22.38	22.56

由计算结果可知，各工况沿整体滑带滑动时，最大滑速为 2.92~4.07m/s，平均滑速为 1.91~2.70m/s。各工况沿中下部滑带滑动时，最大滑速为 3.43~4.77m/s，平均滑速为 2.34~3.13m/s。即沿中下部滑带滑动的滑速大于沿整体滑带滑动的滑速。在水位 264.17m 骤降至 247.00m 时产生最大滑速。

2. 失稳后堆积形态的影响分析

在滑速涌浪分析中，对滑动后滑坡体堆积形状进行了分析，以剖面纵 1、纵 4 为上下游边界，滑动后假定滑坡体以自然休止角往周边扩散，得到各工况下滑坡体的堆积形状。从分析结果可知，无论是施工期还是运行期，滑坡失稳后的堆积体离大坝上游的泄洪洞、发电洞、放空洞、灌溉洞进口都有一定的距离，最不利情况下失稳堆积体前沿距最近的右岸灌溉隧洞进口约 50m，不会对其产生不良影响。施工期滑坡失稳可能影响对岸的左岸临时交通洞出口，但危害性和处理难度不大。

3. 涌浪计算结果

采用潘家铮法对滑坡体沿整体滑带或中下部滑带滑动产生的涌浪进行分析。涌浪计算考虑工况与滑速计算工况对应，以剖面纵 2 为代表性计算剖面，以平均滑速计算得到涌浪高度，计算结果见表 4-9、表 4-10。

表 4-9 各工况沿整体滑带滑动时涌浪计算成果表

方法	部 位	部分压脚水位 248.00m+264.17m 骤降至 247.00m	部分压脚水位 248.00m+264.00m	部分压脚水位 248.00m+275.00m	压脚水位 248.00m+320.27m 骤降至 310.50m	压脚水位 248.00m+313.00m
潘家铮法	对岸涌浪高度/m	16.54	9.63	9.46	5.09	7.00
	坝前涌浪高度/m	4.38	4.50	4.21	2.92	4.06

表 4-10 各工况沿中下部滑带滑动时涌浪计算成果表

方法	部 位	部分压脚水位 248.00m+264.17m 骤降至 247.00m	部分压脚水位 248.00m+264.00m	部分压脚水位 248.00m+275.00m	压脚水位 248.00m+320.27m 骤降至 310.50m	压脚水位 248.00m+313.00m
潘家铮法	对岸涌浪高度/m	16.87	8.53	8.07	6.48	6.27
	坝前涌浪高度/m	4.32	4.32	3.49	3.72	3.64

由计算结果可知，各工况沿整体滑带滑动时，对岸涌浪高度为 5.09～16.54m，坝前涌浪高度为 2.92～4.50m。各工况沿中下部滑带滑动时，对岸涌浪高度为 6.27～16.87m，坝前涌浪高度为 3.49～4.32m。即沿中下部滑带滑动的浪高大于沿整体滑带滑动的浪高。在水位 264.17m 骤降至 247.00m 时对岸产生最大涌浪，在部分压脚水位 248.00m+264.00m 下坝前产生最大涌浪。

4.2.5 三峡大学滑坡涌浪计算结果

三峡大学将雾江滑坡体简化为光滑缓变的曲面滑动，将滑体切分为若干垂直条块，每一条块按刚体处理。由于计算结果显示滑坡体各分区均处于不稳定状态，同时也存在沿中部剪切带滑动破坏的可能。为此，选取工程地质剖面纵 2，对正常蓄水位 313.00m 工况下进行了局部滑坡涌浪敏感性分析，通过对不同滑移模式下的计算，从而找出局部滑坡在不同滑移模式下滑速和涌浪变化规律。

4.2.5.1 不同滑坡模式下雾江滑坡涌浪计算模型

1. 计算剖面和计算条件

根据地质勘测资料，选取滑坡体代表性剖面纵 2 进行分析。取单宽计算，每土条宽 $\Delta L=20m$，$\gamma_{水上}=21.7kN/m^3$，$\gamma_{水下}=22.1kN/m^3$，假定滑面上存在内摩擦角 $f_{水下}=0.33$，$f_{水上}=0.35$，考虑到滑坡体滑动后，黏聚力减小，故不计黏聚力。计算水深 69m（取 84m 库水深的当量水深），水面宽度 $B=380m$，滑坡体长 $L=410m$，滑坡体中心到坝轴线距离为 695m。

2. 工况设计

主要对 Ⅱ 区局部滑坡（危险区）分为 3 种工况进行分析，剖面纵 2 不同工况条分示意图如图 4-4 所示。

（1）工况 1。前缘剪出口高程 220.00m 位于滑坡体底部河床部位不变，滑体上部可能因库水位骤降导致某些部位的拉裂，为此假定前缘点（高程 220.00m）为固定点，沿不同滑移模式滑动。

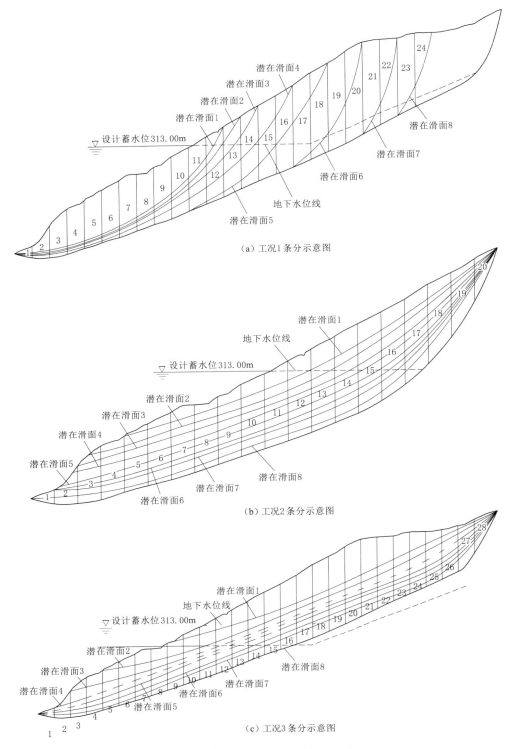

（a）工况1条分示意图

（b）工况2条分示意图

（c）工况3条分示意图

图 4 - 4　剖面纵 2 不同工况条分示意图

（2）工况 2。滑坡体较陡的部位易引起滑坡，涌浪危害性较大，以滑坡体较陡部位的中间点（高程 401.94m）为滑坡起始点，沿不同滑移模式滑动。

（3）工况 3。考虑滑坡体 Ⅱ 区可能整体滑动的情况，假定 Ⅱ 区后缘点（高程 429.79m）固定，沿不同滑移模式滑动。

4.2.5.2 滑速计算结果

针对图 4-4 中三种不同滑动模式工况，假设不同潜在滑面进行滑坡涌浪分析，不同工况滑速变化过程如图 4-5 所示。

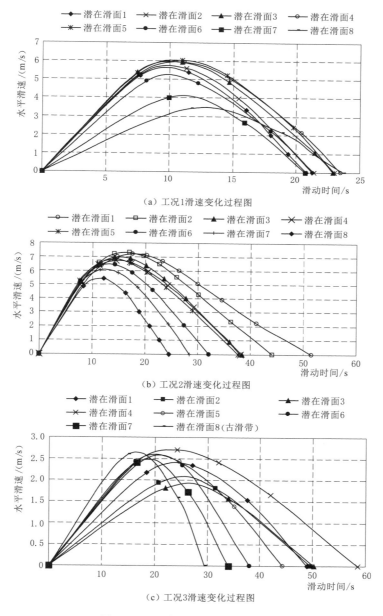

（a）工况1滑速变化过程图

（b）工况2滑速变化过程图

（c）工况3滑速变化过程图

图 4-5 不同工况滑速变化过程图

1. 前缘点固定工况 1

蓄水高程 313.00m 时，可能由于水位急剧骤降，导致中下部滑坡体受到渗流力而失稳，上部滑坡体可能出现某些部位的拉裂，由此产生滑坡体入水现象，故对此潜在滑动面进行分析在滑面前缘形状基本保持不变的情况下，潜在滑面 1～5 随滑坡体方量增加，滑速峰值略有增加但不显著在 5.5～6.0m/s；滑坡体沿着古滑带滑动时，随着滑面路径延长，受到阻力较大，滑速随着滑坡体方量的增加而减小，其中滑面 5 与滑面 6 滑坡方量增加显著，导致滑速峰值变化较大，这主要与滑面倾角平均变化幅度有关，滑面倾角平均变化幅度越小，滑速越小。

2. 中间点固定工况 2

由于滑坡体在蓄水期受到水体浸泡软化，滑坡体力学强度参数减小，引起滑坡体的失稳。对于滑坡体较陡的部位，易引起滑坡，涌浪危害性较大，故对滑坡体 Ⅱ 区边坡较陡部位（以中间点为滑坡起点）进行分析。在滑坡坡度较陡的情况下，不同的滑动面随着滑坡体方量的增加，滑速略呈减小的趋势，滑速变化范围越来越窄，滑动时间越来越短，滑距也越来越小。滑面 1～7 的最大滑速在 6～7m/s，滑面 8 最大滑速为 5.3m/s，这主要由于滑面路径越长，在滑动过程中克服阻力越大，能量损失越多，达到最大滑速的时间越短，导致滑速基本上呈减小趋势。

3. 后缘点固定工况 3

考虑到滑坡体 Ⅱ 区整体稳定性，对滑坡体整体动态规律进行分析。当滑坡体前缘剪出口在坡面上时，滑面较缓，滑面 1～3 随着滑坡体方量的增加，滑速减小，这主要是滑体浸入水部分变化幅度较大，受到水阻力导致局部滑坡能量损失较大的缘故；当滑坡体前缘剪出口在滑坡体底部时，滑面较陡，滑面 4～8 土方量的增加幅度较小，滑速峰值变化较小在 2.4～2.7m/s；滑面 8 处于古滑带附近，因历史上发生滑坡后，土层结构受到扰动，滑体强度参数较小，稳定性差，若复活滑动，则滑动时间短暂，整个滑坡区历时近 30s。整体上看，滑坡体 Ⅱ 区若产生整体滑动，其滑速是较小的。

为便于三种不同滑移模式下的滑速对比，绘制滑坡体 Ⅱ 区不同滑移模式滑速变化曲线如图 4-6 所示。

(1) 中间点固定滑面滑速最大，前缘点固定滑面滑速次之，后缘点固定滑面滑速最小，这说明滑面倾角变化幅度影响滑速的变化，滑面平均倾角越大，其对应的滑速越大。

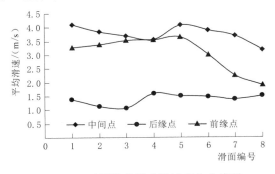

图 4-6　不同滑移模式滑速变化曲线图

(2) 中间点固定滑面滑速与后缘点固定滑面滑速变化趋势基本一致，随着滑坡体方量的增大，滑速先呈减小趋势，然后出现局部增大，达到峰值后滑速减小。

(3) 前缘点固定滑面滑速随滑坡体方量的增大，滑速先增大后减小，且滑速递减梯度较大，敏感性强。

(4) 总体上看，三种不同的滑移模式随滑坡体方量的增加，由于入水条块面积增加，受到水的阻力越大，滑速越小。

4.2.5.3 涌浪计算结果

滑坡体在失稳情况下，滑体滑入库区引起涌浪，直接威胁大坝及泄水建筑物运行与安全。为此研究滑坡体Ⅱ区不同滑移模式下的涌浪变化规律，对三种不同滑移模式下涌浪进行计算分析，潜在滑面涌高计算结果见表 4-11。

表 4-11 潜在滑面涌高计算结果

固定点	涌高	滑面 1	滑面 2	滑面 3	滑面 4	滑面 5	滑面 6	滑面 7	滑面 8	平均值
前缘点	对岸涌高	6.67 (1)	6.85 (1)	7.18 (1)	7.22 (1)	7.44 (1)	6.10 (1)	4.59 (1)	3.88 (1)	6.24
	坝前涌高	3.85 (2)	3.96 (2)	4.14 (2)	4.30 (2)	3.52 (2)	2.65 (2)	2.24 (2)		3.60
中间点	对岸涌高	10.11 (2)	9.44 (2)	7.51 (1)	7.24 (1)	8.30 (1)	7.93 (1)	7.51 (1)	6.47 (1)	8.06
	坝前涌高	5.82 (3)	5.44 (3)	4.33 (2)	4.18 (2)	4.79 (2)	4.58 (2)	4.33 (2)	3.73 (2)	4.65
后缘点	对岸涌高	3.38 (2)	2.81 (2)	2.59 (2)	3.94 (2)	3.70 (2)	3.00 (2)	2.81 (1)	3.04 (1)	3.16
	坝前涌高	1.94 (3)	1.62 (3)	1.49 (3)	2.27 (3)	2.13 (3)	1.73 (3)	1.62 (2)	1.75 (2)	1.82

注 表中括号内数字表示不同潜在滑面对应的涌浪高度级数项数。

为对比三种不同滑移模式下涌浪变化规律，不同潜滑面、滑速与涌高关系如图 4-7 所示。

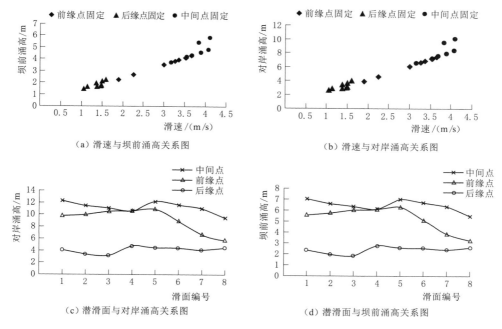

图 4-7 不同潜滑面、滑速与涌高关系图

由表 4-11 和图 4-7 可知：

（1）在涌浪级数项数相同的前提下，滑速与涌浪高度基本上呈线性关系，涌浪高度对滑速变化敏感，滑速越大，对应的涌高也越大；同一工况下，涌浪级数项数越多，相应的涌高也越大。

（2）中间点固定滑面涌高最大，前缘点固定滑面涌高次之，后缘点固定滑面涌高最小，表明滑面各条块倾角变化幅度影响滑速的大小，随着滑面平均倾角增大，其对应的滑速增大，滑块积累的能量越大，涌浪高度越大。

（3）中间点固定滑面涌高与后缘点固定滑面涌高变化趋势基本一致，随着滑坡体方量增大，涌高先呈减小趋势，然后出现局部增大，随后涌高呈减小趋势。

（4）前缘点固定滑面涌浪高度随滑坡体方量增大，涌高先增大后减小。

4.2.6　小结

滑坡体滑坡涌浪计算表明：滑带力学参数下降 15% ～ 20% 时出现失稳最大涌浪，发生在库水位 313.00m 骤降工况下；各滑移模式条件下滑体呈缓慢滑动、逐渐向河床淤积，没有出现局部高速滑移现象；河床压脚处理不仅能增大滑坡体整体稳定性，还能明显地减小边坡下滑速度；潘家铮公计算涌浪结果差异较大，但坝前涌浪量值不大，河床压脚处理后，各滑移模式、各水位工况下最大涌浪 4.5m。

4.3　基于 FLOW - 3D 的滑坡体滑坡涌浪分析

4.3.1　Flow - 3D 简介

1963 年，美国国家实验室（Los Alamos National Laboratory）为解决一些军事武器方面自由液面的问题，开创了几个流体动力学方法，如自由表面跟踪技术（VOF）。1980 年，流动科学公司（Flow Science）开发了新一代高真度的流体动力学模型，应用于工业和科学领域。1985 年，简单易用、功能强大的三维流体动力学仿真分析软件正式被推出。1980 年，FLOW - 3D 开发和发展至今已超过 30 年，被广泛运用于铸造、水利环境工程、海洋离岸工程、海洋排放、核电、涂层、渗透、电焊、焊锡、舱体摇晃、喷墨、微流体、多相流、非线性波浪、流固耦合等真实三维仿真模拟。FLOW - 3D 具有完整前后处理功能，采用独创的自由液面数值方法 V.O.F 全解 Navier - Stokes Equation，非常精准有效模拟自由液面流体流动产生的问题，如渗气、气泡、杂渣堆积、扩散、表面张力、非牛顿流等。FLOW - 3D 是高效能的计算仿真工具，工程师能够根据自行定义多种物理模型，应用于各种不同的工程领域。精确预测自由液面流动（Free - Surface Flows），FLOW - 3D 可以协助工程师在工程领域中改进现有制造流程。FLOW - 3D 是一套全功能的软件，不需要额外加购网格生成模块或者事后处理模块。完全整合的图像式使用者界面让使用者可以快速地完成仿真专案设定到结果输出。

4.3.2　雾江滑坡体计算模型

根据雾江滑坡体地质图、坝体设计图及工程布置图，建立雾江滑坡体无压脚计算模型如图 4 - 8 所示。雾江滑坡体滑坡涌浪网格剖分模型如图 4 - 9 所示。库水网格数 70 万个，雾江滑坡体压脚高程 248.00m 计算模型如图 4 - 10 所示。无压脚条件下，滑坡体沿古滑带整体滑动，压脚 248.00m 条件下，滑坡体从压脚体 248.00m 处剪出，形成新的剪出口，滑动体积比无压脚时小。滑坡体滑动方向沿剖面纵 2 剪出口处滑出，指向河床。

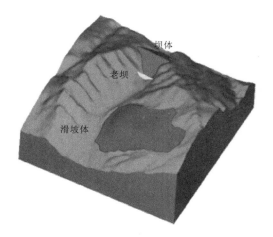

图 4-8 雾江滑坡体无压脚计算模型

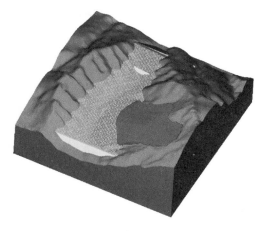

图 4-9 雾江滑坡体滑坡涌浪网格剖分模型

4.3.3 滑坡引起的涌浪最大浪高与时空分布

采用上述计算模型，计算了雾江滑坡体在库水位 313.00m 时，对应滑速 3m/s、4m/s、5m/s、6m/s 和 7m/s 的滑坡涌浪，其中，滑速为整个滑体的平均滑速。计算结果见表 4-12 和图 4-11。典型滑速（3m/s 和 7m/s）下，图 4-12 中对岸特征点 A 和坝前特征点 B 库水位波动曲线如图 4-13~图 4-16 所示，特征点最大浪高时刻库库水位分布如图 4-17~图 4-20 所示。

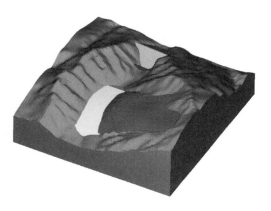

图 4-10 雾江滑坡体压脚高程 248.00m 计算模型

表 4-12　　　　　　　　　　雾江滑坡涌浪数值模拟结果

库水位 /m	滑速 /(m/s)	最大浪高/m			
		无压脚（自然状态）		压脚高程 248.00m	
		对岸	坝前	对岸	坝前
313.00	3	3.38	1.14	2.91	0.78
313.00	4	5.40	2.25	4.56	1.82
313.00	5	7.30	3.76	6.35	3.17
313.00	6	7.96	4.93	7.02	3.74
313.00	7	9.97	6.15	9.20	5.70

由计算结果可知：

（1）库水位 313.00m 时，无论无压脚还是压脚高程至 248.00m，随着滑坡体滑速增

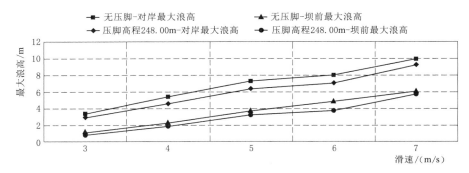

图 4－11　雾江滑坡涌浪数值模拟结果

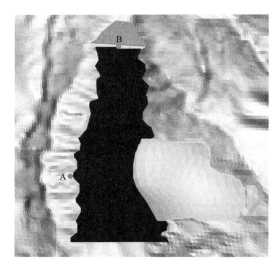

图 4－12　对岸特征点 A 和坝前特征点 B 位置示意图

大，对岸涌浪和坝前涌浪高度基本呈线性增大。如滑速由 3m/s 增大到 7m/s 时，无压脚（自然状态）下对岸涌浪最大浪高由 3.38m 基本线性增大到 9.97m，坝前涌浪最大浪高由 1.14m 基本线性增大到 6.15m。

（2）压脚后的涌浪高度小于无压脚的涌浪高度。如滑速由 3m/s 增大到 7m/s 时，压脚至 248.00m 时对岸涌浪最大浪高由 2.91m 基本线性增大到 9.20m，坝前涌浪最大浪高由 0.78m 基本线性增大到 5.70m，均较无压脚的涌浪高度小，且压脚后不同滑速下涌浪的增幅也小于无压脚下不同滑速下涌浪的增幅度。

（3）滑坡体在不同滑速下引起库水位随时间而波动，然后传播到坝前。如对岸特征点水位随时间而波动，并出现多个波峰，而坝前特征点水位波动的频率小。一般情况，第一个波峰最大，且随着滑速的增大，出现第一个波峰的时间略有增大。

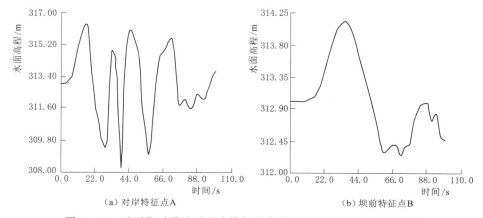

（a）对岸特征点A　　　　　　　　　　（b）坝前特征点B

图 4－13　无压脚时滑坡过程中特征点库水位波动曲线（滑速 3m/s）

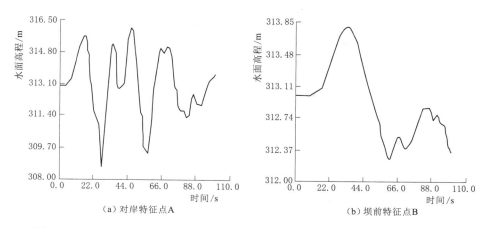

图 4-14　压脚高程 248.00m 时滑坡过程中特征点库水位波动曲线（滑速 3m/s）

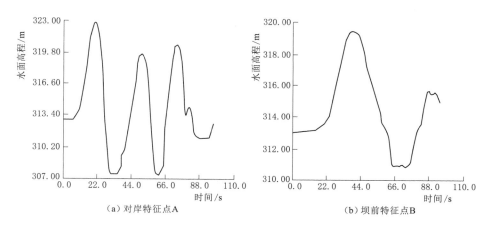

图 4-15　无压脚时滑坡过程中特征点库水位波动曲线（滑速 7m/s）

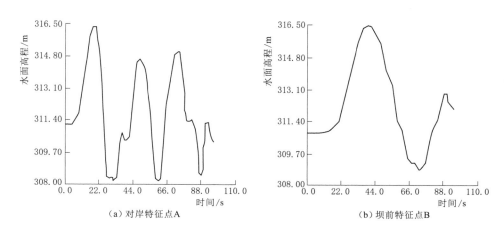

图 4-16　压脚高程 248.00m 时滑坡过程中特征点库水位波动曲线（滑速 7m/s）

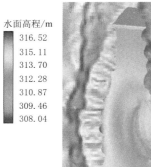
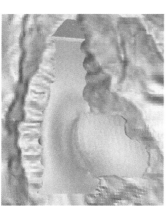

（a）对岸特征点 A　　　　　　　　　　（b）坝前特征点 B

图 4 - 17　无压脚时滑坡过程中特征点最大浪高时刻库水位分布（滑速 3m/s）

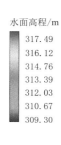
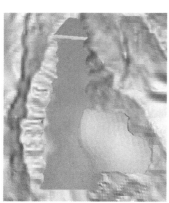
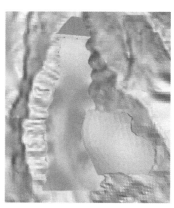

（a）对岸特征点 A　　　　　　　　　　（b）坝前特征点 B

图 4 - 18　压脚高程 248.00m 时滑坡过程中特征点最大浪高时刻库水位分布（滑速 3m/s）

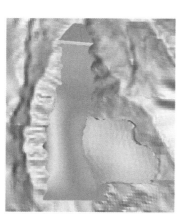
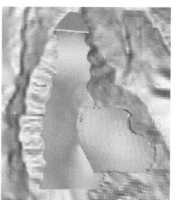

（a）对岸特征点 A　　　　　　　　　　（b）坝前特征点 B

图 4 - 19　无压脚时滑坡过程中特征点最大浪高时刻库水位分布（滑速 7m/s）

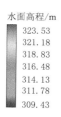 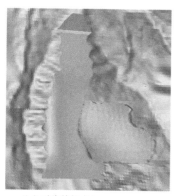

（a）对岸特征点A

（b）坝前特征点B

图 4-20　压脚高程 248.00m 时滑坡过程中特征点最大浪高时刻库水位分布（滑速 7m/s）

4.3.4　小结

结合雾江滑坡体，采用 FLOW-3D 软件计算了滑坡体速率为 3m/s、4m/s、5m/s、6m/s 和 7m/s 条件下引起的涌浪，给出了无压脚和压脚高程 248.00m 时的对岸最大浪高和坝前最大浪高及其对应的库水位分布。

各速率条件下，对岸最大浪高高于坝前最大浪高；无压脚条件下的对岸和坝前最大浪高均高于压脚后的对岸和坝前最大浪高；随着滑坡体滑动速率的增加对岸最大浪高和坝前最大浪高均增加。

4.4　滑坡体失稳影响评价

雾江滑坡体滑坡涌浪的计算分析如下：

（1）各滑移模式条件下滑体呈缓慢滑动、逐渐向河床淤积，没有出现局部高速滑移现象。

1）中国水利水电科学研究院计算的自然边坡各工况下最大滑速 2.79～4.38m/s，平均滑速 1.85～3.13m/s，压脚至高程 250.00m 后最大滑速 2.43～3.51m/s，平均滑速 1.62～2.39m/s。

2）武汉大学计算的各工况最大滑速为 2.92～4.77m/s，平均滑速 1.91～3.13m/s。

3）三峡大学计算的最大滑速与滑移模式关系密切，前缘点固定工况下滑速为 5.5～6.0m/s，中间点固定工况下滑速为 6～7m/s 左右，后缘点固定工况下滑速为 2.4～2.7m/s。

（2）压脚处理不仅能增大坡体稳定性（尤其Ⅲ区），还能明显地减小边坡下滑速度。

（3）滑坡体失稳后，滑距较小，下滑入水滑体量有限，不至于堵塞河道，堆积影响范围不超过 130m，对大坝及各隧洞进口影响甚微。

（4）3 家科研单位计算的涌浪高度差异较大，但最大涌浪均发生在库水位骤降情况下，滑带力学参数在反演参数的基础上下降 15％～20％。

1）武汉大学计算的部分压脚至 248.00m 时坝前最大浪高 4.5m。

2）中国水利水电科学研究院计算的不压脚时坝前最大浪高 6.21m，压脚时坝前最大浪高 5.04m。

3）三峡大学采用 FLOW-3D 按滑速 6m/s 计算的不压脚时坝前最大浪高 4.93m，压脚至 248.00m 时坝前最大浪高 3.74m。

（5）涔天河水库扩建工程面板堆石坝预留涌浪高度 5m，各进水口结构设计均考虑了 5m 涌浪荷载，综合分析认为滑坡体失稳产生的涌浪不会影响大坝及各隧洞进水口的安全。

4.5　本　章　小　结

（1）基于潘家铮法估算了雾江滑坡体的滑速。

1）中国水利水电科学研究院计算的自然边坡各工况下最大滑速 2.79～4.38m/s，平均滑速 1.85～3.13m/s，高程 250.00m 压脚后最大滑速 2.43～3.51m/s，平均滑速 1.62～2.39m/s。

2）武汉大学计算的各工况最大滑速为 2.92～4.77m/s，平均滑速 1.91～3.13m/s。

3）三峡大学计算的最大滑速与滑移模式关系密切，前缘点固定工况下滑速为 5.5～6.0m/s，中间点固定工况下滑速为 6～7m/s，后缘点固定工况下滑速为 2.4～2.7m/s。

（2）采用潘家铮法计算的涌浪高度差异较大。

1）武汉大学计算的部分压脚至 248.00m 时坝前最大浪高 4.5m。

2）中国水科院计算的不压脚时坝前最大浪高 6.21m，压脚时坝前最大浪高 5.04m。

3）三峡大学计算的坝前浪高与滑移模式关系密切，当不压脚时，前缘点固定工况下最大浪高为 3.6m，中间点固定工况下最大浪高为 4.65m，后缘点固定工况下最大浪高为 1.82m。

（3）运用 Flow-3D 软件建立雾江滑坡体三维整体模型，计算分析滑坡体在正常蓄水位 313.00m 下滑坡体不同平均滑速（3～7m/s）的滑坡涌浪时空分布。当按滑速 6m/s 计算时，不压脚时坝前最大浪高 4.93m，压脚至 248.00m 时坝前最大浪高 3.74m。

（4）涔天河水库扩建工程面板堆石坝预留涌浪高度 5m，各进水口结构设计均考虑了 5m 涌浪荷载，综合分析认为滑坡体失稳产生的涌浪不会影响大坝及各隧洞进水口的安全。

第5章 雾江滑坡体治理方案优选

5.1 概　　述

由前述的分析可知，虽然按初步设计治理措施对雾江滑坡体治理后，滑坡体的抗滑稳定能满足规范要求，且滑坡体变形性态总体良好。但初步设计方案在实施过程中存在如下问题：

（1）堆渣压脚利用料不足。

（2）压脚过高，可能淤堵右岸洞群进水口。

（3）工程现场交通条件受限，难以按期完成削坡、压脚和场外运输压脚料。

（4）现有滑坡体植被好，大范围削坡，将破坏隔水层，导致地下水位抬升，从而降低边坡稳定性。

为了尽量减少滑坡治理对工程施工、正常运行的影响，保证施工期和正常运行的安全，有必要对滑坡体的稳定及治理措施进行优化研究。

针对上述问题，本章首先基于正交设计试验法优化初步设计治理措施，进而提出临界压脚体，探讨雾江滑坡体削坡压脚土石方量平衡问题，重点从"大处理"和"小处理"两个思路拟定滑坡治理方案，并结合前述滑坡稳定性、滑坡失稳影响、施工条件、环境影响、工程投资等多方面因素优选出治理方案；根据扩建后的滑坡体监测资料分析采取优化治理方案下的雾江滑坡体工作状态。

5.2　基于正交试验法的滑坡体治理措施优化分析

边坡治理措施主要有削坡减载、坡脚压脚、采用排水硐排水及设置抗滑桩等。

（1）由于雾江滑坡体主要是由散粒体堆积而成的，要达到较好的措施应该设置较密的抗滑桩且要设置横梁或多排抗滑桩，成本较高。

（2）滑面较深，抗滑桩成本较高，且坡脚已经切入河床，施工困难。

（3）抗滑桩的设置过程中易扰动坡脚，对滑坡体造成新的不稳定因素。

在治理措施中建议不优先考虑采用抗滑桩；多年的地下水位监测表明，雾江滑坡体地下水位埋藏较深，即使在滑坡体内设置排水硐，对降低古滑面以上的地下水位效果不明显，也不优先考虑设置排水硐。拟主要对削坡减载、坡脚压脚治理措施进行优化。

推荐治理方案为：压脚高程至 263.00m，在高程 420.00m、390.00m、360.00m 和

330.00m 设置 4 个台阶，对应的台阶宽度分别为 10m、30m、20m 和 57m。不同开挖台阶高程、台阶宽度、压脚高程等均影响滑坡体的稳定安全系数，其是一个复杂多因素问题。由于正交试验设计是一种用于多因素试验的方法。因此，以下基于正交试验法进行雾江滑坡体治理措施优选。

5.2.1 正交试验法原理

统计学家将正交设计通过一系列表格来实现，这些表叫做正交表，见表 5-1。记为 $L_9(3^4)$，这里"L"表示正交表，"9"表示总共要做 9 次试验，"3"表示每个因素都有 3 个水平，"4"表示这个表有 4 列，最多可以安排 4 个因素。常用的二水平表有 $L_4(2^3)$，$L_8(2^7)$，$L_{16}(2^{15})$，$L_{32}(2^{31})$；三水平表有 $L_9(3^4)$，$L_{27}(3^{13})$；四水平表有 $L_{16}(4^5)$；五水平表有 $L_{25}(5^6)$ 等。还有一批混合水平的表在实际中也十分有用，如 $L_8(4\times2^4)$，$L_{12}(2^3\times3^1)$，$L_{16}(4^4\times2^3)$，$L_{16}(4^3\times2^6)$，$L_{16}(4^2\times2^9)$，$L_{16}(4\times2^{12})$，$L_{16}(8^1\times2^8)$，$L_{18}(2\times3^7)$ 等。例如 $L_{16}(4^3\times2^6)$ 表示要求做 16 次试验，允许最多安排三个"4"水平因素，六个"2"水平因素。

表 5-1 　　　　　　　　　　　　正交表 $L_9(3^4)$

试验序号	因　素			
	1	2	3	4
1	1	1	1	1
2	1	2	2	2
3	1	3	3	3
4	2	1	2	3
5	2	2	3	1
6	2	3	1	2
7	3	1	3	2
8	3	2	1	3
9	3	3	2	1

若用正交表来安排例 1 的试验，其步骤十分简单，具体如下：

（1）选择合适的正交表。适合于该项试验的正交表有 $L_9(3^4)$、$L_{18}(2\times3^7)$、$L_{27}(3^{13})$ 等，取 $L_9(3^4)$，因为所需试验数较少。

（2）将 A、B、C 三个因素放到 $L_9(3^4)$ 的任意三列的表头上，例如放在前三列。

（3）将 A、B、C 三列的"1""2""3"变为相应因素的三个水平。

（4）9 次试验方案为：第一号试验的工艺条件为 A1（80℃）、B1（90 分）、C1（5%）；第二号试验的工艺条件为 A1（80℃）、B2（120 分）、C2（6%）…这样试验方案就排好了。正交试验方案见表 5-2。

由表 5-2 可知，每个因素的水平都重复了 3 次试验。每两个因素的水平组成一个全面试验方案。这两个特点使试验点在试验范围内排列规律整齐，称为"整齐可比"；如果

表 5 - 2　　　　　　　　　　　　正 交 试 验 方 案

试验序号	A	B	C
1	80℃	90 分	5%
2	80℃	120 分	6%
3	80℃	150 分	7%
4	85℃	90 分	6%
5	85℃	120 分	7%
6	85℃	150 分	5%
7	90℃	90 分	7%
8	90℃	120 分	5%
9	90℃	150 分	6%

将正交设计的 9 个试验点点成图，可以发现这 9 个试验点在试验范围内散布均匀，称为"均匀分散"。

以雾江滑坡体平行滑动的典型剖面为例，不同开挖台阶高程、台阶宽度、压脚高程等均影响滑坡体的安全系数，是一个复杂多因素问题。工作量极大。正交试验法采用正交试验表来安排与分析多因素问题，从试验因素的全部水平组合中挑选部分有代表性的"均匀"和"整齐"水平组合进行试验。通过分析这部分试验结果以了解全面试验的情况。因此，基于正交试验法进行雾江滑坡体治理措施优选。

5.2.2　可选治理措施

压脚高程至 263.00m，在高程 420.00m、390.00m、360.00m、330.00m 处设置 4 个台阶，对应台阶宽度分别为 10m、30m、20m、57m。基于正交试验法组合不同的削坡压脚措施，利用平面刚体极限平衡法计算 313.00m 正常蓄水工况的安全系数，并以安全系数作为目标函数进行优化，据此选取最优治理方案组合。

5.2.3　滑坡体削坡压脚治理方案优化

1. 优化因素的确定

以平行于滑动方向的剖面纵 2 的 4 级台阶高程、台阶宽度及压脚高程为优化因素。

2. 优化因素的取值范围

对设计推荐方案的各台阶高程±5m、台阶宽度±5m 设置因素水平，压脚高程分别在 260.00m、265.00m、270.00m 设置因素水平。4 级台阶高程、台阶宽度和压脚高程共 9 个优化因素，优化因素的因素水平见表 5 - 3。

3. 优化因素正交试验表

采用 9 因素 3 水平的正交表进行参数组合，共有 27 种不同组合，见表 5 - 4。治理措施各方案组合示意图如图 5 - 1 所示。

表 5 - 3　　　　　　　　　　　　　典 型 剖 面 因 素 水 平

因素水平	第1级台阶高程（A）	第1级台阶高程（B）	第2级台阶高程（C）	第2级台阶高程（D）	第3级台阶高程（E）	第3级台阶高程（F）	第4级台阶高程（G）	第4级台阶高程（H）	压脚高程（I）
1	415	5	385	25	355	15	325	52	260
2	420	10	390	30	360	20	330	57	265
3	425	15	395	35	365	25	335	62	270

表 5 - 4　　　　　　　　　　　　　$L_{27}(3^{13})$ 正 交 表

试验序号	A	B	C	D	E	F	G	H	I
1	1	1	1	1	1	1	1	1	1
2	1	1	1	1	2	2	2	2	2
3	1	1	1	1	3	3	3	3	3
4	1	2	2	2	1	1	1	2	2
5	1	2	2	2	2	2	2	3	3
6	1	2	2	2	3	3	3	1	1
7	1	3	3	3	1	1	1	3	3
8	1	3	3	3	2	2	2	1	1
9	1	3	3	3	3	3	3	2	2
10	2	1	1	3	1	2	3	1	2
11	2	1	2	3	2	3	1	2	3
12	2	1	3	3	3	1	2	3	1
13	2	2	1	1	1	3	3	2	3
14	2	2	2	1	2	3	1	3	1
15	2	2	3	1	3	1	2	1	2
16	2	3	1	2	1	2	3	3	1
17	2	3	2	2	2	3	1	1	2
18	2	3	3	2	3	1	2	2	3
19	3	1	1	2	1	3	2	1	3
20	3	1	2	3	2	1	3	2	1
21	3	1	3	2	3	2	1	3	2
22	3	2	1	3	1	2	3	2	1
23	3	2	1	3	2	1	3	3	2
24	3	2	1	3	3	3	1	1	3
25	3	3	2	1	1	3	2	3	2
26	3	3	2	1	2	1	1	1	3
27	3	3	2	1	3	2	1	2	1

　　表 5 - 4 中，因素 1 表示在推荐方案基础上高程（宽度）减小 5m；因素 2 表示在推荐方案基础上高程（宽度）不变；因素 3 表示在推荐方案基础上高程（宽度）增加 5m。以

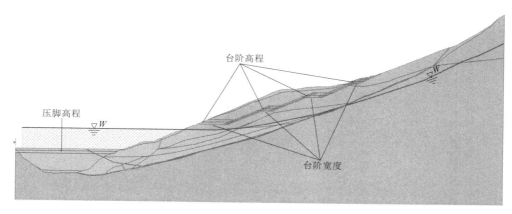

图 5-1 治理措施各方案组合示意图

试验编号 6 为例，A-1 表示第一级开挖台阶高程为 415.00m；B-2 表示第一级开挖台阶宽度为 10m；C-2 表示第二级开挖台阶高程为 390.00m；D-2 表示第二级开挖台阶宽度为 30m；E-3 表示第三级开挖台阶高程为 365.00m；F-3 表示第三级开挖台阶宽度为 25m；G-3 表示第四级开挖台阶高程为 335.00m；H-1 表示第四级开挖台阶宽度为 52m；I-1 表示压脚高程为 260.00m。依此类推，每次试验共 27 种组合。对上述正交试验结果进行分析，得到关键因素、次要因素、主次排列顺序及最优水平组合。

4. 计算结果及分析

剖面纵 2 安全系数为 1.0。假设水库水位为正常高水位 313.00m，由雾江滑坡体多年地下监测水位，采用线性插值获得扩建工程正常高水位下的地下水位，基于 M-P 法进行稳定安全系数计算，采用国际边坡计算 Slide 软件，对表 5-4 中 27 组优化因素的正交试验组合逐一进行计算，得到各组合方案安全系数。正交试验计算结果（削坡压脚）见表 5-5。开挖台阶高程、开挖台阶宽度及压脚高程对安全系数的影响分别如图 5-2～图 5-4 所示。

表 5-5　　　　　　　　　　　　正交试验计算结果（削坡压脚）

试验编号	A	B	C	D	E	F	G	H	I	古滑带安全系数	全局优化安全系数
1	1	1	1	1	1	1	1	1	1	1.119	1.107
2	1	1	1	1	2	2	2	2	2	1.157	1.132
3	1	1	1	1	3	3	3	3	3	1.214	1.151
4	1	2	2	2	1	1	1	2	2	1.155	1.131
5	1	2	2	2	2	2	2	3	3	1.215	1.155
6	1	2	2	2	3	3	3	1	1	1.121	1.103
7	1	3	3	3	1	1	1	3	3	1.218	1.155
8	1	3	3	3	2	2	2	1	1	1.121	1.102
9	1	3	3	3	3	3	3	2	2	1.161	1.135

续表

试验编号	A	B	C	D	E	F	G	H	I	古滑带安全系数	全局优化安全系数
10	2	1	1	3	1	2	3	1	2	1.161	1.136
11	2	1	2	3	2	3	1	2	3	1.219	1.156
12	2	1	3	3	3	1	2	3	1	1.118	1.099
13	2	2	1	1	1	2	3	2	3	1.213	1.150
14	2	2	2	1	2	3	1	3	1	1.122	1.111
15	2	2	3	1	3	1	2	1	2	1.151	1.132
16	2	3	1	2	1	2	3	3	3	1.122	1.105
17	2	3	2	2	2	3	1	1	2	1.160	1.135
18	2	3	3	2	3	1	2	2	3	1.209	1.147
19	3	1	3	2	1	3	2	1	3	1.214	1.151
20	3	1	3	2	2	1	3	2	1	1.118	1.107
21	3	1	3	2	3	2	1	3	2	1.158	1.135
22	3	2	1	3	1	3	2	2	3	1.127	1.112
23	3	2	1	3	2	1	3	3	2	1.160	1.138
24	3	2	1	3	3	2	1	1	3	1.215	1.156
25	3	3	2	1	1	3	2	3	2	1.157	1.135
26	3	3	2	1	2	1	3	1	3	1.206	1.149
27	3	3	2	1	3	2	1	2	1	1.119	1.109
L1	1.1646	1.1642	1.1653	1.1620	1.1651	1.1616	1.1650	1.1631	1.1208		
L2	1.1639	1.1643	1.1638	1.1636	1.1642	1.1646	1.1632	1.1642	1.1578		
L3	1.1638	1.1637	1.1631	1.1667	1.1629	1.1661	1.1640	1.1649	1.2137		

注　L1、L2、L3 分别表示各因子在同一水平下的采用古滑带计算的平均安全系数。

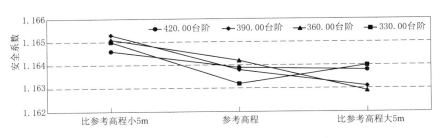

图 5-2　开挖台阶高程对安全系数的影响

由表 5-5 和图 5-2～图 5-4 可知：

（1）从开挖台阶高程对安全系数的影响来看，高程 360.00m、390.00m 开挖平台的台阶高程和台阶宽度对安全系数影响较大，高程 330.00m 和 420.00m 处台阶的变化对安全系数影响较小。分析原因为，高程 360.00m 和 390.00m 处的台阶位于滑坡体中部主滑段地表凸出较高的部位，开挖越多，卸荷越大，对安全系数的提高有较好的效果。因此从提

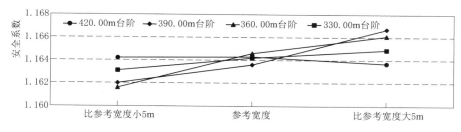

图 5-3 开挖台阶宽度对安全系数的影响

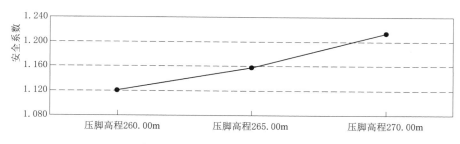

图 5-4 压脚高程对安全系数的影响

高滑坡体安全性的角度来考虑，在高程 360.00m 和 390.00m 处的台阶高程可以略降低，实现在主滑段多开挖多卸荷。

（2）从开挖台阶宽度对安全系数的影响来看，高程 360.00m 开挖平台和高程 390.00m 开挖平台宽度对安全系数影响较大，高程 330.00m 台阶和 420.00m 台阶的宽度变化对安全系数影响较小。这是因为高程 360.00m 和 390.00m 处的台阶位于滑坡体中部主滑段地表突出的部位，开挖越多，卸荷越大，开挖宽度越大即开挖量越大，实现的滑动卸荷也越大，对安全系数的提高有较好的效果。因此从提高滑坡体安全性的角度来考虑，在高程 360.00m 和 390.00m 处的台阶宽度可以略增加，在增加开挖量引起的经济费用允许的前提下，实现在主滑段多开挖多卸荷。

（3）从压脚高程对安全系数的影响来看，压脚对整个滑坡体的安全系数影响最大，压脚高程从 260.00m 提高到 270.00m 高程，提高了 10m 而安全系数提高了近 10%。因此，在不影响发电死水位和下游枢纽安全的前提下，可以适当提高压脚高程。这对于提高滑坡体的安全性非常有利。

（4）当采取削坡联合压脚的治理措施时，按正交试验法设计的 27 个方案中，方案 11 的安全系数最高，其古滑带安全系数为 1.219，全局搜索得到的安全系数为 1.156。建议在不影响水库正常运行的前提下，可适当提高压脚高程，以提高滑坡体的稳定性；在满足稳定性要求的前提下，可适当减少削坡量。

综上，压脚对稳定性的作用较大，压脚高程越高，稳定性越好。削坡有利于稳定性的提高，但相对于压脚来讲，提高幅度有限。在不影响水库正常运行的前提下，可适当提高压脚高程，以提高滑坡体的稳定性。在满足稳定性要求的前提下，可适当减少削坡量。

5.3　基于临界压脚体的滑坡体削坡压脚土石方量平衡研究

在实际边坡工程的治理中，常将削坡土方用于压脚，存在削坡方量与压脚方量不平衡的现象。当雾江滑坡体采用高压脚+少卸荷方案时，假设全截面压脚至高程 269.00m，需要土方量 322 万 m³，削坡土方量仅为 155 万 m³；而当采用低压脚+多卸荷方案时，假设全截面压脚至高程 263.00m，需要土方量 271 万 m³，削坡土方量仅为 195 万 m³。由于压脚土方量大，可以进行局部压脚，减少压脚土方量。通过稳定性分析，提出临界压脚体的概念，研究削坡压脚土方量的平衡问题。

5.3.1　临界压脚体的提出

虽然高压脚+少卸荷方案和低压脚+多卸荷方案均基本满足边坡规范 SL 386—2007 中抗滑稳定安全系数要求，但 2 组方案均存在削坡土方量和压脚土方量不平衡的问题，压脚土方量远大于削坡土方量。

对压脚体进行敏感性分析表明，在边坡滑坡体治理过程中，如果采取削坡压脚治理措施，当压脚体的体积增大到一定程度后，滑坡体的稳定安全系数不再变化，即存在一个临界压脚体。如果寻找到这个体积最小的临界压脚体进行压脚，压脚的土方量可大大减小，在一定程度上缓解了压脚土方量和削坡土方量之间的不平衡的矛盾。应对不同压脚体下的滑坡体进行敏感性分析，以确定不同削坡压脚治理方案下的临界压脚体。

5.3.2　不同压脚体计算模型及计算工况

分别对比分析高压脚少卸荷、低压脚多卸荷 2 种组合措施下，不同导流缺口对滑坡体安全系数的影响，得到各方案下的临界压脚体。压脚时，滑坡体前缘处河床断面由导流缺口和压脚体 2 部分组成。河床不同压脚体示意如图 5-5 所示。图中，A、（A+B）、（A+B+C）、（A+B+C+D）、（A+B+C+D+E）、（A+B+C+D+E+F）分别表示导流缺口占河床断面的比例依次为 1/4、1/3、1/2、2/3、3/4、4/5。

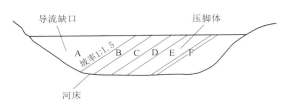

图 5-5　河床不同压脚体示意

2 组不同压脚计算模型及计算工况如下：

（1）计算模型 1：不同压脚体下高压脚+少卸荷计算模型。压脚高程 269.00m，开挖台阶分别在高程 330.00m、365.00m、395.00m 和 420.00m。压脚体向左岸以 1∶1.5 的坡率放坡，分别计算 1/4、1/3、1/2、2/3、3/4、4/5 导流缺口下的稳定性，以获得临界压脚体。如图 5-6 所示。

（2）计算模型 2：不同压脚体下低压脚+多卸荷计算模型。压脚高程 263.00m，开挖台阶分别在高程 330.00m、355.00m、385.00m 和 420.00m。压脚体向左岸以 1∶1.5 的

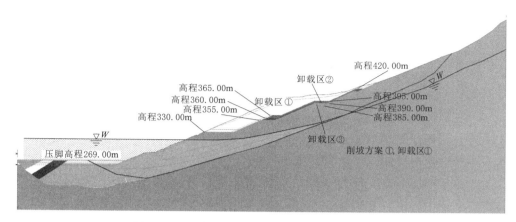

图 5-6　不同压脚体下高压脚＋少卸荷计算模型

坡率放坡，分别计算 1/4、1/3、1/2、2/3、3/4、4/5 导流缺口下的稳定性，以获得临界压脚体。如图 5-7 所示。

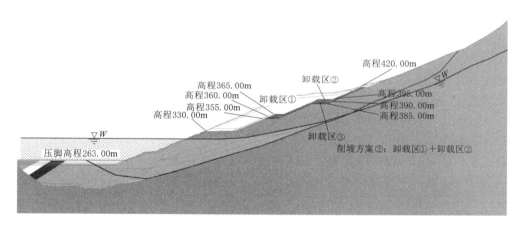

图 5-7　不同压脚体下低压脚＋多卸荷计算模型

5.3.3　计算结果及分析

剖面纵 2 安全系数为 1.0。采用 M-P 法，对上述 2 组工况进行稳定性分析，得到的不同导流缺口的滑坡体安全系数见表 5-6、表 5-7。

表 5-6　　　　　　不同导流缺口下高压脚＋少卸荷滑坡体安全系数

导流缺口占河床的比例	1/4	1/3	1/2	2/3	3/4	4/5
全局搜索最小安全系数	1.20	1.20	1.20	1.10	1.02	0.99
安全系数（沿古滑带）	1.39	1.35	1.26	1.10	1.02	0.99
压脚体/万 m³	294.9	265.3	220.5	126.3	101.7	77.6

表 5－7　　　　　　　不同导流缺口下低压脚＋多卸荷滑坡体安全系数

导流缺口占河床的比例	1/4	1/3	1/2	2/3	3/4	4/5
全局搜索最小安全系数	1.15	1.15	1.15	1.10	1.03	1.00
安全系数（沿古滑带）	1.30	1.29	1.24	1.10	1.03	1.00
压脚体/万 m³	256.7	232.9	194.7	126.3	89.5	68.0

由表 5－6、表 5－7 可知：

（1）临界压脚体。从 2 组工况计算的全局搜索最小安全系数来看，当导流缺口占河床的比例小于 1/2 时，全局搜索最小安全系数基本不变；当导流缺口占河床的比例大于 1/2 时，全局搜索最小安全系数开始减小；当导流缺口占河床的比例逐渐增大时，沿古滑带的安全系数逐渐减小。即 2 组工况均存在临界压脚体，临界压脚体对应的导流缺口占河床比例大约为 1/2。

（2）压脚削坡土方量。对于高压脚＋少卸荷治理措施，当采用临界压脚体压脚时（即导流缺口占河床比例为 1/2），压脚的土方量大约为 220.5 万 m³，其对应的削坡土方量为 155 万 m³，压脚和削坡的土方量之间的不平衡大大减小。对于低压脚＋多卸荷治理措施，当采用临界压脚体压脚时（即导流缺口占河床比例为 1/2），压脚的土方量大约为 194.7 万 m³，其对应的削坡土方量为 195 万 m³，压脚和削坡的土方量基本平衡。

（3）抗滑稳定安全系数。当采用临界压脚体压脚时（导流缺口占河床比例约为 1/2），2 种措施下的滑坡体的边坡抗滑稳定安全系数较初始地形下提高 20％以上，均基本满足规范中抗滑稳定安全系数的要求。

综上，从土方量平衡的角度来看，采用低压脚多卸荷方案较好，该方案采用临界压脚体压脚时，基本满足规范要求，而且压脚削坡土方量基本平衡。考虑在压脚过程中，部分堆渣会被江水冲走，可能导致削坡土方量仍略少于压脚土方量，此时可以通过外运一部分堆渣或进一步削坡满足这部分土方量的不平衡。

5.4　滑坡体治理方案优选

5.4.1　治理方案优化思路

雾江滑坡体级别为 2 级，滑坡防治工程等级 Ⅱ 级，各运用条件下稳定安全系数需达到 1.05～1.25。滑坡体现状处于临界稳定状态，各工况下安全系数视为 0.95～1.05。水库扩建后抬高水位尽管不会降低边坡的稳定安全度，但因滑坡体体积大（1327 万 m³），要使其安全系数提高 15％～20％，达到 2 级边坡的安全系数指标，工程措施难度大、造价高，初步设计治理措施削坡 175 万 m³，压脚 265 万 m³（压脚高程 263.00m）。存在问题如下：①将破坏原滑坡体 12.8 万 m² 良好植被和相对隔水层；②要进行有效支护；③265 万 m³ 压脚施工与主体工程施工交通干扰巨大；④施工度汛难度大，工期安排极其困难。

根据雾江滑坡的稳定性及失稳影响分析成果可知：雾江滑坡体现状基本稳定，水库扩建后抬高水位不会降低边坡的稳定安全度，但因滑坡体体积大（达 1327 万 m³），要使其安全系数提高15％～20％，达到2级边坡的安全系数指标，工程措施难度大、造价高。该滑坡体前缘滑床已潜入河床底部，计算的滑速、涌浪均较小，坝前涌浪小于大坝设计预留的涌浪高度（预留5m），坝前各进水口建筑物稳定应力设计均已考虑5m涌浪高度。滑坡体失稳下滑方向垂直河床，堆积、淤积范围不影响各引水、泄洪隧洞进水口。因此，雾江滑坡体即使失稳对涔天河水库扩建工程的枢纽永久建筑物的危害程度确定为"不严重"等级，仅对施工后期将废弃的左岸临时交通洞、右岸库区公路（从滑坡体表面经过）及库底淤积可能产生较严重的影响。

为了尽量减少雾江滑坡体治理对工程施工、正常运行的影响，保证工程施工期和正常运行的安全，业主组织开展了对雾江滑坡体稳定性的进一步研究和对治理措施的进一步的优化工作。结合上述雾江滑坡体的近期变形观测、历次滑坡体研究成果、地勘及试验资料，和现状反演、滑移模式分析、滑坡体稳定性及滑后影响分析，以及加固处理难度分析，从而确定滑坡体治理思路，提出优化治理方案。

结合工程现场施工的实际条件，按如下两个思路拟定滑坡治理方案。

（1）优化方案一（大处理方案）。维持初步设计方案的治理思路，考虑反演力学参数的提高，适当减小压脚工程量。按2级边坡抗滑稳定安全系数的标准控制，采用高压脚、大削坡处理，辅以滑坡体外边沟排水、坡面支持、安全监测等措施。

（2）优化方案二（小处理方案）。充分利用现有渣料压脚，加强滑带排水和变形监测，尽量避免滑坡体表面破坏，先适当降低2级边坡抗滑稳定安全系数标准，蓄水运行如有变形加大迹象，再实施削坡减载。

1）一期尽量不破坏坡面良好的植被及黏土防水层，采用低压脚＋排水处理，并加强安全监测，边坡抗滑稳定安全系数接近2级边坡标准（不低于3级）。

2）二期备用措施为削坡减载，辅以滑坡体外边沟排水、坡面支持等措施，边坡抗滑稳定安全系数按2级边坡标准控制。削坡预案实施与否、何时实施，根据运行期安全监测成果及滑坡变形情况决定。

5.4.2 大处理方案分析

5.4.2.1 方案拟定

大处理方案设计标准为：按2级边坡设计，控制正常工况抗滑稳定安全系数不小于1.20，非常工况抗滑稳定安全系数不小于1.15。

以初步设计推荐的压脚＋削坡处理方案为基础，结合工程实际土石方可利用情况，按照土石挖填平衡的原则，拟定多个压脚＋削坡组合方案，采用中国水利水电科学研究院反演的物理力学参数，用理正计算软件边坡稳定分析模块，选取剖面纵2，首先进行自然边坡抗滑稳定的类比计算，然后对各组合方案在正常蓄水位313.00m工况下进行抗滑稳定计算，初步拟定出满足规范要求的优化方案一。方案拟定计算结果见表5-8。

拟定大处理方案的削坡、压脚、排水、道路布置及主要工程量如下。

1. 削坡

削坡分为：

（1）②号冲沟下游从高程315.00m开始削坡，削坡顶高程380.00m，上游侧至②号

表 5－8　　　　　　　　　　　　　　方案拟定计算结果表

计算条件	现状库水位 253.32m		正常蓄水位 313.00m	
	理正计算结果	中国水利水电科学研究院计算结果	理正计算结果	中国水利水电科学研究院计算结果
自然边坡	1.093	1.09	1.116	1.12
压脚 256.5 万 m³，削坡 174 万 m³	1.201		1.223	

冲沟，下游侧至①号冲沟，分别在高程 315.00m、330.00m、345.00m、360.00m 留平台，平台宽度分别为 50m、20m、2.5m、25m。

（2）②号冲沟上游从高程 330.00m 开始削坡，削坡顶高程 435.00m，上游侧至③号冲沟，下游侧至②号冲沟，分别在高程 330.00m、345.00m、360.00m、375.00m、390.00m、405.00m 留平台，平台宽度分别为 50m、2.5m、20m、2.5m、20m、2.5m，高程 330.00～390.00m 坡比 1∶2.25、高程 390.00m 以上坡比 1∶2。削坡坡面采用混凝土网格梁植草进行防护，各高程平台植草，植草面积 13.18 万 m²。

2．压脚

滑坡体坡脚采用开挖弃料和削坡料压脚，压脚高程 256.50m，右侧与岸坡相接，左岸留导流缺口，缺口顶部最小宽度 60m；上下游方向从③号冲沟至①号冲沟，压脚体顶部宽 97.2～170.6m，顺流向长 455m，顶部高程 256.50～250.00m 按 1∶2 向上下游河床放坡，高程 250.00m 留 5m 宽平台，平台以下为水下倒渣，形成自然休止坡面。

压脚体顶面、导流缺口临水面、上下游坡面高程 246.00m 以上，表面抛填 1m 厚单重不小于 10kg 的块石进行施工期防冲保护，块石允许抗冲流速不小于 2m/s。

3．排水

削坡坡顶截水沟和各级马道、平台内侧排水沟，均排入①号～③号冲沟，这些排水沟均采用混凝土硬化封闭，防止雨水灌入滑坡体内，排水沟总长 1.1km。

4．跨滑坡体段 X081 道路布置

本方案跨滑坡体段 X081 道路布置与初步设计批复的道路布置完全相同，起点接坝区右岸高程 324.00m 公路终点（桩号 R0＋379.04），经滑坡体削坡减载后形成的高程 330 平台，分别跨越①号～③号冲沟至滑坡体上游，全长 710m；起点路面中心高程 324.00m，终点路面中心高程 320.00m，纵坡 3%～9%，最小转弯半径 20m，路基宽度 6m。该段公路与库区 X081 公路标准相同，按四级公路设计，工程造价计入库区公路复建。

5．主要工程量

本方案削坡减载 174 万 m³，填渣压脚 201 万 m³（23 万 m³ 为滑坡体已压脚量、174 万 m³ 来自于削坡、4 万 m³ 来自灌溉洞等开挖，其中水上填渣 41.9 万 m³、水下填渣 148.6 万 m³、表部及临水面抛石 10.5 万 m³），网格梁混凝土 6200m³，钢筋 620t，排水沟混凝土 2100m³。

5.4.2.2　方案验证

压脚体采用参数取值：$\gamma_s = 19.4 \text{kN/m}^3$，$\phi_{水下} = 10°$，$C = 0 \text{kPa}$，对优化方案一滑坡体

施工期及运行期各中可能滑移模式进行稳定计算。计算结果见表5-9、表5-10。

表5-9 优化方案—施工期稳定安全系数

计算剖面	计算滑移模式	施工低水位 248.00m	20年一遇度汛 水位264.17m	100年一遇度汛 水位274.55m	264.17m降至 248.00m
纵1	中部至底部沿滑带剪出	1.19	1.18	1.17	1.14
	顶部至底部沿滑带剪出	1.14	1.12	1.14	1.11
	从滑体内部圆弧剪出	1.28	1.27	1.22	1.24
纵2	中部至底部沿滑带剪出	1.36	1.30	1.31	1.30
	顶部至底部沿滑带剪出	1.23	1.21	1.21	1.23
	从滑体内部圆弧剪出	1.63	1.50	1.49	1.52
纵3	中部至底部沿滑带剪出	1.55	1.50	1.46	1.50
	顶部至底部沿滑带剪出	1.40	1.35	1.34	1.37
	从滑体内部圆弧剪出	1.70	1.57	1.54	1.58
纵4	中部至底部沿滑带剪出	1.22	1.18	1.19	1.19
	顶部至底部沿滑带剪出	1.13	1.11	1.10	1.11
	从滑体内部圆弧剪出	1.53	1.50	1.49	1.49
加权平均	中部至底部沿滑带剪出	1.38	1.33	1.32	1.32
	顶部至底部沿滑带剪出	1.26	1.23	1.23	1.24

表5-10 优化方案—运行期稳定安全系数

计算剖面	计算滑移模式	正常蓄水位 313.00m	正常蓄水位 313.00m+暴雨	校核洪水位 320.27m	320.27m降至 310.50m
纵1	中部至底部沿滑带剪出	1.21	1.20	1.22	1.16
	顶部至底部沿滑带剪出	1.16	1.15	1.17	1.13
	从滑体内部圆弧剪出	1.27	1.25	1.26	1.10
纵2	中部至底部沿滑带剪出	1.34	1.34	1.37	1.29
	顶部至底部沿滑带剪出	1.22	1.20	1.22	1.18
	从滑体内部圆弧剪出	1.64	1.63	1.57	1.51
纵3	中部至底部沿滑带剪出	1.48	1.48	1.51	1.41
	顶部至底部沿滑带剪出	1.34	1.32	1.35	1.28
	从滑体内部圆弧剪出	1.98	1.83	1.82	1.85
纵4	中部至底部沿滑带剪出	1.31	1.31	1.35	1.25
	顶部至底部沿滑带剪出	1.18	1.17	1.20	1.13
	从滑体内部圆弧剪出	1.47	1.47	1.24	1.58
加权平均	中部至底部沿滑带剪出	1.36	1.36	1.39	1.30
	顶部至底部沿滑带剪出	1.25	1.23	1.25	1.20

由表5-9、表5-10可知：

（1）施工期各工况下，除剖面纵1与纵4顶部至底部整体滑动的安全系数为1.10～

1.15，各剖面其他滑移模式的安全系数均大于 1.15，加权平均最小安全系数为 1.23～1.26。

（2）运行期，正常运行工况各剖面最不利滑移模式安全系数为 1.16～1.34，除剖面纵 1 与纵 4 顶部至底部滑动的安全系数小于 1.20 外，其他滑移模式的安全系数均大于 1.20，加权平均安全系数 1.25；非常运行工况各剖面最不利滑移模式安全系数为 1.10～1.28，除剖面纵 1、纵 4 个别滑移模式的安全系数小于 1.15 外，其他的安全系数均大于 1.15，加权平均安全系数为 1.20～1.25。

（3）优化方案一施工期及运行期安全系数基本满足规范对 2 级边坡的抗滑稳定要求。

5.4.2.3　造价

按初步设计概算的造价水平，考虑水泥、钢筋、汽柴油价格调差，优化方案一造价（直接费）为 5146 万元。

5.4.3　小处理方案分析

5.4.3.1　方案拟定

为了尽可能保护滑坡体现有完好植被，避免人工扰动带来的水土流失及其他难以预见的对滑坡体整体稳定不利的影响，根据前面对滑坡体的稳定性及失稳影响分析，拟分期实施处理措施：一期考虑适当降低抗滑稳定安全系数标准，按接近 2 级边坡标准控制，加强边坡稳定监测，一旦发现边坡变形有加大趋势，立即实施二期处理——削坡减载及边坡防护。

初拟方案为：一期将现状高程 250.00m 部分压脚向左推进形成高程 250.00m 全压脚，左侧预留大缺口导流，并将 X081 公路改线，采用交通隧洞从滑坡体滑带下部穿过，利用交通洞对滑带进行排水及变形观测；二期预案考虑对高程 315.00～410.00m 进行削坡减载。具体处理措施简述如下。

1. 一期措施

压脚顶高程 250.00m，右侧与岸坡相接，左岸留大缺口，压脚体顶部宽 80～138m，上、下游方向从③号冲沟至①号冲沟，顺流向长 380m；顶部向上下游河床水下倒渣，形成自然休止坡面；压脚体顶面、导流缺口临水面及上下游坡面高程 246.00m 以上表面采用隧洞开挖渣料进行施工期防冲保护，允许抗冲流速不小于 0.8m/s。

排水交通洞布置在滑坡体底滑带以下 10～18m 的弱风化岩体内，进口（下游侧）布置在①冲沟下游侧，底板高程 324.40m，出口布置在③冲沟下游侧，底板高程 322.67m，洞长 625m，纵坡坡度 0.9%，设计车速 20km/h；采用马蹄形断面，净高 5.8m，路面宽 6.5m，250mm 厚 C30 混凝土路面，横坡坡度为 1.5%，路面两侧设 0.93m 宽人行道。全洞采用 C25 混凝土衬砌，厚 0.4～0.5m，进出口采用管棚施工进洞。

交通隧洞两侧拱肩处按 5m 间距设置 $\phi150$ 深排水孔穿过底滑带，将滑带以上地下水引出至交通洞外侧排水沟，以降低滑坡体地下水位。排水孔共 180 个，长度 15～45m，总长 5544m。

2. 二期措施

削坡分两大部分，②号冲沟下游从高程 315.00m 开始削坡，削坡顶高程 367.00m，上游侧至②号冲沟,下游侧至①号冲沟,分别在高程 315.00m、330.00m 留平台,平台宽度分别为 50m、22.5m;②号冲沟上游从高程 330.00m 开始削坡,削坡顶高程 410.00m,上游侧至③号冲沟,下游侧至②号冲沟,分别在高程 330.00m、360.00m、390.00m 留平台,平台宽度分别为 50m、10m、10m,坡比 1:2。削坡坡面采用混凝土网格梁植草进行防护,平台植草,植草面积 8.73 万 m²。

3. 主要工程量

本方案一期填渣压脚 94 万 m³(23 万 m³ 为滑坡体已压脚量、4 万 m³ 来自灌溉洞等开挖,4 万 m³ 来自 X081 交通隧洞开挖,其余 63 万 m³ 来自溪江弃渣场),洞挖 4 万 m³,衬砌混凝土 6980m³,喷混凝土 2550m³,钢筋 411t,锚杆 10004 根,钢拱架 94t,管棚 1766m,排水管 3330m,防水板 18260m²,二期削坡 112 万 m³,网格梁混凝土 3985m³,钢筋 399t,排水沟混凝土 1500m³。

5.4.3.2 方案验证

优化方案二进行一期措施下稳定计算时,考虑到排水措施的不确定性,采用三种方式模拟排水对滑坡体内部的影响:①方式一:排水有效,即滑坡体内部位于库水位以上的地下水位均位于滑带土下部;②方式二:排水失效,即滑坡体内部的地下水位保持不变;③方式三:排水部分有效,计算中假定位于滑带土上部的压力水头按降低 50% 处理。

在一期+二期措施下稳定计算时,忽略排水对滑坡体稳定性的影响。另外,对于水位骤降工况,由于水位骤降期持续的时间较短,计算中忽略排水措施对其稳定性的影响。优化方案二(一期措施)施工期和运行期分别见表 5-11~表 5-13。

表 5-11　　　　　　　　　优化方案二(一期措施)施工期稳定安全系数

拟定条件	计算剖面	计算滑移模式	不同水位条件下的稳定渗流期			库水位由 264.17m 降至 248.00m
			248.00m	264.17m	274.55m	
排水失效	纵1	中部至底部沿滑带土剪出	1.10	1.11	1.13	1.09
		顶部至底部沿滑带土剪出	1.11	1.12	1.13	1.10
		从滑坡体内部圆弧剪出	1.20	1.20	1.19	1.17
	纵2	中部至底部沿滑带土剪出	1.14	1.14	1.14	1.12
		顶部至底部沿滑带土剪出	1.14	1.14	1.14	1.13
		从滑坡体内部圆弧剪出	1.38	1.33	1.31	1.31
	纵3	中部至底部沿滑带土剪出	1.23	1.21	1.22	1.19
		顶部至底部沿滑带土剪出	1.19	1.20	1.19	1.19
		从滑坡体内部圆弧剪出	1.33	1.19	1.23	1.16
	纵4	中部至底部沿滑带土剪出	1.12	1.13	1.14	1.10
		顶部至底部沿滑带土剪出	1.07	1.07	1.08	1.05
		从滑坡体内部圆弧剪出	1.31	1.28	1.23	1.25
	加权平均	中部至底部沿滑带土剪出	1.16	1.16	1.16	1.14
		顶部至底部沿滑带土剪出	1.14	1.15	1.15	1.14

续表

拟定条件	计算剖面	计算滑移模式	不同水位条件下的稳定渗流期			库水位由264.17m降至248.00m
			248.00m	264.17m	274.55m	
排水部分有效	纵1	中部至底部沿滑带土剪出	1.12	1.11	1.13	1.09
		顶部至底部沿滑带土剪出	1.13	1.12	1.14	1.10
		从滑坡体内部圆弧剪出	1.25	1.20	1.19	1.17
	纵2	中部至底部沿滑带土剪出	1.25	1.20	1.19	1.12
		顶部至底部沿滑带土剪出	1.19	1.16	1.16	1.13
		从滑坡体内部圆弧剪出	1.44	1.33	1.31	1.31
	纵3	中部至底部沿滑带土剪出	1.25	1.26	1.24	1.19
		顶部至底部沿滑带土剪出	1.24	1.22	1.21	1.19
		从滑坡体内部圆弧剪出	1.36	1.19	1.23	1.16
	纵4	中部至底部沿滑带土剪出	1.22	1.21	1.21	1.10
		顶部至底部沿滑带土剪出	1.15	1.14	1.14	1.05
		从滑坡体内部圆弧剪出	1.38	1.28	1.23	1.25
	加权平均	中部至底部沿滑带土剪出	1.23	1.21	1.20	1.14
		顶部至底部沿滑带土剪出	1.19	1.17	1.17	1.14
排水有效	纵1	中部至底部沿滑带土剪出	1.16	1.13	1.14	1.09
		顶部至底部沿滑带土剪出	1.16	1.14	1.14	1.10
		从滑坡体内部圆弧剪出	1.35	1.23	1.20	1.17
	纵2	中部至底部沿滑带土剪出	1.25	1.22	1.21	1.12
		顶部至底部沿滑带土剪出	1.24	1.22	1.21	1.13
		从滑坡体内部圆弧剪出	1.52	1.36	1.34	1.31
	纵3	中部至底部沿滑带土剪出	1.35	1.31	1.29	1.19
		顶部至底部沿滑带土剪出	1.32	1.29	1.27	1.19
		从滑坡体内部圆弧剪出	1.38	1.19	1.24	1.16
	纵4	中部至底部沿滑带土剪出	1.39	1.34	1.32	1.10
		顶部至底部沿滑带土剪出	1.31	1.26	1.25	1.05
		从滑坡体内部圆弧剪出	1.45	1.28	1.23	1.25
	三维平衡	中部至底部沿滑带土剪出	1.29	1.27	1.25	
		顶部至底部沿滑带土剪出	1.28	1.28	1.25	

表5-12　　　　　　　　优化方案二（一期措施）运行期稳定安全系数

拟定条件	计算剖面	计算滑移模式	正常蓄水位313.00m		校核洪水位320.27m	水位骤降工况
			天然状况	考虑降水		
排水失效	纵1	中部至底部沿滑带土剪出	1.15	1.13	1.15	1.11
		顶部至底部沿滑带土剪出	1.14	1.13	1.15	1.12
		从滑坡体内部圆弧剪出	1.23	1.22	1.27	1.09

拟定条件	计算剖面	计算滑移模式	正常蓄水位 313.00m		校核洪水位 320.27m	水位骤降工况
			天然状况	考虑降水		
排水失效	纵2	中部至底部沿滑带土剪出	1.17	1.16	1.17	1.12
		顶部至底部沿滑带土剪出	1.16	1.15	1.17	1.13
		从滑坡体内部圆弧剪出	1.25	1.22	1.22	1.18
	纵3	中部至底部沿滑带土剪出	1.27	1.26	1.27	1.21
		顶部至底部沿滑带土剪出	1.21	1.20	1.22	1.18
		从滑坡体内部圆弧剪出	1.45	1.42	1.41	1.32
	纵4	中部至底部沿滑带土剪出	1.23	1.23	1.25	1.16
		顶部至底部沿滑带土剪出	1.14	1.13	1.16	1.08
		从滑坡体内部圆弧剪出	1.34	1.33	1.41	1.20
	加权平均	中部至底部沿滑带土剪出	1.21	1.20	1.21	1.15
		顶部至底部沿滑带土剪出	1.17	1.16	1.18	1.14
排水部分有效	纵1	中部至底部沿滑带土剪出	1.15	1.13	1.15	1.11
		顶部至底部沿滑带土剪出	1.14	1.13	1.15	1.12
		从滑坡体内部圆弧剪出	1.23	1.22	1.27	1.09
	纵2	中部至底部沿滑带土剪出	1.19	1.17	1.20	1.12
		顶部至底部沿滑带土剪出	1.17	1.15	1.17	1.13
		从滑坡体内部圆弧剪出	1.25	1.22	1.22	1.18
	纵3	中部至底部沿滑带土剪出	1.27	1.26	1.27	1.21
		顶部至底部沿滑带土剪出	1.22	1.21	1.23	1.18
		从滑坡体内部圆弧剪出	1.45	1.42	1.42	1.32
	纵4	中部至底部沿滑带土剪出	1.25	1.25	1.29	1.16
		顶部至底部沿滑带土剪出	1.17	1.16	1.18	1.08
		从滑坡体内部圆弧剪出	1.34	1.33	1.41	1.20
	加权平均	中部至底部沿滑带土剪出	1.22	1.20	1.23	1.15
		顶部至底部沿滑带土剪出	1.18	1.17	1.19	1.14
排水有效	纵1	中部至底部沿滑带土剪出	1.15	1.13	1.15	1.11
		顶部至底部沿滑带土剪出	1.15	1.13	1.15	1.12
		从滑坡体内部圆弧剪出	1.23	1.22	1.27	1.09
	纵2	中部至底部沿滑带土剪出	1.21	1.19	1.22	1.12
		顶部至底部沿滑带土剪出	1.19	1.19	1.19	1.13
		从滑坡体内部圆弧剪出	1.25	1.22	1.22	1.18
	纵3	中部至底部沿滑带土剪出	1.27	1.26	1.27	1.21
		顶部至底部沿滑带土剪出	1.25	1.22	1.25	1.18
		从滑坡体内部圆弧剪出	1.45	1.42	1.42	1.32
	纵4	中部至底部沿滑带土剪出	1.30	1.29	1.30	1.16
		顶部至底部沿滑带土剪出	1.23	1.21	1.21	1.08
		从滑坡体内部圆弧剪出	1.34	1.33	1.41	1.20
	三维平衡	中部至底部沿滑带土剪出	1.23	—	1.23	—
		顶部至底部沿滑带土剪出	1.23	—	1.24	—

表 5 - 13　　　　　优化方案二（一期十二期措施）运行期稳定安全系数

计算剖面	计算滑移模式	正常蓄水位 313.00m		校核洪水位 320.27m	水位骤降工况
		天然状况	考虑降水		
纵 1	中部至底部沿滑带土剪出	1.17	1.16	1.18	1.12
	顶部至底部沿滑带土剪出	1.15	1.13	1.15	1.12
	从滑坡体内部圆弧剪出	1.53	1.53	1.51	1.35
纵 2	中部至底部沿滑带土剪出	1.23	1.22	1.25	1.18
	顶部至底部沿滑带土剪出	1.17	1.16	1.18	1.14
	从滑坡体内部圆弧剪出	1.40	1.38	1.39	1.34
纵 3	中部至底部沿滑带土剪出	1.38	1.37	1.37	1.32
	顶部至底部沿滑带土剪出	1.24	1.23	1.25	1.20
	从滑坡体内部圆弧剪出	1.53	1.51	1.61	1.54
纵 4	中部至底部沿滑带土剪出	1.31	1.30	1.35	1.24
	顶部至底部沿滑带土剪出	1.15	1.14	1.17	1.11
	从滑坡体内部圆弧剪出	1.34	1.33	1.29	1.34
加权平均	中部至底部沿滑带土剪出	1.28	1.27	1.29	1.22
	顶部至底部沿滑带土剪出	1.19	1.18	1.20	1.15

由表 5 - 11～表 5 - 13 可知：

（1）排水效果。在施工期工况下，排水有效可提高安全系数 0.0～0.27，排水部分有效可提高安全系数 0.0～0.11，后续分析中以排水部分有效的计算成果进行分析。

（2）一期措施下施工期各水位稳定渗流工况下各剖面最小安全系数为 1.11～1.21，加权平均最小安全系数为 1.17～1.19；骤降工况各剖面最小安全系数为 1.05～1.16，加权平均安全系数 1.14，一期措施下施工期安全系数接近 2 级边坡规范要求。

（3）一期措施下正常运行工况各剖面最小安全系数为 1.14～1.22，加权平均安全系数 1.18；非常运行稳定渗流工况下各剖面的最小安全系数为 1.13～1.21，加权平均最小安全系数为 1.17～1.19；骤降工况各计算剖面最小安全系数为 1.08～1.18，加权平均最小安全系数为 1.14。由此可见，一期措施下运行期安全系数接近 2 级边坡规范要求。

（4）"一期十二期"措施下，正常运行工况下各剖面最小安全系数为 1.15～1.24，加权平均安全系数为 1.19，非常运行工况下各剖面最小安全系数为 1.11～1.25，加权平均安全系数为 1.15～1.20，基本满足 2 级边坡规范要求。

5.4.3.3　造价

按初步设计概算的造价水平，考虑水泥、钢筋、汽柴油价格调差，优化方案二一期措施造价（直接费）为 3623 万元，二期措施造价（直接费）为 2120 万元，一期十二期措施造价（直接费）为 5743 万元。

5.4.4　治理方案优选

稳定计算分析成果表明，各计算剖面安全系数加权平均，方案一大多数工况满足 2 级边坡稳定要求，个别工况安全系数非常接近2级边坡稳定要求；方案二：一期治理措施下满足3级边坡稳定要求，接近或基本满足2级边坡稳定要求，方案二：一期＋二期治理措施大多数工况满足2级边坡稳定要求，个别工况安全系数非常接近2级边坡稳定要求。两方案均有个别剖面在某种滑移模式下安全系数低于设计标准的情况。

边坡稳定计算成果（各剖面加权平均）汇总见表5－14。

表 5－14　　　　　　　　边坡稳定计算成果（各剖面加权平均）汇总表

科研单位	工况	方案一	方案二	
			一期治理	"一期＋二期"治理
武汉大学	正常运行工况	三种滑移模式对应各剖面加权平均最小安全系数1.230（满足2级边坡规范要求）	三种滑移模式对应各剖面加权平均最小安全系数1.205（满足2级边坡规范要求）	三种滑移模式对应各剖面加权平均最小安全系数1.209（满足2级边坡规范要求）
	校核水位及校核水位降落	三种滑移模式对应各剖面加权平均最小安全系数1.194（基本满足2级边坡规范要求）	三种滑移模式对应各剖面加权平均最小安全系数为1.167～1.211（满足2级边坡规范要求）	三种滑移模式对应各剖面加权平均最小安全系数为1.179～1.22（满足2级边坡规范要求）
	施工期	—	稳定水位期三种滑移模式对应各剖面加权平均最小安全系数为1.172～1.189，水位降落期间三种滑移模式对应各剖面加权平均最小安全系数1.147（基本满足2级边坡规范要求）	—
	判别	基本满足规范对2级边坡的抗滑稳定要求	基本满足规范对2级边坡的抗滑稳定要求	满足规范对2级边坡的抗滑稳定要求
中国水利水电科学研究院	正常运行工况	两种滑移模式对应各剖面加权平均最小安全系数1.25（满足2级边坡规范要求）	两种滑移模式对应各剖面加权平均最小安全系数1.18（接近2级边坡规范要求）	两种滑移模式对应各剖面加权平均最小安全系数1.19（基本满足2级边坡规范要求）
	校核水位及校核水位降落	两种滑移模式对应各剖面加权平均最小安全系数为1.20～1.25（满足2级边坡规范要求）	两种滑移模式对应各剖面加权平均最小安全系数为1.14～1.19（接近2级边坡规范要求）	三种滑移模式对应各剖面加权平均最小安全系数为1.15～1.2（满足2级边坡规范要求）
	施工期	两种滑移模式对应各剖面加权平均最小安全系数为1.23～1.26（满足2级边坡规范要求）	稳定水位期两种滑移模式对应各剖面加权平均最小安全系数为1.17～1.19，水位降落期间两种滑移模式对应各剖面加权平均最小安全系数1.14（接近2级边坡规范要求）	—
	判别	满足规范对2级边坡的抗滑稳定要求	接近规范对2级边坡的抗滑稳定要求	基本满足规范对2级边坡的抗滑稳定要求

5.4.5　方案选择

综合滑坡稳定性、滑坡失稳影响、施工条件、环境影响、工程投资等多方面因素对两个方案进行比选，两个处理方案对比分析见表 5 - 15。

表 5 - 15　　　　　　　　　　　两个处理方案对比分析

	优 化 方 案 一	优 化 方 案 二
滑坡稳定性	基本满足规范 2 级边坡的稳定安全系数要求；削坡破坏地表植被及防水层，改变地下水情况可能恶化滑坡的稳定性	一期措施下基本满足规范 3 级边坡的稳定安全系数要求；"一期＋二期"措施下基本满足规范 2 级边坡的稳定安全系数要求
滑坡失稳影响分析	滑坡体失稳后，其堆积形态及涌浪对大坝及各隧洞进口影响甚微；滑坡失稳必将导致 X081 公路的中断，影响进出库区交通	滑坡体失稳后，其堆积形态及涌浪对大坝及各隧洞进口影响甚微；X081 在滑带下穿过，完全避免了滑坡失稳对交通的影响
施工条件	削坡与压脚同步进行，平均月填筑强度 30 万 m^3，内部土石平衡；压脚高，施工度汛过水流速较大	一期无削坡，压脚相对小，但压脚 63 万 m^3 来自溪江料场，运距远，受临时交通洞和老坝顶桥梁限制，运输压力大；交通隧洞施工强度较大，进洞口地质条件一般，需考虑强支护进洞；压脚过水流速小
环境影响	对滑坡体表面植被及厚腐殖土层造成大面积的破坏，易造成水土流失、生态环境恶化	一期措施下滑坡体现状地表保存完好。如若二期削坡实施，滑坡体表面植被及厚腐殖土层破坏面积相对较小
工程投资	5146 万元	一期措施：3623 万元；二期措施：2120 万元；"一期＋二期"措施：5743 万元

注　以上方案投资比较不包括安全监测投资。

由表 5 - 15 可知，滑坡稳定性及失稳影响分析中，两个处理方案均满足规范 2 级边坡的稳定安全系数要求；同时，滑坡失稳影响分析表明，该滑坡体地滑带已潜入河床，不会产生高速滑动，产生的可能最大涌浪小于 5m，而新建大坝及所有进水口建筑物均考虑了 5m 涌浪影响；另外，该滑坡体滑向明确，与河床几近正交，滑坡失稳后前缘受阻，滑距有限，入水体积有限，堆积体不会影响到各主要建筑物。采用优化方案二，即小处理方案，对滑坡失稳唯一可能影响的 X081 公路采用交通隧洞从滑床底下通过后，滑坡体即使失稳，对周边永久建筑物的影响甚微。而该方案一期措施无削坡，在运行期若边坡一直处于稳定状态，则可避免对滑坡体表面的扰动，对环境影响程度很小。因此，设计推荐优化方案二。

5.5　扩建后滑坡体监测资料分析

5.5.1　扩建后滑坡体监测布置

5.5.1.1　变形监测

滑坡体外部变形监测包括滑坡体外部（表面）变形监测；滑坡体内部（深层）变形

监测。

1. 外部变形

为了监测滑坡体水平位移和垂直位移,做好施工安全监测和治理效果监测,表面变形监测点沿剖面纵1～纵4布置如下:剖面纵1～纵4上于不同高程各布置4个变形监测点,共布置16个变形监测点。利用坝区GPS控制点中的CN01CTH、CN03CTH和CN05CTH作为工作基点。观测采用交会法。

2. 内部变形

(1)固定式测斜仪。为了及时发现滑体内部及滑带附近变形情况,拟选择剖面纵1～纵4,考虑地形、地质条件,尤其是滑带、中部剪切带的位置和地下水位等,在坡面不同高程布置测斜孔,在钻孔内安装测斜管并布置固定式测斜仪监测,每个剖面布置2个测孔,据不同孔深每孔布置7～8个测点,共计布置8个测孔,孔内布置固定式测斜仪共计60套。

(2)多点位移计。

1)分别在剖面纵2、纵4与交通洞外侧线交叉处钻孔,孔深穿过滑带进入滑坡体内,每个孔布置1组二点式位移计,共2组4支位移计。

2)在剖面纵2、纵3高程321.00m,与水平面成30°夹角方向,向滑坡体内钻孔,孔深须穿过滑带进入稳定基岩,布置2组4点式位移计,共8支位移计。合计4个测孔,2组两点式位移计和2组四点式位移计。合计多点位移计孔4个,共需安装单点位移计12支。

5.5.1.2 地下水位监测

地下水位监测布置如下:

(1)在剖面纵1高程385.00m埋设1孔测压管,安装1支渗压计。

(2)在剖面纵2高程321.00m、400.00m、415.00m各埋设1孔测压管,安装1支渗压计,共3孔3支渗压计。

(3)在剖面纵3高程395.00m埋设1孔测压管,安装1支渗压计。

(4)在剖面纵4高程321.00m、360.00m、390.00m各埋设1孔测压管,安装1支渗压计,共3孔3支渗压计。共8个测压孔,8支渗压计。

5.5.1.3 自动化监测系统

根据水库扩建(枢纽)工程总体布置和安全监测仪器设备的分布情况,以及监测自动化仪器的工作特点和管理要求,需建立一套分布式自动化监测系统,将雾江滑坡安全监测量(固定式测斜仪、渗压计和多点位移计)接入该系统。该系统由现场数据采集和数据传输系统、监测资料管理分析系统组成。

现场监控单元(MCU)负责联络各部位的监测仪器和监控主机,分布在各部位的监测仪器通过测量电缆接入MCU,MCU接受监控主机的指令完成各种方式的数据采集,并将数据传输至监控主机,由监测中心的管理计算机进行数据的分析、管理和图形报表制作;在本工程监测中心未形成或尚未正常运转时,MCU负责数据采集和短期内的数据存储。

雾江滑坡监测设施布置统计见表 5-16。雾江滑坡治理安全监测平面布置如图 5-8 所示。

表 5-16   雾江滑坡监测设施布置统计表

序号	仪 器 名 称		单位	数量	备 注
1	外部变形	位移测点	个	16	
		位移工作基点	个	2	CN01CTH、CN03CTH、CN05CTH
2	深层变形	固定测斜仪	套	60	
		多点位移计	支	12	二点式、四点式各 2 组，共 4 组
3	地下水位	测压管	孔	8	
		渗压计	支	8	
4	监测系统	分布式自动化监测系统	套	1	含软件

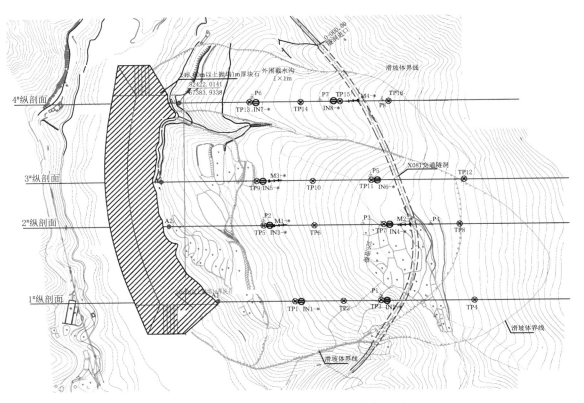

图 5-8   雾江滑坡治理安全监测平面布置图

5.5.2   地表变形监测资料分析

2016 年 8 月完成滑坡体 16 座表面水平位移测点，工作基点采用施工控制网的 3 个网点（CN01CTH、CN03CTH、CN05CTH），2016 年 10 月取得初始值，滑坡体表面位移测点编号分别为 TP1～TP16。为了便于与固定式测斜仪的测值比较，将 X、Y 方向与固定式测斜仪的 A、B 方向监测值进行统一，将外部监测点位移的测值按照顺滑坡体向下方向（215°）为 A 方向、垂直于 A 方向且顺水流向（305°）为 B 方向进行坐标系转换。各位移测点 A 向位移（顺坡向215°）、B 向位移（顺水流向305°）和垂直位移过程线如图 5-9 所示。

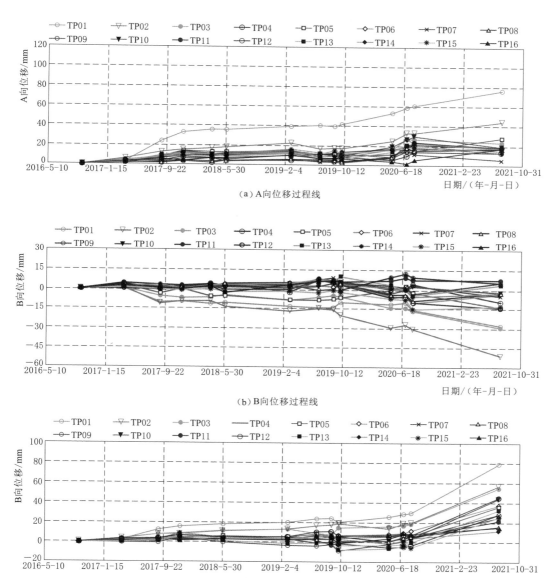

图 5-9 雾江滑坡体表面位移过程线

由地表监测成果可知：

（1）A 向位移。

1）除位于滑坡体上游侧陡崖处的 TP1、TP2、TP3 测点外，滑坡体表面 A 向位移自

2016 年 11 月—2021 年 8 月，其余 13 个测点累计位移测值范围为 5.7～28.0mm，大部分测点呈现左右摆动的变化现象。

2）靠近下部的 A 向位移要略大于靠近上部的 A 向位移。其中，剖面纵 1 整体变化较明显，随着高程的升高，A 向位移变小。

（2）B 向位移。

1）除 TP1、TP2、TP3 这三个测点外，滑坡体表面 B 向位移自 2016 年 11 月—2021 年 8 月，其余 13 个测点累计位移测值范围为－14.1～7.2mm，大部分测点呈现左右摆动的变化现象，总体表现为向上游变形。

2）剖面纵 1 整体变化较明显，TP2、TP3、TP4 测点随着高程的升高，向上游变形减小。

（3）垂直位移。

1）除 TP1、TP2、TP3 这三个测点外，滑坡体表面垂直位移自 2016 年 11 月—2021 年 8 月，其余 13 个测点累计位移测值范围为 11.6～45.1mm，总体表现为沉降变形。

2）剖面纵 1 整体变化较明显，随着高程的升高，沉降变形减小。

总的来看，扩建工程蓄水以来，雾江滑坡体尚未发现位移速率明显加大、快速下滑的迹象，其仍处于缓慢的蠕变过程中。除位于高程 390.80m 处 TP16 垂直变形较大（45.1mm）外，其余位置均表现为高程由低到高，位移则由大变小，也就是靠近河床部位（前缘）变化大，后缘变化小的现象。

5.5.3　内部变形监测资料分析

内部变形监测包括固定测斜仪、多点位移计、地下水位等项目。监测成果中，地下水位渗压计压力增大为"＋"，位移计受拉为"＋"、受压为"－"，固定式测斜仪 A 方向顺滑坡体向下方向（N215°）为 A "＋"、反之为"－"；垂直于 A 方向且顺水流向（N305°）为 B "＋"、反之为"－"。

1. 固定式测斜仪

滑坡体上共埋设 8 孔 60 套固定式测斜仪，于 2016 年 9 月开始对滑坡体内部变形进行监测。固定测斜仪仪器埋设位置见表 5-17。典型测斜孔累计位移过程线如图 5-10～图 5-17 所示。

表 5-17　　　　　　　　　　　　固定测斜仪仪器埋设位置

测点编号		剖面	孔口高程/m	孔深	备注（埋设部位）
IN1	IN1-1	纵 1	321.00	60.0m 及以下	上游侧 剖面纵 1 下部
	IN1-2			50.5m	
	IN1-3			45.0m	
	IN1-4			34.5m	
	IN1-5			24.0m	
	IN1-6			13.5m	
	IN1-7			3.0m	

测点编号		剖面	孔口高程/m	孔深	备注（埋设部位）
IN2	IN2-1	纵1	385.00	57.0m 及以下	上游侧 剖面纵1上部
	IN2-2			53.5m	
	IN2-3			45.0m	
	IN2-4			34.5m	
	IN2-5			24.0m	
	IN2-6			13.5m	
	IN2-7			3.5m	
IN3	IN3-1	纵2	321.00	52.0m 及以下	剖面纵2下部
	IN3-2			49.5m	
	IN3-3			45.0m	
	IN3-4			39.5m	
	IN3-5			30.0m	
	IN3-6			21.5m	
	IN3-7			12.0m	
	IN3-8			3.5m	
IN4	IN4-1	纵2	405.00	52.0m 及以下	剖面纵2上部
	IN4-2			49.5m	
	IN4-3			45.0m	
	IN4-4			39.5m	
	IN4-5			30.0m	
	IN4-6			21.5m	
	IN4-7			12.0m	
	IN4-8			3.5m	
IN5	IN5-1	纵3	321.00	53.0m 及以下	剖面纵3下部
	IN5-2			49.5m	
	IN5-3			45.0m	
	IN5-4			39.5m	
	IN5-5			30.0m	
	IN5-6			21.5m	
	IN5-7			12.0m	
	IN5-8			3.5m	
IN6	IN6-1	纵3	395.00	61.5m 及以下	剖面纵3上部
	IN6-2			55.5m	
	IN6-3			50.5m	
	IN6-4			45.5m	

测点编号		剖面	孔口高程/m	孔深	备注（埋设部位）
IN6	IN6－5	纵3	395.00	35.5m	剖面纵3上部
	IN6－6			21.5m	
	IN6－7			12.0m	
	IN6－8			3.5m	
IN7	IN7－1	纵4	321.00	67.5m 及以下	下游侧 剖面纵4上部
	IN7－2			53.0m	
	IN7－3			43.5m	
	IN7－4			39.0m	
	IN7－5			27.5m	
	IN7－6			15.0m	
	IN7－7			3.5m	
IN8	IN8－1	纵4	360.00	53.0m 及以下	下游侧 剖面纵4下部
	IN8－2			48.5m	
	IN8－3			40.0m	
	IN8－4			31.5m	
	IN8－5			22.0m	
	IN8－6			12.5m	
	IN8－7			3.5m	

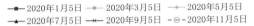

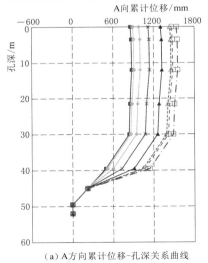

（a）A方向累计位移-孔深关系曲线

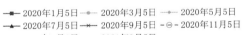

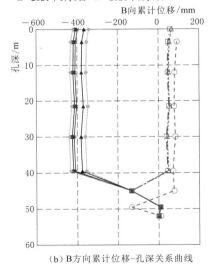

（b）B方向累计位移-孔深关系曲线

图 5－10　IN3 号测斜孔位移-孔深关系曲线

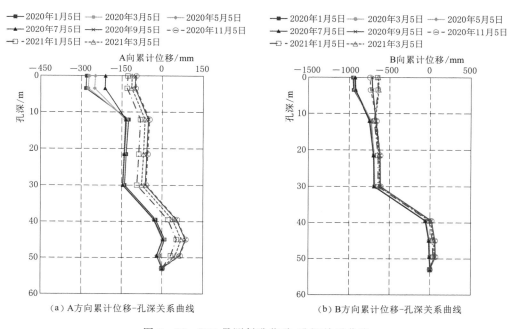

由测斜孔位移监测成果可知：

（1）剖面纵 2 位移。

1）IN3 号测点位移量在初期蓄水时期变幅较小，2018 年后 IN3 测斜孔（低高程孔）的累计变形整体呈波动状态，A 向累计位移与水位相关性明显，水位上涨，位移量同步增

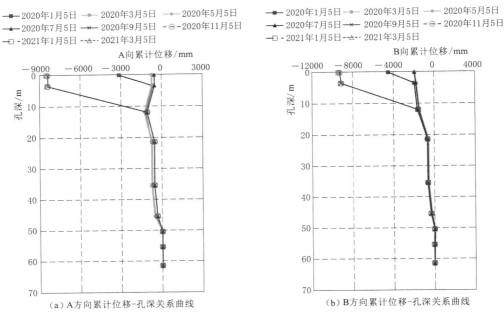

（a）A方向累计位移-孔深关系曲线　　　　　　（b）B方向累计位移-孔深关系曲线

图 5 - 13　IN6 号测斜孔位移-孔深关系曲线

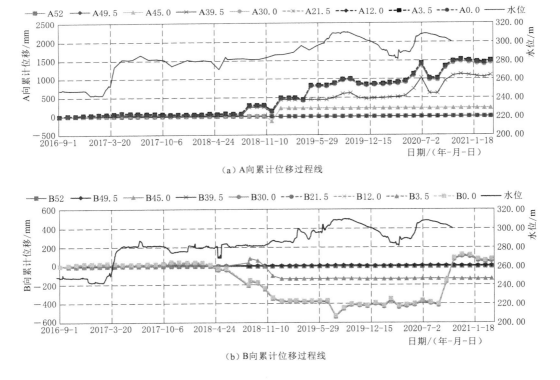

（a）A向累计位移过程线

（b）B向累计位移过程线

图 5 - 14　IN3 号测斜孔累计位移过程线

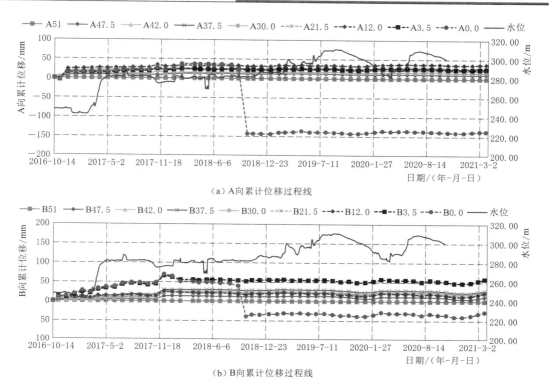

（a）A向累计位移过程线

（b）B向累计位移过程线

图 5-15 IN4 号测斜孔累计位移过程线

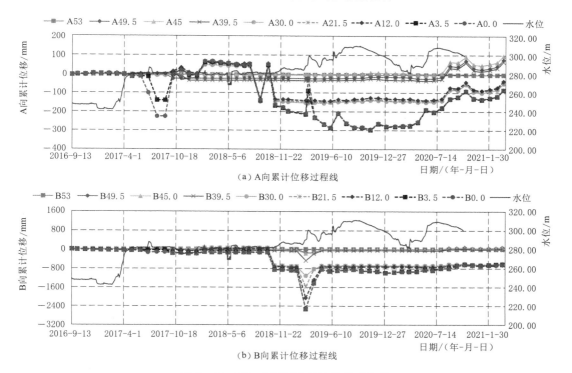

（a）A向累计位移过程线

（b）B向累计位移过程线

图 5-16 IN5 号测斜孔累计位移过程线

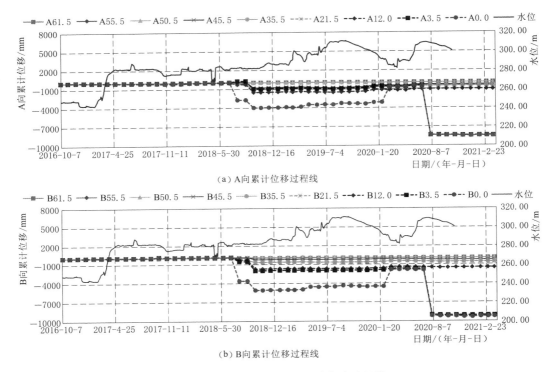

（a）A 向累计位移过程线

（b）B 向累计位移过程线

图 5-17　IN6 号测斜孔累计位移过程线

大；而 B 向累计位移受水位变化影响甚微。

2）IN4 号测斜孔 A 方向累计位移变形较为平缓，未出现明显的波动，水位变化、初期蓄水均未对 2 号测斜孔位移量产生明显影响，而 B 方向位移量有小幅度的增加。2018 年 9 月，IN4 号测斜孔孔口位移量突变，2018 年 10 月—2021 年 3 月持续观测，位移量又趋于稳定，维持在突变值附近。外部巡视检查均未发现异常，疑为仪器的跳变，并非实际位移量。

（2）剖面纵 3 位移。

1）IN5 号测点位移量在初期蓄水时期变幅较小，受水位变化影响不明显。A 方向在 2017 年 7 月暴雨时期出现位移量突变现象，变化方向为负方向，且 2 个月之后又出现回弹复原。在 2018 年 10 月 25 日埋设在 39.5m 处的 IN5-4 测点位移量突变，导致其他测点累计位移量也发生较大变化，2018 年 11 月—2021 年 3 月持续观测，相对位移量又趋于稳定，维持在突变值附近。外部巡视检查未发现异常，初步分析为仪器的跳变，并非实际位移量。IN5-7 测点仪器自 2020 年 5 月开始出现读数不稳，B 方向位移量反复跳变，疑为仪器故障。

2）IN6 号测点位移量在初期蓄水时期变幅较小，除孔口位置外其余测点位移量变化较平缓，受水位变化影响不明显。2018 年 IN6-4、IN6-3、IN6-6、IN6-7 测点位移量发生跳变，导致其他测点累计位移量也发生较大变化，2018 年 10 月—2021 年 3 月持续观测，相对位移量又趋于稳定，维持在突变值附近。2020 年 7 月 25 日测点位移量再次发生跳变后，之后维持稳定。外部巡视检查未发现异常，初步分析为仪器的跳变，并非实际位移量。IN6-8 测点位移量在 2018 年 7 月 25 日发生跳变后，2020 年 2 月 13 日仪器读数再次回落，之后维持在突变值附近。分析认为由仪器故障导致，并非实际位移量。

综上所述，由于各测斜孔内安装的仪器数量有限（近 60m 孔内安装 7～8 支测斜仪），测点间距较大，通过测量测点处的角度变化计算整段测斜管的位移量，使得计算位移量变化幅度有所放大。此外，从位移过程曲线来看，位移量变化也有往复变化存在，究其原因可能为，滑坡体表部为含碎块石黏土的坡积层，上部为碎块石、大块石夹少量黏土的散体结构，呈松散堆积、架空状，中部剪切带为碎石质黏土，下部为碎裂结构似层状岩体，这导致滑坡体内存在一定的扰动、蠕动变化，尚未形成滑坡体整体下滑趋势。虽然雾江滑坡体整体上尚未发现表面明显的变形，但是仍处于缓慢的蠕变状态，下一步仍需继续观测。

2. 多点位移计

雾江滑坡体共安装埋设了四组（共计 12 支）多点位移计，监测位移过程曲线如图 5-18 所示。

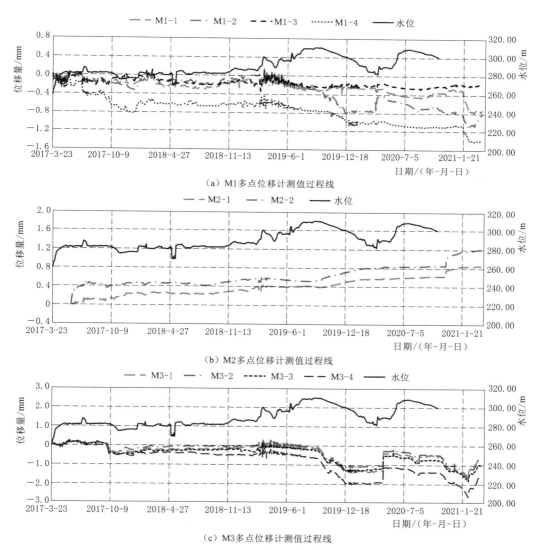

（a）M1 多点位移计测值过程线

（b）M2 多点位移计测值过程线

（c）M3 多点位移计测值过程线

图 5-18（一）　滑坡体多点位移计测值过程曲线图

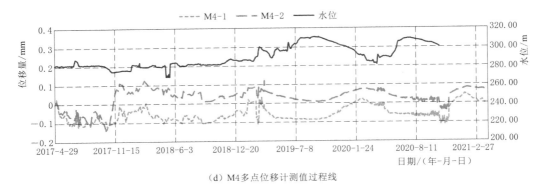

（d）M4 多点位移计测值过程线

图 5-18（二）　滑坡体多点位移计测值过程曲线图

由多点位移计监测成果可知：

（1）4 组多点位移计的变幅为 0.17～2.89mm，最大变幅 2.89mm 位于高程 321.00m 纵 3-4 的 M3 多点位移计 30m 处；最大位移变化量 1.20mm 位于高程 321.00m 纵 2-2 的 M2 多点位移计 45m 处。

（2）从水位与多点位移计各测点位移的关系曲线看，多点位移计测点位移与水位的相关性不大，M1-4 测点较其余 3 点存在一定的压缩变形，该测点安装于滑带以上的滑坡体内部，推测应由滑坡体沉降变形引起。整体上看，4 组多点位移计的测值变化趋势基本一致，测值的变化量均较小，均处于正常的变化范围之内，尚未发现异常。

5.5.4　地下水位监测资料分析

2016 年 11 月完成了雾江滑坡体治理安全监测的 8 孔测压孔的安装埋设，安装了 8 支渗压计，对滑坡体内部地下水位进行观测。已经从 2016 年 9 月底开始陆续对已经安装埋设的监测设施进行观测，并根据观测成果取得滑坡体内部地下水位的埋深。滑坡体各测压管地下水位与库水位过程关系曲线如图 5-19 所示。

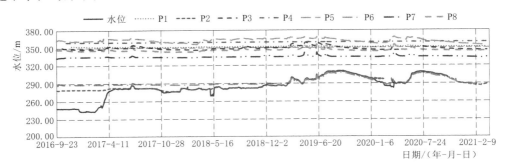

图 5-19　滑坡体安各测压管地下水位与上游水位过程关系曲线

由测压管实测地下水位可知：

自测压管安装以来，各孔地下水位的变幅为 1.13～32.88m，位于剖面纵 2 高程 321.00m 的 P2 测压管发生最大变幅（32.88m）；测孔内最高水位 368.07m，发生在 P5 测压管，P4 测孔内水位测值变化较小，其地下水位接近孔底。在水库蓄水及汛期，各测孔水位均呈现出上升趋势，在汛期结束后，各孔水位均出现一定程度的回落。

总体来看，各孔地下水位的变化趋势正常，波动较小。但在库水位达到 280.00m 后，P2 测压管地下水位变化几乎与库水位持平，二者的变化趋势基本一致，变化的滞后时间很短，这说明 P2 与库水连通性很好，建议加强监测。

5.5.5 监测结论

对扩建工程蓄水以来的滑坡体监测资料分析，可以得到如下结论。

1. 外部变形监测

（1）扩建工程蓄水以来，雾江滑坡体尚未发现表面位移速率明显加大、快速下滑的迹象，其仍处于缓慢的蠕变过程中。16 个测点累计位移测值范围为：A 方向位移为 5.7～76.5mm，B 方向位移为 -51～7.2mm，垂直位移为 11.6～45.1mm。最大 A 向位移和垂直位移均发生在 TP1 测点处，最大 B 向位移发生在 TP2 测点处。究其原因为 TP1 测点（对应内部变形监测的 IN1）位于雾江滑坡体上游侧近河床外缘陡坎处，有坍塌现象，且压脚未延伸至此，所以该测点处局部变形较大。

（2）从 4 个剖面各布置的 4 个测点看，A 向位移整体表现为滑坡体下部变形大，向上部变形逐渐减小，即靠近河床部位（前缘）变化大，后缘变化小。三个方向的位移速率未见明显变化，B 方向除个别测点外，大部分测点呈现往复变化，即左右摆动。

2. 内部变形监测

（1）从测斜孔各测点的位移过程曲线看，由于滑坡体表部为含碎块石黏土的坡积层，上部为碎块石、大块石夹少量黏土的散体结构，呈松散堆积、架空状，中部剪切带为碎石质黏土，下部为碎裂结构似层状岩体，这导致滑坡体内存在一定的扰动、蠕动变化，但尚未形成滑坡体整体下滑趋势。虽然雾江滑坡体整体上尚未发现明显的变形，但是仍处于缓慢的蠕变状态，下一步仍需继续观测。

（2）从多点位移计的监测成果看，4 组多点位移计的变幅在 0.17～2.89mm；4 组多点位移计的测值变化趋势基本一致，测值的变化量均较小，均处于正常的变化范围之内，尚未发现异常。

3. 地下水位监测

自测压管安装以来，各孔地下水位的变幅为 1.13～32.88m，位于剖面纵 2 高程 321.00m 的 P2 测压管发生最大变幅（32.88m）；测孔内最高水位 368.07m，发生在 P5 测压管。各孔地下水位与库水位呈正相关变化。总体来看，各孔地下水位的变化趋势正常，波动较小。但在库水位达到 280.00m 后，P2 测压管地下水位变化几乎与库水位持平，二者的变化趋势基本一致，变化的滞后时间很短，这说明 P2 与库水连通性很好，建议加强监测。

5.6 本 章 小 结

（1）采用正交设计试验法对初步设计治理方案进行了优化，分析表明，压脚对滑坡体稳定性的作用较大，压脚高程越高，稳定性越好。削坡有利于稳定性的提高，但相对于压脚来讲，提高幅度有限。在不影响水库正常运行的前提下，可适当提高压脚高程，以提高滑坡体的稳定性。在满足稳定性要求的前提下，可适当减少削坡量。

（2）针对削坡土方量和压脚土方量不平衡，且压脚土方量远大于削坡土方量的问题，提出了临界压脚体的概念；进而基于临界压脚体概念分析了高压脚少卸荷和低压脚多卸荷两组初步设计治理方案，分析表明，从土方量平衡的角度来看，采用低压脚多卸荷方案较好，该方案采用临界压脚体压脚时，基本满足规范要求，而且压脚削坡土方量基本平衡。此外，考虑在压脚过程中，部分堆渣会被江水冲走，可能导致削坡土方量仍略少于压脚土方量，可以通过外运一部分堆渣或进一步削坡满足这部分土方量的不平衡。

（3）综合雾江滑坡体变形观测、历次研究成果、地勘和试验资料、科研单位对雾江滑坡体现状反演、滑移模式分析、滑坡体稳定性及滑后影响分析，以及加固处理难度分析，提出了"大处理"和"小处理"两个思路拟定滑坡体治理方案，通过稳定分析和造价计算比选，由此优选出小处理方案。该方案一期措施无削坡，在运行期若边坡一直处于稳定状态，则可避免对滑坡体表面的扰动，对环境影响程度很小。

（4）对涔天河水库扩建工程蓄水后雾江滑坡体的监测资料进行分析表明：

1）滑坡体除个别位于近河床外缘陡坎处的测点表面变形较大外，其余测点尚未发现表面位移速率明显加大、快速下滑的迹象，仍处于持续缓慢的蠕变过程中。

2）多点位移计的测值变化趋势基本一致，测值的变化量均较小，均处于正常的变化范围之内，尚未发现异常；由于滑坡体内存在一定的扰动、蠕动变化，虽然尚未形成滑坡体整体下滑趋势，但是仍处于缓慢的蠕变状态，下一步仍需继续观测。

3）在水库蓄水及汛期时期，各孔地下水位与库水位呈正相关变化，而且各孔地下水位的变化趋势正常，波动较小。

第6章 泄洪洞布置方案比选与选型

6.1 概　　述

涔天河水库扩建工程坝址区河谷为北西向 V 形峡谷，两岸地形陡峻，坡度为 40°～70°，左右岸均无低矮垭口；选定坝线位于原大坝下游，大坝下游不远处为河道急弯段，坝线附近两岸山顶高程为 380.00～440.00m，左岸稍低，河谷狭窄，基岩裸露；选定坝型为混凝土面板堆石坝，不具备布置坝身泄水孔的条件。泄水建筑物的设计是一个与位置选择、泄水方式组合、泄水流量分配、进水口高程、泄水孔尺寸以及掺气减蚀等相关的多因素复杂问题。因此，在进行泄水建筑物的设计时，应根据水库扩建工程坝型及枢纽布置特点，充分考虑两岸地形、经济指标、泄洪规模和安全等因素，经反复比选后综合确定。

针对上述问题，在项目建议书、可行性研究报告、初步设计和施工图设计中，涔天河水库扩建工程泄水建筑物设计经历了多次科学类比、方案设计、室内试验、安全分析、经济分析和综合评价的重复、反馈和修改，遵循一个从整体方案比选、泄洪洞选型、再到掺气坎体型细部构造设计的逐步细化过程。本章主要阐述初步设计阶段关于对泄水建筑物选择、布置以及泄洪洞水力设计等方面开展的系列方案比选过程工作。

6.2 泄水建筑物选择

6.2.1 泄水建筑物型式初步拟定

在项目建议书及可行性研究报告中，均进行了右岸布置一条泄水隧洞、左坝头布置溢洪道联合泄洪方案的设计和比选工作。左坝头溢洪道紧挨大坝布置，混凝土高边墙不可避免，不仅工程量大，而且溢洪道混凝土浇筑与大坝填筑施工相互干扰，大坝的工程进度会受到影响，同时还会使大坝与溢洪道之间存在变形协调、止水困难等一系列问题；溢洪道泄洪水雾及冲坑对下游地面厂房的运行安全带来不利影响，通航建筑物的布置也受到较大制约。鉴于以上原因，拟定右岸两条泄水隧洞联合泄洪的布置方案。

6.2.2 泄水隧洞洞身流态选择

在项目可行性研究报告中，对洞身有压流和无压流进行了比选工作，具体方案如下：

（1）有压流泄洪方案：1# 有压泄洪洞（$D=11m$）+2# 无压泄洪洞（宽×高=12m×12m）；

（2）无压流泄洪方案：1[#] 短管泄洪洞（宽×高＝10m×12.5m）＋2[#] 无压泄洪洞（宽×高＝12m×12m）。

有压洞在洞身末端设置闸门，全洞为有压流态；无压洞在进口设置闸门，通过进口压坡等形式保证洞身无压流态。两个方案关于 1[#] 泄洪洞进出口结构形式及洞身流态存在差别，而 2[#] 泄洪洞则完全相同。经过比选，两个方案施工工期相同，虽然无压流泄洪方案泄水建筑物工程造价略高，增加的工程造价约占可投资的 2.45%，但有压流泄洪方案洞身末端设置闸门，工作水头大，闸门启闭操作较困难，运行风险较大。综合比较分析，在施工工期相同、工程造价相差不大的情况下，无压洞泄洪更具优越性。因此 1[#]、2[#] 泄洪洞均采用无压流形式。其中，1[#] 泄洪洞采用有压短管进口接无压流隧洞，简称深孔泄洪洞；2[#] 泄洪洞采用开敞式实用堰进口接无压流隧洞，简称表孔泄洪洞。

6.2.3　泄洪洞洞径选择

涔天河水库扩建工程初步选定 1[#]、2[#] 两条无压隧洞联合泄洪的泄水建筑物布置形式，施工期间采用一次拦断河床的隧洞导流方式，导流洞与泄洪洞结合以节省工程投资。泄洪洞洞径选择应在满足本工程泄洪规模的前提下，充分考虑施工导流、施工强度、施工工期、枢纽建筑物、工程运行安全及工程投资等因素，综合比较分析确定。

根据选定的混凝土面板堆石坝进行施工组织设计，由于较大导流洞过流断面，大坝度汛水位较低，大坝填筑强度较小，但导流洞造价高；相反，较小导流洞过流断面，可以节省导流洞投资，但是度汛水位高，坝体临时挡水断面大。经综合考虑，选定导流洞过流断面尺寸为 12m×12.5m，圆拱直墙洞身。本工程导流洞结合泄洪洞，泄洪洞洞径需与导流洞相吻合。

导流洞与 1[#]、2[#] 两泄洪洞之一进行结合，与导流洞结合的泄洪洞洞身尺寸亦为 12m×12.5m；另一条泄洪洞根据其分担的泄量确定洞径。根据本工程泄洪规模，经调洪演算及隧洞水力学计算，拟定了如下两洞径方案进行比选。

（1）方案①：1[#] 泄洪洞洞身尺寸 10m×12m，有压短管进水口，进口底板高程 260.00m，进口尺寸 10m×8m；2[#] 泄洪洞洞身尺寸 12m×12.5m，开敞式进水口，堰顶高程 301.00m、堰宽 18m。导流洞结合 2[#] 泄洪洞。

（2）方案②：1[#] 泄洪洞洞身尺寸 12m×12.5m，有压短管进水口，进口底板高程 280.00m，进口尺寸 12m×10.5m；2[#] 泄洪洞洞身尺寸 10m×12m，开敞式进水口，堰顶高程 301.00m、堰宽 16m。导流洞结合 1[#] 泄洪洞。

根据项目可行性研究报告设计成果，1[#] 泄洪洞位于放空洞左侧，2[#] 泄洪洞位于放空洞右侧，本次洞径比选在如上位置关系的基础上进行。泄洪洞洞径方案比较见表 6-1。

从枢纽建筑物、施工期度汛、施工工期、工程运行安全及工程造价等方面综合比较分析，两方案枢纽建筑物布置相同、工程投资基本相当，方案②稍高；两方案设计最大总下泄流量基本相同，校核洪水位工况下，方案①中表孔泄洪洞泄流能力大于深孔泄洪洞，且方案①施工期度汛压力小，工程运行安全可靠度较高。因此，本次设计推荐方案①的洞径方案，即：1[#] 泄洪洞洞身尺寸 10m×12m，2[#] 泄洪洞洞身尺寸 12m×12.5m，导流洞结合 2[#] 泄洪洞。

表 6-1			泄洪洞洞径方案比较				
项 目		单位	方 案 ①			方 案 ②		
项 目		单位	1#泄洪洞	2#泄洪洞	小计	1#泄洪洞	2#泄洪洞	小计
导流洞结合方式		—	导流洞结合2#泄洪洞			导流洞结合1#泄洪洞		
泄洪洞位置关系		—	1#泄洪洞位于放空洞左侧			1#泄洪洞位于放空洞左侧		
主要特征参数	最大泄量	m³/s	2308	2878	5186	2698	2502	5200
主要特征参数	校核水位	m	320.27			320.25		
主要特征参数	进口高程	m	260	301	—	280	301	—
主要特征参数	进口尺寸	m	10×8	18×15.6	—	12×10.5	16×15.6	—
主要特征参数	洞身尺寸	m	10×12	12×12.5	—	12×12.5	10×12	—
主要特征参数	洞长	m	565	655	—	540	655	—
工程量	明挖	万m³	18.92	28.92	47.84	22.46	27.71	50.18
工程量	洞挖	万m³	9.13	13.37	22.50	10.53	11.29	21.82
工程量	明浇混凝土	万m³	4.82	5.69	10.51	4.23	5.29	9.52
工程量	衬砌混凝土	万m³	2.21	3.00	5.21	2.39	2.77	5.16
工程量	钢筋	t	3274	3743	7017	3249	3563	6812
投资	可比总投资	万元	19717			19971		
投资	可比投资差额	万元	−254					

6.2.4 泄洪洞进口高程选择

1#、2#泄洪洞作为永久建筑物需满足永久安全泄洪的要求；在施工期用来度汛，还需满足施工度汛的要求，其中2#泄洪洞结合一期导流，还应兼顾导流洞的布置要求。因此，泄洪洞进口高程选定应综合以上要求比较选定。

6.2.4.1 1#泄洪洞

1#泄洪洞为有压短管进水口，轴线距发电洞52m、距2#泄洪洞80m，初拟进口底板高程260.00m，工作闸门孔口尺寸为10m×8m，洞身为10m×12m。根据施工进度安排，1#泄洪洞在工程正式开工后第四年7月完工，导流洞在工程正式开工后第四年11月封堵，水库开始蓄水。对此，结合1#泄洪洞进口底板高程和工作门孔口尺寸的初拟方案，在260.00m的基础上拟定进口高程255.00m、265.00m、270.00m、275.00m一同比选，并在各方案泄洪规模基本相同前提下，拟定孔口尺寸如下：

(1) 方案①：进口高程255.00m，工作门孔口尺寸10m×7.6m（宽×高）。

(2) 方案②：进口高程260.00m，工作门孔口尺寸10m×8（宽×高）。

(3) 方案③：进口高程265.00m，工作门孔口尺寸10m×8.6m（宽×高）。

(4) 方案④：进口高程270.00m，工作门孔口尺寸10m×9.3m（宽×高）。

(5) 方案⑤：进口高程275.00m，工作门孔口尺寸10m×10.2m（宽×高）。

通过对上述5个方案可比工作量及投资比较可知，抬高进口高程，1#泄洪洞土建投资呈下降趋势。从金属结构上看，底板高程抬高，虽说水头略有减小，但进水口孔口尺寸加大，闸门所受水压力并没有减小，金结投资呈上升趋势。1# 泄洪洞与发电洞距离近，发电洞进口高程 256.50m，方案②进口高程 260.00m，有利于施工道路的布置。综合比较分析，几个方案可比投资相差不大，方案②施工道路布置方便，进口闸门尺寸大小合适，水流流态经过水工模型试验验证。因此，选定方案②的进口高程及孔口尺寸为推荐方案。

6.2.4.2　2# 泄洪洞

根据地形地质条件、泄洪规模、施工期度汛、硐室之间围岩厚度、工程投资等方面的要求，在 2# 泄洪洞初选开敞式进口堰顶高程 301m 的基础上拟定两个堰顶高程 299.00m、303.00m 一同比选，并在各方案泄洪规模基本相同前提下，拟定孔口尺寸如下：

（1）方案①：堰顶高程 299.00m，孔口尺寸 16m×17.6m（宽×高）。

（2）方案②：堰顶高程 301.00m，孔口尺寸 18m×15.6m（宽×高）。

（3）方案③：堰顶高程 303.00m，孔口尺寸 20m×13.6m（宽×高）。

通过对上述 3 个方案可比工程量及投资可知：抬高堰顶高程，2# 泄洪洞工程投资略省，但是考虑到施工度汛要求，在工程投资相差不大的情况下，泄洪洞进口高程低者更有优势。方案③相对于方案②，堰顶高程抬高 2m，工程投资仅节约 12 万元，因此，选定方案②的 2# 泄洪洞堰顶高程及孔口尺寸为推荐方案。

6.2.5　泄洪洞轴线选择

经工程地质详查发现，在河道弯道末端，右岸存在 1# 滑坡体，体积约 50 万 m³，顺层发育；左岸有 2# 滑坡体，体积约 30 万 m³，沿结构面产生；两滑坡体斜着相对。两滑坡体目前处于基本稳定状态，虽已停止发展，但在施工及运行中不宜扰动（切脚、冲淘等），也不能在滑坡体上建附属建筑物。由于本工程地形限制，两泄洪洞轴线选择受到多种因素限制，因此，根据以上地形地质条件，泄洪洞轴线布线主要依据以下原则：

（1）泄洪洞出口建筑物要避开 1# 滑坡体布置，且应有一定安全距离，出口开挖不影响滑坡体。

（2）泄洪洞水流不直接冲刷 2# 滑坡体，主流应尽量避开滑坡体，且产生的回流流速要尽可能小，不致淘刷坡脚。

（3）轴线与进、出口地形线，尤其是岩层走向要尽量有较大夹角。

（4）两条泄洪洞间距布置适当，既要确保进出口建筑物结构及开挖布置互不干扰，也要尽量节省工程量。

（5）洞线尽可能通过好的围岩。

根据以上原则，1# 泄洪洞、2# 泄洪洞进口只能布置在发电引水洞和右灌溉引水洞之间，发电引水洞左侧为右坝肩，灌溉引水洞右侧为雾江滑坡体范围；出口只能布置在 1# 滑坡体下游侧，并且与 1# 滑坡体、2# 滑坡体保持一定的安全距离。放空洞是在现有右岸电站引水洞的基础上改建，此引水洞正位于该区域，因此，1# 泄洪洞、2# 泄洪洞轴线需避开放空洞布置，可供布置 1# 泄洪洞、2# 泄洪洞的位置非常有限，所以洞轴线选择仅在导流洞结合 2# 泄洪洞方案的基础上互换两泄洪洞的位置进行比选如下：

（1）方案①：1# 泄洪洞位于放空洞左侧、2# 泄洪洞位于放空洞右侧，导流洞结合 2# 泄洪洞。

（2）方案②：1#泄洪洞位于放空洞右侧、2#泄洪洞位于放空洞左侧，导流洞结合2#泄洪洞。

泄洪洞洞线方案比较见表6-2。

表6-2 泄洪洞洞线方案比较

项 目		单位	方 案 ①			方 案 ②		
			1#泄洪洞	2#泄洪洞	小计	1#泄洪洞	2#泄洪洞	小计
泄洪洞位置关系		—	1#泄洪洞位于放空洞左侧			1#泄洪洞位于放空洞右侧		
导流洞结合方式		—	2#泄洪洞结合导流洞			2#泄洪洞结合导流洞		
主要特征参数	最大泄量	m³/s	2308	2878	5186	2308	2878	5186
	校核水位	m	320.27			320.27		
	进口高程	m	260.00	301.00	—	260.00	301.00	—
	进口尺寸	m	10×8	18×15.6	—	10×8	18×15.6	—
	洞身尺寸	m	10×12	12×12.5	—	10×12	12×12.5	—
	洞长	m	565	655	1220	695	540	1235
部分工程量	明挖	万 m³	18.92	28.92	47.84	28.39	18.54	46.93
	洞挖	万 m³	9.13	13.37	22.50	11.06	11.37	22.44
	明浇混凝土	万 m³	4.82	5.69	10.51	6.45	4.02	10.47
	衬砌混凝土	万 m³	2.21	3.00	5.21	2.58	2.60	5.18
	钢筋	t	3274	3743	7017	3897	3101	6998
投资	可比总投资	万元	19717			20016		
	投资差额	万元	-299					

从工程造价、施工导流、工程运行等方面综合比较分析，两方案可比工程投资基本相当，方案②稍高；两方案设计最大总下泄流量相同，根据水库调度要求及工程经验，2#泄洪洞泄洪机会较多，1#深孔泄洪洞参与泄洪机会相对较少，且经常运行的表孔泄洪洞远离2#滑坡体布置，水流归槽流态好，泄洪安全性更高；从施工导流及工期上分析方案①、方案②各有优劣。综合比较分析，本次设计推荐方案①的洞线方案，即：1#泄洪洞位于放空洞左侧、2#泄洪洞位于放空洞右侧，导流洞结合2#泄洪洞。

6.2.6 泄洪规模选择

泄洪规模与大坝坝高密切相关，加大泄洪建筑物尺寸、增加下泄流量可以降低校核洪水位，进而降低坝顶高程；减小泄洪建筑物尺寸、降低下泄流量会壅高校核洪水位，坝顶高程会相应抬高。经泄洪方案比选，推荐泄洪方案①为本阶段设计方案，现在方案①的基础上，调整泄洪规模衍生不同泄洪规模方案，对不同泄洪规模对应不同坝高方案进行比较分析。各方案2#泄洪洞（导流洞）洞径一定，拟定不同的1#泄洪洞洞径及进口尺寸与之组合，具体如下：

（1）方案①：1#泄洪洞10m×12m＋2#泄洪洞12m×12.5m，1#泄洪洞孔口尺寸10m×8m，校核洪水位320.27m，对应下泄流量5186m³/s。

（2）方案①-A：$1^\#$泄洪洞 10m×10.5m + $2^\#$泄洪洞 12m×12.5m，$1^\#$泄洪洞孔口尺寸 10m×7m，校核洪水位 321.28m，对应下泄流量 4580m³/s。

（3）方案①-B：$1^\#$泄洪洞 10m×13.5m + $2^\#$泄洪洞 12m×12.5m，$1^\#$泄洪洞孔口尺寸 10m×9m，校核洪水位 319.22m，对应下泄流量 5597m³/s。

（4）方案①-C：$1^\#$泄洪洞 10m×15m + $2^\#$泄洪洞 12m×12.5m，$1^\#$泄洪洞孔口尺寸 10m×10m，校核洪水位 318.24m，对应下泄流量 5983m³/s。

不同的泄洪规模对应不同的泄洪建筑物规模和不同的坝高，现在同一枢纽布置格局下，对以上 4 个方案进行投资分析比较，见表 6-3。

表 6-3　　　　　　　　　　涔天河水库扩建工程泄洪规模方案比较表

项目指标		方案①-A $1^\#$泄洪洞 10m×10.5m $2^\#$泄洪洞 12m×12.5m			方案① $1^\#$泄洪洞 10m×12m $2^\#$泄洪洞 12m×12.5m			方案①-B $1^\#$泄洪洞 10m×13.5m $2^\#$泄洪洞 12m×12.5m			方案①-C $1^\#$泄洪洞 10m×15m $2^\#$泄洪洞 12m×12.5m		
		大坝	$2^\#$泄洪洞	$1^\#$泄洪洞	大坝	$2^\#$泄洪洞	$1^\#$泄洪洞	大坝	$2^\#$泄洪洞	$1^\#$泄洪洞	大坝	$2^\#$泄洪洞	$1^\#$泄洪洞
建筑物特征值	校核水位/m	321.28			320.27			319.22			318.24		
	坝顶高程/m	325.00	—	—	324.00	—	—	323.00	—	—	322.00		
	坝顶长度/m	332			328			325			320		
	总下泄量/(m³/s)	4580			5186			5597			5983		
部分工程量	开挖/万 m³	94.7	48.7	19.8	92.7	48.7	21.6	89.6	48.7	23.8	86.9	48.7	25.9
	坝体填筑/万 m³	371.2			363.2			354.1			343.5		
	混凝土/万 m³	2.4	6.9	4.1	2.4	6.9	4.4	2.3	6.9	4.9	2.3	6.9	5.3
	钢筋/万 t	0.19	0.34	0.20	0.18	0.34	0.22	0.18	0.34	0.25	0.18	0.34	0.29
投资额	大坝/万元	20585			20160			19765			19391		
	$2^\#$泄洪洞/万元	9896			9896			9896			9896		
	$1^\#$泄洪洞/万元	7205			7879			8992			10437		
	合计/万元	37686			37935			38653			39724		
	投资差额/万元	249						718			1071		

注　1. 在同一枢纽方案下比较。
　　2. 工程量及投资中各方案相同部分未计入。
　　3. 表中所列为方案比较阶段成果，与最终成果略有不同。

从比较结果可知，方案①-A 总投资稍省，方案①-C 总投资最大，也就是说降低泄洪建筑物规模、壅高校核洪水位、抬高坝顶高程是经济的。方案①-A 较方案①坝顶加高 1m，下泄流量减少 606m³/s，占总下泄量 11.1%；$1^\#$泄洪洞高降低 1.5m，仅节省投资 249 万元，只占可比总投资 0.7%。方案①-B 较方案①坝顶降低 1m，下泄流量增加 411m³/s，占总下泄量 8.6%；$1^\#$泄洪洞加高 1.5m，增加投资 718 万元，占可比总投资 1.9%。

以上数据表明方案①-A、方案①间投资递增幅度较小，方案①、方案①-B、方案①-C 间投资递增幅度较大，从泄水能力和投资幅度来看，方案①较合适。因此，推荐采用方案①的泄洪规模，即 $1^\#$泄洪洞 10m×12m + $2^\#$泄洪洞 12m×12.5m，$1^\#$泄洪洞孔口尺寸 10m×8m，校核洪水位 320.27m。

6.2.7　泄洪建筑物及泄洪方案的选定

根据项目前期阶段设计成果及相关审查评估意见，经过本阶段泄洪洞洞身流态、洞径、进口高程、导流洞结合方式、轴线及泄洪规模的综合比选，本次设计选定 $1^{\#}$ 泄洪洞、$2^{\#}$ 泄洪洞联合泄洪的泄洪建筑物型式如下：

（1）$1^{\#}$ 泄洪洞洞身尺寸 10m×12m，有压短管进水口，进口底板高程 260.00m，进口尺寸 10m×8m。

（2）$2^{\#}$ 泄洪洞洞身尺寸 12m×12.5m，开敞式进水口，堰顶高程 301.00m、堰宽 18m。

（3）导流洞结合 $2^{\#}$ 泄洪洞，$1^{\#}$ 泄洪洞和 $2^{\#}$ 泄洪洞分别位于放空洞的左右两侧。

6.3　泄 洪 建 筑 物 布 置

6.3.1　$1^{\#}$ 泄洪洞布置

6.3.1.1　洞轴线布置

$1^{\#}$ 泄洪洞全长 678m，布置在右岸山体内。进口地形坡度 40°，岩性为石英砂岩与泥质粉砂岩互层，走向与洞轴线斜交；洞身从进口至出口依次穿过 F_{88}、F_{27}、F_1、F_{105} 等断层，断层走向与洞轴近于正交或者斜交，围岩大多呈微—新鲜状态，断层部位为 V 类围岩，其余为 Ⅱ～Ⅳ 类围岩，稳定性较好；隧洞出口洞脸为顺向坡，再加上三组节理的切割组合，对边坡构成不稳定体，出口洞脸边坡稳定较差。

$1^{\#}$ 洞进水口为一段有压短管，其后接明流洞洞身。进口距老坝右坝头近 70m，洞轴线基本采用直线布置。为了减轻泄洪对 $2^{\#}$ 滑坡体坡脚的淘刷，出口轴线向右偏转 2°，偏转半径 1000m。

6.3.1.2　进口段（桩号 0−043.00～0+000.00）

进水口采用有压短管进口形式，底板高程 260.00m，由进水喇叭口、闸槽段、压板段及弧门段组成，进口段全长 43m；进水塔顶部高程 324.00m，有交通桥连接坝区公路。进水口采用整体式现浇混凝土结构，边墙厚 4.5m、底板厚 4m。

喇叭口段全长 10.8m，底板高程 260.00m，顶部高程 273.20m。平面尺寸由 15.4m 渐变为 10m，立面尺寸由 13.2m 渐变为 10m。喇叭进水口两侧、顶板皆为椭圆曲线，侧面曲线：$\dfrac{X^2}{8.1^2}+\dfrac{Y^2}{2.7^2}=1$，顶板曲线：$\dfrac{X^2}{10^2}+\dfrac{Y^2}{3^2}=1$。

闸槽段长 2.8m，1 孔 10m×10m 孔口，设平板检修门，卷扬机启闭。

压板段长 10m，顶部压板斜率 1:5，出口为 1 孔 10m×8m 孔口。

压板段与洞身段由弧门段连接，该段长 19.4m，压板段出口处设 1 孔 10m×8m 弧形工作闸门，液压启闭机启闭，启闭台高程 286.00m，启闭台与进水塔顶部有楼梯连接。

6.3.1.3　洞身段（桩号 0+000.00～0+573.00）

洞身断面型式为"城门洞"形，全长 573m，立面采用直线布置，起点高程 260.00m，终点底板高程 224.50m。桩号 0+000.00～0+573.00 全线直线布置、一坡到底，设计纵坡 6.2%，落差 35.5m。隧洞洞身混凝土衬砌每 15m 分一伸缩缝，不留缝宽，缝间紫铜片止水。

泄洪洞内最大流速处位于隧洞末端，达 33.0m³/s，抗冲耐磨要求较高，参照国内外近年来已设计、施工及运行的同类工程所总结的经验，结合本工程特点，隧洞底板面层采用 60cm 厚 C40HF 抗冲耐磨混凝土、下层为 C25 混凝土，侧墙采用 C40 混凝土衬砌，衬砌厚度根据围岩类型计算选定。Ⅲ类围岩衬砌底板厚度 0.8m、侧墙厚度 0.6m；Ⅳ、Ⅴ类围岩衬砌底板厚度 1.5m、侧墙及顶拱厚度 1.2m。由于洞身为无压流，掺气水深没有超过直墙，因此隧洞顶拱Ⅲ类围岩采用挂网喷混凝土支护处理，Ⅳ、Ⅴ类围岩段采用 C25 混凝土衬砌支护。

6.3.1.4 出口明渠段（桩号 0+573.00～0+635.00）

出口明渠段全长 62m，包括 15m 长直段、31m 长扩散段和 24m 长挑流鼻坎段；直段净宽 10m，底板高程 224.50m、侧墙顶部高程 235.00m，底板与侧墙为整体槽型结构。侧墙顶宽 2.5m，底板面层为 60cm 厚 C40HF 抗冲耐磨混凝土，底板下层及侧墙为 C25 现浇混凝土；扩散段净宽从 10m 渐变为 15m，扩散角分别为 2.08°和 7.13°，底板高程 224.50m、侧墙顶部高程 235.00m，底板与侧墙为整体槽型结构。侧墙顶宽 2.5m，底板面层为 60cm 厚 C40HF 抗冲耐磨混凝土，底板下层及侧墙为 C25 现浇混凝土。

挑流鼻坎段经过水工模型试验多次验证，选定消能工体型在原设计结构形式的基础上有较大调整，最终选定消能工体型。1#泄洪洞出口挑流段结构简图如图 6-1 所示。

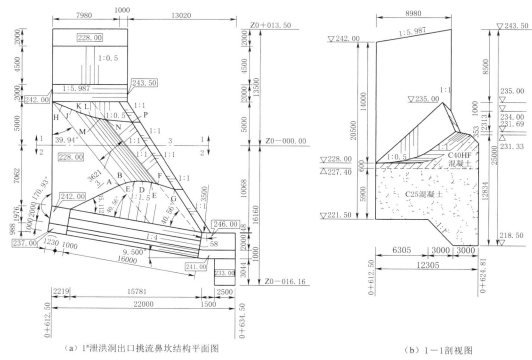

（a）1#泄洪洞出口挑流鼻坎结构平面图　　　　（b）1—1剖视图

图 6-1　1#泄洪洞出口挑流段结构简图（单位：mm；高程单位：m）

6.3.1.5 出口护坦段（桩号 0＋635.00～0＋655.00）

经水工模型试验验证，1#泄洪洞在宣泄小流量时，不形成挑流，出坎水流跌落在挑坎下游，对消能工基础形成淘刷，因此，在挑坎下游设置 20m 长柔性护坦，格宾护坦顶高程 217.50m，厚度不小于 1m。

6.3.1.6 进出口边坡开挖支护

隧洞进口边坡永久开挖坡比弱风化 1：0.3、强风化 1：0.5，每 15m 留一级马道，马道宽度 2m，边坡最大开挖高度 112m；隧洞出口边坡永久开挖坡比弱风化 1：0.5、强风化 1：0.75，每 15m 留一级马道，马道宽度 2m，边坡最大开挖高度 58.5m。

进出口边坡采用 10cm 厚 C20 混凝土 $\phi 6$ 钢筋挂网喷护和 $\phi 28$ 砂浆锚杆支护，锚杆长 6m，根据揭露地质条件随机布设；进出口洞脸边坡根据计算需要设 100t 级预应力锚索，锚索间距 5m，长 30～40m。

开挖坡面设置排水孔、马道排水沟和坡顶截水沟形成排水系统。排水孔间排距 3m、深 4m，内插 $\phi 50mm$ 软式透水管；马道排水沟设在各级马道内侧，坡顶截水沟设在边坡开口线外侧，排水沟截面尺寸 0.5m×0.5m，10cm 厚现浇混凝土护砌。

6.3.1.7 基础处理

1. 进水口基础处理

1#泄洪洞进水口建基面大部坐落在 D_1^3 岩组弱风化中上部，小部分位于强风化下部，该部位软弱夹层发育，受断层 F_{88}、F_{277} 等断层影响，岩石结构比较破碎，设计考虑对进水口基础主要采取低标号混凝土回填和固结灌浆进行处理，固结灌浆间排距 3m，深入基岩 6～10m，呈梅花形布置，灌浆压力现场试验确定。

2. 洞身基础处理

泄洪洞衬砌段在 Ⅳ、Ⅴ 类围岩段需进行固结灌浆，排距 3m，每排 8 孔，深入基岩 6m，呈梅花形布置；灌浆压力一般为 1～2 倍内水压力，可由现场试验确定。

泄洪洞在顶拱 120°范围内还进行了回填灌浆，灌浆孔与相同范围内的固结孔错开。排距 3m，每排 7 孔和 8 孔相间布置，灌浆压力 0.2～0.3MPa，灌浆孔深入围岩 0.1m。

6.3.2 2#泄洪洞布置

6.3.2.1 洞轴线布置

2#泄洪洞位于 1#泄洪洞右侧，两洞轴线水平距离 80m，其工程地质条件与 1#泄洪隧洞类似，F_{88}、F_{27}、F_1、F_{10}、F_{230}、F_{231} 和 F_6 等断层斜切洞身。除断层部位属 Ⅴ 类围岩外，大多属 Ⅱ～Ⅳ 类围岩。进口边坡基岩为 D_1^3 岩组之粉砂岩夹砂岩，岩石呈强风化状态，稳定性较好。出口洞脸右侧基本为顺层边坡，边坡稳定条件较差。

2#泄洪洞全长 880.5m，进水口为开敞式实用堰，其后接明流洞洞身。进口距老坝右坝头近 150m，洞轴线采用直线布置，导流洞在"龙抬头"正下方与泄洪洞结合。

6.3.2.2 泄洪洞出口段方案选择

1. 出口段地形地质条件

2#泄洪出口从右岸电站开关站右侧穿过，开关站位置为一冲沟，地面高程 230.00m

左右，冲沟上游（左侧）成洞条件较好，冲沟下游（右侧）为一凸出山嘴，根据附近河道走势，泄洪洞出口需穿过该山嘴一定距离才能保证水流归槽。

根据探明地质情况，泄洪洞出口下游段（桩号 0+750.00 以下）右侧有 3# 滑坡体，总方量约 22 万 m^3，该滑坡体目前处于临界稳定状态，施工开挖切脚将破坏滑坡的稳定状态，存在滑坡复活、重新滑动的可能。

2. 出口段布置方案拟定

根据泄洪洞出口附近地形地质条件，在初步设计阶段，拟定了 2# 泄洪洞洞轴线与放空洞重合、出口段全线（桩号 0+655.00～0+817.30）成洞、受切脚影响的滑坡挖除或抗滑桩阻滑等多个方案的比选。

洞轴线与放空洞重合方案虽可避开出口大开挖、不扰动 3# 滑坡，但是 2# 泄洪洞与 1# 泄洪洞之间围岩厚度只有 1～1.5 倍洞径，不满足规范要求。一方面，两泄洪洞出口距离太近，水力学条件差；另一方面，该方案需重新考虑放空洞布置方案，投资较大，综合考虑后舍弃该方案。而出口段全线（桩号 0+655.00～0+817.30）成洞方案对 3# 滑坡的影响最小，但受地形限制，桩号 0+760.00～0+817.30 需采取管棚等超前支护形成"半边洞"，工程投资高、工期长且施工质量不易保证，因而也舍弃该方案。

经多方案初选，拟定两个布置方案进行重点比较分析如下：

（1）方案①：出口全明挖（3# 滑坡切脚部分挖除）。该方案桩号 0+655.00～0+845.00 全线明挖，泄洪洞洞脸及明渠桩号 0+750.00 上游边坡挂网喷混凝土支护。明渠桩号 0+750.00 下游即进入 3# 滑坡体范围，设计将受明渠切脚影响的 3# 滑坡体全部清除，滑坡坡积层清除后外露基岩面采用三维网喷播植草护坡。

（2）方案②：出口强支护提前进洞。该方案桩号 0+655.00～0+704.00 冲沟位置采用明洞形式，桩号 0+704.00～0+786.00 段采用超前支护强行成洞，桩号 0+786.00 下游为明渠段，明渠段长度大为缩小，泄槽开挖对 3# 滑坡的影响程度较小，根据滑坡稳定计算需要，在明渠段右侧开挖范围以外先行实施抗滑桩等阻滑措施，抗滑柱直径 3m、间距 6m，一共 12 根，桩底深入完整基岩并满足锚固要求。

以上两方案轴线完全重合，桩号 0+655.00 上游洞身及进口布置完全相同，因此，方案比选只针对桩号 0+655.00 下游部分。

3. 出口布置方案比较及选定

从地形地质条件的角度分析，两出口布置方案轴线位置、出口长度完全相同，地形地质条件无差异，均存在 3# 滑坡体的问题，只是不同方案对地形地质条件的适应性不同，均不存在制约因素；从结构布置上分析，两出口方案虽然结构形式不同，方案①为全线明渠，方案②为隧洞＋明渠，但两方案泄槽底宽及高度完全相同，水力条件相同，结构设计上不存在制约因素，水力学上无差异。

从施工条件、工期、经济技术指标及环境影响的角度分析，方案①施工较为简单，临时支护工程量很小，且较方案②节省投资 422 万元，但该方案开挖量大，弃渣量大。虽然方案①考虑了生态护坡形式，但是大量弃渣易造成水土流失、生态环境恶化，对周围环境的影响不可消除；方案②施工复杂，施工难度较大，为确保施工期安全稳定，临时支护工程量较大，同时方案②出口明挖要求在抗滑桩和锚索施工完成后方可进行，出口明挖和管棚、小导管等超前支护措施完成后才能进行桩号 0+704.00~0+786.00 段洞挖，且出口浅埋洞段循环进尺较短，导致出口段施工工期较方案①长 3~4 个月，对出口的节点工期造成影响。但该方案弃渣方量较小，对环境的影响较小。

4. 出口布置方案选定

经过对出口两布置方案地形地质条件、结构布置、施工条件、工期、经济指标及环境影响等多方面因素的比较，由于两方案各有优劣，权衡各方利弊，最终设计采用两方案相结合的折中方案，即：桩号 0+655.00~0+760.00 采用隧洞形式，桩号 0+760.00 下游采用明渠形式，受切脚影响的滑坡全部清除。该方案开挖工程量相对较小，施工方法简单，基本不存在边坡稳定问题。

6.3.2.3 进口段（桩号 0-035.50~0+000.00）

2# 泄洪洞进口控制段长 35.5m，为 1 孔开敞式进水口，堰顶高程 301.00m，堰净宽 18m，堰型为 WES 堰，堰面上游平台高程 280.00m。堰体上游设有钢质平板检修闸门，闸门底坎高程 299.50m，孔口尺寸 18m×13.5m（宽×高），台车启闭；检修门后设有 1 孔钢质弧形工作闸门，弧门尺寸 18.0m×15.6m（宽×高），液压启闭机启闭。WES 堰面曲线上游为 3:1 斜坡接两段圆弧，下游为 $Y=0.05538X^{1.836}$ 幂曲线接 1:1 斜坡段。堰体与两侧闸墩为整体式槽型结构，闸墩厚 2.5m，堰面为 60cm 厚 C40HF 抗冲耐磨混凝土。

进口控制段顶部高程 324m，闸墩与岸坡相接并与坝区公路形成交通通道。

6.3.2.4 洞身段（桩号 0+000.00~0+760.00）

洞身断面型式为城门洞形，全长 760m，立面采用"龙抬头"式布置，起点高程 282.49m。控制段后接 1:1 斜坡段，斜坡段长 17.34m，底宽 18m，净高 14.24m；斜坡段后接反弧段，反弧段转弯半径 $R=100$m，转弯角 $\theta=43.85°$，末端底板高程 235.88m，长 68.71m，该段为洞身渐变段，底宽由 18m 渐变 12m，净高由 14.24m 渐变 12.5m；反弧段后为泄洪平洞段，底宽 12m，净高 12.5~14.5m，$i=2\%$，长 673.95m，隧洞终点底板高程 222.50m，该段与导流洞结合。泄洪平洞段分三大部分，桩号 0+86.05~0+664.50 为开挖洞身断面，桩号 0+664.50~0+702.50 为现浇混凝土明洞断面，桩号 0+702.50~0+760.00 为开挖洞身断面。洞身混凝土衬砌每 15m 分一伸缩缝，不留缝宽，缝间紫铜片止水。

泄洪洞内最大流速处位于下弯段末端，达 36.65m³/s，抗冲耐磨要求较高，参照国内外近年来已设计、施工及运行的同类工程所总结的经验，结合本工程特点，隧洞底板面层采用 60cm 厚 C40HF 抗冲耐磨混凝土、下层为 C25 混凝土，侧墙采用 C40 混凝土衬砌，衬砌厚度根据围岩类型计算选定。Ⅲ类围岩衬砌底板厚度 0.8m、侧墙厚度 0.6m；Ⅳ、Ⅴ类围岩衬砌底板厚度 1.5m、侧墙及顶拱厚度 1.2m。由于洞身为无压流，掺气水深没有超过直墙，因此隧洞顶拱Ⅲ类围岩采用挂网喷混凝土支护处理，Ⅳ、Ⅴ类围岩段采用 C25 混凝土衬砌支护。

6.3.2.5 出口明渠段（桩号 0+760.00~0+846.00）

出口明渠段全长 86m，包括 37.27m 长直段、20m 长扩散段和 28.73m 长挑流鼻坎段；

直段净宽 12m，底板高程 222.50m、侧墙顶部高程 237.00m，底板与侧墙为整体槽型结构。侧墙顶宽 2.5m，底板面层为 60cm 厚 C40HF 抗冲耐磨混凝土，底板下层及侧墙为 C25 现浇混凝土；扩散段净宽从 12m 渐变为 15m，扩散角 4.29°，底板高程 224.50m、侧墙顶部高程 237.00m，底板与侧墙为整体槽型结构。侧墙顶宽 2.5m，底板面层为 60cm 厚 C40HF 抗冲耐磨混凝土，底板下层及侧墙为 C25 现浇混凝土。

挑流鼻坎段经过水工模型试验多次验证，选定消能工体型在原设计结构型式的基础上有较大调整，最终选定消能工体型。2# 泄洪洞出口挑流段结构简图如图 6-2 所示。

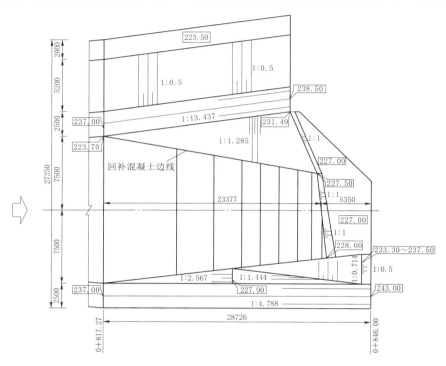

图 6-2 2# 泄洪洞出口挑流段结构简图

6.3.2.6 出口护坦段（桩号 0+846.00~0+887.00）

经水工模型试验验证，2# 泄洪洞在宣泄小流量时，不形成挑流，出坎水流跌落在挑坎下游，对消能工基础形成淘刷，因此，在挑坎下游设置 41m 长柔性护坦，格宾护坦顶高程 220.00m，厚度不小于 1m。

6.3.2.7 进出口边坡开挖支护

隧洞进口边坡永久开挖坡比弱风化 1:0.3、强风化 1:0.5，每 15m 留一级马道，马道宽度 2m，边坡最大开挖高度 85m。隧洞出口边坡永久开挖坡比弱风化 1:0.5、强风化 1:0.75，每 15m 留一级马道，马道宽度 2m，边坡最大开挖高度 60m。

进出口边坡采用 10cm 厚 C20 混凝土 $\phi6$ 钢筋挂网喷护和 $\phi28$ 砂浆锚杆支护，锚杆长 6m，根据揭露地质条件随机布设；进出口洞脸边坡根据计算需要设 100t 级预应力锚索，锚索间距 5m，长 30~40m。出口明渠段右侧 3# 滑坡体坡积物清除后外露基岩面采用三维网喷播植草护坡形式对边坡进行防护。

开挖坡面设置排水孔、马道排水沟和坡顶截水沟形成排水系统。排水孔间排距 3m、深 4m，内插 ϕ50mm 软式透水管；马道排水沟设在各级马道内侧，坡顶截水沟设在边坡开口线外侧，排水沟截面尺寸 0.5m×0.5m，10cm 厚现浇混凝土护砌。

6.3.2.8 基础处理

1. 进水口基础处理

$2^\#$ 泄洪洞进水口建基面坐落在 D_1^3 岩组弱风化中部，该部位软弱夹层发育，受断层 F_{21}、F_{276} 等断层影响，岩石结构比较破碎，设计考虑对进水口基础主要采取低标号混凝土回填和固结灌浆进行处理，固结灌浆间排距 3m，深入基岩 6～10m，呈梅花形布置，灌浆压力现场试验确定。

2. 洞身基础处理

泄洪洞衬砌段在Ⅳ、Ⅴ类围岩段需进行固结灌浆，排距 3m，每排 8 孔，深入基岩 6m，呈梅花形布置；灌浆压力一般为 1～2 倍内水压力，可由现场试验确定。

泄洪洞在顶拱 120°范围内还进行了回填灌浆，灌浆孔与相同范围内的固结孔错开。排距 3m，每排 7 孔和 8 孔相间布置，灌浆压力 0.2～0.3MPa，灌浆孔深入围岩 0.1m。

6.4 泄 洪 洞 水 力 设 计

6.4.1 泄流计算

$1^\#$ 泄洪洞拟定为有压短管进水口，$2^\#$ 泄洪洞拟定为开敞式进水口，两条泄洪洞的泄流能力分别为

$$Q = \mu B e \sqrt{2g(H - \varepsilon e)} \tag{6-1}$$

$$Q = c_m \varepsilon \sigma_s B \sqrt{2g} H_0^{\frac{3}{2}} \tag{6-2}$$

式中　Q——下泄流量，m^3/s；

μ——短管有压段的流量系数；

e、B——闸孔开启高度和水流收缩断面的底宽，m；

ε——收缩系数；

H——由有压短管出口的闸孔底板高程算起的上游库水深，m；

c_m——经修正的流量系数；

σ_s——淹没系数；

H_0——包括行近流速的堰前水头，m。

选定方案的泄洪计算成果见表 6-4。由计算结果可知，在正常高水位 313.00m 时，$1^\#$ 泄洪洞下泄流量为 2144m^3/s，$2^\#$ 泄洪洞下泄流量为 1456m^3/s。

6.4.2 泄洪洞水面线计算

泄洪洞水面线计算式为

表 6 - 4　　　　　　　　　　　　　　　泄洪洞泄流计算成果表

$Q/(m^3/s)$	H/m											
	301	302	303	304	305	306	307	308	309	310	311	312
1# 泄洪洞 $\mu=0.895$	1841	1868	1895	1921	1947	1973	1998	2023	2048	2072	2096	2120
2# 泄洪洞	0	29	84	160	253	359	485	620	767	925	1093	1269

$Q/(m^3/s)$	H/m											
	313	314	315	316	317	318	319	320	321	322	323	324
1# 泄洪洞 $\mu=0.895$	2144	2167	2190	2213	2236	2258	2280	2302	2324	2345	2367	2388
2# 泄洪洞	1456	1644	1840	2042	2243	2434	2629	2825	3023	3223	3423	3625

$$\Delta l_{1-2} = \frac{\left(h_2\cos\theta + \frac{\alpha_2 v_2^2}{2g}\right) - \left(h_1\cos\theta + \frac{\alpha_1 v_1^2}{2g}\right)}{i - J_f} \qquad (6-3)$$

$$J_f = \frac{n^2 \overline{v}^2}{R^{\frac{4}{3}}} \qquad (6-4)$$

式中　J_f——计算段平均水力坡度；

　　　　n——计算段平均糙率；

　　　h_2、v_2——控制断面（起始断面）水深和流速；

　　　h_1、v_1——计算断面水深和流速；

　　Δl_{1-2}——计算空间步长；

　　　　i——计算段平均底部坡度；

　　　　g——重力加速度；

　　α_1、α_2——断面动能修正系数。

　　泄洪洞水面线计算成果见表 6-5。计算结果表明，掺气水面线以上空间占断面总面积的比例大于 25%，且均未超过直墙范围，满足要求。

表 6 - 5　　　　　　　　　　　　　　　泄洪洞水面线计算成果

部　　位	1# 泄洪洞		2# 泄洪洞				
	起始断面	隧洞末端	起始断面	斜线段末端	反弧段末端	隧洞末端	明渠平段起点
水深/m	7.69	6.99	6.90	5.41	6.55	7.50	7.64
掺气水深/m	8.62	8.04	7.52	5.25	7.56	8.52	8.64
掺气水面线以上空间占断面总面积的比例/%	23	28	41	51	33	26	—

6.4.3　流速分布及防空蚀措施

6.4.3.1　流速分布

　　校核水位 320.27m 时，两条泄洪洞泄最大下泄流量分别为 $Q_1=2308\text{m}^3/\text{s}$、$Q_2=2878\text{m}^3/\text{s}$，下泄最大流量时流速分布见表 6-6。

表 6 - 6		下泄最大流量时流速分布	
最大下泄流量	进口/(m/s)	下弯段末端/(m/s)	出口/(m/s)
$1^{\#}$ 洞　$Q_1 = 2308 m^3/s$	30.02	—	33.00
$2^{\#}$ 洞　$Q_2 = 2878 m^3/s$	23.18	36.65	32.00

计算结果表明，泄洪洞在宣泄校核洪量时，流速较大，$1^{\#}$ 泄洪洞全线流速大于 30m/s，最大流速出现在隧洞末端，达 33.0m/s，$2^{\#}$ 泄洪洞最大流速达 36.65m/s。流速远超过 15m/s，极可能发生空蚀破坏。

6.4.3.2　防空蚀措施

为防止泄洪洞发生空蚀破坏，本工程泄洪洞拟采取的防空蚀措施如下：

（1）选取合理的泄水建筑物体型以提高水流空化数，通过水工模型试验，选定合适本工程的掺气体型及布置位置。

（2）采用合适的抗冲磨护面材料或高性能混凝土衬砌，根据相关工程经验，结合本工程特点，泄洪洞衬砌采用高性能混凝土，底板采用 C40HF 混凝土，侧墙采用 C40 混凝土。

（3）严格控制衬砌表面不平整度，表面不平整度 $\Delta \leqslant 5mm$，错缝处坡度不大于 1/30。抗冲磨混凝土浇筑后，应及时保温保湿，防止开裂。

6.4.4　消能设计

6.4.4.1　消能工体型

考虑到泄洪洞单宽流量大，水头高的特点，经比较并参考多座已建工程成功经验后选用挑流消能。本工程原设计消能工采用常规体型，在初步设计阶段，经过泄洪洞水工模型试验验证，根据泄洪洞出口下游河道特征及流速分布，挑流鼻坎体型在原设计的基础上做了较大的调整，消能工体型设计以模型试验修正的结果为准，挑距及冲坑等以试验数据为依据。

6.4.4.2　$2^{\#}$ 泄洪洞消能工实施方案

$2^{\#}$ 泄洪洞在施工期参入导流，出口消能工挑流鼻坎顶高程 230.00m，反弧起点高程 222.50m，施工导流期间，水流携带上游砂石进入隧洞后如果不能顺利越过挑流鼻坎，在水流作用下，受阻砂石将在泄槽内来回旋转，进而磨蚀消能工和洞身混凝土结构。因此，需进一步研究消能工是否需要分期实施，即导流期间不设挑坎，挑流鼻坎二期浇筑。

为此，采用导流模型试验进行了专门验证。当导流洞下泄流量为 1000m³/s 时，库水位在 255.00m 附近，此时挑坎顶部流速 15.3m/s，可冲走泄槽内中值粒径为 2～3cm 的模型砂，相当于原型 1.2～1.8m 粒径的块石；当导流洞下泄流量为 2089m³/s 时，库水位在 265.00m 附近，此时挑坎顶部流速 18.35m/s，可冲走泄槽内中值粒径为 4～5cm 的模型砂，相当于原型 2.4～3.0m 粒径的块石。模型试验结果表明，库前如果有砂石在水流携带下进入隧洞，最终将随水流越过挑坎进入下游河床。导流洞进口岩埂高程 247.00m，坝前河床高程 220.00m 左右，上游砂石到达坝前后大部分将淤积在岩埂前面。考虑到挑流鼻坎分期浇筑难度较大、而且工期紧张、导流期间不设挑坎对岸坡冲刷强烈等因素，导流洞挑流鼻坎结合永久消能工一次建成。

6.4.5　水工模型试验

根据上述泄洪洞消能设计结果，分别对泄洪洞消能效果、掺气坎型式和布置等进行了水工模型试验。

6.4.5.1　试验消能成果

1. 消能工体型

经过 10 个消能工体型方案比较试验，选定了两洞出口复合挑坎。

（1）1# 泄洪洞出口消能工满足的条件为：

1）封堵或减弱左岸 2# 滑体附近回流，不冲刷 2# 滑体坡脚。

2）出坎右侧水舌不打右岸边坡，不冲刷 2# 泄洪洞出口基础。

3）冲坑上游坡比小于 1/3，左右坡比缓于两岸自然坡度。

（2）2# 泄洪洞出口消能工满足的条件为：

1）不论 2# 泄洪洞单独运行还是与 1# 泄洪洞联合泄洪，2# 泄洪洞出口以下的水流主流尽可能位于河中。

2）出坎右侧水舌不冲刷右岸边坡，不冲刷 3# 滑体坡脚。

3）冲坑上游坡比小于 1/3，左右坡比缓于两岸自然坡度。

考虑到两洞存在局部开启工况，挑坎可能出现跌水情况，需在 1# 泄洪洞坎下设长 20.00m 长护坦（宽度为 35.00m，高程 217.50m），2# 泄洪洞坎下设长 42.00m 护坦（宽度为 32m，表面为曲面和平面组合，低于高程 220.00m 部分顺河床，高于高程 220.00m 部分挖至 220.00m）。两洞出口消能工体型分别如图 6-1 和图 6-2 所示。

2. 挑距及冲坑

设计流量（试验水位 317.32m）、校核流量（试验水位 319.60m）工况和 2# 泄洪洞局部开启控泄 $Q=1180\text{m}^3/\text{s}$（试验水位 311.20m）3 个工况推荐方案消能工试验结果见表 6-7。

表 6-7　　　　　　　　　　推荐方案消能工试验结果

下泄流量 $Q/(\text{m}^3/\text{s})$		挑坎最大流速/(m/s)	不冲距离/m	挑距/m	冲坑最深点高程/m	冲深/m	冲坑上游边坡	冲坑左侧边坡	冲坑右侧边坡
4640	1# 2221.55	29.48	51.00	100.21	205.12	12.38	1:8.09	1:0.50	1:3.78
	2# 2418.45	28.12	42.00	86.45	204.33	10.67	1:8.10	1:2.75	1:2.32
5186	1# 2251.60	31.41	48.00	100.21	204.51	12.99	1:7.71	1:0.50	1:3.60
	2# 2938.40	29.28	42.00	116.45	203.55	11.45	1:10.17	1:2.47	1:2.80
1180	2# 1180.00	22.42	42.00	71.45	206.72	8.28	1:8.10	1:3.29	1:2.90

由试验结果可知，除 1# 洞左侧冲坑边坡不稳外，其他边坡满足冲坑上游边坡小于 1/3 或冲坑左右岸缓于自然坡度；1# 洞左侧冲坑边坡采用抛石回填，增大抗冲刷能力，确保边坡稳定。

3. 100年一遇消能标准下游水位及防护范围

消能标准设计流量 $Q=4440\mathrm{m^3/s}$，$H_\text{上}=316.50\mathrm{m}$，$H_\text{下}=227.13\mathrm{m}$。$1^\#$、$2^\#$泄洪洞100年一遇标准岸边流速及水位成果分别见表6-8和表6-9。

表6-8　　　　　　　　$1^\#$泄洪洞100年一遇标准岸边流速及水位成果

位置		桩号	0+660.21	0+690.21	0+720.21	0+750.21	0+780.21	0+810.21	备注
$1^\#$泄洪洞	左	水位/m	224.95	225.31	226.48	227.32	228.50	228.08	本表中流速为所测位置沿水深方向平均流速
		流速/(m/s)	−3.56	−3.45	−2.40	−3.12	−3.34	3.35	
	右	水位/m	228.23	228.26	227.00	227.87	229.18	228.33	
		流速/(m/s)	−5.02	−5.86	−3.88	3.77	3.93	3.36	

表6-9　　　　　　　　$2^\#$泄洪洞100年一遇标准岸边流速及水位成果

位置		桩号	0+961.45	0+991.45	0+1021.45	0+1051.45	0+1081.45	0+1111.45	备注
$2^\#$泄洪洞	左	水位/m	227.55	227.76	228.85	228.34	227.25	227.65	本表中流速为所测位置沿水深方向平均流速
		流速/(m/s)	−1.04	2.84	4.45	4.77	5.68	6.15	
	右	水位/m	228.03	228.53	228.46	228.15	227.56	228.20	
		流速/(m/s)	4.17	4.50	4.67	5.02	6.54	6.99	

从冲刷试验结果可知，$1^\#$泄洪洞出口斜对岸（左岸）回流流速从原方案 7.0～8.0m/s 降低为 4.0～5.0m/s，可以不设防护，但从 $1^\#$泄洪洞至 $2^\#$泄洪洞沿程右岸回流流速在 6.0m/s 左右，应进行防护。$2^\#$泄洪洞坎下 176.45m（0+1021.45）处开始产生淤积，至坎下 326.45m（0+1171.45），堆积体占用河道断面，过流面积相对减小，加上部分未消掉的余能，致使水流流速大于断面平均流速。故从 0+1021.45 以下 200m 范围内，对左右两岸岸坡进行防护，防护高程从河床至 229.00m。

6.4.5.2　试验掺气坎体型及分布

1. 掺气坎形式

本工程掺气坎为坎槽结合型式，兼有坎式及槽式的优点，既有足够的空腔，又可避免水流流态紊乱。掺气坎型式尺寸如图6-3。

2. 掺气浓度、风速、空腔长度

截至初步设计阶段的模型试验表明，掺气坎后底层水流掺气浓度沿程递减，$1^\#$泄洪洞在掺气坎下 65～75m 处，$2^\#$泄洪洞在掺气坎下 70～80m 处，掺气浓度小于 5%，且水流中气体基本逸出表面。故两洞所设掺气坎距离为 75.0m。试验测得掺气风速一般为 7.0～15.0m/s，最大风速为 24.0m/s。试验测得空腔长度范围为 6.0～18.0m，最大空腔长度为 20.0m。

3. 掺气坎位置

根据试验观察和所测底层水流掺气浓度沿程变化情况，两洞直线段每间隔 75.0m 布置一道掺气坎。另考虑到对反弧段的保护等其他因素，由此建议 $1^\#$泄洪洞、$2^\#$泄洪洞设置掺气坎位置见表6-10。

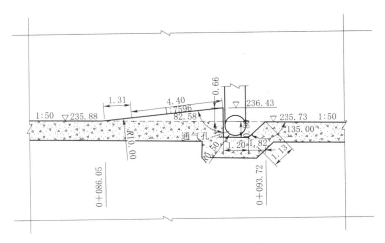

图 6-3　掺气坎型式尺寸（单位：m）

表 6-10　　　　　　　　　　1#泄洪洞、2#泄洪洞设置掺气坎位置

序　号	1#泄洪洞	2#泄洪洞
1	0+053.80	0+008.50
2	0+110.33	0+086.05
3	0+185.33	0+161.05
4	0+260.33	0+236.05
5	0+335.33	0+311.05
6	0+410.33	0+386.05
7	0+485.33	0+461.05
8	0+560.33	0+536.05
9		0+611.05
10		0+686.05
11		0+761.05

6.5　本　章　小　结

由于浔天河水库扩建工程泄水建筑物设计遵循一个从整体方案比选、泄洪洞选型、再到掺气坎体型细部构造设计的逐步细化过程。本章主要阐述了截至初步设计阶段关于对泄水建筑物选择、布置以及泄洪洞水力设计等方面开展的系列方案比选过程工作，该阶段的主要结论如下：

（1）拟定了在右岸布置两条泄水隧洞联合泄洪的方案。经过对泄洪洞洞身流态、洞径、进口高程、导流洞结合方式、轴线及泄洪规模的综合比选，设计选定 1#泄洪洞、2#泄洪洞联合泄洪的泄洪建筑物型式为：

1）1#泄洪洞洞身尺寸 10m×12m，有压短管进水口，进口底板高程 260.00m，进口尺寸 10m×8m。

2）2[#]泄洪洞洞身尺寸 12m×12.5m，开敞式进水口，堰顶高程 301.00m、堰宽 18m。

3）导流洞结合 2[#]泄洪洞，1[#]泄洪洞和 2[#]泄洪洞分别位于放空洞的左右两侧。

（2）综合比选确定的泄洪洞布置方案为：

1）1[#]泄洪洞洞轴线基本采用直线布置，出口轴线向右偏转 2°，偏转半径 1000m；进水口采用有压短管进口形式，洞身断面型式为城门洞形，出口为"直段-扩散段-挑流鼻坎"的明渠段，出口消能工为复合挑坎。

2）2[#]泄洪洞洞轴线采用直线布置，开敞式进水口，洞身断面型式为城门洞形，采用"龙抬头"型式方案衔接泄洪洞和导流洞，出口段采用隧洞形式与明渠形式相结合的方式。

（3）通过水工模型试验确定的掺气坎为坎槽结合型式，根据模型试验结果建议了掺气坎的位置和间距：

1）在 1[#]泄洪洞和 2[#]泄洪洞直线段每间距 75.0m 布置一道掺气坎。

2）1[#]泄洪洞在洞轴线 0+053.80～0+560.33 布置了 8 道掺气坎。

3）2[#]泄洪洞在洞轴线 0+008.50～0+761.05 布置了 11 道掺气坎。

在技术施工阶段的模型试验表明，上述掺气坎布置方案掺气效果并不理想，仍需进一步研究优化。

第7章　1#泄洪洞掺气减蚀技术研究

7.1　概　　述

本书阐述了关于涔天河水库扩建工程泄水建筑物选择、布置以及泄洪洞水力设计等方面的系列方案比选过程工作。分析表明，该工程泄洪建筑物为1#泄洪洞、2#泄洪洞联合泄洪，均布置于右岸，两洞轴线间距80m。其中，1#泄洪洞洞身为圆拱直墙断面形式，底宽10m、高12m，纵坡$i=6.25\%$，洞身全长580m，沿程设置8道掺气坎，出口明渠底板高程224.50m，挑流消能。在技术施工阶段中，进一步开展了该泄洪洞减压模型试验，对泄洪洞进口段进行了空化验证和体型调整，在掺气减蚀试验中发现在$i=6.25\%$的纵坡上难以形成有效掺气，设计单位与试验单位经过研究，提出了1#泄洪洞采用"龙落尾"型式方案。

"龙落尾"型式方案虽然理论上可以减小掺气坎的数量，并能形成有效的掺气保护，但尚未经过模型试验验证。为此，继续开展了该工程1#泄洪洞单体模型试验研究，对1#泄洪洞（"龙落尾"型式方案）进口至出口沿程水流流态、水面线、泄流能力、掺气减蚀体型及掺气效果、洞身尺寸等进行试验验证和优化，以提出合理的优化建议和运行中注意事项，为设计优化及运行管理提供科学依据。

7.2　1#泄洪洞模型试验内容

为验证和优化1#泄洪洞"龙落尾"型式方案，拟开展试验研究内容如下：

（1）试验下泄$P=1\%$、$P=0.2\%$、$P=0.01\%$等特征频率洪水时进口至出口沿程的水流流态和掺气减蚀效果，确定掺气坎体型，提供进口至鼻坎沿程的实测水面线和流速分布，分析洞身尺寸的合理性。

（2）通过闸门调度，库水位按防洪限制水位310.50m、防洪高水位316.60m运行，验证1#泄洪洞下泄各级小流量（$Q=300\sim1700\text{m}^3/\text{s}$）时的对应闸门开度、出口起挑流量、洞内流速分布、掺气减蚀效果及沿程水流流态。

（3）导流洞下闸封堵期间，1#泄洪洞承担导流任务，水库蓄水至灌溉死水位282.00m时1#泄洪洞开始导流，闸门不同开度下（$0.1H\sim H$，H为工作闸门孔口高度），试验验证库水位282.00m时1#泄洪洞出口起挑流量、洞内流速分布、掺气减蚀效果及沿程水流流态。

试验研究涉及的特征水位和流量见表 7－1。

表 7－1　　　　　　　　　　　　试验特征水位和流量

序号	洪　水　标　准	上游水位/m	设计流量/(m³/s)
1	校核洪水位（$P=0.01\%$）	320.27	2308
2	设计洪水位（$P=0.2\%$）	317.76	2253
3	防洪高水位（$P=1\%$）	316.60	—
4	正常蓄水位	313.00	—
5	防洪限制水位	310.50	—
6	灌溉死水位	282.00	—

7.3　1#泄洪洞单体试验模型

7.3.1　模型建立

根据试验研究目的，本模型试验采用正态水工整体模型，模型按重力相似准则设计，几何比尺选定为 1：40（$\lambda_L=\lambda_h=40$），相应其他比尺关系分别为：

（1）流量比尺：$\lambda_Q=\lambda_L^{2.5}=10119.289$。

（2）流速比尺：$\lambda_V=\lambda_L^{0.5}=6.325$。

（3）糙率比尺：$\lambda_n=\lambda_L^{1/6}=1.849$。

模型全部采用有机玻璃制作，有机玻璃表面糙率约为 0.008，换算到原型后的糙率为 0.0148，处于钢模板表面糙率（0.013～0.016）范围内。模型制作和安装精度均按《水工（常规）模型试验规程》（SL 155—2012）的要求控制。

7.3.2　测量仪器

掺气设施下游底板中心沿程共布置时均压力测点 16 个，掺气片 6 对，具体布置参见各方案相应介绍。

流量采用电磁流量计测量；时均压力采用测压管测量；掺气浓度由每片长度为 10mm、宽度为 5mm，两片平行间距为 5mm 的不锈钢探头和长江水利委员会长江科学院（以下简称"长江科学院"）研制的掺气浓度测试仪进行测量；断面水深及空腔尺寸用钢直尺测量；通气管内的风速利用热线风速仪测量。

7.4　1#泄洪洞单体模型试验成果

本次试验针对 2 种泄洪洞体型的 4 种掺气坎体型进行了试验研究，具体试验方案见表 7－2。泄洪洞体型 1、泄洪洞体型 2 剖面图分别如图 7－1、图 7－2 所示。

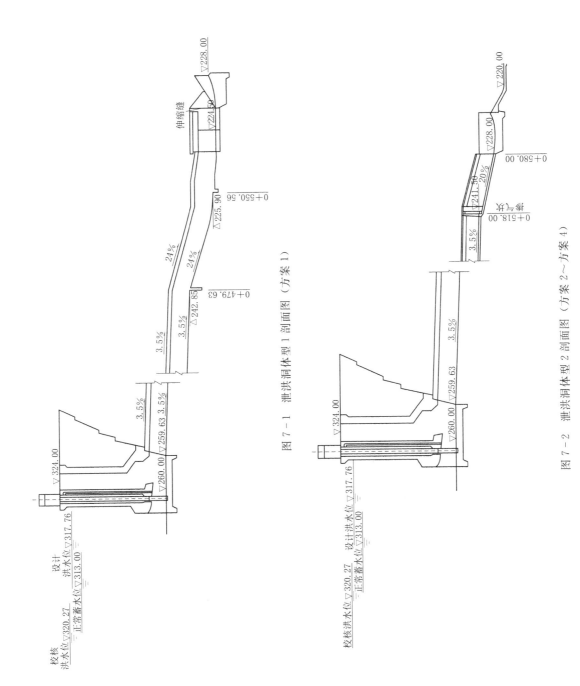

图 7-1　泄洪洞体型 1 剖面图（方案 1）

图 7-2　泄洪洞体型 2 剖面图（方案 2～方案 4）

方案	掺气坎 数量	型式	挑坎角度 /%	桩号 /m	坎后平台 长度/m	坎后斜坡 坡率/%	备　注
1	2	连续式	−3.5	0+479.63	2	24	泄洪洞体型 1（牛腿区 域顶高程 271.00m）
				0+550.56	8	10	
2	1	连续式	−3.5	0+518.00	2	20	泄洪洞体型 2（牛腿区 域顶高程 272.50m）
3	1	翼型坎	0	0+518.00	2	20	
4	1	翼型坎	10	0+518.00	2	20	

表7-2 的标题：**模 型 试 验 方 案 参 数**

7.4.1　方案 1

在库水位分别为 320.27m、317.76m、313.00m 和 310.50m 工况下，本次模型试验研究针对 1#泄洪洞方案 1 体型（图 7-3）进行了泄流能力、流态、沿程水面线、时均压力、通气管风速和掺气浓度等方面的观测。

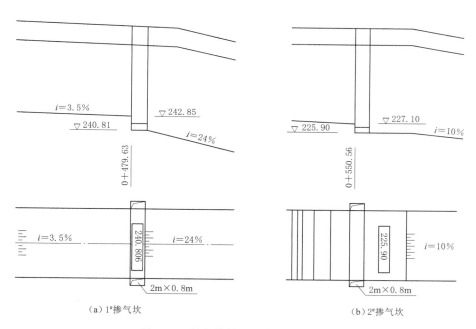

（a）1#掺气坎　　　　　　　　　　（b）2#掺气坎

图 7-3　掺气坎体型示意图（方案 1）

1. 泄流能力

1#泄洪洞试验测试的泄流能力成果见表 7-3 和图 7-4。其中，表中流量系数计算式为

$$\mu = \frac{Q}{A\sqrt{2gH}} \tag{7-1}$$

式中　μ——流量系数；

Q——实测泄洪洞流量，m³/s；

A——有压短管的出口面积（10m×8m），m²；

g——重力加速度，m/s²；

H——工作水头（库水位-有压段出口顶板高程＝Z−268.00），m。

表7-3　　　　　　　　　　　　　　　1#泄洪洞泄流能力

库水位 Z /m	泄流量 Q /(m³/s)	流量系数 μ	计算流量 /(m³/s)	差值 /(m³/s)	百分比差值 /%
320.27	2186.14	0.853	2308	−121.86	−5.28
317.76	2140.66	0.856	2253	−112.34	−4.99
313.00	2032.65	0.855	—	—	—
310.50	1965.74	0.851	—	—	—
282.00	1057.47	0.798	—	—	—

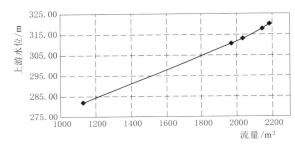

图7-4　1#泄洪洞泄流能力曲线

随着库水位从282.00m上升到320.27m，1#泄洪洞泄流量由1057.47m³/s增加至2186.14m³/s。在设计洪水位317.76m和校核洪水位320.27m条件下，1#泄洪洞泄流量试验值分别为2140.66m³/s和2186.14m³/s，试验值较设计值（分别为2253m³/s和2308m³/s）分别小4.99%和5.28%。模型实测泄流能力较设计值小，这是因为本模型为单体模型，未能完全模拟上游来流条件，泄流能力成果仅供设计参考使用，泄流能力以整体模型为准。

2. 流态

泄洪洞各掺气坎后空腔特征参数（方案1）见表7-4，1#、2#掺气坎后空腔形态（方案1）分别如图7-5、图7-6所示。

表7-4　　　　　　　　　　　　泄洪洞各掺气坎后空腔特征参数（方案1）

工　况	掺气坎	桩号	空腔长度/m	空腔形态
校核洪水位320.27m	1#	0+479.63	20.0	回水至坎后6.86m
	2#	0+550.56	6.0	积水0.56m
设计洪水位317.76m	1#	0+479.63	18.8	回水至坎后6.28m
	2#	0+550.56	5.8	积水0.64m
正常蓄水位313.00m	1#	0+479.63	18.1	回水至坎后5.31m
	2#	0+550.56	5.4	积水0.70m
防洪限制水位310.50m	1#	0+479.63	15.7	回水至坎后4.14m
	2#	0+550.56	4.6	积水0.74m

（a）校核洪水位320.27m

（b）设计洪水位317.76m

（c）正常蓄水位313.00m

（d）防洪限制水位310.50m

图 7-5 1#掺气坎后空腔形态（方案1）

（a）校核洪水位320.27m

（b）设计洪水位317.76m

（c）正常蓄水位313.00m

（d）防洪限制水位310.50m

图 7-6 2#掺气坎后空腔形态（方案1）

由图可知：

（1）在各级试验工况下，泄洪洞有压段出口后 3.5％斜坡段过流较平顺，水面距侧壁竖直边墙顶端均有一定距离，沿程有水花溅击洞顶现象发生，但强度较弱，也未有封顶现象发生。

（2）1#掺气坎后可形成稳定空腔，空腔底部偶有回水行至坎后 6.86～4.14m。坎后水舌两侧底部冲击点为坎后 20.5～25.0m，随上游水位升高而下移，侧墙附近水面自坎后 35.0～40.5m 附近开始形成水翅（图 7-7），引起 2#掺气坎前局部范围内偶有水花超出侧墙顶部。水舌表面在坎后 60～67m 范围内中间高于两侧边墙处

图 7-7 1#掺气坎后水翅（方案1）

163

水面，挑距相对较远，校核洪水位工况下，桩号 0+499.00 附近中间水面接近侧边墙顶部高程。

（3）2#掺气坎在各级试验工况下，掺气坎后均可形成一定程度的空腔，偶尔出现空腔完全封闭的现象，空腔内积水深度为 0.56～0.74m。坎后水舌底部冲击点为 9.5～11.0m，随上游水位升高而下移，1#掺气坎后水翅形成的冲击波，与 2#掺气坎后反弧段附近汇合，随后在城门洞洞身末端附近偶有水花溅击洞顶，但未有封顶现象发生。

3. 水面线

上游校核洪水位 320.27m 至防洪限制水位 310.50m 工况下，泄洪洞沿程水深平均值（方案 1）见表 7-5。

表 7-5　　　　　　　　　　泄洪洞沿程水深平均值（方案 1）

测点编号	工况	1	2	3	4	部位
	上游水位/m	320.27	317.76	313.00	310.50	
	桩号	水深/m				
1	0-9.00	7.64	7.56	7.48	7.44	3.5%斜坡段
2	0-2.57	7.70	7.64	7.52	7.48	
3	0+2.63	7.68	7.64	7.52	7.48	
4	0+21.00	7.84	7.76	7.60	7.52	
5	0+40.00	7.92	7.84	7.66	7.56	
6	0+80.00	7.88	7.82	7.70	7.64	
7	0+120.00	7.92	7.80	7.60	7.48	
8	0+160.00	7.88	7.78	7.60	7.52	
9	0+200.00	7.88	7.78	7.60	7.52	
10	0+240.00	7.96	7.92	7.70	7.60	
11	0+280.00	7.92	7.88	7.90	7.72	
12	0+320.00	7.96	7.92	7.90	7.88	
13	0+360.00	7.96	7.92	7.70	7.90	
14	0+400.00	8.00	7.96	7.80	7.70	
15	0+440.00	8.00	7.96	7.70	7.70	
16	0+479.42	7.60	7.40	7.30	7.30	
17	0+487.02	8.55	8.17	7.77	7.77	1#坎后斜坡段
18	0+494.42	9.07	8.47	8.37	8.17	
19	0+509.42	10.67	10.27	9.47	9.27	
20	0+524.42	8.67	8.17	7.97	7.87	
21	0+539.42	9.36	8.10	7.40	7.20	1#坎后反弧段
22	0+550.56	7.80	8.40	7.40	7.50	
23	0+560.56	8.20	8.20	8.10	7.80	2#坎后斜坡段

续表

测点编号	工况	1	2	3	4	部位
	上游水位/m	320.27	317.76	313.00	310.50	
	桩号	水深/m				
24	0+570.56	7.90	8.00	7.40	7.40	2# 坎后反弧段
25	0+580.56	7.60	7.60	7.10	7.00	
26	0+590.56	6.60	6.60	6.40	6.20	平直段
27	0+600.56	6.00	6.20	6.20	6.00	
28	0+610.56	6.00	6.10	5.90	5.60	
29	0+635.00	5.60	5.60	5.40	5.30	反弧段坎顶

模型水流流速大于 6.0m/s 时，模型水流掺气才与原型相似。因本模型水流流速未达 6.0m/s，因此必须考虑掺气对水深的影响。根据霍尔公式计算掺气水深为

$$h_a = h \times \left(1 + k\,\frac{v^2}{gR}\right) \qquad (7-2)$$

式中　R——未计入掺气的水力半径，m；

　　　v——未计入掺气的流速，m/s；

　　　h——未计入掺气的水深，m；

　　　k——系数，对于普通混凝土壁面取 0.005。

宣泄校核洪水时 1# 泄洪洞掺气水深及洞顶余幅（方案1）见表 7-6，其所列数据中净空高度为拱顶最高点与水面距离。

表 7-6　　　宣泄校核洪水时 1# 泄洪洞掺气水深及洞顶余幅（方案1）

工况	断面桩号	模型实测水深/m	断面流速/(m/s)	考虑掺气后水深/m	洞身直墙高度/m	净空高度/m	净空面积/%
校核洪水	0-9.00	7.64	28.32	—	—	—	—
	0-2.57	7.70	28.10	8.72	10.28	1.56	15.2
	0+2.63	7.68	28.17	8.71	10.46	1.75	16.8
	0+21.00	7.84	27.60	8.84	10.50	4.36	28.7
	0+40.00	7.92	27.32	8.90	10.50	4.30	28.2
	0+80.00	7.88	27.46	8.87	10.50	4.33	28.5
	0+120.00	7.92	27.32	8.90	10.50	4.30	28.2
	0+160.00	7.88	27.46	8.87	10.50	4.33	28.5
	0+200.00	7.88	27.46	8.87	10.50	4.33	28.5
	0+240.00	7.96	27.18	8.94	10.50	4.26	27.9
	0+280.00	7.92	27.32	8.90	10.50	4.30	28.2
	0+320.00	7.96	27.18	8.94	10.50	4.26	27.9
	0+360.00	7.96	27.18	8.94	10.50	4.26	27.9

续表

工况	断面桩号	模型实测水深/m	断面流速/(m/s)	考虑掺气后水深/m	洞身直墙高度/m	净空高度/m	净空面积/%
校核洪水	0+400.00	8.00	27.05	8.97	10.50	4.23	27.7
	0+440.00	8.00	27.05	8.97	10.50	4.23	27.7
	0+479.42	7.60	28.47	8.64	10.20	4.26	28.6
	0+487.02	8.55	25.31	9.43	11.50	2.57	13.2
	0+494.42	9.07	23.86	9.88	11.50	2.32	11.3
	0+509.42	10.67	20.28	11.33	11.50	2.87	15.5
	0+524.42	8.67	24.96	9.54	11.50	4.66	28.8
	0+539.42	9.36	23.12	10.14	10.94	3.50	21.0
	0+550.56	7.80	27.74	8.80	11.50	5.40	34.3
	0+560.56	8.20	26.39	9.14	12.36	5.92	35.9
	0+570.56	7.90	27.39	8.89	11.69	5.50	34.6

计算结果表明：1#泄洪洞宣泄校核洪水时，考虑掺气影响后，工作弧门牛腿区域净空面积百分比为 15.2%~16.8%，1#掺气坎后 7~30m 范围内净空面积百分比为 11.3%~15.5%；2#掺气坎前 11m 处净空面积百分比约为 21.0%，其余部位净空面积比超过 25%。

4. 时均压力

掺气坎后底板中心沿程时均压力（方案 1）见表 7-7。

表 7-7　　　　　　掺气坎后底板中心沿程时均压力（方案 1）

测点编号	桩号	测点高程/m	时均压力（×9.81kPa）			
			校核洪水位/m	设计洪水位/m	正常蓄水位/m	防洪限制水位/m
1	0+482.00	240.72	−0.88	−0.72	−0.56	−0.42
2	0+492.00	238.32	1.88	1.92	2.04	2.20
3	0+502.00	235.92	3.28	3.40	3.56	3.60
4	0+512.00	233.52	4.18	4.70	5.24	5.74
5	0+522.00	231.12	13.14	13.84	15.02	14.54
6	0+532.00	228.84	13.44	12.86	12.04	11.32
7	0+542.00	227.47	15.49	15.01	14.21	13.81
8	0+550.44	227.10	14.94	14.34	13.74	13.42
9	0+558.56	225.90	0.32	0.56	0.68	0.76
10	0+563.08	225.45	1.44	1.56	1.68	1.92
11	0+567.60	225.00	14.64	14.36	13.90	13.58
12	0+572.57	224.62	13.94	13.80	13.34	12.94
13	0+577.55	224.50	11.46	11.14	10.66	10.34

测点编号	桩号	测点高程/m	时均压力（×9.81kPa）			
			校核洪水位/m	设计洪水位/m	正常蓄水位/m	防洪限制水位/m
14	0+587.55	224.50	7.18	6.98	6.78	6.70
15	0+597.55	224.50	6.74	6.62	6.38	6.26
16	0+607.55	224.50	8.06	7.42	7.10	6.86

从表7-7中试验结果可知：在各级工况下，1#掺气坎后空腔内均出现负压，在校核洪水位，坎后斜坡段起点附近最大负压值约为−0.88×9.81kPa；下游底部中心时均压力基本上沿程递增，直至2#掺气坎前略有减小，压力最大值出现在坎后反弧段，最大值为15.49×9.81～13.81×9.81kPa。2#掺气坎后有积水，受积水影响，所测压力为正压，压力值在0.32×9.81～0.76×9.81kPa左右；下游底部中心时均压力基本上沿程递减，进入反弧段后，压力明显增大，坎后压力最大值出现在坎后17m附近，最大值为14.64×9.81～13.58×9.81kPa，至出口挑坎反弧起点前10m附近压力降至最低，最小值约为6.74×9.81～6.26×9.81kPa。

5. 通气管风速及通气量

1#泄洪洞掺气坎通气孔风速及通气量（方案1）见表7-8。

表7-8　　　　　　　　　　1#泄洪洞掺气坎通气孔风速及通气量（方案1）

工况	掺气坎	桩号	风速/(m/s)		通气量/(m³/s)	
校核洪水位 320.27m	1#	0+479.63	左	34.03	54.44	106.96
			右	32.82	52.52	
	2#	0+550.56	左	14.74	23.58	35.92
			右	7.72	12.35	
设计洪水位 317.76m	1#	0+479.63	左	31.91	51.05	100.48
			右	30.90	49.43	
	2#	0+550.56	左	13.76	22.01	36.18
			右	8.85	14.17	
正常蓄水位 313.00m	1#	0+479.63	左	28.21	45.13	89.61
			右	27.80	44.47	
	2#	0+550.56	左	14.89	23.83	36.48
			右	7.91	12.65	
防洪限制水位 310.50m	1#	0+479.63	左	26.47	42.35	82.27
			右	24.95	39.92	
	2#	0+550.56	左	14.93	23.88	36.94
			右	8.16	13.05	

注　通气管横截面积均为1.6m²（2m×0.8m）。

由表7-8中试验成果可知：

（1）在库水位 320.27m、317.76m、313.00m 和 310.50m 共 4 组试验工况下，1#掺气坎通气孔风速达到 34.03～24.95m/s，总通气量为 106.96～82.27m³/s，水流平均掺气量为 4.7%～4.0%；鉴于掺气坎处的模型水流实际流速只有约 4.6m/s，需考虑原、模型通气量的缩尺效应，通气量的缩尺修正系数取约为 2.5，即原型该流量条件下的水流平均掺气量可达 11.0%～9.5%。左、右侧通气风速基本相当，表明左、右供气基本平衡，通气孔平均风速大于 25m/s。由此可见，1#掺气坎的水流挟气能力较强，掺气效果良好。

（2）2#掺气坎通气孔风速达到 14.96～7.72m/s，总通气量为 35.92～36.94m³/s，水流平均掺气量为 1.6%～1.8%，考虑原型模型通气量缩尺效应影响后的水流平均掺气量为 3.8%～5.9%；左、右侧通气风速相差较大，这表明左、右供气较不平衡，通气孔平均风速小于 15m/s。综上，2#掺气坎处水流挟气能力较低，主要由于该掺气坎后空腔狭小。

6. 掺气浓度

由掺气坎下游底板中心沿程布置的 6 对掺气片，1#泄洪洞洞身段底板掺气浓度（方案1）见表 7-9。

表 7-9　　　　　1#泄洪洞洞身段底板掺气浓度（方案1）　　　　　%

位置	桩号	校核洪水位 320.27m	设计洪水位 317.76m	正常蓄水位 313.00m	防洪限制水位 310.50m
1#掺气坎下游	0+487.00	33.52	26.26	21.12	19.08
	0+507.00	12.90	10.72	7.08	3.30
	0+527.00	2.12	2.04	1.98	1.94
2#掺气坎下游	0+560.56	16.80	15.06	14.82	13.50
	0+583.00	3.80	3.72	3.68	3.62
	0+610.00	2.22	2.06	1.40	1.04

由表 7-9 可知：在各级工况下，由于回水变动范围较大，1#掺气坎后的 1#掺气片会不时裸露在空气中，最大掺气浓度为 33.52%～19.08%，均位于掺气坎下游 7.37m 附近，其下游各测点掺气浓度基本上沿程递减，1#掺气坎至 2#掺气坎沿程掺气浓度均大于或接近 2%，掺气效果良好。2#掺气坎后形成的底空腔狭小，底空腔内有明显回水存在，最大掺气浓度为 16.80%～13.50%，均位于掺气坎下游 10m 附近，其下游各测点掺气浓度基本上沿程递减，至出口挑坎反弧段起点附近掺气浓度为 2.22%～1.04%。

7. 结论

通过对方案 1 的试验研究，得到结论如下：

（1）根据霍尔公式考虑掺气影响后，工作弧门牛腿区域净空面积比为 15.2%～17.7%。为安全起见，建议抬高该区域顶板高程。

（2）1#掺气坎下可以形成稳定的掺气空腔，空腔内的回水也较小，空腔负压为 -0.88×9.81～-0.42×9.81kPa，坎后水流底部掺气充分，一直延伸至 2#掺气坎前，掺气效果较好。

（3）2#掺气坎后空腔内有较深积水，且偶尔完全封闭，掺气效果较差，反而可能形成空化源。根据以往工程经验，由于2#掺气坎处于水平段，较难达到理想掺气效果，建议修改泄洪洞体型，考虑取消第2道掺气坎。

7.4.2　方案2

由于方案1中的2#掺气坎较难形成空腔，故本方案中对泄洪洞体型进行了修改，取消第2道掺气坎，并将掺气坎位置下移约38m，坎后坡度由24%修改为20%，出口挑坎高程相应抬高至231.50m。修改后掺气坎体型示意图如图7-8所示，由于工作弧门牛腿区域净空面积百分比略小，本方案中将该区域顶板高程由271.00m抬高至272.50m。

以下针对1#泄洪洞方案2体型，开展库水位分别为320.27m、317.76m、313.00m和310.50m工况下的流态、沿程水面线、时均压力、通气管风速等方面的观测。

1．流态

泄洪洞掺气坎后空腔特征参数（方案2）见表7-10，掺气坎后空腔形态（方案2）如图7-9所示。

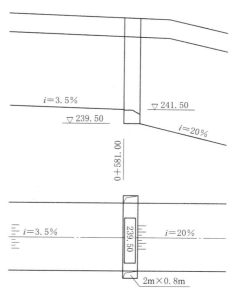

图7-8　修改后掺气坎体型示意图（方案2）

表7-10　　　　　　　　泄洪洞掺气坎后空腔特征参数（方案2）

工　　况	空腔长度/m	空腔形态
校核洪水位320.27m	9.6	积水0.60m
设计洪水位317.76m	9.2	积水0.70m
正常蓄水位313.00m	9.0	积水0.80m
防洪限制水位310.50m	8.4	积水0.96m

在各级试验工况下，掺气坎后均可形成一定程度空腔，空腔内积水深度为0.60~0.96m，随库水位升高而增大。掺气坎后水舌两侧底部冲击点为坎后18.08~20.83m，随上游水位升高而下移，侧墙附近水面自坎后24.71~27.06m附近开始形成水翅（图7-10）。水舌表面在坎后47~67m范围内中间高于两侧边墙处水面，挑距相对较远，校核洪水位工况下，坎后15.38m附近中间水面距直墙顶部约2.44m。

2．水面线

上游校核洪水位320.27m至防洪限制水位310.50m工况下，泄洪洞沿程水深平均值（方案2）见表7-11。

根据霍尔公式，1#泄洪洞掺气水深及洞顶余幅（方案2）见表7-12，表中净空高度为拱顶最高点与水面距离。

（a）校核洪水位320.27m

（b）设计洪水位317.76m

（c）正常蓄水位313.00m

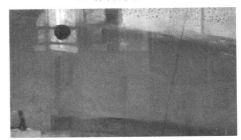
（d）防洪限制水位310.50m

图 7-9　掺气坎后空腔形态（方案 2）

图 7-10　掺气坎后流态（方案 2，校核工况）

表 7-11　　　　　　　　　　　泄洪洞沿程水深平均值（方案 2）

测点编号	工况	1	2	3	4	部位
	上游水位/m	320.27	317.76	313.00	310.50	
	桩号	水深/m				
1	0-9.00	7.64	7.56	7.48	7.44	
2	0-2.42	7.70	7.64	7.52	7.48	
3	0+1.63	7.68	7.64	7.52	7.48	
4	0+21.00	7.84	7.76	7.60	7.52	
5	0+40.00	7.92	7.84	7.66	7.56	3.5%斜坡段
6	0+80.00	7.88	7.82	7.70	7.64	
7	0+120.00	7.92	7.80	7.60	7.48	
8	0+160.00	7.88	7.78	7.60	7.52	

续表

测点编号	工况	1	2	3	4	部位
	上游水位/m	320.27	317.76	313.00	310.50	
	桩号			水深/m		
9	0+200.00	7.88	7.78	7.60	7.52	
10	0+240.00	7.96	7.92	7.70	7.60	
11	0+280.00	7.92	7.88	7.90	7.72	
12	0+320.00	7.96	7.92	7.90	7.88	
13	0+360.00	7.96	7.92	7.86	7.80	3.5%斜坡段
14	0+400.00	8.00	7.96	7.80	7.70	
15	0+440.00	8.00	7.96	7.70	7.70	
16	0+480.00	7.96	7.84	7.70	7.70	
17	0+518.00	7.50	7.30	7.20	7.10	
18	0+525.92	8.23	8.13	8.23	8.13	
19	0+533.38	8.46	8.16	8.24	8.56	
20	0+542.50	9.40	9.00	9.20	9.40	
21	0+551.20	8.66	8.46	7.86	8.06	1#坎后斜坡段
22	0+560.34	8.31	7.91	7.51	7.51	
23	0+569.52	7.80	7.70	7.70	7.50	
24	0+584.95	8.10	7.50	7.50	7.70	
25	0+598.08	6.90	6.60	6.70	6.30	1#坎后反弧段
26	0+610.00	6.20	6.20	5.90	5.90	

表7-12 1#泄洪洞掺气水深及洞顶余幅（方案2）

工况	断面桩号	模型实测水深/m	断面流速/(m/s)	考虑掺气水深/m	洞身直墙高度/m	净空高度/m	净空面积/%
	0-9.00	7.64	28.32	—	—	—	—
	0-2.42	7.70	28.10	8.72	11.79	3.07	26.0
	0+1.63	7.68	28.17	8.71	11.93	3.22	27.0
	0+21.00	7.84	27.60	8.84	10.50	4.36	28.7
	0+40.00	7.92	27.32	8.90	10.50	4.30	28.2
校核洪水	0+80.00	7.88	27.46	8.87	10.50	4.33	28.5
	0+120.00	7.92	27.32	8.90	10.50	4.30	28.2
	0+160.00	7.88	27.46	8.87	10.50	4.33	28.5
	0+200.00	7.88	27.46	8.87	10.50	4.33	28.5
	0+240.00	7.96	27.18	8.94	10.50	4.26	27.9
	0+280.00	7.92	27.32	8.90	10.50	4.30	28.2

工况	断面桩号	模型实测水深/m	断面流速/(m/s)	考虑掺气水深/m	洞身直墙高度/m	净空高度/m	净空面积/%
校核洪水	0+320.00	7.96	27.18	8.94	10.50	4.26	27.9
	0+360.00	7.96	27.18	8.94	10.50	4.26	27.9
	0+400.00	8.00	27.05	8.97	10.50	4.23	27.7
	0+440.00	8.00	27.05	8.97	10.50	4.23	27.7
	0+480.00	7.96	27.18	8.94	10.50	3.96	27.9
	0+518.00	7.50	28.85	8.56	10.50	5.64	31.0
	0+525.92	8.23	26.30	9.16	12.68	3.34	25.5
	0+533.38	8.46	25.59	9.35	12.40	3.35	24.1
	0+542.50	9.40	23.02	10.18	12.03	4.02	26.9
	0+551.20	8.66	24.97	9.53	11.70	4.11	29.9
	0+560.34	8.31	26.03	9.23	11.34	4.97	30.3
	0+569.52	7.80	27.74	8.80	10.98	6.26	31.6

表中结果表明：1#泄洪洞宣泄校核洪水时，考虑掺气影响后，工作弧门牛腿区域（顶板高程由 271.00m 抬高至 272.50m）净空面积百分比为 26.0%～27.0%，掺气坎后 15m 处净空面积百分比约为 24.1%，其余部位净空面积比超过 25%。

通过与 1∶25 比尺模型试验实测水深对比可知（表 7-13、图 7-11），校核洪水位 320.27m 工况下，桩号 0-9.00～0+21.00，1∶25 比尺模型中实测水深明显大于本次 1∶40 比尺模型实测水深，但均未超过本次 1∶40 比尺模型考虑掺气影响后的水深值，桩号 0+120.00～0+200.00，1∶25 比尺模型中实测水深仅略高于本次 1∶40 比尺模型实测水深。

表 7-13　　　　　　1∶25 比尺模型试验实测水深对比（校核洪水位工况）

测点编号	工况	$H_上 = 320.27$		
	模型比尺	1∶40		1∶25
	桩号	实测水深/m	掺气水深/m	实测水深/m
1	0-9.00	7.64	8.67	8.18
2	0-2.57	7.70	8.72	8.48
3	0+2.63	7.68	8.71	8.67
4	0+21.00	7.84	8.84	8.14
5	0+40.00	7.92	8.90	7.80
6	0+80.00	7.88	8.87	8.31
7	0+120.00	7.92	8.90	8.10
8	0+160.00	7.88	8.87	8.00
9	0+200.00	7.88	8.87	8.10

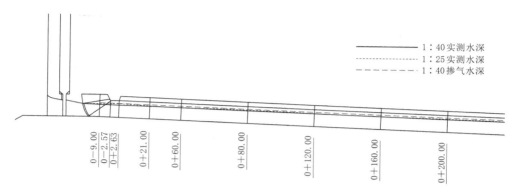

1：40实测水深
1：25实测水深
1：40掺气水深

图 7 - 11　1：25 比尺模型水面线对比

3. 时均压力

由掺气坎下游底板中心沿程布置的 16 个时均压力测点测量，掺气坎后底板中心沿程时均压力（方案 2）见表 7 - 14。

表 7 - 14　　　　　　　　掺气坎后底板中心沿程时均压力（方案 2）

测点编号	桩号	测点高程 /m	时均压力（×9.81kPa）			
			校核洪水位/m	设计洪水位/m	正常蓄水位/m	防洪限制水位/m
1	0+524.32	238.66	0.36	0.52	0.64	0.64
2	0+529.55	237.62	1.04	1.04	1.08	0.96
3	0+534.77	236.57	2.29	2.49	2.61	2.41
4	0+540.00	235.53	4.67	5.31	6.17	7.37
5	0+545.00	234.53	11.17	11.97	12.45	12.41
6	0+550.00	233.53	13.21	12.86	12.53	11.49
7	0+555.00	232.53	10.85	10.41	9.69	9.29
8	0+560.00	231.53	9.65	9.45	9.13	8.93
9	0+564.74	230.58	9.60	9.40	8.96	8.88
10	0+569.48	229.63	16.63	16.63	16.73	16.83
11	0+577.68	228.41	15.45	15.05	14.49	14.17
12	0+585.96	228.00	14.94	14.66	14.14	13.86
13	0+594.06	228.39	14.15	13.99	13.31	12.99
14	0+602.09	229.56	13.42	13.18	12.58	12.22
15	0+609.77	231.44	2.70	2.70	2.58	2.58

在各级工况下，1#掺气坎后有积水，受积水影响，坎后斜坡段起点附近所测压力为正压，压力值在 0.36×9.81～0.64×9.81kPa；坎后 1：5 斜坡段前半部压力沿程增大，后半段压力略有减小，反弧段内压力明显增大，压力最大值出现在坎后反弧段，最大值为 16.83×9.81～16.63×9.81kPa。

4. 通气管风速及通气量

1#泄洪洞掺气坎通气孔风速及通气量（方案 2）见表 7 - 15。

表 7 - 15　　　　　1# 泄洪洞掺气坎通气孔风速及通气量（方案 2）

工　况		风速/(m/s)		通气量/(m³/s)	
校核洪水位 320.27m	左	25.39	40.63		81.11
	右	25.30	40.48		
设计洪水位 317.76m	左	23.81	38.10		74.17
	右	22.55	36.08		
正常蓄水位 313.00m	左	21.88	35.01		69.62
	右	21.63	34.61		
防洪限制水位 310.50m	左	18.78	30.05		58.74
	右	17.93	28.69		

注　通气管横截面积为 1.6m²（2m×0.8m）。

由表 7 - 15 的试验结果可知：在库水位 320.27m、317.76m、313.00m 和 310.50m 共 4 组试验工况下，掺气坎处通气孔风速达到 25.39～17.93m/s，总通气量为 81.11～58.74m³/s，水流平均掺气量为 3.6%～2.9%，考虑原、模型通气量缩尺效应影响后的水流平均掺气量为 8.5%～7.0%；左、右侧通气风速基本相当，表明左、右供气基本平衡，通气孔平均风速大于 18m/s。由此可见，该掺气坎的水流挟气能力较方案 1 中 1# 掺气坎有所降低。

5. 小结

通过对方案 2 的试验研究，得到如下结论：

（1）根据霍尔公式考虑掺气影响后，工作弧门牛腿区域净空面积百分比为 26.0%～27.0%，该区域顶板高程（271.50m）基本合适。

（2）由于本方案中掺气坎后坡度为 20%，相比于方案 1 中 1# 掺气坎（24%）坡度变缓，掺气坎下虽然可以形成一定程度的掺气空腔，但空腔内有较深积水；坎后斜坡段起点附近压力均为较小正压值（0.36×9.81～0.64×9.81kPa），且水流平均掺气量相比于方案 1 中 1# 掺气坎减少约 25%，掺气效果明显减弱。因此，尚需进一步优化掺气坎体型。

7.4.3　方案 3

由于方案 2 中的掺气坎掺气效果不佳，故本方案中将掺气坎型式由连续式改成了水平设置的翼型坎，通过将水舌挑起，增大两侧水舌的挑距，从而减少进入空腔内的回水，形成较稳定的空腔。为此，针对 1# 泄洪洞方案 3 体型（图 7 - 12），开展 4 级库水位（320.27m、317.76m、313.00m

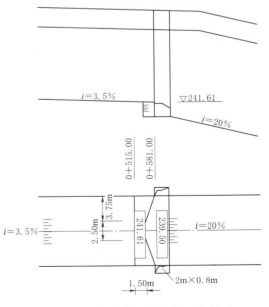

图 7 - 12　掺气坎体型示意图（方案 3）

和 310.50m）条件下流态、沿程水面线、时均压力、通气管风速等方面的观测。

1. 流态

泄洪洞掺气坎后空腔特征参数（方案 3）见表 7-16，掺气坎后空腔形态（方案 3）如图 7-13 所示。

表 7-16   泄洪洞掺气坎后空腔特征参数（方案 3）

工　况	空腔长度/m	空腔形态
校核洪水位 320.27m	16.8	回水至坎后 3m
设计洪水位 317.76m	16.0	回水至坎后 2m
正常蓄水位 313.00m	15.2	积水 0.2m
防洪限制水位 310.50m	14.4	积水 0.4m

（a）校核洪水位320.27m

（b）设计洪水位317.76m

（c）正常蓄水位313.00m

（d）防洪限制水位310.50m

图 7-13　掺气坎后空腔形态（方案 3）

由试验结果可知，在各级工况下，掺气坎后均可形成较稳定空腔，空腔底部偶有回水进入坎下平台，随库水位降低，进入平台间隔时间由 4s 逐渐缩短为 1s。掺气坎后水舌两侧底部冲击点为坎后 22.79～27.89m，随上游水位升高而下移，侧墙附近水面自坎后 28.24～33.34m 附近开始形成水翅（图 7-14）。水舌表面在坎后 47～67m 范围内中间高于两侧边墙处水面，挑距相对较远，校核洪水位工况下，坎后 15.38m

图 7-14　掺气坎后流态（方案 3，校核工况）

175

附近中间水面距直墙顶部约 2.16m。

2. 水面线

由于本方案与方案 2 在位于掺气坎前的体型完全相同，因此，本方案试验中，仅对掺气坎及其下游的水面线进行了观测。在上游校核洪水位 320.27m 至防洪限制水位 310.50m 工况下，泄洪洞沿程水深平均值（方案 3）见表 7-17。

表 7-17　　　　　　　　　　泄洪洞沿程水深平均值（方案 3）

测点编号	工况	1	2	3	4	部位
	上游水位/m	320.27	317.76	313.00	310.50	
	桩号	水深/m				
17	0+518.00	7.60	7.40	7.30	7.30	3.5%斜坡段
18	0+525.92	7.93	7.93	7.71	7.43	1#坎后斜坡段
19	0+533.38	8.66	8.46	7.86	7.94	
20	0+542.50	10.60	10.60	9.60	9.80	
21	0+551.20	9.66	9.66	8.86	8.86	
22	0+560.34	8.51	8.71	7.71	8.11	
23	0+569.52	8.10	8.10	7.70	7.50	
24	0+584.95	8.10	8.10	7.90	7.70	1#坎后反弧段
25	0+598.08	7.10	7.30	6.80	6.70	
26	0+610.00	6.10	6.10	5.90	5.90	

根据霍尔公式，计算 1#泄洪洞洞身段典型断面掺气水深及洞顶余幅（方案 3）见表 7-18。表中净空高度为拱顶最高点与水面距离。

表 7-18　　　宣泄校核洪水时 1#泄洪洞掺气水深及洞顶余幅（方案 3）

断面桩号	模型实测水深/m	断面流速/(m/s)	考虑掺气后水深/m	洞身直墙高度/m	净空高度/m	净空面积/%
0+518.00	7.60	28.47	8.64	10.50	5.56	30.3
0+525.92	7.93	27.29	8.91	12.68	2.69	21.1
0+533.38	8.66	25.00	9.53	12.40	2.37	17.3
0+542.50	10.60	20.41	11.26	12.03	2.94	19.1
0+551.20	9.66	22.39	10.41	11.70	3.23	23.4
0+560.34	8.51	25.42	9.40	11.34	4.80	29.0
0+569.52	8.10	26.71	9.05	10.98	6.01	29.7

表中数据表明，1#泄洪洞宣泄校核洪水时，考虑掺气影响后，工作弧门牛腿区域净空面积百分比为 26.0%～27.0%，掺气坎后 7.9～33.2m 范围内净空面积百分比为 17.3%～23.4%，其余部位净空面积比超过 25%。

3. 时均压力

本方案时均压力和掺气浓度测点布置与方案 2 相同，掺气坎后底板中心沿程时均压力（方案3）见表7-19。

表7-19　　　　　　　掺气坎后底板中心沿程时均压力（方案3）

测点编号	桩号	测点高程/m	时均压力（×9.81kPa）			
			校核洪水位/m	设计洪水位/m	正常蓄水位/m	防洪限制水位/m
1	0+524.32	238.66	−0.20	−0.08	0.12	0.24
2	0+529.55	237.62	1.08	1.08	1.28	1.40
3	0+534.77	236.57	1.69	1.77	1.81	1.89
4	0+540.00	235.53	2.81	3.17	3.45	3.57
5	0+545.00	234.53	4.61	5.03	5.85	6.77
6	0+550.00	233.53	8.91	12.86	11.77	12.13
7	0+555.00	232.53	13.31	13.13	12.45	12.17
8	0+560.00	231.53	12.49	11.81	10.69	10.25
9	0+564.74	230.58	11.72	11.20	10.24	9.80
10	0+569.48	229.63	16.63	16.63	16.73	16.83
11	0+577.68	228.41	15.75	15.29	14.57	14.21
12	0+585.96	228.00	15.22	14.78	14.10	13.82
13	0+594.06	228.39	14.55	14.19	13.47	13.15
14	0+602.09	229.56	13.62	13.22	12.62	12.26
15	0+609.77	231.44	2.82	2.78	2.74	2.70

由表可知：在各级工况下，1#掺气坎后空腔内压力接近零压，在校核洪水位，坎后斜坡段起点附近最大负压值为−0.20×9.81kPa；下游1:5斜坡段前半段压力沿程增大，后半段压力略有减小，反弧段内压力明显增大，压力最大值出现在坎后反弧段，最大值为16.83×9.81～16.63×9.81kPa。

4. 通气管风速及通气量

1#泄洪洞掺气坎处通气孔风速及通气量（方案3）见表7-20。

表7-20　　　　　　1#泄洪洞掺气坎通气孔风速及通气量（方案3）

工况		风速/(m/s)		通气量/(m³/s)	
校核洪水位320.27m	左	37.85	60.56		121.43
	右	38.04	60.87		
设计洪水位317.76m	左	34.97	55.96		113.13
	右	35.73	57.17		
正常蓄水位313.00m	左	29.63	47.41		94.62
	右	29.50	47.21		
防洪限制水位310.50m	左	28.24	45.18		90.87
	右	28.56	45.69		

注　通气管横截面积为1.6m²（2m×0.8m）。

由表 7-20 中测试结果可知：在库水位 320.27m、317.76m、313.00m 和 310.50m 共 4 组试验工况下，掺气坎通气孔风速达到 38.04~28.24m/s，总通气量为 121.43~90.87m³/s，水流平均掺气量为 5.2%~4.4%，考虑原、模型通气量缩尺效应影响后的水流平均掺气量为 12.1%~10.3%；左、右侧通气风速基本相当，表明左、右供气基本平衡，通气孔平均风速大于 28m/s。由此可见，该掺气坎的水流挟气能力较方案 2 有所增大。

5. 结论

通过对方案 3 的试验研究表明，本方案中将掺气坎体型修改为翼型坎后，掺气效果明显改善，掺气坎下可以形成一定程度的掺气空腔，腔体大小相比于方案 2 有所增大；坎后斜坡段起点附近压力接近零压（−0.20×9.81~0.24×9.81kPa），水流平均掺气量相比于方案 2 增大约 50%。但是，在部分工况下，坎后空腔内仍有一定程度积水。为安全起见，建议进一步优化掺气坎体型。

7.4.4　方案 4

由于方案 3 中将掺气坎体型修改为翼型坎后，掺气效果明显改善，但部分工况下，坎后空腔内仍有一定程度积水。因此，本方案拟在方案 3 基础上，通过继续增大挑坎角度至 10%，进一步增加水舌挑距，从而减少进入空腔内的回水，形成更为稳定的空腔。另外，考虑原、模型通气风速的缩尺效应后，方案 3 中通气管风速过大（均超过 70m/s），因此，本方案中将通气管尺寸由 2m×0.8m 加大至 2m×1.6m。

以下针对 1# 泄洪洞方案 4 体型（图 7-15），开展在 4 级库水位（320.27m、317.76m、313.00m 和 310.50m）条件下流态、沿程水面线、时均压力、通气管风速和掺气浓度等方面的观测。

1. 流态

泄洪洞掺气坎后空腔特征参数（方案 4）见表 7-21，掺气坎后空腔形态（方案 4）如图 7-16 所示。

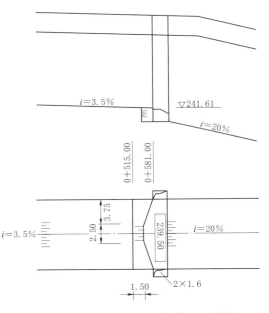

图 7-15　掺气坎体型示意图（方案 4）（单位：m）

表 7-21　　　　　　　　泄洪洞掺气坎后空腔特征参数（方案 4）

工　况	空腔长度/m	空腔形态
校核洪水位 320.27m	18.4	回水至坎后 3.6m
设计洪水位 317.76m	17.6	回水至坎后 2.8m
正常蓄水位 313.00m	16.0	积水 0.1m
防洪限制水位 310.50m	15.2	积水 0.2m

（a）校核洪水位320.27m

（b）设计洪水位317.76m

（c）正常蓄水位313.00m

（d）防洪限制水位310.50m

图7-16 掺气坎后空腔形态（方案4）

由表7-21、图7-16可知：

（1）掺气坎在各级工况下，掺气坎后均可形成稳定空腔，空腔底部偶有回水进入坎下平台，随库水位降低，进入平台间隔时间由4s逐渐缩短为1s。

（2）掺气坎挑射的外缘水舌呈立体分布，主要表现为中间水舌高、落点远，靠近两侧边墙的水舌低、落点近的分布形态。中间水舌表面在坎后47～67m范围内高于两侧边墙处水面，挑距相对较远，校核洪水位工况下，坎后24.50m附近中间水面距直墙顶部约0.83m。水舌两侧冲击底板位置为坎后24.16～28.67m，随上游水位升高而下移，侧墙附近水面自坎后29.81～33.73m附近开始形成水翅（图7-17）。掺气坎后水翅形成的冲击波，于反弧段内桩号0+598.08附近汇合。

图7-17 掺气坎后流态（方案4，校核工况）

（3）城门洞洞身段末端10m范围内偶有水翅形成的水花溅击洞顶，但未有封顶现象，且溅击强度较方案1明显减弱。下游工作桥区域两侧水翅最高点偶尔超出侧墙范围，工作桥将受到水翅冲击影响，间隔时间5～10s。

2. 水面线

由于本方案与方案2、方案3在位于掺气坎前的体型完全相同。因此，本方案试验中，仅对掺气坎及其下游的水面线进行了观测。上游校核洪水位320.27m至防洪限制水位310.50m工况下，泄洪洞沿程水深平均值（方案4）见表7-22。

表 7-22   泄洪洞沿程水深平均值（方案 4）

测点编号	工况	1	2	3	4	部位
	上游水位/m	320.27	317.76	313.00	310.50	
	桩号	水深/m				
17	0+518.00	7.70	7.50	7.40	7.30	3.5% 斜坡段
18	0+525.92	7.92	7.92	7.70	7.43	
19	0+533.38	8.40	8.46	7.86	7.94	1# 坎后斜坡段
20	0+542.50	11.20	10.60	9.60	9.80	
21	0+551.20	10.66	9.66	8.86	8.86	
22	0+560.34	8.70	8.44	8.10	7.70	
23	0+569.52	8.30	8.10	7.70	7.50	
24	0+584.95	8.10	8.10	7.90	7.70	1# 坎后反弧段
25	0+598.08	7.30	7.10	6.80	6.70	
26	0+610.00	6.10	6.10	5.90	5.90	

根据霍尔公式，1# 泄洪洞掺气坎水深及洞顶余幅（方案 4）见表 7-23，其所列数据中净空高度为拱顶最高点与水面距离。

表 7-23   1# 泄洪洞掺气坎水深及洞顶余幅（方案 4）

断面桩号	模型实测水深/m	断面流速/(m/s)	考虑掺气后水深/m	洞身直墙高度/m	净空高度/m	净空面积/%	备 注
0+518.00	7.70	28.10	8.72	10.50	5.48	29.7	—
0+525.92	7.92	27.32	8.90	12.68	2.30	19.0	空腔高 3.00m
0+533.38	8.40	25.77	9.30	12.40	2.14	16.8	空腔高 2.76m
0+542.50	11.20	19.32	11.82	12.03	2.38	18.5	
0+551.20	10.66	20.29	11.32	11.70	2.32	20.7	—
0+560.34	8.70	24.87	9.56	11.34	4.64	27.8	水翅最高点距底板 9.35m
0+569.52	8.30	26.07	9.22	10.98	5.84	28.4	水翅最高点距底板 12.32m

注 1. 净空高度为弧顶高度-掺气后水深-空腔高度。

    2. 净空面积 = $\dfrac{\text{水面最高点以上洞顶面积+部分增加面积（因水面中间高两边低）}}{\text{实际洞身面积}}$。

试验数据表明：

（1）1# 泄洪洞宣泄校核洪水时，考虑掺气影响后，掺气坎后 7.9～33.2m 范围内净空面积百分比为 16.8%～20.7%，其余部位净空面积比均超过 25%。

（2）由表 7-23 和图 7-18、图 7-19 可见，城门洞洞身段末端上游约 4m 范围内，两侧水翅最高点超出洞身直墙范围，引起末端顶部上游约 10m 范围内有水花溅击洞顶；城门洞出口断面 0+572.70m 处水翅最高点超出下游侧墙顶部（241.00m）约 0.9m，偶有冲击下游工作桥现象发生，并且大量水花溅击工作桥底板。为安全起见，建议将工作桥抬高至洞身末端顶板以上 3m。

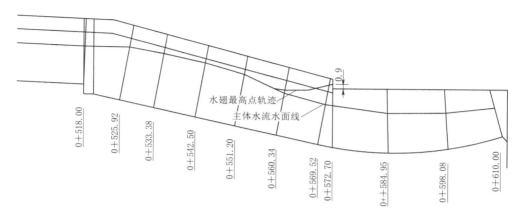

图 7-18 水翅轨迹线示意图（方案 4，校核工况）（单位：m）

3. 时均压力

本方案时均压力和掺气浓度测点布置与方案 2 相同，试验测量的时均压力见表 7-24。

由试验结果可知，在各级工况下，掺气坎后空腔内均出现负压，在校核洪水位，坎后斜坡段起点附近最大负压值为 $-0.48 \times 9.81 \text{kPa}$；空腔内负压最大值未超过 -5.0kPa，表明掺气坎的空腔负压满足要求，掺气坎进气管路畅通，且负压值尚不致影响空腔形态。下游 1:5 斜坡段前半段

图 7-19 城门洞段末端水翅击顶
（方案 4，校核工况）

压力沿程增大，后半段压力略有减小，反弧段内压力明显增大，压力最大值出现在坎后反弧段，最大值为 $16.13 \times 9.81 \sim 14.53 \times 9.81 \text{kPa}$。

表 7-24　　　　　　掺气坎后底板中心沿程时均压力（方案 4）

测点编号	桩号	测点高程/m	时均压力（×9.81kPa）			
			校核洪水位/m	设计洪水位/m	正常蓄水位/m	防洪限制水位/m
1	0+524.32	238.66	−0.48	−0.32	−0.20	−0.12
2	0+529.55	237.62	0.88	1.04	1.24	1.24
3	0+534.77	236.57	1.57	1.85	1.73	1.65
4	0+540.00	235.53	2.33	2.97	3.01	3.41
5	0+545.00	234.53	4.25	5.05	6.57	6.69
6	0+550.00	233.53	7.57	10.03	7.85	11.83
7	0+555.00	232.53	12.93	13.25	12.69	12.25
8	0+560.00	231.53	13.57	12.25	10.93	10.57
9	0+564.74	230.58	12.76	11.68	10.56	10.16
10	0+569.48	229.63	13.55	12.59	11.75	11.39

续表

测点编号	桩号	测点高程/m	时均压力（×9.81kPa）			
			校核洪水位/m	设计洪水位/m	正常蓄水位/m	防洪限制水位/m
11	0+577.68	228.41	16.13	15.37	14.69	14.53
12	0+585.96	228.00	15.46	14.78	14.14	13.86
13	0+594.06	228.39	14.99	14.31	13.63	13.39
14	0+602.09	229.56	14.02	13.30	12.70	12.50
15	0+609.77	231.44	2.74	2.54	2.42	2.46

4. 通气管风速及通气量

1#泄洪洞掺气坎通气孔风速及通气量（方案4）见表7-25。

表 7-25　　　　　　　　1#泄洪洞掺气坎通气孔风速及通气量（方案4）

工 况		风速/(m/s)	通气量/(m³/s)	
校核洪水位320.27m	左	24.03	76.91	149.56
	右	22.71	72.66	
设计洪水位317.76m	左	22.42	71.75	132.26
	右	18.91	60.51	
正常蓄水位313.00m	左	19.45	62.23	111.01
	右	15.24	48.77	
防洪限制水位310.50m	左	18.18	58.19	110.60
	右	16.38	52.42	

注　通气管横截面积为3.2m²（2m×1.6m）。

由表可知，在库水位320.27m、317.76m、313.00m和310.50m共4组试验工况下，1#掺气坎通气孔风速达到24.03～15.24m/s，总通气量为149.56～110.60m³/s，水流平均掺气量为6.4%～5.3%，考虑原、模型通气量缩尺效应影响后的水流平均掺气量为14.5%～12.3%；左、右侧通气风速基本相当，表明左、右供气基本平衡，最大通气孔平均风速约为24m/s，考虑缩尺效应影响后的最大通气孔风速约为60m/s。由此可见，该掺气坎的水流挟气能力与方案三基本相当，且通气孔尺寸基本合适。

5. 掺气浓度

由掺气设施下游底板中心沿程布置的6对掺气片。1#泄洪洞洞身段底板掺气浓度（方案4）见表7-26。

表 7-26　　　　　　　　1#泄洪洞洞身段底板掺气浓度（方案4）　　　　　　　　%

桩　号	校核洪水位320.27m	设计洪水位317.76m	正常蓄水位317.76m	防洪限制水位317.76m
0+525.50	4.8	4.1	2.0	1.5
0+541.18	14.1	9.5	8.6	4.7
0+554.40	9.3	9.7	5.7	6.9

续表

桩　　号	校核洪水位 320.27m	设计洪水位 317.76m	正常蓄水位 317.76m	防洪限制水位 317.76m
0+568.30	2.2	2.5	2.1	1.8
0+584.76	0.6	0.4	0.4	0.3
0+608.04	0	0	0	0

从表 7-26 中试验数据可知：

（1）在各级工况下，掺气坎后 1# 测点基本上被回水淹没，最大掺气浓度出现在掺气坎下游 23.18～36.40m（2# 测点、3# 测点）范围附近，其值 14.1%～9.3%；下游各测点掺气浓度基本上沿程递减，出口挑坎反弧段起点上游各测点掺气浓度值均大于 1.8%，进入反弧段内掺气浓度明显降低，反弧段最低点附近掺气浓度为 0.6%～0.3%，至出口处掺气浓度降为 0。

（2）受模型缩尺效应的影响，模型水流韦伯数低，水流克服表面张力影响的能力比原型弱，因而模型所测得的接近底部的掺气浓度要比原型小。一般认为泄水建筑物抗空蚀破坏的临界掺气浓度为 3%～4%。但根据一些实际工程运行的原型观测结果表明，当掺气浓度低于 3%～4%，也未发生空蚀破坏，如鲁布革水电站左岸泄洪洞距上掺气坎下游较远处的掺气浓度为 0.4%，距下掺气坎较远处的掺气浓度为 1.4%；黄河小浪底 1# 泄洪洞在中闸室后段底板的掺气浓度为 1.2%，上述部位都未发生空化。

（3）在试验工况范围内，掺气坎后斜坡段内掺气浓度均大于 1.5%，空蚀破坏可能性不大；反弧段高程沿程降低部分底板掺气浓度的最小值为 0.3%，可认为该范围底部的水流掺气已具有一定的掺气减蚀效果；而反弧段高程沿程升高部分则由于向心力作用，掺气浓度将继续减小，底部水流掺气的掺气减蚀效果较弱。

6. 结论

通过对方案 4 的试验研究，得到如下结论：

（1）本方案中将翼型掺气坎水平设置修改为 10% 挑角后，掺气效果进一步改善，掺气坎下可以形成较稳定的掺气空腔，腔体大小相比于方案 3 有所增大，虽然在部分工况下，坎后空腔内仍有一定程度积水，但积水深度明显减小；掺气设施的空腔负压满足要求，进气管路畅通，且负压值尚不致影响空腔形态；水流平均掺气量与方案 3 基本相当；而且，掺气坎后斜坡段内掺气浓度均大于 1.5%，空蚀破坏可能性不大，反弧段内底部的水流掺气也已具有一定的掺气减蚀效果。因此，本方案中掺气坎体型基本合理，推荐设计采用。

（2）根据霍尔公式考虑掺气影响后，掺气坎后 7.9～33.2m 范围内净空面积百分比为 16.8%～20.7%，为安全起见，建议抬高该区域顶板高程。

（3）城门洞出口断面 0+572.70 处水翅最高点超出下游直墙顶部约 0.9m，偶有冲击下游工作桥现象发生，且水翅扩散水体仍呈向上运动趋势，为安全起见，建议至少将城门洞段出口下游侧墙顶部（241.00m）抬高 4.9m（超出城门洞出口顶部约 3m），以降低水翅和水花冲击下游工作桥的风险。

7.4.5　闸门局部开启

为保证 1# 泄洪洞闸门局部开启时的工程运用安全，以下针对工作闸门在不同开度运行时 4 种特征水位条件（防洪高水位 316.60m、正常蓄水位 313.00m、防洪限制水位 310.50m 和灌溉死水位 282.00m）下的沿程流态、水面线、掺气减蚀效果进行了观测。

1. 流态

工作闸门局部开启工况下，泄洪洞掺气坎后空腔特征参数见表 7-27，典型闸门开度下掺气坎后空腔形态（$e=0.8H$ 和 $e=0.2H$）如图 7-20、图 7-21 所示，典型闸门开度下掺气坎下游流态（$e=0.8H$ 和 $e=0.2H$）如图 7-22、图 7-23 所示。

表 7-27　　　　　　　　　　泄洪洞掺气坎后空腔特征参数

闸门开度 e	工　　况	空腔长度/m	水舌侧部临底点坎后距离/m	空腔形态
$e=0.8H$	防洪高水位 316.60m	23.20	27.50	回水至坎后 20.5m
	正常蓄水位 313.00m	22.80	27.10	回水至坎后 17.2m
	防洪限制水位 310.50m	22.40	26.71	回水至坎后 16.2m
	灌溉死水位 282.00m	12.00	19.26	积水 0.2m
$e=0.6H$	防洪高水位 316.60m	26.32	26.32	无明显回水
	正常蓄水位 313.00m	25.53	25.53	无明显回水
	防洪限制水位 310.50m	23.97	23.97	无明显回水
	灌溉死水位 282.00m	14.00	16.90	回水至坎后 7.1m
$e=0.4H$	防洪高水位 316.60m	24.36	24.36	无明显回水
	正常蓄水位 313.00m	23.97	23.97	无明显回水
	防洪限制水位 310.50m	23.57	23.57	无明显回水
	灌溉死水位 282.00m	14.00	16.12	回水至坎后 8.0m
$e=0.2H$	防洪高水位 316.60m	20.04	20.04	无明显回水
	正常蓄水位 313.00m	19.26	19.26	无明显回水
	防洪限制水位 310.50m	18.87	18.87	无明显回水
	灌溉死水位 282.00m	12.00	13.37	回水至坎后 7.4m
$e=0.1H$	防洪高水位 316.60m	12.80	12.98	回水至坎后 12.8m
	正常蓄水位 313.00m	12.80	12.98	回水至坎后 12.8m
	防洪限制水位 310.50m	12.40	12.20	回水至坎后 12.4m
	灌溉死水位 282.00m	8.40	8.67	回水至坎后 8.4m

试验结果表明：

（1）试验工况范围（$e=0.1H\sim0.8H$）（H 为工作闸门孔口高度 8.0m，以下不做特别说明即均为此）内，在同一闸门开度下，随库水位降低，水舌侧部临底点位置逐渐向上游移动，空腔长度亦随之减少，但未出现空腔封闭现象，掺气坎后均能形成稳定空腔。出口挑坎反弧段内均未形成水跃，出流均为自由挑流。

（2）当工作闸门开度大于 $0.6H$ 时，城门洞洞身段末端附近偶有坎后水翅形成的水花溅击洞顶，但未有封顶现象，且溅击强度随闸门开度减小而逐渐减弱。

（a）防洪高水位

（b）正常蓄水位

（c）防洪限制水位

（d）灌溉死水位

图 7-20 掺气坎后空腔形态（$e=0.8H$）

（a）防洪高水位

（b）正常蓄水位

（c）防洪限制水位

（d）灌溉死水位

图 7-21 掺气坎后空腔形态（$e=0.2H$）

2. 泄流能力

1#泄洪洞工作闸门局部开启条件下的泄流能力见表 7-28 和图 7-24。

试验结果表明：

（1）闸门开度变化范围为 $e=0.8H \sim 0.1H$ 时，防洪高水位、防洪限制水位和灌溉死水位条件下，下泄流量分别为 $1345.9 \sim 192.3 \mathrm{m}^3/\mathrm{s}$、$1234.6 \sim 172.0 \mathrm{m}^3/\mathrm{s}$ 和 $733.6 \sim$

（a）防洪高水位

（b）正常蓄水位

（c）防洪限制水位

（d）灌溉死水位

图 7-22　掺气坎下游流态（$e=0.8H$）

（a）防洪高水位

（b）正常蓄水位

（c）防洪限制水位

（d）灌溉死水位

图 7-23　掺气坎下游流态（$e=0.2H$）

$111.3m^3/s$，且随闸门开度减小或库水位下降而减少。

（2）导流洞下闸封堵期间，1#泄洪洞需承担导流任务，当水库蓄水至灌溉死水位 282.00m 时，闸门在 $e=0.06H$ 及以上开度运行，出口均能形成自由挑流，起挑流量约为 $70.8m^3/s$。

表 7 - 28 1#泄洪洞工作闸门局部开启泄流能力

库水位 Z/m	泄流量 $Q/(m^3/s)$						
	$e=0.8H$	$e=0.6H$	$e=0.5H$	$e=0.4H$	$e=0.3H$	$e=0.2H$	$e=0.1H$
316.60	1345.9	981.6	834.8	670.8	511.0	354.2	192.3
313.00	1280.6	932.4	796.2	649.6	491.8	347.6	181.8
310.50	1234.6	905.7	774.1	632.5	480.7	339.0	172.0
282.00	733.6	561.6	485.7	374.4	298.5	222.6	111.3

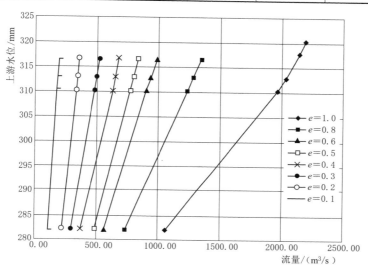

图 7 - 24 闸门局部开启泄流能力

3. 水面线

工作闸门以特征开度（$e=0.8H$、$0.4H$ 和 $0.1H$）运行时，在 4 级特征库水位条件下，泄洪洞沿程水深值分别见表 7 - 29～表 7 - 31。

表 7 - 29 泄洪洞沿程水深值表 （$e=0.8H$）

测点编号	工况	1	2	3	4	部位
	上游水位/m	316.60	313.00	310.50	282.00	
	桩号	水深/m				
1	0−9.00	5.00	5.00	5.00	5.00	
2	0−2.42	5.00	5.00	5.00	5.00	
3	0+1.63	4.90	4.96	5.00	5.00	
4	0+21.00	4.90	4.80	4.88	4.76	
5	0+40.00	4.90	4.80	4.74	4.76	3.5%斜坡段
6	0+80.00	4.90	4.86	4.80	4.76	
7	0+120.00	4.90	4.86	4.80	4.60	
8	0+160.00	5.00	5.00	4.84	4.48	

测点编号	工况	1	2	3	4	部位
	上游水位/m	316.60	313.00	310.50	282.00	
	桩号	水深/m				
9	0+200.00	5.00	4.96	4.88	4.40	
10	0+240.00	5.00	5.06	4.96	4.40	
11	0+280.00	5.10	5.14	5.12	4.40	
12	0+320.00	5.10	5.10	4.92	4.32	
13	0+360.00	5.10	5.10	5.04	4.24	3.5%斜坡段
14	0+400.00	5.10	5.10	4.80	4.12	
15	0+440.00	5.16	5.10	4.96	4.12	
16	0+480.00	5.30	5.20	5.20	4.16	
17	0+518.00	5.30	5.20	5.10	4.08	
18	0+525.92	6.20	6.00	5.80	4.40	
19	0+533.38	6.48	6.40	6.36	5.04	
20	0+542.50	7.60	7.48	7.20	5.60	坎后斜坡段
21	0+551.20	8.40	8.20	7.80	3.80	
22	0+560.34	5.00	4.90	4.80	4.00	
23	0+569.52	5.50	5.40	5.40	4.20	
24	0+584.95	5.60	5.40	5.30	3.60	
25	0+598.08	5.00	4.60	4.50	2.80	坎后反弧段
26	0+610.00	4.60	4.20	4.00	3.20	

表 7 - 30　　　　　　　　泄洪洞沿程水深值表（$e=0.4H$）

测点编号	工况	1	2	3	4	部位
	上游水位/m	316.60	313.00	310.50	282.00	
	桩号	水深/m				
1	0-9.00	2.40	2.40	2.40	2.40	
2	0-2.42	2.46	2.42	2.40	2.40	
3	0+1.63	2.50	2.46	2.44	2.40	
4	0+21.00	2.40	2.42	2.40	2.36	
5	0+40.00	2.52	2.36	2.24	2.40	
6	0+80.00	2.58	2.48	2.44	2.32	3.5%斜坡段
7	0+120.00	2.40	2.34	2.40	2.40	
8	0+160.00	2.48	2.46	2.44	2.36	
9	0+200.00	2.58	2.48	2.44	2.44	
10	0+240.00	2.66	2.60	2.58	2.40	
11	0+280.00	2.64	2.66	2.64	2.40	

续表

测点编号	工况 上游水位/m 桩号	1 316.60	2 313.00	3 310.50	4 282.00	部位
		水深/m				
12	0+320.00	2.78	2.74	2.64	2.40	3.5%斜坡段
13	0+360.00	2.78	2.74	2.64	2.44	
14	0+400.00	2.86	2.74	2.68	2.38	
15	0+440.00	2.78	2.74	2.72	2.38	
16	0+480.00	2.90	2.86	2.78	2.38	
17	0+518.00	3.04	3.00	2.96	2.42	
18	0+525.92	3.92	3.72	3.66	2.92	坎后斜坡段
19	0+533.38	4.60	4.50	4.40	3.68	
20	0+542.50	7.00	6.80	6.80	3.52	
21	0+551.20	6.00	5.80	5.40	2.30	
22	0+560.34	2.60	2.40	2.20	2.30	
23	0+569.52	2.50	2.40	2.50	2.50	
24	0+584.95	2.90	3.00	3.10	2.10	坎后反弧段
25	0+598.08	2.40	2.30	2.50	1.70	
26	0+610.00	2.20	2.20	2.20	2.20	

表 7-31　　　　　　　　泄洪洞沿程水深值表（$e=0.1H$）

测点编号	工况 上游水位/m 桩号	1 316.60	2 313.00	3 310.50	4 282.00	部位
		水深/m				
1	0-9.00	0.60	0.60	0.60	0.60	3.5%斜坡段
2	0-2.42	0.60	0.60	0.60	0.60	
3	0+1.63	0.60	0.60	0.60	0.60	
4	0+21.00	0.68	0.64	0.60	0.60	
5	0+40.00	0.68	0.68	0.68	0.60	
6	0+80.00	0.68	0.68	0.68	0.80	
7	0+120.00	0.80	0.78	0.76	0.80	
8	0+160.00	0.80	0.82	0.84	0.80	
9	0+200.00	0.90	0.89	0.88	0.92	
10	0+240.00	1.06	1.01	0.96	0.92	
11	0+280.00	1.06	1.07	1.08	1.06	
12	0+320.00	1.14	1.14	1.14	1.00	
13	0+360.00	1.14	1.18	1.22	1.04	
14	0+400.00	1.14	1.14	1.14	1.16	

测点编号	工况	1	2	3	4	部位
	上游水位/m	316.60	313.00	310.50	282.00	
	桩号	水深/m				
15	0+440.00	1.22	1.25	1.28	1.12	3.5%斜坡段
16	0+480.00	1.26	1.28	1.30	1.08	
17	0+518.00	1.32	1.35	1.38	1.26	
18	0+525.92	2.20	2.14	2.08	2.40	坎后斜坡段
19	0+533.38	3.60	3.30	3.00	2.20	
20	0+542.50	0.90	0.90	0.90	0.90	
21	0+551.20	1.10	1.10	1.10	0.90	
22	0+560.34	1.70	1.60	1.50	0.90	
23	0+569.52	1.30	1.25	1.20	0.90	
24	0+584.95	1.30	1.25	1.20	0.90	坎后反弧段
25	0+598.08	0.90	0.85	0.80	0.80	
26	0+610.00	1.30	1.25	1.20	0.90	

试验成果表明：各运行工况下，洞身段水深均未超过直墙高度，掺气坎后局部水深有明显增大，最大水深为 8.40（$e=0.8H$）～3.60m（$e=0.1H$），其位置随闸门开度减小而逐渐上移。同一库水位条件下，沿程水深随闸门开度增大而增大；相同闸门开度条件下，沿程水深也基本随库水位升高而增大。

4. 通气管风速及通气量

1#泄洪洞工作闸门局部开启通气管风速及通气量见表7-32。

表7-32　　　　　　1#泄洪洞工作闸门局部开启通气管风速及通气量

闸门开度	工况		风速/(m/s)	通气量/(m³/s)	
$e=0.8H$	防洪高水位316.60m	左	20.40	65.27	124.06
		右	18.37	58.79	
	正常蓄水位313.00m	左	20.12	64.38	119.28
		右	17.16	54.90	
	防洪限制水位310.50m	左	19.89	63.65	115.36
		右	16.16	51.71	
	灌溉死水位282.00m	左	7.15	22.87	44.42
		右	6.74	21.55	
$e=0.6H$	防洪高水位316.60m	左	18.59	59.50	114.96
		右	17.33	55.45	
	正常蓄水位313.00m	左	16.94	54.21	102.71
		右	15.16	48.50	

续表

闸门开度	工 况		风速/(m/s)	通气量/(m³/s)	
$e=0.6H$	防洪限制水位 310.50m	左	15.59	49.89	92.69
		右	13.38	42.80	
	灌溉死水位 282.00m	左	6.42	20.54	41.39
		右	6.51	20.85	
$e=0.4H$	防洪高水位 316.60m	左	15.40	49.28	98.36
		右	15.34	49.08	
	正常蓄水位 313.00m	左	13.68	43.77	86.50
		右	13.35	42.73	
	防洪限制水位 310.50m	左	12.27	39.26	76.81
		右	11.73	37.54	
	灌溉死水位 282.00m	左	5.00	15.99	32.08
		右	5.03	16.09	
$e=0.2H$	防洪高水位 316.60m	左	8.35	26.71	53.03
		右	8.22	26.31	
	正常蓄水位 313.00m	左	7.43	23.77	46.96
		右	7.25	23.19	
	防洪限制水位 310.50m	左	6.67	21.35	42.00
		右	6.45	20.64	
	灌溉死水位 282.00m	左	2.72	8.70	17.51
		右	2.75	8.80	
$e=0.1H$	防洪高水位 316.60m	左	2.69	8.60	18.42
		右	3.07	9.82	
	正常蓄水位 313.00m	左	2.71	8.66	18.42
		右	3.05	9.76	
	防洪限制水位 310.50m	左	2.72	8.70	18.42
		右	3.04	9.71	
	灌溉死水位 282.00m	左	1.96	6.27	11.74
		右	1.71	5.46	

由表 7-32 试验结果可知：闸门开度变化范围为 $e=0.8H\sim0.1H$ 时，在防洪高水位、正常蓄水位、防洪限制水位和灌溉死水位条件下，掺气坎下通气量分别为 124.06～18.42m³/s、119.28～18.42m³/s、115.36～18.42m³/s 和 44.42～11.74m³/s，水流平均掺气量分别为 8.4%～13.0%、8.5%～11.9%、8.5%～11.0% 和 5.7%～9.5%；考虑原、模型通气量缩尺效应影响后的水流平均掺气量分别为 30.2%～41.3%、30.5%～38.8%、30.5%～36.8% 和 22.2%～33.2%，且基本库水位下降而减少。

5. 掺气浓度

不同工况下1#泄洪洞洞身段底板掺气浓度见表7-33。

表7-33　　　　　　　　　　1#泄洪洞洞身段底板掺气浓度　　　　　　　　　　　%

闸门开度	桩　号	防洪高水位 316.60m	正常蓄水位 313.00m	防洪限制水位 310.50m	灌溉死水位 282.00m
$e=0.8H$	0+525.50	98.40	98.10	97.90	83.70
	0+541.18	62.70	58.69	55.40	4.50
	0+554.40	5.30	4.79	4.70	0.80
	0+568.30	1.70	1.65	1.60	0.10
	0+584.76	0.60	0.60	0.60	0.00
	0+608.04	0.10	0.04	0.00	0.00
$e=0.6H$	0+525.50	98.10	97.90	97.70	66.80
	0+541.18	50.20	48.85	47.20	5.00
	0+554.40	4.90	4.04	3.00	0.90
	0+568.30	1.20	1.15	1.10	0.10
	0+584.76	0.50	0.50	0.50	0.00
	0+608.04	0.00	0.00	0.00	0.00
$e=0.4H$	0+525.50	97.10	96.10	95.30	89.30
	0+541.18	48.90	48.46	48.10	6.60
	0+554.40	6.90	6.57	6.30	4.60
	0+568.30	1.10	1.05	1.10	1.00
	0+584.76	0.30	0.30	0.20	0.00
	0+608.04	0.00	0.00	0.00	0.00
$e=0.2H$	0+525.50	96.90	96.68	96.50	56.90
	0+541.18	33.30	24.89	18.00	5.20
	0+554.40	4.90	4.96	4.90	4.20
	0+568.30	1.00	0.95	0.90	0.90
	0+584.76	0.30	0.20	0.20	0.00
	0+608.04	0.00	0.00	0.00	0.00
$e=0.1H$	0+525.50	94.20	94.04	93.90	4.30
	0+541.18	4.90	4.46	4.10	2.30
	0+554.40	0.50	0.48	0.42	0.40
	0+568.30	0.20	0.16	0.20	0.10
	0+584.76	0.00	0.00	0.00	0.00
	0+608.04	0.00	0.00	0.00	0.00

由表7-33试验数据可知：在试验工况范围内，各测点掺气浓度基本随闸门开度减小和库水位下降而减少；闸门开度变化范围为 $e=(0.8\sim0.1)H$ 时，在各级库水位条件下，

各测点的掺气浓度沿程减小，坎后7.5m处掺气浓度均较大（除个别工况外，均大于50%），其后迅速减小，于坎后36.4m处附近降至5.3%～3.5%，而在反弧起点附近掺气浓度最大为1.7%～0.1%。

7.5 本 章 小 结

由于在泄洪洞掺气减蚀试验中发现，当$i=6.25\%$的纵坡上难以形成有效掺气，为此提出了1#泄洪洞采用"龙落尾"型式方案。本章主要针对1#泄洪洞"龙落尾"型式方案，进行2种泄洪洞体型的4种掺气坎体型的流态、沿程水面线、时均压力、通气管风速和掺气浓度等方面的观测，从而验证和优化1#泄洪洞"龙落尾"型式方案。通过试验研究得到如下结论：

（1）通过综合分析4个方案的流态、水面线、时均压力、通气管风速及通气量和掺气浓度等试验成果，掺气坎采用方案4时，坎下能形成较稳定的空腔，并能较好地改善其他方案中存在的空腔回溯积水较深的现象，有效提高了掺气效果，故推荐采用方案4：在"龙落尾"前缘桩号0+518.00设置1道翼型掺气坎，掺气坎挑坎角度10%、坎后斜坡坡率20%、坎后平台长2m。相对初步设计阶段建议的1#泄洪洞体型来说，该方案取消了上游7道掺气坎，简化了施工、加快了施工进度，但需对衬砌过流表面平整度控制提出更严格要求。

（2）推荐方案试验结果表明：

1）在4级典型试验库水位下，掺气坎后均可形成稳定空腔。

2）宣泄校核洪水时，考虑掺气影响后，在掺气坎后7.9～33.2m范围内，净空面积百分比为16.8%～20.7%，其余部位净空面积比均超过25%；但城门洞出口断面处水翅最高点超出下游直墙顶部约0.9m，且水翅扩散水体仍呈向上运动趋势。为安全起见，建议至少将城门洞段出口下游的直墙抬高4.9m（超出城门洞出口顶部约3m），以降低水翅和水花冲击下游工作桥的风险。

3）掺气坎后无明显不良压力特性，坎后空腔内小负压值在一般经验值要求范围内；坎后底板未出现不利的动水冲击压力，底坡坡比取值较合理。

4）当通气管的横截面面积为3.2m²时，考虑缩尺效应后，通气管内的最大风速约为60m/s，可基本满足要求。

5）掺气坎后斜坡段内底板掺气浓度均大于1.5%，空蚀破坏可能性不大；反弧段内坎后50.3～66.8m范围的底板掺气浓度最小值为0.3%，可认为该范围底部的水流掺气已具有一定的掺气减蚀效果；而反弧段内坎后66.8m至挑坎末端范围的底板掺气浓度较小，建议在该区域注意控制施工质量。

（3）推荐方案的闸门局部开启试验成果表明，在试验工况范围（$e=0.1H\sim0.8H$）内，掺气坎后均能形成稳定空腔，挑坎出流均为自由挑流；掺气坎下水流平均掺气量均大于28%，且反弧段上游区域掺气浓度均大于0.1%，掺气效果较好。

第 8 章　2#泄洪洞掺气减蚀技术研究

8.1　概　　述

涔天河水库扩建工程在技施阶段通过开展泄洪洞减压模型试验，对初步设计阶段建议的泄洪洞体型进行了进一步研究，提出了 1# 泄洪洞 "龙落尾" 型式方案和 2# 泄洪洞 "龙抬头" 型式方案，并在本书第 7 章对 1# 泄洪洞 "龙落尾" 型式方案进行了验证和优化。水工模型试验和水力学计算表明，在校核洪水位下，1# 泄洪洞下泄流量 2308m³/s，洞内最大流速 33m/s，2# 泄洪洞下泄流量 2878m³/s，洞内最大流速达 37m/s。

研究表明，高流速、大流量、水流条件复杂的水工隧洞，当过水边界遇有突变、突体、陡坎等断面急骤变化时，易发生空蚀现象。显然，涔天河水库扩建工程泄洪洞下泄流量大、流速高，结构体型复杂多变，抗空蚀要求高。为保工程运行安全，有必要对该工程泄洪洞空蚀机理以及防空蚀措施进行重点研究，优选出与本工程泄洪洞相适应的泄流面体型及掺气坎形式。

8.2　高速水流防空蚀研究

8.2.1　空蚀、空化及减蚀措施

高流速泄洪洞易发生 "空蚀" 的部位主要包括：泄洪洞的陡坡泄流曲线段、反弧段、扩散或收缩段、闸墩、门槽及其出口段等部位，因此对于泄洪洞易于发生空蚀的部位，必须采取防空蚀措施。目前比较成熟的措施有：①控制泄洪洞水流边壁表面的局部不平整度；②采用抗蚀材料；③向水流中掺气。

当流速大于 30m/s 时，视时均压力大小决定是否采取掺气措施；当流速大于 35m/s 时，则必须掺气。工程经验表明：改善施工工艺、提高过流面平整度以及采用抗空蚀性能较好的材料对减免过流建筑物的空蚀破坏都起到了积极的作用，但对于高流速泄水建筑物仅靠这些措施，往往很难取得良好效果。研究表明：采用适当的掺气措施是减免高速水流出现空化与空蚀破坏最有效的技术措施。水流掺气后，可使空蚀破坏显著降低，当底部的掺气浓度达到或大于某一数值后，空蚀破坏可以完全避免。

8.2.2　掺气减蚀研究现状

对于高流速的泄洪洞而言，不论其泄流量大小，都存在如水流掺气、脉动、空化、空蚀等高速水流问题。

掺气减蚀技术的出现和应用大大地推动了泄洪洞高速水流问题的研究和发展，科学合理地设置掺气减蚀设施可以对泄洪洞边墙和底板起到良好的保护作用。在泄洪洞内设置掺气减蚀设施，减蚀效果明显，对工程应用具有重要实用价值。我国已建和在建的高水头泄水建筑物多采用了掺气减蚀设施，其防蚀保护效果良好。

由于掺气减蚀机理研究的复杂性，目前经常是先有掺气设施的工程实践，而相应的掺气减蚀机理研究和模型试验则相对滞后，故目前有关掺气设施的各项水力指标的设计和计算多依赖于经验关系和定性的研究，理论方面的研究则相对较少。国内外的研究也表明，虽然对空化和空蚀机理及其影响因素的认识和研究已取得了一些进展，但必须指出的是，由于空化和空蚀是微观、瞬时、随机、多相的复杂现象，到目前为止，有关空化和空蚀的理论及不少研究成果还不能令人满意，许多问题有待进一步深入研究和探索。

国内外许多学者在掺气减蚀设施的掺气特性方面也做了大量研究，主要集中在：掺气减蚀机理和临界含气浓度；射流掺气机理、掺气设施体型、空腔长度、空腔内负压和通气系统特性；掺气减蚀保护范围；以及掺气水流的模型相似性问题等。但是，在已有研究中，缺乏对掺气减蚀设施的防回水问题、清水三角区问题、侧墙掺气问题以及反弧段的掺气水流等问题的研究，而这些问题都是工程实践中暴露和发现的核心问题，对工程安全构成了严重威胁，有的直接导致了泄水建筑物的严重破坏。由此可见，对掺气减蚀的基础研究亟须深入，对于新的掺气减蚀技术，也亟须不断加以开发和创新。

8.2.3　泄洪洞消能问题的提出

高流速、大流量、水流条件复杂的水工隧洞设计条件和运行条件非常复杂，很难用工程类比和计算分析确定设计参数和工程措施，而一旦失事或设计失误将造成较大甚至不可弥补的损失，故应通过局部或整体水工模型试验验证设计的合理性。目前国内外不少已建大型水工隧洞在运行过程中，都存在空蚀现象。为了有效地控制"空蚀"，有必要根据水工模型的不断调整和对空蚀现象的不断深入研究，提出相应的防治措施。

为保证工程运行安全，在进行涔天河水库扩建工程泄洪洞设计时，从解决泄洪洞防空蚀研究入手，通过工程调研、模型试验等手段，对泄洪洞泄流面体型、掺气位置、掺气体型、掺气浓度、抗蚀材料、设计施工优化及处理等进行了重点研究。

通过研究泄洪洞的一系列问题，在分析了前人对掺气水流研究的基础上，从试验和理论上进行进一步的探索和研究。对高流速、大泄量的"龙抬头"型式的泄洪洞掺气坎水力特性进行较为全面的研究，从改善体型及工程实际角度出发，研究掺气坎坎高、空腔长度、通气量、掺气浓度等之间的关系，从而探求适合高流速、大泄量泄洪洞的掺气坎体型；同时对其水力特性进行研究，揭示空腔掺气的机理。

8.3　2#泄洪洞防空蚀边界体型与掺气坎型式试验研究

8.3.1　试验研究内容与基本资料

8.3.1.1　试验研究内容

2#泄洪洞进口弧形工作闸门前设置有检修闸门槽，该闸门槽在高速水流下易发生空化。此外，为避免高速水流带来的空化空蚀问题，2#泄洪洞在初步设计时，设置了多道掺气坎，因泄洪洞底板坡度较缓（2%），若掺气坎体型设置不当，起不到掺气效果时，回水淹没掺气槽，掺气坎本身可能成为空化源，进一步威胁泄洪洞的安全运行。针对上述问题，为研究解决 2#泄洪洞有关体型空化问题，拟开展试验研究如下：

（1）通过理论计算分析、工程类比，初步确定泄洪洞洞身布置、泄流面局部体型以及掺气坎的布置。

（2）借助减压模型试验，通过各特征水位工况的试验验证，对设计方案进行优化，提出合理可行的局部体型改进措施。

（3）通过工程调研，提出合适可控的泄洪洞衬砌平整度控制标准。

8.3.1.2　试验基本资料

2#泄洪洞洞身底宽 12.0m，高 12.5m，全长 770m，纵坡 2%，前端接 WES 实用堰，堰顶高程 301.00m，表孔底宽 18.0m，高 15.6m，一扇弧形工作闸门挡水，出口高程 222.50m，挑流消能。2#泄洪洞结构布置见图 8-1 所示（2#泄洪洞进口左右两闸墩墩头采用 1/4 圆弧，堰体由肥变瘦，其堰面曲线为 $Y = 0.05538X^{1.836}$）。

8.3.2　试验模型设计与研究方法

8.3.2.1　模型设计

模型按重力相似准则设计，采用正态局部模型。因模型布置在工作宽度和高度分别为 0.80m 和 3.50m、试验段总长度 16.0m、最大流量为 0.66m³/s 的减压箱中，根据减压箱及研究对象规模选定模型长度比尺 $L_r = 40$，故流量、压力（水柱）和糙率比尺分别为：$Q_r = 10119.29$m³/s、$P_r = 40$Pa 和 $n_r = 1.85$。

减压模型除应满足几何相似、水流运动相似和动力相似，还应满足空化相似，即原型与模型的水流空化数相等（$\sigma_P = \sigma_m$）。由于模型比尺和原型、模型的水温及所处地区的大气压存在差异，要保证 $\sigma_P = \sigma_m$，需降低模型水流的环境气压，据空化相似准则和水流空化数的定义可得减压试验时模型水面应控制的相似气压为

$$p_a = \frac{P_a - P_v}{L_r + p_v} \tag{8-1}$$

式中　P_a、p_a——原型、模型水面的大气压力，Pa；

　　　　P_v、p_v——原型、模型水流相应水温下的汽化压力，Pa；

　　　　L_r——模型长度比尺。

试验室内的实时大气压与模型水面的相似气压之差，即为试验过程中箱体内所控制的相似真空度。

8.3.2.2　研究方法

水流空化是空泡从发生、发展到溃灭，反复的、随机的、循环过程所表现出来的总体现象。空化时会产生宽频带随机噪声信号，空化噪声信号是空化时声能的随机脉冲辐射，空化的不同强度阶段伴随有不同的噪声辐射能，且不同空化类型（如含气型、蒸汽型等）所体现的噪声量级和频域不同。因此，根据空化噪声的这些特点，运用声学原理测量方法，可有效地进行水流空化问题的研究分析。

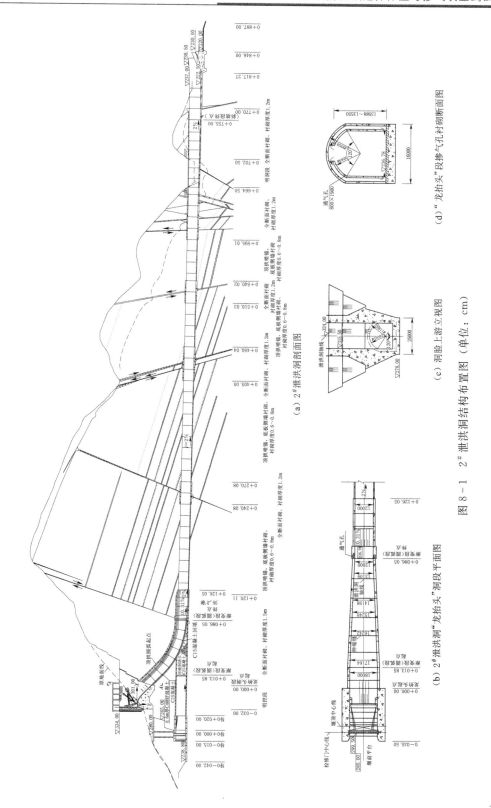

图 8-1 2#泄洪洞结构布置图

(a) 2#泄洪洞剖面图

(b) 2#泄洪洞"龙抬头"洞段平面图

(c) 洞脸上游立视图（单位：cm）

(d) "龙抬头"段掺气孔衬砌断面图

本次试验研究中，水流中的噪声信号用 RHSA - 10 型球形水听器接收，监测到的噪声信号由英国 Genesis 公司生产 HBM Genesis HighSpeed 高频大容量多通道空化噪声采集系统记录，经过分析处理后获得噪声声压谱级（SPL）。由于空化噪声信号具有随机性特点，其捕捉（采集）受到空化发生概率、声波传递及试验设备固有属性等诸多因素的影响，通常采用统计平均处理后的噪声谱级差来分析空化问题。为此定义声谱级差值为

$$\Delta SPL = SPL_f - SPL_0 \tag{8-2}$$

式中　SPL_f——相似气压条件下模型水流中的噪声谱级；

　　　SPL_0——参考背景条件下（经检测无任何空化信号出现）模型水流中相应的噪声谱级。

根据总结多年来原型、模型空化问题的研究成果，采用空化强弱经验判别：

$$\begin{cases} \Delta SPL < 5dB & 无空化 \\ \Delta SPL \approx 5dB & 空化初生状态 \\ \Delta SPL \approx 5 \sim 10dB & 空化初生阶段 \\ \Delta SPL > 10dB & 空化发展阶段 \end{cases} \tag{8-3}$$

按式（8-3），谱级差 ΔSPL 值的量级可用来衡量空化强度，同时产生空化的类型与 ΔSPL 值分布的频域特性有关。国内外学者通过对空化机理和空化噪声的研究发现：空化的声能辐射有低频的空泡振荡分量和高频的尖脉冲分量，对于含气型空化（空泡内气体含量较高），空化的噪声贡献主频一般分布在 $63 \sim 80kHz$ 及以下的中低频段；而以含汽为主则为蒸汽型空化（液体汽化、空泡"爆炸"性地崩溃而形成的空化），空化的噪声贡献可分布于 $80 \sim 200kHz$ 及以上的高频段，据此可判断空化类型。

有关研究成果及工程运行经验表明，含气型空化基本不具备空蚀破坏力，而蒸汽型空化达到一定的强度具有空蚀破坏力，这是工程上极为关注的一种空化。

一般常见的由进流涡带引起的空化，属于典型的游移性含气型空化，该类空化的噪声谱级具有明显的中低频特性；目前常说的漩涡空化，既有可能是含气型空化，又有可能是蒸汽型空化，或两者兼有（如剪切空化）；通常而言的分离型空化多为蒸汽型空化，此类空化的噪声谱级具有明显的高频特征。

8.3.2.3　模型模拟范围及制作

1. 模型模拟范围

2# 泄洪洞模型重点模拟原型泄洪洞桩号 $0-052.00 \sim 0+243.348$，包括溢流表孔及部分明流洞，模拟的原型长度为 295.35m。模型总长 5.88m，高差约 2.3m。

2. 模型制作材料

依据《水工（常规）模型试验规程》（SL 155—2012）和《水流空化模型试验规程》（SL 156—2010）的规定，模型材料应满足原型、模型糙率相似，与此同时，为便于观察水流流态和空化现象，要求模型材料具有较好的透明度，为此选取模型材料为透明有机玻璃板，有机玻璃表面糙率 $n_m = 0.008$，换算至原型则相当于 $n_p = 0.015$，该值处于钢模板混凝土壁面糙率（$0.013 \sim 0.016$）范围内，满足原型和模型糙率相似要求。

3. 模型精度控制

模型加工制作与安装精度，严格按 SL 155—2012 和 SL 156—2010 两规程规定加以控

制。模型高程用水准仪控制，建筑物模型安装高程允许误差为±0.2mm；上游水位基点及测压排基点允许误差为±0.3mm。

4. 测点布置

由于全面准确地掌握泄流过程中压力分布变化规律，能辅助体型空化问题的判断分析，进而有助于对体型优劣的判断及明确体型优化方向。因此，为了解泄洪洞及检修门槽的空化特性，在进口侧缘、检修门槽区域及泄洪洞底板（中心线）布置了时均压力测点进行压力测试；与此同时，在检修门槽下游近区（边壁 Z2、边壁 Z4）、WES 堰面（边壁 Z1）以及渐变段起始断面（边壁 Z9）和渐变段结束断面（边壁 Z7）这 5 个区域布置水下噪声传感器（RHSA-10 型水听器）接收空化噪声信息。2#泄洪洞压力测点编号及测点高程见表 8-1。2#泄洪洞时均压力和水听器测点布置如图 8-2 所示。

表 8-1　　　　　　　　　2#泄洪洞压力测点编号及测点高程　　　　　　　单位：m

测点编号	测点位置	测点高程	测点编号	测点位置	测点高程
1#	进口侧缘（0-035.50）	310.00	24#	表孔堰面（WES 曲线段）（0-021.12）	300.16
2#	进口侧缘（0-034.77）	310.00	25#	表孔堰面（WES 曲线段）（0-018.72）	299.13
3#	进口侧缘（0-033.00）	310.00	26#	表孔堰面（WES 曲线段）（0-015.52）	297.20
4#	检修门槽近区边壁（0-030.40）	310.00	27#	表孔堰面（WES 曲线段）（0-012.69）	295.00
5#	检修门槽近区边壁（0-030.14）	309.80	28#	表孔堰面（WES 曲线段）（0-010.12）	292.61
6#	检修门槽近区边壁（0-029.64）	310.00	29#	表孔堰面（1:1 斜坡段）（0-007.50）	290.00
7#	检修门槽近区边壁（0-029.14）	309.60	30#	表孔堰面（1:1 斜坡段）（0-002.50）	285.00
8#	检修门槽近区边壁（0-029.14）	309.80	31#	洞身底板（1:1 斜坡段）（0+002.50）	280.00
9#	检修门槽近区边壁（0-029.05）	310.00	32#	洞身底板（1:1 斜坡段）（0+007.49）	275.00
10#	检修门槽近区边壁（0-028.73）	310.00	33#	洞身底板（1:1 斜坡段）（0+012.49）	270.00
11#	检修门槽近区边壁（0-028.34）	310.00	34#	洞身底板（渐变段）（0+017.34）	265.15
12#	检修门槽近区边壁（0-027.14）	310.00	35#	洞身底板（渐变段）（0+022.89）	260.00
13#	检修门槽近区边壁（0-025.53）	310.00	36#	洞身底板（渐变段）（0+029.21）	255.00
14#	表孔堰面（上游堰坡）（0-031.00）	295.17	37#	洞身底板（渐变段）（0+036.78）	250.00
15#	表孔堰面（上游堰坡）（0-029.79）	298.78	38#	洞身底板（渐变段）（0+046.28）	245.00
16#	表孔堰面（上游圆弧段）（0-029.30）	299.70	39#	洞身底板（渐变段）（0+059.57）	240.00
17#	表孔堰面（上游圆弧段）（0-028.51）	300.40	40#	洞身底板（渐变段终点）（0+072.77）	237.03
18#	表孔堰面（上游圆弧段）（0-027.53）	300.79	41#	洞身底板（2%缓坡段）（0+086.05）	235.88
19#	表孔堰面（上游圆弧段）（0-026.38）	300.96	42#	洞身底板（2%缓坡段）（0+098.05）	235.64
20#	表孔堰面（堰顶 0-025.53）	301.00	43#	洞身底板（2%缓坡段）（0+110.04）	235.40
21#	表孔堰面（WES 曲线段）（0-024.72）	300.96	44#	洞身底板（2%缓坡段）（0+122.04）	235.16
22#	表孔堰面（WES 曲线段）（0-023.92）	300.87	45#	洞身底板（2%缓坡段）（0+134.07）	234.92
23#	表孔堰面（WES 曲线段）（0-022.723）	300.63	—	—	—

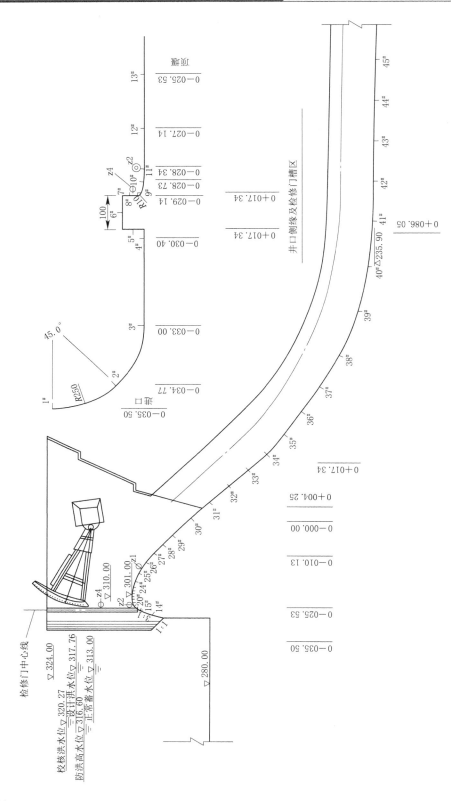

图 8 - 2 2#泄洪洞时均压力和水听器测点布置图

8.3.3 空化试验研究

由于本次研究的主要目的是确定抗空化能力较强的泄洪洞体型,从 2# 泄洪洞原设计方案结构布置图可知,当在 2# 泄洪洞在洞身渐变段起点和终点设置两道掺气坎,因泄洪洞底板坡度较缓(2%),若掺气坎体型设置不当,起不到掺气效果时,回水淹没掺气槽,掺气坎本身可能成为空化源,会威胁泄洪洞的安全运行。因此,首先通过开展不设置掺气坎情况下泄洪洞的空化试验,以确定设置掺气坎的必要性。

空化试验在 2# 泄洪洞原有设计体型上取消所有掺气坎槽的基础上进行。此时,检修门槽体型按较优经验值取值(范围为 $\frac{W}{D} = 1.6 \sim 1.8$、$\frac{\Delta}{W} = 0.05 \sim 0.08$),为了门槽减免空化,因此对检修门槽体型进行修改,修改体型检修门槽槽宽 $W = 100.0\text{cm}$、槽深 $D = 60.0\text{cm}$、错距 $\Delta = 7.0\text{cm}$,则宽深比 $\frac{W}{D} = 1.67$,错距比 $\frac{\Delta}{W} = 0.07$,在较优经验值范围内,其抗空化能力较强,因此将该门槽体型作为试验体型。

8.3.3.1 时均压力特性

1. 进口侧缘及门槽区域压力

进口侧缘及检修门槽区域共设置了 13 个压力测点。试验量测了正常蓄水位、防洪高水位、设计洪水位及校核洪水位 4 级库水位下压力资料。2# 泄洪洞表孔侧缘及检修门槽区域典型点时均压力(9.81kPa)见表 8-2。

表 8-2 　　　　　2# 泄洪洞表孔侧缘及检修门槽区域典型点时均压力 (9.81kPa)

测点编号	测点高程/m	校核洪水位/m	设计洪水位/m	防洪高水位/m	正常蓄水位/m
1#	310.00	8.98	6.94	5.86	2.58
2#	310.00	4.46	3.62	2.94	1.10
3#	310.00	3.02	1.38	1.74	0.26
4#	310.00	4.46	3.30	2.42	0.10
5#	309.80	4.46	3.10	2.18	—
6#	310.00	3.10	1.94	1.26	—
7#	309.60	4.54	2.02	2.66	—
8#	309.80	4.06	2.74	2.22	—
9#	310.00	5.90	4.22	3.54	—
10#	310.00	4.66	3.62	2.74	—
11#	310.00	3.38	2.26	1.26	—
12#	310.00	3.30	2.10	1.30	—
13#	310.00	1.74	1.58	0.90	—

由表中试验结果可知,4 级库水位下进口侧缘时均压力变化规律基本一致,进口侧缘曲线存在较快的压力跌落(1# ~ 3# 测点),然后上升至检修门槽前 4# 测点附近,3#、4# 测点之间存在逆压力梯度,宣泄设计洪水时,其逆压力梯度值为 0.738kPa/m,该压力特

性虽欠理想，但属较普遍的压力变化特征，且该区域压力值均较高，而进口附近水流流速较低，空化现象较易控制。

对于检修门槽区域：位于门槽内壁三方位的 5#～7# 测点压力均为正压，设计洪水时槽内最低压力值为 $1.936×9.81kPa$。8# 和 9# 测点分别为检修门槽下游壁圆角始末点，由压力分布特征可知，圆角附近，即下游壁棱角为越槽扩散水流的冲击区域，此两点压力值均较高，且 9# 测点压力大于 8# 测点，说明水流冲击优势在圆角末点附近，圆角部位无脱流现象，表明该部位压力特性较佳。10# 和 11# 测点位于检修门槽下游斜坡段，11# 测点为斜坡段末端点，该段压力变化单调下降，为扩散水流收缩调整所致。12# 和 13# 测点位于平行侧墙段，各工况下该段压力均为正压，且未有明显的逆压梯度出现，可见压力特性较理想。

2. 洞身底板中心线沿程压力

在泄洪洞进口段—表孔溢流堰面中心线上沿程设置了 16 个压力测点（14#～29#）；洞身段底板中心线上沿程设置了 16 个压力测点（30#～45#）。试验量测了正常蓄水位、防洪高水位、设计洪水位及校核洪水位 4 级库水位下压力资料。2# 泄洪洞表孔溢流堰面及洞身底板典型点时均压力见表 8-3。

表 8-3　　　　2#泄洪洞表孔溢流堰面及洞身底板典型点时均压力 (9.81kPa)

测点号	测点高程/m	校核洪水位	设计洪水位	防洪高水位	正常蓄水位
14#	295.17	23.566	21.486	20.286	17.246
15#	298.78	13.836	12.996	12.276	10.956
16#	299.70	6.356	6.636	6.996	7.076
17#	300.40	−1.544	0.096	1.136	3.096
18#	300.79	−1.254	0.346	1.306	2.786
19#	300.96	−0.704	0.576	1.416	2.656
20#	301.00	−0.944	0.256	0.976	2.296
21#	300.96	−1.224	0.016	0.776	1.976
22#	300.87	−1.414	−0.174	0.506	1.786
23#	300.63	−1.854	−0.614	0.066	1.386
24#	300.16	−2.824	−1.544	−0.904	0.616
25#	299.13	−2.034	−1.034	−0.514	0.686
26#	297.20	−1.504	−0.704	−0.304	0.496
27#	295.00	−0.304	0.216	0.376	0.736
28#	292.61	1.806	1.886	1.926	1.806
29#	290.00	3.976	3.536	3.296	2.536
30#	285.00	5.336	4.536	4.096	2.896
31#	280.00	4.736	4.096	3.616	2.456
32#	275.00	4.896	4.056	3.656	2.456

续表

测点号	测点高程/m	校核洪水位	设计洪水位	防洪高水位	正常蓄水位
33#	270.00	5.736	4.256	3.816	2.616
34#	265.15	7.356	5.986	5.066	3.266
35#	260.00	9.576	7.776	6.776	4.176
36#	255.00	11.456	9.416	8.176	5.416
37#	250.00	11.936	9.576	8.216	5.216
38#	245.00	13.536	11.576	10.016	6.776
39#	240.00	14.776	11.856	10.216	6.616
40#	237.03	15.949	13.386	11.586	7.906
41#	235.88	9.856	8.416	7.376	5.096
42#	235.64	7.696	6.336	5.336	4.016
43#	235.40	7.256	5.936	5.256	3.856
44#	235.16	7.296	6.096	5.296	3.816
45#	234.92	7.536	6.376	5.536	3.856

由表8-3中试验数据可知，堰顶前上游堰坡段的14#和15#测点压力变化正常，相同库水位下压力沿程递减，相同测点压力随库水位降低而下降；堰顶前两圆弧段的16#～19#测点压力变化为压力随库水位升高而下降，校核洪水位、设计洪水位与防洪高水位下均以17#测点压力最低，为-1.544×9.81kPa（校核洪水位）、0.096×9.81kPa（设计洪水位）、1.136×9.81kPa（防洪高水位），表明泄洪洞宣泄较大洪水时水流流经该部位时有脱流现象出现；堰顶后WES曲线堰面为低压力区（20#～27#测点），压力随库水位升高而下降，系一般溢流坝面常见现象，在防洪高水位、设计洪水位和校核洪水位下出现负压，以24#测点压力最低，为-2.824×9.81kPa（校核洪水位）、-1.544×9.81kPa（设计洪水位）、-0.904×9.81kPa（防洪高水位），满足设计洪水时WES堰面负压应不小于-3.0×9.81kPa及校核洪水时WES堰面负压应不小于-6.0×9.81kPa的要求；28#～40#（渐变段末端点）测点压力值逐步升高，至渐变段末端达到压力最大值，而后在缓坡段起点附近压力陡降，设计洪水位下41#测点压力比40#测点压力降低了4.97×9.81kPa，其后测点压力值无大的差别。

从表8-3中试验数据还可看出，虽然上游圆弧段17#测点压力值高于WES曲线堰面24#测点压力值，但16#与17#测点间压力梯度更大，更易造成水流空化。

8.3.3.2 水下噪声特性及体型的空化特性

本次模型共布置了5个水下噪声测点，测点具体位置及布置方式如图8-2所示。试验量测了校核洪水位、设计洪水位、防洪高水位和正常蓄水位4级库水位下有关部位水下噪声谱级，并根据水下噪声谱级图求得80～200kHz高频段最大谱级差值ΔSPL_{max}，校核洪水位和设计洪水位工况各部位高频段最大谱级差值见表8-4，根据试验资料计算了校核洪水位条件下泄洪洞堰面和洞身压力较低或流速较高的5个断面的水流空化数见表8-5。

表 8-4 校核洪水位和设计洪水位各部位高频段最大谱级差值

工况	参 数	部位及水听器号				
		堰顶前部	门槽下游近区	WES 堰面	渐变段	
					起点	终点
		Z2	Z4	Z1	Z9	Z7
校核洪水	水位相似 ΔSPL_{max}/dB	7	4	2	3	9
	空化强弱	<10	<5	<5	<5	<10
设计洪水	水位相似 ΔSPL_{max}/dB	1	1	1	1	6
	空化强弱	<5	<5	<5	<5	<10

表 8-5 宣泄校核洪水时泄洪洞典型断面水流空化数 σ

参 数	断 面				
	0-025.53 (坝顶)	0-021.123 (最低压力断面)	0+017.34 (渐变段起点)	0+086.05 (渐变段终点)	0+106.05 (缓坡段)
断面测点压力 P/($\times 9.81$kPa)	-0.944	-2.824	7.356	9.856	7.256
断面平均流速 V/(m/s)	12.85	14.87	28.59	35.08	33.94
缓坡段水流空化数 σ	1.076	0.637	0.417	0.317	0.294

由图表可知：

（1）低于设计洪水位运行，检修门槽区域和泄洪洞 WES 坝面及洞身渐变段起点区域 80~200kHz 高频段最大谱级差值 ΔSPL_{max} 小于 5dB，表明上述区域水流不会发生蒸汽型空化，校核洪水位下堰顶前部区域出现 80~200kHz 高频段最大谱级差值 ΔSPL_{max} 大于 5dB 但小于 10dB 的空化噪声，表明水流在该区域已发生初生阶段空化，但不会出现空蚀破坏。

（2）设计洪水位及校核洪水位下运行，洞身渐变段终点（缓坡段起点）区域出现 80~200kHz 高频段最大谱级差值 ΔSPL_{max} 大于 5dB 但小于 10dB 的空化噪声，表明水流在该区域已发生初生阶段空化。

（3）由于渐变段末端流速超过 35m/s，其后缓坡段水流空化数 $\sigma < 0.3$，该处需设置掺气坎，并注意在施工中控制洞身的不平整度。

8.3.4 防空化措施研究

8.3.4.1 掺气坎设置的必要性研究

空化试验结果表明，2#泄洪洞"龙抬头"渐变段末端流速超过 35m/s，其后缓坡段水流空化数 $\sigma < 0.3$，该处需设置掺气坎，下一步将对掺气坎体型及水流特性进行详细研究。

8.3.4.2 检修门槽体型优化

根据工程经验，对检修闸门槽体型进行优化，修改体型检修门槽槽宽 $W = 100.0$cm、槽深 $D = 60.0$cm、错距 $\Delta = 7.0$cm，宽深比 $\dfrac{W}{D} = 1.67$，错距比 $\dfrac{\Delta}{W} = 0.07$。修改门槽体型时均压力特性较佳，水流不会发生蒸汽型空化。

8.3.4.3　衬砌表面平整度控制

对国内外类似泄洪洞工程进行了调研，提出了合适可行的衬砌表面平整度控制标准。

1. 施工不平整度的控制标准

（1）中国水利水电科学研究院曾建议用断面水流空化数作为参数来确定各种凸坎或错台应磨成的坡度，具体要求见表8-6。

表8-6　　　　　　　　　　　　对不平整突体坡度的要求

水流空化数	0.50～0.35	0.35～0.25	0.25～0.15	<0.15
垂直流向坡度	1/30	1/40	1/50	1/60
平行流向坡度	1/20	1/30	1/40	1/50

（2）美国垦务局对不平整度的现行规范中规定的标准见表8-7。

表8-7　　　　　　　美国垦务局对不平整突体坡度的要求　　　　　　　单位：mm

流速/(m/s)	13～30	30～40	>40
突体坡度要求	1/20	1/50	1/100
顺水流方向突体高度	<6.5	<6.5	<6.5
垂直水流方向突体高度	<3.2	<3.2	<3.2

（3）苏联莫斯科水利设计院建议的对不平整突体的要求见表8-8。

表8-8　　　　　　　　莫斯科水利设计院对不平整突体坡度的要求

不发生空化的升坎允许高度/mm	下列平均流速 v（m/s）时的迎水面坡度				
	30	35	40	45	50
1	1:1	1:1	1:2	1:4	1:6
2	1:1	1:2	1:5	1:6	1:7.5
4	1:2	1:5	1:6	1:7.5	1:9
6	1:3.5	1:6	1:7	1:8.5	1:10
8	1:4	1:6	1:7.5	1:9	—
10	1:5	1:6.5	1:8	1:9	—
12	1:5	1:7	1:8	1:10	—
14	1:5	1:7	1:8.5	—	—

从上述各家规定的控制标准来看，有些要求过高，对施工控制带来很大困难。对壁面不平整度的要求应综合考虑水流空化数的大小、体型的合理程度、可能的最长连续过流时间、壁面材料的抗空蚀性能等因素进行区别对待。

当水流流速大于30m/s时，对反弧末端、与之连接的下游水平段、变坡段以及边界突然改变的地段等部位，可参照上述列举的对不平整度的要求标准适当从严要求。当水流流速大于40m/s时，过流壁面的各个部位应按高标准要求。

2. 2#泄洪洞衬砌表面不平整度的控制标准

结合各国对不平整度控制标准的要求，涔天河水库扩建工程2#泄洪洞的不平整度要求应满足以下原则：

(1) 不允许出现类似条形突体的垂直升坎等施工错台。

(2) 残留灌浆孔洞、残留钢筋头、模板定位销孔等应控制其不平整度在 3mm 以内，且没有明显凸起（纵向坡度控制在 1∶40，横向坡度控制在 1∶30）。

(3) 另外溢流面采用高强度抗冲耐磨混凝土。

8.3.5 掺气试验研究

8.3.5.1 掺气坎数量优化

原设计方案 2#泄洪洞洞身共布置 10 道掺气坎槽，坎间距 70～100m。数量众多的掺气坎将必然要求洞身断面尺寸变化，断面变化带来施工难度大、工期长、施工质量难以控制等一系列问题。

"龙抬头"型式泄洪洞水头在 115m 以下、相应流速小于 37m/s、水流空化数大于 0.22 时，一般不会发生空蚀。工程经验表明，小纵坡泄洪洞设置掺气坎不仅效果差、起不到掺气的作用，反而可能形成新的空化源。

浐天河水库扩建工程 2#泄洪洞最大水头不超过 100m，洞内最大平均流速 35m/s（根据 1∶60 整体模型提供的水面线计算得出），位于反弧末端，缓坡段纵坡 2%，水面现沿程壅高、流速降低，隧洞末端流速 32m/s。因此，在反弧段设置一道掺气坎对反弧段下游一定高流速区进行保护非常必要，缓坡段在控制好衬砌表面平整度的情况下，即使不设置掺气设施，也不会发生空蚀破坏。因此 2#泄洪洞最终仅在反弧段末端设置一道掺气坎，缓坡段掺气坎全部取消。

8.3.5.2 掺气坎体型选择

2#泄洪洞 2% 缓坡段是由原导流洞改建，洞身尺度已确定。由于过分地抬高坎后水面线，将过多增加工程扩挖量。为避免掺气设施对水流产生过大的扰动，掺气设施首先考虑通过修改泄洪洞反弧段（即渐变段）底板圆弧半径，在渐变段与缓坡段衔接处（断面 0+086.05m）自然形成一个跌坎后进行掺气。为此，对该处掺气坎体型进行局部改进型优化试验。

8.3.5.2.1 体型 I

当泄洪洞反弧段（即渐变段）底板圆弧半径由 $R=100m$ 修改为 $R=103.88m$ 时，将在渐变段与缓坡段衔接处（断面 0+086.05）形成一个 1.5m 高跌坎，坎下洞身两侧壁各设置一个 1.5m×1.0m（长×高）的通气孔，该掺气坎体型简称为体型 I。掺气坎及通气孔局部尺寸如图 8-3 所示。

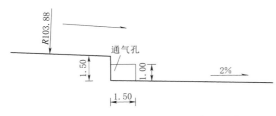

图 8-3 体型 I 掺气坎及通气孔型式（单位：m）

因"龙抬头"段抬高 1.5m，若还按洞高 12.5m 沿程不变的设计，将使"龙抬头"段与原导流洞衔接处顶部出现错台，具体衔接方案还需通过水面线测量成果再考虑掺气影响后确定。另外因底板圆弧半径的加大使得圆弧与 WES 曲线后 1∶1 斜坡切点上移，若渐变段起点也随之上移，渐变段的收缩速率将相应减小，这对减小因过流断面收缩形成的冲击波有利。

1. 流态

针对体型Ⅰ，试验观测了库水位为正常蓄水位、防洪高水位、设计洪水位及校核洪水位4级库水位下泄洪洞的泄流流态。体型Ⅰ掺气坎区域流态示意（校核洪水位）如图8-4所示。

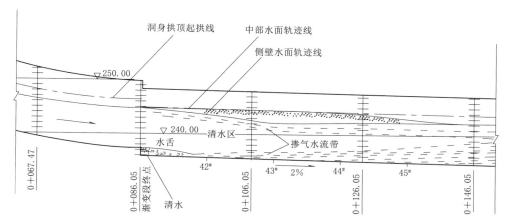

图8-4 体型Ⅰ掺气坎区域流态示意（校核洪水位）

试验结果表明：跌坎后的射流水舌下未形成稳定的空腔，通气孔内已进水，孔口一半以上被水淹没，水面波动偶尔瞬间封堵通气孔口，这是水舌落点冲击力过大形成较强的反向旋滚造成的。但流态观察还发现，虽然通气孔偶被封堵，但坎后底部水流掺气情况良好，可观察到覆盖洞底板的雾状掺气水流带延伸至坎下射流落点后约100m范围以上，且未出现掺气水流时断时续的现象，观测表明校核洪水时水舌落点处掺气水流厚度约0.6m，到断面0+146.05底部掺气水流厚度扩散到2.0m以上，且断面0+146.05后表面与底部掺气水流汇合，形成全断面水流掺气。如校核洪水位工况下，在断面0+86.05～0+126.05区域中部水面高程在考虑掺气影响后将超过原导流洞起拱线。

2. 水流特征参数

表8-9列出了各特征水位下体型Ⅰ掺气坎坎高与坎上水深的比值、过坎流速、单宽流量以及水舌射流距离。

表8-9　　　　　　　　　　体型Ⅰ掺气坎水流特征参数

参　数	校核洪水位	设计洪水位	防洪高水位	正常蓄水位
h	7.221	6.321	5.621	4.021
$\dfrac{d}{h}$	0.208	0.237	0.267	0.373
$q/(\text{m}^2/\text{s})$	260.29	211.24	185.95	124.17
$v/(\text{m/s})$	36.05	33.42	33.08	30.88
s/m	9.0	9.8	11.1	12.0

注 d 为坎高；h 为坎上水深；q 为过坎单宽流量；v 为水流过坎流速；s 为水舌内缘射流距离。

　　表中参数表明，各特征水位下体型Ⅰ掺气坎坎高与坎上水深的比值$\dfrac{d}{h}$均在 $0.1\sim0.5$ 正常范围内，但比值偏小，也就是坎上相对水深偏大，使得射流水舌挑距较小，而过坎单宽流量又较大，即入射水流能量较大，再加上 2% 的缓坡使得水舌入水角较大，因而形成较强的反向旋滚水流淹没通气孔。上述试验结果还表明，在过坎水流流速超过 30m/s 的条件下，即使坎下未出现稳定空腔，水舌落点后仍能形成稳定的底部掺气水流。

　　3. 水面线

　　流态观察掺气坎后水面形态发现，与不设掺气坎体型的情况相同的是：在 0+086.05～0+126.05 区域水面中部凸起（约占全断面宽度的 1/3）；0+126.05～0+186.05 区域水面中部凹陷；0+186.05～0+226.05 区域水面中部凸起。与不设掺气坎时不同的是：受跌坎影响坎后中部水面在 0+086.05～0+126.05 区域顺水流向呈平抛曲线，即中部水面高程沿程下降，受水流冲击波影响在断面 0+106.05 附近中部水面偶有凸起，水花溅起高度也未超过掺气坎处水面高度，如校核洪水位时该断面中部水面最高点高程达到 244.50m，与掺气坎处水面高程相同，与不设掺气坎体型时该断面水面高程最高值也相同，表明 1.5m 高掺气跌坎未使 0+086.05～0+126.05 区域水面最高值抬升。

　　为了解体型Ⅰ对水面线的影响，测量了在正常蓄水位、防洪高水位、设计洪水位及校核洪水位 4 级库水位下泄洪洞沿程参考断面的水面高程。表 8-10 列出了不设掺气坎体型和加设掺气坎体型Ⅰ两种泄洪洞布置型式的宣泄校核洪水位时典型断面水面高程值，以及两者差值。

表 8-10　　　　　　　　　　　2#泄洪洞校核洪水位泄洪沿程水面线参数

断面桩号	测点部位	底板高程/m	水面高程/m		高程差/m
			①体型Ⅰ	②不设掺气坎体型	①-②
0+032.06	渐变段	253.81	261.50	260.45	1.05
0+052.00	渐变段	243.85	250.50	248.90	1.60
0+067.47	渐变段	239.44	246.80	244.85	1.95
0+086.05	渐变段终点（缓坡段起点）	237.38	244.60	243.30	1.30
0+106.05	缓坡段	235.48	243.60（244.50）	243.15（244.50）	0.45
0+126.05	缓坡段	235.08	242.95（243.50）	242.50（243.80）	0.45
0+146.05	缓坡段	234.68	242.65	242.25	0.40
0+166.05	缓坡段	234.28	242.00	242.10	-0.10
0+186.08	缓坡段	233.88	241.50	241.40	0.10
0+206.05	缓坡段	233.48	241.00	241.20（242.20）	-0.20
0+226.05	缓坡段	233.08	240.90	240.75（241.50）	0.15

　　注　水面高程栏中括号内数据为断面中线处高程值，其余为水面高程平均值。

由表8-10试验结果可知，因泄洪洞"龙抬头"段反弧半径加大、渐变段底板抬升使得坎前水面抬高，校核洪水位坎前水面最大抬高为1.95m；坎后桩号0+146.05前水面高程均值与不设掺气坎体型比较略有抬高，而中部水面最高点高程基本相同；桩号0+146.05后水面高程与不设掺气坎体型相当，表明"龙抬头"段高程抬升带来的影响已基本消除。

8.3.5.2.2 体型Ⅰ修改

体型Ⅰ模型试验表明，体型Ⅰ掺气坎可在射流水舌落点后形成覆盖洞身底板的近100m稳定掺气水流带，但坎后射流水舌下未形成稳定空腔，而掺气减蚀设施必须满足的一般基本原则是：在其运用水头范围内形成并保持一个稳定通气的空腔，以保证向下游水流供气。为使工程更加安全可靠，对掺气坎体型进行修改。首先考虑保持"龙抬头"反弧段底板圆弧半径与体型Ⅰ相同，仅对掺气坎局部体型进行修改。

1. 体型Ⅰ-1a

2%的缓坡使得水舌与底板夹角较大，导致较强烈的水流反向旋滚，因此在水舌落点区域设置一贴坡，使该区域底板坡度变为7.2%，目的是减小入射水流与底板的夹角。体型Ⅰ-1a的布置型式示意图如图8-5所示。体型Ⅰ-1a掺气坎区域水流特征描述见表8-11。体型Ⅰ-1a掺气坎区域流态示意图（正常蓄水位）如图8-6所示。

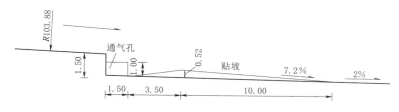

图8-5 体型Ⅰ-1a布置型式示意图（单位：m）

表8-11　　　　　　　　　　体型Ⅰ-1a掺气坎区域水流特征描述

工况	S/m	空腔描述
校核洪水位	8.8	水舌落点处水流回溯越过贴坡顶点，通气孔进水，通气孔内水面波动时而被携气旋滚水流封堵，坎后未见稳定空腔
设计洪水位	10.2	水舌落点处水流回溯越过贴坡顶点，通气孔进水，通气孔内水面波动时而被携气旋滚水流封堵，坎后未见稳定空腔
防洪高水位	10.9	水舌落点处水流回溯越过贴坡顶点，通气孔进水，通气孔内水面波动时而被携气旋滚水流封堵，坎后未见稳定空腔
正常蓄水位	11.8	水流回溯偶尔越过贴坡顶点，通气孔一大半被水淹没，水舌与未淹没的通气孔之间形成稳定空腔，空腔左右贯通

注　S为水舌内缘射流距离。

从图8-6可知，水舌与底板间出现积水，积水厚度已超过贴坡高度，且该积水无法排干。流态观察可发现，水舌在与洞侧壁接触面形成水帘——水珠跌落，是通气孔内的积水无法排干的原因之一。

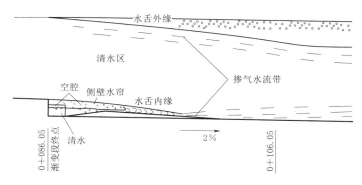

图8-6 体型Ⅰ-1a掺气坎区域流态示意图（正常蓄水位）

2. 体型Ⅰ-1b

鉴于体型Ⅰ-1a掺气坎贴坡高度不够，且仅水舌内缘可落在7.2%的贴坡上，使水流回溯力仍较大，因此将1.5m掺气坎后贴坡高度由0.52m加高到0.8m，相应7.2%的坡加长到15.38m，该改进体型称为体型Ⅰ-1b，其布置型式示意图如图8-7所示。体型Ⅰ-1b掺气坎区域水流特征描述见表8-12。体型Ⅰ-1b掺气坎区域流态示意图如图8-8所示。

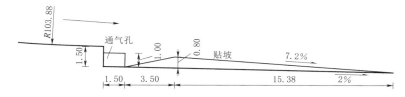

图8-7 体型Ⅰ-1b布置型式示意图（单位：m）

表8-12 体型Ⅰ-1b掺气坎区域水流特征描述

工况	S/m	空腔描述
校核洪水位	7.7	水舌落点处水流回溯越过贴坡顶点，通气孔进水，水面波动时而被携气旋滚水流封孔，坎后未见稳定空腔
设计洪水位	8.4	水舌落点处水流回溯越过贴坡顶点，通气孔进水，水面波动时而被携气旋滚水流封孔，坎后偶见不稳定空腔，空腔尺度较小
防洪高水位	9.7	水舌落点处水流回溯越过贴坡顶点，通气孔进水，水面波动时而被携气旋滚水流封孔，坎后可见较稳定空腔，空腔最大长度在6.5m左右，空腔高度较小在0.2m左右
正常蓄水位	10.6	水流回溯未越过贴坡顶点，通气孔一大半仍被水淹没，但积水高度未超过贴坡高度。水舌与未淹没的通气孔之间形成稳定的左右贯通的空腔。空腔最大长度在7.7m左右，空腔最大高度在0.7m左右

注 S为水舌内缘射流距离。

试验结果表明，体型Ⅰ-1b优于体型Ⅰ-1a，显然使水舌尽量多地落在较陡的贴坡上有利于空腔的形成，但体型Ⅰ-1b掺气坎在高于设计洪水位运行时水舌下仍不能出现稳定空腔。

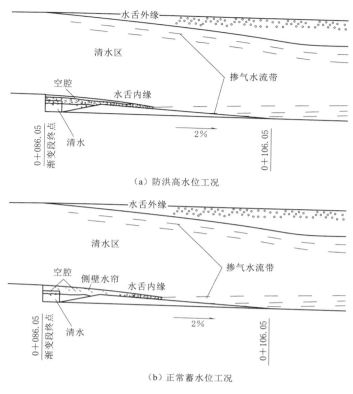

图 8-8　体型Ⅰ-1b掺气坎区域流态示意图

3. 体型Ⅰ-2

鉴于体型Ⅰ-1b存在的问题，尝试在1.5m跌坎上增加一个0.5m高的V形坎，将其称为体型Ⅰ-2。体型Ⅰ-2掺气坎区域水流特征描述见表8-13。体型Ⅰ-2布置型式如图8-9所示。体型Ⅰ-2掺气坎区域流态示意图如图8-10所示。

表 8-13　　　　　　　　　体型Ⅰ-2掺气坎区域水流特征描述

工况	S_{max}/m	空　腔　描　述
校核洪水位	18.0	回流上溯越过贴坡顶点，坎后靠近侧壁可见极不稳定的尺度较小空腔，空腔不通透
设计洪水位	19.0	回流上溯越过贴坡顶点，坎后靠近侧壁可见极不稳定的尺度较小空腔，空腔不通透
防洪高水位	19.4	回流上溯时而越过贴坡顶点，在水舌与回流之间形成不稳定空腔，空腔最大长度在11.5m左右，空腔最大高度1.0m，但空腔局限在近侧壁区域未全断面贯通
正常蓄水位	19.8	水流回溯部分越过贴坡顶点，通气孔一大半被水淹没，积水高度超过贴坡高度。通气孔内水面波动时而被反向旋滚水流封堵，在水舌与回流之间形成稳定性较差的空腔，空腔最大长度在11.5m左右，空腔最大高度1.0m。空腔贯通性不良

注　S_{max}为水舌内缘射流最远距离。

试验表明，体型Ⅰ-2掺气坎在设计洪水位及以上水位运行时不能形成稳定空腔，低水位运行时形成的空腔长度和高度比体型Ⅰ-1b大，但空腔稳定性比体型Ⅰ-1b差，并且空腔在横断面上的贯通性也差，即空腔实际体积较小。这是因V形坎实质上是高度沿宽度

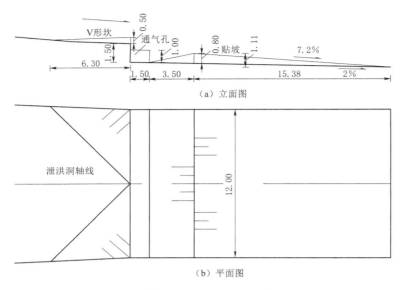

图 8-9　体型Ⅰ-2 布置型式（单位：m）

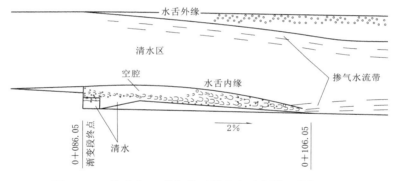

图 8-10　体型Ⅰ-2 掺气坎区域流态示意图（单位：m）

方向变化的小挑坎，加大了水舌入水角，更易产生反向旋滚而淹没空腔，影响顺利通气；另外 V 形坎中部低两侧高的体型，造成水流挑距在横断面上呈靠侧壁最远，中部最近的分布，使得空腔较易在侧壁形成而较难在中部形成。

从流态观察及水面线测量可知，受 V 形坎挑射出流的影响，出坎水流呈上抛曲线，在 0+106.05 附近水面高程最高，校核洪水位时水面高程最大值达到 245.60m，偶尔有水花溅到高程 246.20m，水面扰动较大。

8.3.5.2.3　体型Ⅱ

根据上述研究确定掺气坎体型进一步修改思路如下：

（1）V 形掺气坎对水面的扰动大于跌坎式掺气坎，形成的空腔稳定性差、贯通性差，因此体型Ⅱ采用跌坎式掺气坎。

（2）1.5m 高跌坎+坎后贴坡（高 0.8m、坡度为 7.2%）的掺气坎体型无法使所有水位下均形成稳定空腔，因此需将跌坎高度以及贴坡高度适当提高，并适当加大斜坡坡率。

（3）对于在2%的缓坡上设置掺气坎，在坎后加设贴坡使水舌落点落在坡度较陡的贴坡上，有利于空腔的形成，但也带来通气孔进水不易排干的问题，因此体型Ⅱ将通气孔抬高，使通气孔高于贴坡顶，解决通气孔被水淹没的问题。

（4）根据设计规范要求最大通气风速应小于60m/s，按单宽14m³掺气量估算，通气孔面积应大于$2×1.4m^2$。为避免过多增加坎高，尽量减小通气孔孔高，取孔高为0.8m，则宽度应大于1.75m。综合考虑上述因素，进一步改进的体型（称为体型Ⅱ）为，采用2.0m跌坎＋坎后约1.0m高平台＋坡度较陡斜坡与2%缓坡衔接的混合式掺气坎型式。

具体来说，修改泄洪洞反弧段（即渐变段）底板圆弧半径，由原设计$R=100m$修改为$R=105.17m$，使得在渐变段与缓坡段衔接处（断面0＋086.05）形成一个2.0m高跌坎，坎下洞身两侧壁各设置一个1.9m×0.8m（长×高）的通气孔，通气孔布置在高度为1.0m左右的平台上，平台高程为236.78m，平台长度经过试验确定为8.0m，平台后与原导流洞2%的缓坡相接的斜坡坡率经试验确定为10.3%，10.3%斜坡与2%缓坡交汇处采用$R=18.46m$的圆弧顺滑衔接，以避免该处出现水流空化。由此获得的2[#]泄洪洞设置体型Ⅱ掺气坎及通气孔布置型式如图8-11所示。

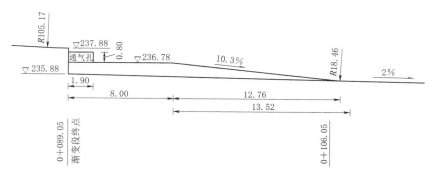

图8-11 体型Ⅱ掺气坎及通气孔布置型式（单位：m）

因"龙抬头"段抬高2.0m，若还按洞高12.5m沿程不变的设计，将使"龙抬头"段与原导流洞衔接处顶部出现错台，具体衔接方案还需通过水面线测量成果再考虑掺气影响后确定。另外因底板圆弧半径的加大使得圆弧与WES曲线后1:1斜坡切点上移，若渐变段起点也随之上移，渐变段的收缩速率将相应减小，这对减小因过流断面收缩形成的冲击波有利。

1. 流态

针对体型Ⅱ，试验观测了库水位为正常蓄水位、防洪高水位、设计洪水位及校核洪水位4级库水位时泄洪洞的泄流流态。体型Ⅱ掺气坎区域水流特征描述见表8-14。各水位条件下掺气坎区域流态示意图如图8-12所示。

表8-14 　　　　　　　　　体型Ⅱ掺气坎区域水流特征描述

工况	S_{max}/m	空　腔　描　述
校核洪水位	12.4	回流上溯跃上平台，通气孔一半被水淹没，水舌与平台上水层之间形成贯通的稳定空腔，空腔最大长度超过8.0m，空腔最大高度在0.7m左右

工况	S_{max}/m	空 腔 描 述
设计洪水位	13.4	回流上溯偶尔跃上平台，水舌与平台之间形成贯通的稳定空腔，空腔最大长度在12.4m左右，空腔最大高度在1.0m左右
防洪高水位	14.6	回流上溯偶尔跃上平台，水舌与平台之间形成贯通的稳定空腔，空腔最大长度在12.8m左右，空腔最大高度在1.0m左右
正常蓄水位	16.0	回流上溯未跃上平台，水舌与平台之间形成贯通的稳定空腔，空腔最大长度在14.8m左右，空腔最大高度在1.0m左右

注 S_{max} 为水舌内缘射流最远距离。

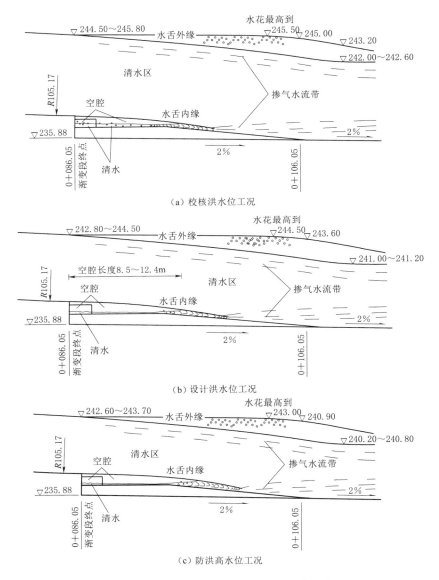

图 8 - 12（一） 体型 II 掺气坎区域流态示意图

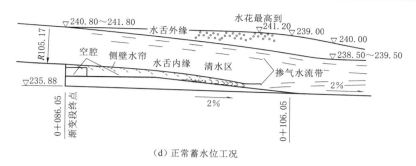

（d）正常蓄水位工况

图 8-12（二）　体型Ⅱ掺气坎区域流态示意图

试验资料表明，各级水位下跌坎后的射流水舌下均能形成稳定的空腔，并且空腔尺度较大；坎后底部水流掺气情况良好，可观察到覆盖洞底板的雾状掺气水流带延伸至坎下射流落点后约 100m 范围以上。此外，由体型Ⅱ掺气坎流态示意图可知，各级试验水位下坎后水面高程均未超过坎上断面 0+86.05 水面高程。

2. 水面线

为了解"龙抬头"段抬升 2.0m 对水面线的影响，测量了Ⅱ型掺气坎方案 2# 泄洪洞在正常蓄水位、防洪高水位、设计洪水位及校核洪水位 4 级库水位下沿程参考断面的水面高程。2# 泄洪洞泄洪沿程水面线参数（体型Ⅱ）见表 8-15。表 8-16 列出了不设掺气坎体型和加设体型Ⅱ掺气坎两种泄洪洞布置型式的宣泄校核洪水位时典型断面水面高程值，以及两者差值。

表 8-15　　　　　　　　　2# 泄洪洞泄洪沿程水面线参数（体型Ⅱ）

断面桩号	测点部位	底板高程/m	水面高程/m			
			正常蓄水位	防洪高水位	设计洪水位	校核洪水位
0+017.34	原渐变段起点	265.31	269.80	271.65	272.50	273.75
0+032.06	渐变段	254.09	258.20	259.65	260.20	261.50
0+052.00	渐变段	244.28	247.90	249.20	249.85	251.40
0+067.47	渐变段	239.92	243.50	245.15	245.70	247.00
0+086.05	渐变段终点（缓坡段起点）	237.88	241.30	243.15	243.65	245.15
0+106.05	缓坡段	235.48	240.10	241.93（243.00）	242.35（244.00）	244.25（245.50）
0+126.05	缓坡段	235.08	239.50	241.00（241.50）	241.20（241.80）	242.60（243.20）
0+146.05	缓坡段	234.68	239.75	240.55	241.60（242.20）	242.10
0+166.05	缓坡段	234.28	238.80	240.00	240.50	242.10
0+186.05	缓坡段	233.88	238.75	240.20	240.50	241.85
0+206.05	缓坡段	233.48	237.50	239.5（240.50）	239.93（240.80）	240.95（241.50）

注　水面高程栏中括号内数据为断面中线处高程值，其余为水面高程平均值。

表 8 - 16　　　　　　　　　　　2# 泄洪洞校核洪水位泄洪沿程水面线参数

断面桩号	测点部位	底板高程/m	水面高程/m		高程差/m
			①体型Ⅱ	②不设掺气坎体型	①－②
0+017.34	原渐变段起点	265.31	273.75	273.75	0.00
0+032.06	渐变段	254.09	261.50	260.45	1.05
0+052.00	渐变段	244.28	251.40	248.90	2.50
0+067.47	渐变段	239.92	247.00	244.85	2.15
0+086.05	渐变段终点（缓坡段起点）	237.88	245.15	243.30	1.85
0+106.05	缓坡段	235.48	244.25 (245.50)	243.15 (244.50)	1.10
0+126.05	缓坡段	235.08	242.60 (243.20)	242.50 (243.80)	0.10
0+146.05	缓坡段	234.68	242.10	242.25	－0.15
0+166.05	缓坡段	234.28	242.10	242.10	0.00
0+186.05	缓坡段	233.88	241.85	241.40	0.45
0+206.05	缓坡段	233.48	240.95 (241.50)	241.20 (242.20)	－0.25

注　水面高程栏中括号内数据为断面中线处高程值，其余为水面高程平均值。

由表 8-16 中试验结果可知，因泄洪洞"龙抬头"段反弧半径加大、渐变段底板抬升使得坎前水面抬高，校核洪水位坎前水面最大抬高为 2.50m；坎后桩号 0+106.05 前水面高程均值比不设掺气坎体型抬高 1.10m；桩号 0+106.05 后水面高程与不设掺气坎体型的差别迅速减小，表明"龙抬头"段高程抬升带来的影响已基本消除。但 2.0m 跌坎使缓坡段水流波动加大，在桩号 0+186.05 左右水面出现次高峰。

3. 掺气水深

根据霍尔公式计算，宣泄校核及设计洪水时 2# 泄洪洞掺气水深及洞顶余幅见表 8-17。表 8-18 列出了上述典型断面洞顶余幅、水深与洞身直墙高度的差值及相应说明。

表 8 - 17　　　　　　宣泄校核及设计洪水时 2# 泄洪洞掺气水深及洞顶余幅

工况	断面	模型实测水深/m	断面流速/(m/s)	考虑掺气后水深/m	洞身直墙高度/m	净空高度/m	净空面积/%
设计洪水	洞身进口（0-004.59）	7.38	19.08	7.85	7.304	4.65	29
	渐变段起点（0+013.82）	5.21	27.05	5.94	7.304	6.56	46
	渐变段（0+052.00）	5.25	32.54	6.21	7.861	6.29	44
	渐变段终点（0+086.05）	5.76	36.69	6.93	9.036	5.57	40
	缓坡段（0+106.05）	6.87 (8.52)	30.74	7.81 (9.69)	9.036	4.69 (2.81)	32
	缓坡段（0+186.05）	6.62	31.90	7.61	9.036	4.89	34

续表

工况	断面	模型实测水深/m	断面流速/(m/s)	考虑掺气后水深/m	洞身直墙高度/m	净空高度/m	净空面积/%
校核洪水	洞身进口（0−004.59）	8.78	19.76	9.30	7.304	3.20	18
	渐变段起点（0+013.82）	6.07	28.61	6.89	7.304	5.61	37
	渐变段（0+052.00）	6.69	31.48	7.66	7.861	4.84	31
	渐变段终点（0+086.05）	7.27	35.83	8.47	9.036	4.03	26
	缓坡段（0+106.05）	8.77（10.02）	29.68	9.72（11.10）	9.036	2.78（1.40）	16
	缓坡段（0+186.05）	7.97	32.66	9.04	9.036	3.46	21

注　水面高程栏中括号内数据为断面中线处高程值，其余为水面高程平均值。表列数据中未加括号的数据为平均水深及由此计算出来的参数值，括号内数据为中线处最大水深及由此值计算出来的参数值。净空高度为拱顶最高点与水面距离。

表 8−18　　　　　　　宣泄校核及设计洪水时典型断面水面线情况说明

工况	断面	洞身直墙高度−断面水深/m		净空面积/%	
设计洪水	洞身进口（0−004.59）	−0.546	水面越过直墙	29	满足大于25%要求
	渐变段起点（0+013.82）	1.364	水面未越过直墙	46	满足大于25%要求
	渐变段（0+052.00）	1.651	水面未越过直墙	44	满足大于25%要求
	渐变段终点（0+086.05）	2.106	水面未越过直墙	40	满足大于25%要求
	缓坡段（0+106.05）	1.226	水面未越过直墙	32	满足大于25%要求
	缓坡段（0+186.05）	1.426	水面未越过直墙	34	满足大于25%要求
校核洪水	洞身进口（0−004.59）	−1.996	水面越过直墙	18	不满足大于25%要求
	渐变段起点（0+013.82）	0.414	水面未越过直墙	37	满足大于25%要求
	渐变段（0+052.00）	0.201	水面未越过直墙	31	满足大于25%要求
	渐变段终点（0+086.05）	0.566	水面未越过直墙	26	满足大于25%要求
	缓坡段（0+106.05）	−0.684	水面越过直墙	16	不满足大于25%要求
	缓坡段（0+186.05）	−0.004	水面越过直墙	21	不满足大于25%要求

表 8−18 表明，除洞身进口断面 0+004.59 直墙高度不够，洞顶余幅也不够外；在收缩段末端加设体型Ⅱ掺气坎，考虑掺气影响后，洞身缓坡段断面 0+106.05 直墙高度不够，洞顶余幅也不够；洞身缓坡段断面 0+186.05 洞顶余幅也不够。这三个断面区域范围内洞身尺度需修改。需要强调的是，缓坡段断面净空高度和净空面积等计算值，均为按原导流洞断面尺寸计算。

在保持洞身宽度及洞顶拱形形状不变的条件下，根据试验数据计算洞身进口断面 0+004.59 直墙高度至少需加高 2.0m，才能满足水面不越直墙，洞顶余幅大于 25% 的要求；洞身缓坡段断面 0+106.05 直墙高度至少需加高 1.4m，才能同时满足水面不越直墙，洞顶余幅大于 25% 的要求；洞身缓坡段断面 0+186.05 直墙高度至少需加高 0.56m，才能同时满足水面不越直墙，洞顶余幅大于 25% 的要求。

8.3.6　试验结论

（1）当不设掺气坎时：

1）在校核洪水位及以下水位运行时，2#泄洪洞进口表孔检修门槽区压力特性良好；进口 WES 曲线堰面出现局部负压区，和一般溢流堰面压力特性一致。

2）2#泄洪洞在设计洪水位及以下水位运行时，泄洪洞检修门槽区以及表孔堰面和洞身渐变段出口区域均未有蒸汽型空化发生；校核洪水位下运行时，堰顶前部及洞身渐变段终点（缓坡段起点）该区域发生初生阶段空化，但不会出现空蚀破坏。

3）2#泄洪洞在校核洪水位下运行时，渐变段末端流速超过 35m/s，其后缓坡段有小于 0.3 的水流空化数出现，该处需设置掺气坎，并注意在施工中控制洞身的不平整度。

（2）通过工程类比和综合分析，确定 2#泄洪洞仅在反弧段末端设置一道掺气坎。进而对该处的掺气坎体型进行了系列局部改进型优化试验，推荐采用体型Ⅱ：采用 2.0m 跌坎＋坎后约 1.0m 高平台＋坡度较陡斜坡与 2%缓坡衔接的混合式掺气坎型式。

（3）在收缩段末端设体型Ⅱ掺气坎，并考虑掺气影响后，洞身进口断面 0＋004.59、洞身缓坡段断面 0＋106.05、洞身缓坡段断面 0＋186.05 洞顶余幅不够。洞身进口断面 0＋004.59 直墙高度至少需加高 2.0m；洞身缓坡段断面 0＋106.05 直墙高度至少需加高 1.4m；洞身缓坡段断面 0＋186.05 直墙高度至少需加高 0.56m，才能满足水面不越直墙，洞顶余幅大于 25%的要求。

（4）通过广泛的工程调研和综合分析，提出了 2#泄洪洞衬砌混凝土过水表面施工不平整度控制要求为：

1）不允许出现类似条形突体的垂直升坎等施工错台。

2）残留灌浆孔洞、残留钢筋头、模板定位销孔等应控制其不平整度在 3mm 以内，且没有明显凸起（纵向坡度控制在 1：40，横向坡度控制在 1：30）。

8.4　本　章　小　结

针对涔天河水库扩建工程泄洪洞下泄流量大、流速高，结构体型复杂多变，抗空蚀要求高的问题，重点对该工程 2#泄洪洞"龙抬头"型式方案进行了防冲减蚀试验研究，通过研究得到结论如下：

（1）当不设掺气坎时，2#泄洪洞在校核洪水位下运行时，渐变段末端流速超过 35m/s，其后缓坡段有小于 0.3 的水流空化数出现，该处需设置掺气坎。

（2）通过工程类比和综合分析，确定 2#泄洪洞仅在反弧段末端设置一道掺气坎，全部取消缓坡段的掺气坎。进而对该处的掺气坎体型进行了系列局部改进型优化试验，推荐采用体型Ⅱ：采用 2.0m 跌坎＋坎后约 1.0m 高平台＋坡度较陡斜坡与 2%缓坡衔接的混合式掺气坎型式。

（3）通过广泛的工程调研和综合分析，提出了 2#泄洪洞衬砌混凝土过水表面施工防冲减蚀要求为：

1）不允许出现类似条形突体的垂直升坎等施工错台。

2）残留灌浆孔洞、残留钢筋头、模板定位销孔等应控制其不平整度在 3mm 以内，且没有明显凸起（纵向坡度控制在 1：40，横向坡度控制在 1：30）。

3）另外溢流面采用高强度抗冲耐磨混凝土。

第9章 1#泄洪洞泄流数值反馈与掺气坎布置优化

9.1 概 述

本书第 7 章对 1#泄洪洞（"龙落尾"型式）进口至出口沿程水流流态、水面线、泄流能力、掺气减蚀体型及掺气效果等进行了试验验证和优化。然而，由于"龙落尾"型式泄洪洞在掺气坎后的掺气水流是一种复杂的三维瞬态水气两相流，其界面形式较为复杂，各相在时间和空间上随机分布，同时两相间存在动态的耦合作用，目前对于实际工程主要采用模型试验进行研究。水工模型试验通常基于重力相似准则进行试验设计，但高速水流掺气过程中水-气界面及相间相互作用显著，且表面张力影响较大，而物理模型试验要同时实现重力相似与表面张力相似，难度很大。此外，模型试验除受测量手段等限制外，还存在缩尺效应，且模型试验耗时花费高。

近年来，随着气液两相流理论和数值模拟技术的发展，数值模拟技术逐渐成为研究复杂流动问题的有效工具。与物理模型试验相比，数值模拟方法优点如下：

（1）花费少。预测同样的物理现象，计算机花费通常为相应的试验研究费用的几十分之一，其至更少，而且，随着高性能计算机的发展，精细数值模拟的运行成本将会进一步降低，而精细模型试验研究所需的人力、物力、财力等花费则会上升。

（2）计算速度快，效率高。只要数值模拟程序调试完毕，其计算每一个工况的时间是模型试验无法相比的，这使得数值模拟能在较短时间内完成多个计算工况，并通过数值模拟结果比较设计优化工况。而且，设计人员还可以在短时间内研究流体的流动结构。

（3）数值模拟计算可以全面、深入地解释流体的内部结构，解决试验设备限制检测不到的"盲区"。

（4）模拟仿真流动能力强，理论上可以进行任何复杂流动的数值计算，可以数值模拟计算任何比例尺和物理状态的流动及其变化过程。

（5）具有模拟理想状态下的能力，数值计算可以模拟物理模型中无法实现的纯理想化流动，只需改变计算参数就可以精确模拟物理模型试验中最多能实现近似的边界条件。

"龙落尾"型式泄洪洞布置的掺气减蚀设施，往往存在空腔回水和水翅击打泄洪洞洞顶的问题，避免空腔回水封堵通气孔以及防止水翅冲刷破坏是"龙落尾"型式泄洪洞掺气设施布置面临的重要难题。本章结合浐天河水库扩建工程 1#泄洪洞泄洪物理模型试验成果，采用 FLOW3D 软件对 1#泄洪洞推荐掺气减蚀设施布置进行验证和优化。在数值模拟过程中，采用结构化矩形网格的 FAVOR 方法、VOF 方法、RNG k-ε 湍流模型以及精细网格来提升模拟效果。

9.2　研究内容与计算工况

拟开展研究如下：

（1）按照第 7 章试验方案 4 建立数值模型，模拟下泄 $P=1\%$、$P=0.2\%$、$P=0.01\%$ 等特征频率洪水时进口至出口沿程的水流流态和掺气减蚀效果，验证掺气设计体型，提供进口至鼻坎沿程的实测水面线和流速分布，分析洞身尺寸的合理性。

（2）将试验方案 4 坎后斜坡段的斜率改为 15% 和 10% 建立数值模型，模拟下泄 $P=0.01\%$ 特征频率洪水时进口至出口沿程的水流流态和掺气减蚀效果，分析坎后斜坡段的斜率对于回水范围以及掺气效果的影响。

（3）将试验方案 4 翼型坎的挑坎角度改为 0%、5% 建立数值模型，模拟下泄 $P=0.01\%$ 特征频率洪水时进口至出口沿程的水流流态和掺气减蚀效果，分析翼型坎的斜率对于回水范围以及掺气效果的影响。

基于上述研究内容，拟计算不同工况对应掺气坎体型见表 9-1。

表 9-1　　　　　　　　　　不同工况对应掺气坎体型

计算工况	掺气坎数量	桩号	型式	挑坎角度/%	坎后斜坡坡率/%
1	1	0+518.00	翼型坎	10	20
2	1	0+518.00	翼型坎	10	15
		0+518.00			10
3	1	0+518.00	翼型坎	0	10、15、20
		0+518.00		5	10、15、20

9.3　1#泄洪洞泄流数值模型

9.3.1　Flow3D 软件数值计算模型

Flow3D 软件具有良好的图形操作界面，前处理、计算和后处理都在同一界面完成。软件包含丰富的物理模型，能够模拟无黏流、层流、湍流、传热、化学反应、颗粒运动、多相流、自由表面流等现象，可同时考虑对流换热、热传导、热辐射等换热方式。不仅可求解牛顿流体，也可求解非牛顿流体。计算结果可以以彩色等值线、曲线、矢量、三维立体切片、透明及半透明等图形方式显示出，并可以保存成图片和视频的格式输出。

1. 带自由面的单相流模型

目前在水利水电工程中一般采用带自由面的单相流模型进行数值模拟，其矢量形式的控制方程为

$$\frac{\partial U_i}{\partial x_i} = 0 \tag{9-1}$$

$$\frac{\partial U_i}{\partial t} + \frac{\partial}{\partial x_j}(U_i U_j) = \frac{1}{\rho}\frac{\partial p}{\partial x_i} + \frac{1}{\rho}\frac{\partial}{\partial x_j}\tau_{ji} \tag{9-2}$$

式中 U——速度；

        ρ——流体密度（常量）；

        p——压强；

        τ——黏性力；

下标 i、j——笛卡尔坐标系下 x、y、z。

式（9-1）、式（9-2）即为黏性不可压缩单流体的 N-S 方程组。除流速和压强这两个最为重要的流动参数之外，还需要动态地追踪自由面的位置。这一任务通常由 VOF 方程完成，主要由 3 部分组成：①定位表面；②跟踪自由表面运动到计算网格时的流体表面；③应用表面的边界条件。

其基本形式为

$$\frac{\partial \alpha}{\partial t} + \frac{\partial}{\partial x_i}(\alpha U_i) = 0 \tag{9-3}$$

式中 α——水相的体积分数。

2. 湍流模型

本次计算使用 RNG k-ε 湍流模型来模拟湍流对时均动量输运的影响，其湍动能 k 方程和耗散率 ε 方程分别为

$$\frac{\partial(\rho k)}{\partial t} + \frac{\partial}{\partial x_i}(\rho k U_i) = \frac{\partial}{\partial x_i}\left(\rho D_k^{eff}\frac{\partial k}{\partial x_i}\right) + \rho P_k - \frac{2}{3}\frac{\partial U_i}{\partial x_i}\rho k - \rho \varepsilon \tag{9-4}$$

$$\frac{\partial(\rho \varepsilon)}{\partial t} + \frac{\partial}{\partial x_i}(\rho \varepsilon U_i) = \frac{\partial}{\partial x_i}\left(\rho D_\varepsilon^{eff}\frac{\partial \varepsilon}{\partial x_i}\right) + C_{1\varepsilon}\rho P_k\,\frac{\varepsilon}{k} - \frac{2}{3}\frac{\partial U_i}{\partial x_i}C_{1\varepsilon}\rho \varepsilon - C_{2\varepsilon}^*\rho\,\frac{\varepsilon^2}{k} \tag{9-5}$$

式中 D_k^{eff}、D_ε^{eff}——一般均采用 $v + \dfrac{\nu_t}{\sigma}$ 计算；

        v——运动黏滞系数；

        P_k——湍动能的产生项；

        $C_{2\varepsilon}^*$——相比标准模型改进后的系数。

P_k 和 $C_{2\varepsilon}^*$ 的计算式为

$$P_k = \nu_t\,\frac{\partial U_i}{\partial x_j}\left(\frac{\partial U_i}{\partial x_j} + \frac{\partial U_j}{\partial x_i}\right) \tag{9-6}$$

$$\begin{cases} C_{2\varepsilon}^* = C_{2\varepsilon} + \dfrac{\mu + \eta^3\left(1 - \dfrac{\eta}{\eta_0}\right)}{1 + \beta\eta^3} \\[2mm] \eta = \dfrac{Sk}{\varepsilon} \\[2mm] S = (2\overline{D_{ij}}\,\overline{D_{ij}})^{\frac{1}{2}} \end{cases} \tag{9-7}$$

式中 μ——动力黏滞系数；

        $\overline{D_{ij}}$——平均应变率张量。

湍流黏度的计算公式为 $\nu_t = C_\mu \dfrac{k^2}{\varepsilon}$，在数值计算时，模型参数分别取 $C_\mu = 0.0845$，$\sigma_k = 0.71942$，$\sigma_\varepsilon = 0.71942$，$C_{1\varepsilon} = 1.42$，$C_{2\varepsilon} = 1.68$，$\eta_0 = 4.38$，$\beta = 0.012$。

3. 表面掺气模型

当假设自由表面掺气由失稳力和稳定力来控制时，失稳力与湍动能线性相关，而稳定力来源于表面张力和重力两部分，且此两力均和湍流的长度尺度密切相关。当失稳力大于稳定力时，掺气即可发生，其控制方程为

$$L_T = \frac{C_\mu^{\frac{3}{4}} k^{\frac{3}{2}}}{\varepsilon} \tag{9-8}$$

$$P_t = \rho k \tag{9-9}$$

$$P_d = \rho g_n L_T + \frac{\sigma}{L_T} \tag{9-10}$$

$$s_a = \begin{cases} k_a A_s \sqrt{\dfrac{2(P_t - P_d)}{\rho}}, & P_t > P_d \\ 0, & P_t \leqslant P_d \end{cases} \tag{9-11}$$

式中　L_T——湍流长度尺度；

$\quad C_\mu$——湍流模型常数，取 0.085；

$\quad k$、ε——湍动能及其耗散率；

$\quad \rho$——流体密度；

$\quad g_n$——水面法向的重力分量；

$\quad \sigma$——表面张力系数；

$\quad s_a$——网格内单位时间内掺入的气体体积；

$\quad k_a$——一可调节的比例系数；

$\quad A_s$——网格内自由水面的面积。

9.3.2　计算模型及网格划分

图 9-1、图 9-2 主要包括上游斜坡段、掺气坎、通风管、坎后斜坡段以及坎后反弧段。为提升模拟效果，模拟过程中采用了结构化矩形网格的 FAVOR 方法及 VOF 方法，使自由液面附近结果准确；选用 RNG $k-\varepsilon$ 湍流模型，与标准 $k-\varepsilon$ 模型相比，可以考虑小尺度涡体运动的影响，对于旋转流动、急变流以及低雷诺数流动有着更好的准确性；同时使用精细网格（掺气坎部位单元尺寸约为 1/40 掺气坎坎高），提高湍流参数的收敛性。其中，上游斜坡段网格尺寸为 0.3～0.4m，掺气坎及通风管的网格尺寸为 0.05～0.2m，坎后斜坡段网格尺寸为 0.25～0.3m，模型总网格数为 5365000。在数值模拟中，上游边界设置为速度进口边界

图 9-1　1#泄洪洞数值计算模型

条件和压力进口边界条件，下游设置为自由出流边界，出口压力值为一个大气压值。对近壁流，采用壁面函数模拟，壁面采用无滑移条件。上边界设置为相对压强边界，相对压强为0。

（a）整体网格划分　　　　　　　　　　（b）掺气坎及通气管网格划分

图9-2　1#泄洪洞数值网格划分

9.4　1#泄洪洞泄流数值反馈分析

在涔天河水库扩建工程4级库水位（校核洪水位320.27m、设计洪水位317.76m、正常蓄水位313.00m和防洪限制水位310.50m）条件下，针对1#泄洪洞试验方案4，即表9-1中的计算工况1，进行了流态、沿程水面线、时均压力和掺气浓度等方面的数值反馈分析。

1. 流态

典型库水位下1#泄洪洞泄流时水流流态、水流流线和流速分布分别如图9-3～图9-5所示。1#泄洪洞在计算工况1时掺气坎后空腔特征参数对比见表9-2。

表9-2　　　　　　　　1#泄洪洞在计算工况1时掺气坎后空腔特征参数对比

库水位	模型试验		数值计算	
	空腔长度/m	空腔形态/m	空腔长度/m	空腔形态/m
校核洪水位320.27m	17.8	积水0.1	18.4	积水0.15
设计洪水位317.76m	16.9	积水0.1	17.6	积水0.2
正常蓄水位313.00m	15.4	积水0.2	16.0	积水0.3
防洪限制水位310.50m	14.7	积水0.3	15.2	积水0.35

由图9-3～图9-5可知：

（1）掺气坎挑射的外缘水舌呈立体分布，主要表现为中间水舌高、落点远，靠近两侧边墙的水舌低、落点近的分布形态。中间水舌表面在坎后24.50m附近中间水面距直墙顶部约0.88m。

（2）在各级库水位下，掺气坎后均可形成稳定空腔；计算空腔长度与模型试验空腔长度较为接近，但计算值略小于模型试验值；在设计洪水位条件下的差异最大，最大差异为0.7m，最大误差不超过4%，这表明本次研究建立的数值模型计算精度高。

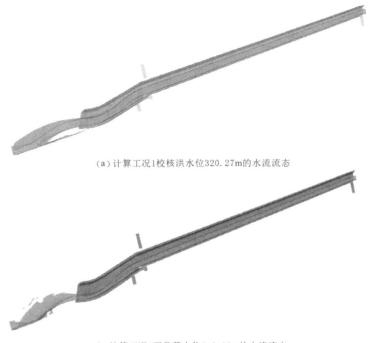

（a）计算工况1校核洪水位320.27m的水流流态

（b）计算工况1正常蓄水位313.00m的水流流态

图 9-3　典型库水位下计算工况 1 的水流流态

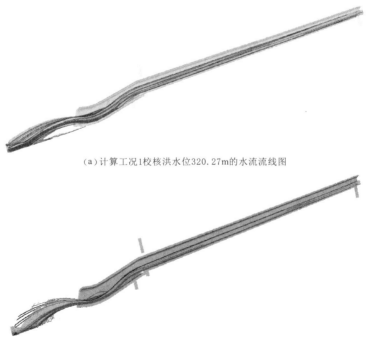

（a）计算工况1校核洪水位320.27m的水流流线图

（b）计算工况1正常蓄水位313.00m的水流流线图

图 9-4　典型库水位下计算工况 1 的水流流线图

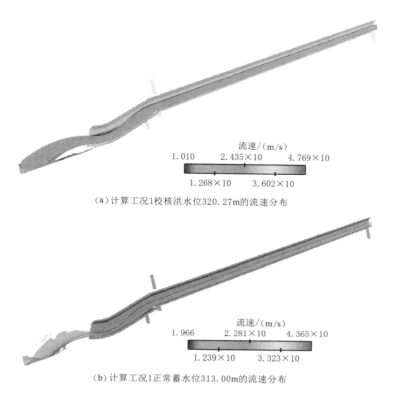

（a）计算工况1校核洪水位320.27m的流速分布

（b）计算工况1正常蓄水位313.00m的流速分布

图9-5 典型库水位下计算工况1的流速分布

2. 水面线

不同水位下1#泄洪洞水面线如图9-6所示，数值计算水面线和模型试验水面线对比见表9-3。

表9-3 1#泄洪洞水面线高度数值计算和模型试验结果对比

测点编号	桩号	模型试验	数值计算	模型试验	数值计算	部位
		校核洪水位 320.27m	校核洪水位 320.27m	正常蓄水位 313.00m	正常蓄水位 313.00m	
1	0−9.00	7.64	7.65	7.48	7.48	
2	0−2.42	7.70	7.71	7.52	7.51	
3	0+1.63	7.68	7.70	7.52	7.50	
4	0+21.00	7.84	7.85	7.60	7.58	
5	0+40.00	7.92	7.94	7.66	7.63	
6	0+80.00	7.88	7.91	7.70	7.68	3.5%斜坡段
7	0+120.00	7.92	7.91	7.60	7.62	
8	0+160.00	7.88	7.92	7.60	7.61	
9	0+200.00	7.88	7.91	7.60	7.62	
10	0+240.00	7.96	7.95	7.70	7.68	

续表

测点编号	桩号	模型试验 校核洪水位 320.27m	数值计算 校核洪水位 320.27m	模型试验 正常蓄水位 313.00m	数值计算 正常蓄水位 313.00m	部位
11	0+280.00	7.92	7.90	7.90	7.92	3.5%斜坡段
12	0+320.00	7.96	7.94	7.90	7.88	
13	0+360.00	7.96	7.97	7.86	7.84	
14	0+400.00	8.00	7.99	7.80	7.78	
15	0+440.00	8.00	7.98	7.70	7.70	
16	0+480.00	7.96	7.97	7.70	7.68	
17	0+518.00	7.70	7.66	7.40	7.49	
18	0+525.92	7.92	7.84	7.70	77.75	1#坎后斜坡段
19	0+533.38	8.40	8.28	7.86	7.96	
20	0+542.50	11.20	11.04	9.60	9.70	
21	0+551.20	10.66	10.42	8.86	8.98	
22	0+560.34	8.70	8.94	8.10	8.18	
23	0+569.52	8.30	8.55	7.70	7.78	
24	0+584.95	8.10	8.23	7.90	7.95	1#坎后反弧段
25	0+598.08	7.30	7.41	6.80	6.82	
26	0+610.00	6.10	6.15	5.90	5.93	

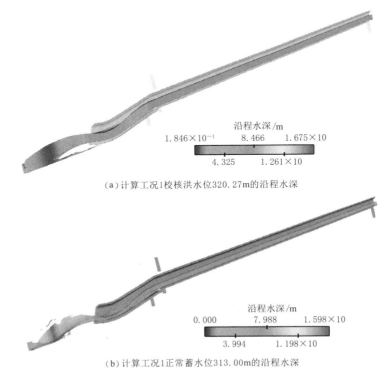

（a）计算工况1校核洪水位320.27m的沿程水深

（b）计算工况1正常蓄水位313.00m的沿程水深

图 9-6　典型库水位下计算工况 1 的沿程水深

由图 9-6 和表 9-3 可知：

（1）洞身段水深均未超过直墙高度，掺气坎前水面变化较为平稳，坎后局部水面有所抬升。

（2）校核洪水位 320.27m 工况下，掺气坎及其下游模型实测水深的洞顶余幅为 25%～42%，掺气坎后 14.65～23.75m 范围内净空面积百分比约为 25%，其余部位净空面积比均超过 27%。

（3）数值计算的水面线高度与模型试验值较为一致。

3. 时均压力

不同水位下 1#泄洪洞掺气坎时均压力分布如图 9-7 所示，底板中心沿程时均压力数值计算和模型试验结果对比见表 9-4。

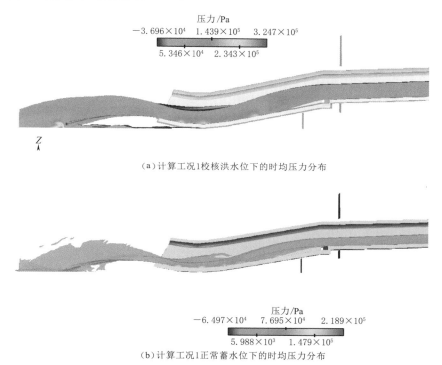

（a）计算工况1校核洪水位下的时均压力分布

（b）计算工况1正常蓄水位下的时均压力分布

图 9-7　典型库水位下计算工况 1 的时均压力分布

表 9-4　　底板中心沿程时均压力的数值计算和模型试验结果对比　（×9.81kPa）

测点编号	桩号	测点高程/m	模型试验	数值计算	模型试验	数值计算
			校核洪水位 320.27m	校核洪水位 320.27m	正常蓄水位 313.00m	正常蓄水位 313.00m
1	0+524.32	238.66	−0.48	−0.36	−0.20	−0.11
2	0+529.55	237.62	0.88	1.01	1.24	1.44
3	0+534.77	236.57	1.57	1.85	1.73	1.95
4	0+540.00	235.53	2.33	2.57	3.01	3.51

续表

测点编号	桩号	测点高程/m	模型试验	数值计算	模型试验	数值计算
			校核洪水位 320.27m	校核洪水位 320.27m	正常蓄水位 313.00m	正常蓄水位 313.00m
5	0+545.00	234.53	4.25	4.75	6.57	7.69
6	0+550.00	233.53	7.57	8.03	7.85	9.83
7	0+555.00	232.53	12.93	14.55	12.69	14.21
8	0+560.00	231.53	13.57	12.55	10.93	13.52
9	0+564.74	230.58	12.76	12.78	10.56	12.11
10	0+569.48	229.63	13.55	13.79	11.75	13.31
11	0+577.68	228.41	16.13	18.21	14.69	15.53
12	0+585.96	228.00	15.46	15.73	14.14	15.46
13	0+594.06	228.39	14.99	14.31	13.63	12.37
14	0+602.09	229.56	14.02	13.30	12.70	11.56
15	0+609.77	231.44	2.74	2.21	2.42	2.32

（1）在各级水位下，掺气坎后空腔内均出现负压，在校核洪水位，坎后斜坡段起点附近最大负压值约为 $-0.36 \times 9.81 \mathrm{kPa}$；空腔内负压最大值未超过 $-4.0\mathrm{kPa}$，表明掺气设施的空腔负压满足要求。

（2）下游 1:5 斜坡段前半段压力沿程增大，后半段压力略有减小，反弧段内压力明显增大，压力最大值出现在坎后反弧段，最大值为 $18.21 \times 9.81 \sim 14.34 \times 9.81 \mathrm{kPa}$。

（3）由时均压力的数值计算结果与模型试验结果对比来看，两者的最大负压差别较大，数值计算结果比模型试验结果大 20% 左右；而两者的时均压力最大值和时均压力的分布规律则较为一致。

4. 掺气浓度

1#泄洪洞洞身段底板掺气浓度数值计算和模型试验结果对比见表 9-5，不同水位下 1#泄洪洞掺气坎各测点掺气量如图 9-8 所示。

表 9-5　　　　　1#泄洪洞洞身段底板掺气浓度数值计算和模型试验结果对比　　　　　　%

桩　号	模型试验	数值计算	模型试验	数值计算
	校核洪水位 320.27m	校核洪水位 320.27m	正常蓄水位 313.00m	正常蓄水位 313.00m
0+525.50	4.8	6.1	2.0	3.5
0+541.18	14.1	18.7	8.6	12.7
0+554.40	9.3	12.7	5.7	7.9
0+568.30	2.2	3.5	2.1	4.8
0+584.76	0.6	0.9	0.4	0.8
0+608.04	0	0	0	0

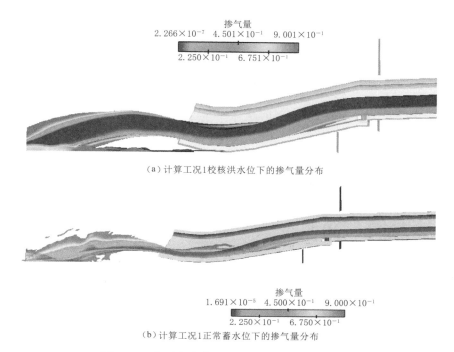

（a）计算工况1校核洪水位下的掺气量分布

（b）计算工况1正常蓄水位下的掺气量分布

图 9-8　典型库水位下计算工况 1 的掺气量分布

由图 9-8 和表 9-5 可知：

（1）在各级水位下，掺气坎下游 23.18～36.40m 范围附近，掺气浓度为 19.2%～13.4%；下游各测点掺气浓度基本上沿程递减，出口挑坎反弧段起点上游各点掺气浓度值均大于 3.5%，进入反弧段内掺气浓度明显降低，反弧段最低点附近掺气浓度为 1.8%～0.9%。

（2）由于在不同水位条件下，掺气坎后斜坡段内掺气浓度均大于 3.5%，空蚀破坏可能性不大；反弧段高程沿程降低部分底板掺气浓度的最小值为 0.9%，可认为该范围底部的水流掺气已具有一定的掺气减蚀效果。

（3）由底板掺气浓度的数值计算结果与模型试验结果对比来看，两者的分布情况较为一致，但数值计算结果较模型试验结果偏大一点，这可能由模拟中通气孔补气效果的差异导致。

9.5　1#泄洪洞掺气坎布置优化

9.5.1　掺气坎布置优化设计

工程实践表明，大流量小底坡泄洪洞布置的掺气减蚀设施，往往存在空腔回水和水翅击打泄洪洞洞顶的问题。当水流处于大单宽流量、低 Fr 数条件下，重力影响十分显著，空腔区流线产生严重弯曲，掺气空腔内容易形成回水，空腔回水对掺气设施的水力及掺气特性有明显影响，减少水气交界面，并削弱水流的掺气效果，严重时还会导致回水封堵进气孔，出现空腔消失的不利流态，影响掺气设施的正常运行。此外，由于边界条件的变化引起的冲击波均可能引起掺气坎水体紊动特性加剧形成水翅，水翅喷溅击打洞顶盖板等猝发现象，从而威胁工程安全。由于室内模型试验耗时长成本高，试验方案有限，为避免空腔回水封堵通气孔以及防止水翅冲刷破坏，以下采用上述反馈的数值模型进行掺气坎布置优化分析。

以涔天河水库扩建工程 1#泄洪洞的掺气减蚀设施的设计来看，应使掺气保护范围尽量长（最不利水位条件下避免空腔回水封堵通气孔），掺气坎后挑射水流最高点至底板的距离尽量小（防止掺气坎后水翅冲刷泄洪洞洞顶）。因此，基于水力安全和经济两方面的考虑，1#泄洪洞掺气坎体型的优化目标函数定义为

$$\text{Min } a(\alpha, \theta) = \frac{T_{\max}}{L_{\text{jet}}} \qquad (9-12)$$

式中　　α——翼型坎挑坎角度；

　　　　θ——坎后斜坡坡度；

　　$T_{\max}$——通过掺气坎后挑射水流最高点至底板的距离，作为度量泄洪洞边墙开挖高度的参数；

　　L_{jet}——掺气坎的有效空腔长度（稳定的空腔截面面积比上坎高），作为度量掺气保护长度的参数。

由式（9-12）可知，当优化目标函数取最小值时，此时对应的翼型坎挑坎角度 α 和坎后斜坡坡度 θ 为最优。

9.5.2　掺气坎布置优化分析

根据掺气坎体型优化的目标函数，参考本书第 9.2 节的研究内容和计算工况以及 1#泄洪洞室内试验体型参数及相应的试验结果，设计了 9 种不同的掺气坎体型方案，见表9-6。建立 1#泄洪洞泄流数值计算模型，采用上述数值反馈分析模型参数逐一进行计算，不同掺气坎体型计算方案下优化目标函数计算结果见表 9-7。不同掺气坎体型方案下计算结果如图 9-9 所示。

表 9-6　　　　　　　　　　　掺气坎体型优化计算方案参数

方案	型式	挑坎角度 α/%	坎高/m	坎后斜坡坡度 θ/%
M1	翼型坎	10	1.6	10
M2	翼型坎	10	1.6	15
M3	翼型坎	10	1.6	20
M4	翼型坎	5	1.6	10
M5	翼型坎	5	1.6	15
M6	翼型坎	5	1.6	20
M7	翼型坎	0	1.6	10
M8	翼型坎	0	1.6	15
M9	翼型坎	0	1.6	20

表 9 - 7		不同掺气坎体型计算方案下优化目标函数	
方　案	水　位	空腔形态	T_{max}/L_{jet}
M1	校核洪水位 320.27m	积水 0.53m	2.31
	设计洪水位 317.76m	积水 0.66m	2.43
	正常蓄水位 313.00m	积水 0.94m	3.82
	防洪限制水位 310.50m	回水淹没通气孔	—
M2	校核洪水位 320.27m	积水 0.31m	1.08
	设计洪水位 317.76m	积水 0.35m	1.39
	正常蓄水位 313.00m	积水 0.82m	3.26
	防洪限制水位 310.50m	积水 1.07m	4.33
M3	校核洪水位 320.27m	积水 0.15m	0.98
	设计洪水位 317.76m	积水 0.21m	1.05
	正常蓄水位 313.00m	积水 0.33m	1.16
	防洪限制水位 310.50m	积水 0.35m	1.22
M4	校核洪水位 320.27m	积水 0.62m	2.52
	设计洪水位 317.76m	积水 0.65m	2.86
	正常蓄水位 313.00m	积水 1.0m	4.12
	防洪限制水位 310.50m	回水淹没通气孔	—
M5	校核洪水位 320.27m	积水 0.43m	1.88
	设计洪水位 317.76m	积水 0.41m	1.95
	正常蓄水位 313.00m	积水 0.75m	3.10
	防洪限制水位 310.50m	积水 1.05m	4.38
M6	校核洪水位 320.27m	积水 0.21m	1.16
	设计洪水位 317.76m	积水 0.24m	1.28
	正常蓄水位 313.00m	积水 0.41m	1.87
	防洪限制水位 310.50m	积水 0.45m	2.22
M7	校核洪水位 320.27m	积水 0.67m	2.89
	设计洪水位 317.76m	积水 0.82m	3.46
	正常蓄水位 313.00m	回水淹没通气孔	—
	防洪限制水位 310.50m	回水淹没通气孔	—
M8	校核洪水位 320.27m	积水 0.21m	1.16
	设计洪水位 317.76m	积水 0.24m	1.28
	正常蓄水位 313.00m	积水 0.41m	1.87
	防洪限制水位 310.50m	积水 0.45m	2.34
M9	校核洪水位 320.27m	积水 0.32m	1.33
	设计洪水位 317.76m	积水 0.35m	1.47
	正常蓄水位 313.00m	积水 0.46m	2.14
	防洪限制水位 310.50m	积水 0.52m	2.73

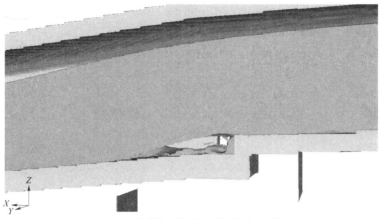

（a）方案M1校核洪水位下掺气坎后空腔回水情况

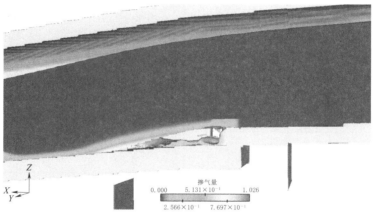

掺气量
0.000　　5.131×10⁻¹　　1.026
2.566×10⁻¹　7.697×10⁻¹

（b）方案M1校核洪水位下掺气坎后空腔掺气量分布

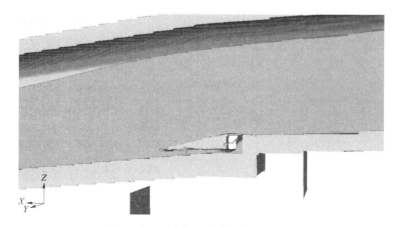

（c）方案M1设计洪水位下掺气坎后空腔回水情况

图 9-9（一）　不同掺气坎体型方案和水位下回水和掺气情况

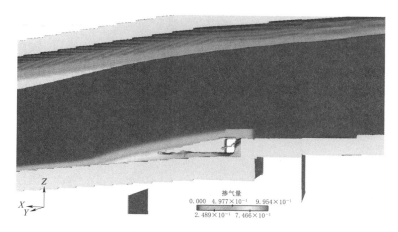

（d）方案M1设计洪水位下掺气坎后空腔掺气量分布

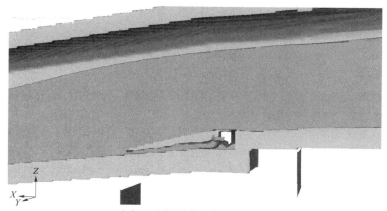

（e）方案M1正常蓄水位下掺气坎后空腔回水情况

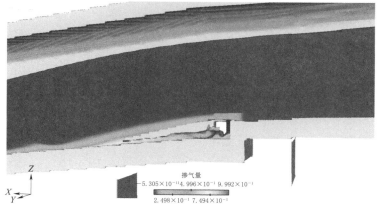

（f）方案M1正常蓄水位下掺气坎后空腔掺气量分布

图9-9（二）　不同掺气坎体型方案和水位下回水和掺气情况

（g）方案M1防洪限制水位下掺气坎后空腔回水情况

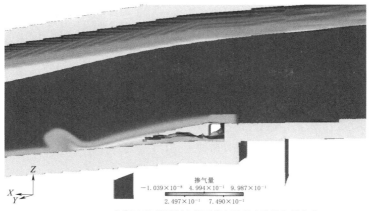

（h）方案M1防洪限制水位下掺气坎后空腔掺气量分布

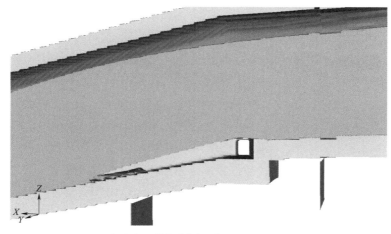

（i）方案M3校核洪水位下掺气坎后空腔回水情况

图9-9（三） 不同掺气坎体型方案和水位下回水和掺气情况

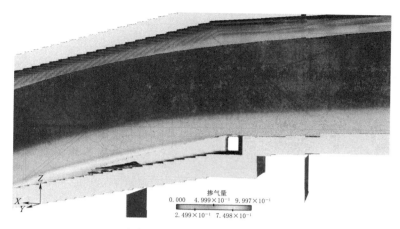

（j）方案M3校核洪水位下掺气坎后空腔掺气量分布

图 9-9（四） 不同掺气坎体型方案和水位下回水和掺气情况

由上述计算结果可知，方案 M1、M4 和 M7 其掺气坎后空腔均出现了回水淹没通气孔的情况，M2、M3、M5、M6、M8、M9 的 T_{max}/L_{jet} 值在不同水头作用下出现的最大值分别为 4.33、1.22、4.38、2.22、2.34 和 2.73，由式（9-12）容易得到方案 M3 的目标函数最小，因此最优设计方案为 M3，即翼型坎挑坎角度 α 和坎后斜坡坡度 θ 分别为 10% 和 20%。由此可见，室内试验推荐方案 4 为掺气坎体型最优方案。

9.6 本 章 小 结

通过对涔天河水库扩建工程 1$^{\#}$ 泄水洞泄流进行数值反馈与掺气设施布置优化研究，得到结论如下：

（1）采用结构化矩形网格的 FAVOR 方法、VOF 方法、RNG k-ε 湍流模型以及精细网格的数值模型，可以较好模拟出"龙落尾"泄洪洞掺气坎后空腔回水的宏观特性。

（2）基于定义的有效空腔长度和优化目标函数，利用反馈数值计算模型对掺气坎布置进行优化分析，得出翼型坎挑坎角度 α 和坎后斜坡坡度 θ 最优值分别为 10% 和 20%。

第 10 章 大坝设计与施工

10.1 概 述

涔天河水库扩建工程挡水大坝为混凝土面板堆石坝，其以堆石体为支承结构，采用混凝土面板作为大坝的防渗体，并将其设置在堆石体的上游面，其后依次为垫层、过渡层、主堆石体、次堆石体等。由于涔天河水库扩建工程有其独特的地形、地质、水文、气象等自然约束条件，也有将原挡水大坝作为水库扩建工程的上游围堰等施工约束条件。因此，扩建工程面板堆石坝的设计不可直接套用类似工程的设计，只能借鉴已有工程的经验，并开展针对性的比选研究工作，进而选定大坝设计和施工方案。为此，本章阐述涔天河水库扩建工程面板堆石坝经过综合分析选定的设计和施工方案。

10.2 大 坝 设 计

10.2.1 大坝布置

混凝土面板堆石坝坝轴线上距原大坝轴线 194.9m，河床段趾板上缘距老溢流坝坝趾 10.9m，涔天河老电站主副厂房、安装场及筏道拆除，面板上游铺盖及盖重紧挨原大坝下游坝趾布置。

混凝土面板堆石坝最大坝高 114m，坝顶长 332.15m。上游坡比 1∶1.4，下游坡比 1∶1.3～1∶1.4，下游坝坡设"之"字路上坝，综合坡比 1∶1.572。坝上游面设混凝土防渗面板，面板顶厚 0.3m，底厚 0.683m，面板分缝间距 12m，面板与坝脚趾板间设周边缝。趾板厚 0.6～0.8m，河床部位趾板长 8.0m，两岸趾板长 6.5～5m，趾板锚固在较坚硬基岩上，兼作灌浆压板。

下游坝坡高程 240.00m 以下采用新鲜岩石干砌护坡，高程 240.00m 以上采用新型格式生态护坡。高程 240.00 平台宽 8m，初期考虑兼做永久进厂过河交通道路，后期进厂公路改道，该平台保留。下游坝坡"之"字路起点位于左岸高程 262.00m，终点位于左岸高程 305.00m，路面宽度 8m，路面纵坡 8.5%～11.1%，兼做施工期坝体填筑施工通道和后期运行检修道路。

10.2.2 坝顶结构布置

大坝坝顶高程 324.00m，坝顶上游侧设 4.9m 高的混凝土"L"墙，墙上游侧顶部设置 0.8m 宽检修便道，"L"形防浪墙墙底高程 320.30m，墙顶高程 325.20m。坝顶下游侧设置电缆沟兼防撞墩墙，电缆沟顶部高程 324.30m，外缘设置防护栏杆。坝顶公路是连接左右岸的交通要道，根据交通要求，坝顶设计宽度 10m，沥青混凝土路面，路面净宽 7m，路面上下两侧各设 1.0m 和 1.5m 宽的人行道，上游侧人行道高程 324.10m，下游侧人行道高程 324.30m。坝顶路面以中心线向两侧设置横向坡度 2%，人行道下埋设排水管将路面积水排向上、下游坡面。

10.2.3 坝体设计

10.2.3.1 横剖面

大坝坝体采用新鲜和微风化的灰岩填筑，上游坝坡坡比 1∶1.4，下游坝坡结合上坝"之"字路的布置坡比 1∶1.3～1∶1.4，综合坡比 1∶1.572。为节省坝体堆石量，坝顶上游侧设 4.9m 高混凝土"L"形防浪墙，防浪墙底部高程 320.30m，顶高程 325.20m，墙底与混凝土面板间设周边缝，留 0.8m 宽平台。

10.2.3.2 坝体分区

按坝体受力和防渗情况，自上游向下游将坝体划分为：面板上游面砂卵石盖重和粉细砂防渗铺盖、混凝土趾板、混凝土面板、混凝土挤压边墙、垫层、过渡层、主堆石区、下游堆石区、坝顶上游侧防浪墙和下游坝面新型格式生态护坡，在周边缝下游侧应设置薄层碾压的特殊垫层区。

垫层料采用牌楼砂砾料场天然砂砾料掺配填筑，过渡料采用溪江石料场开采灰岩料，主堆石区采用溪江石料场开采灰岩料填筑；下游堆石区由两种料源组成，小部分来自坝区开挖利用料，大部分来自溪江石料场开采灰岩料。

10.2.3.3 混凝土面板设计

1. 面板厚度

面板的厚度主要为满足防渗性和耐久性的要求，混凝土面板在坝顶处厚度最小，取 30cm，在坝底处厚度最大，厚度为 68.3cm，面板最大水力梯度 156。

2. 面板分缝与分块

面板分缝从位置与功能角度可分为周边缝、垂直缝和水平缝。面板两侧以坝体为依托与两岸岩体连接，坝体变形远大于基岩变形，因而面板周边应设置永久性伸缩缝即周边缝，周边缝总长 468m。垂直缝间距根据河谷形状、坝体变形并类比相关工程确定，本工程采用等宽面板设计，面板垂直缝间距 12m，设置了 24 条垂直向永久伸缩缝，将面板分成 25 个垂直条块，其中河床中部 7 条为压性缝，其他 17 条为张性缝。面板不设永久水平缝，一期与二期面板间设置一条水平施工缝，在继续浇筑混凝土之前，施工缝的缝面应经凿毛处理，面板钢筋穿过缝面，施工缝表面设置塑性填料和保护盖片形成止水系统。

3. 面板混凝土

对于混凝土面板堆石坝，面板混凝土应具有较高的抗渗性、耐久性、抗裂性及良好的和易性。其抗渗性和耐久性比抗压强度更重要。过高的抗压强度会使水泥用量增加，混凝土的水化热增加，导致面板容易产生裂缝，降低面板的抗渗性能。但是混凝土的抗拉强度和耐久性与抗压强度密切相关，这就要求混凝土具有适当的抗压强度。根据已建工程经验，面板混凝土强度等级采用 C25，抗渗等级 W12，抗冻等级 F150。混凝土采用二级配，掺适量聚丙烯纤维、Ⅱ级粉煤灰、引气剂和减水剂，坍落度控制在 3～7cm。

4. 面板配筋

面板采用双层双向配筋，纵横向配筋率为 0.36% 和 0.28%，高程 285.00m 以下一期面板竖向钢筋 $\phi20@150$、水平钢筋 $\phi16@150$，高程 285.00m 以上二期面板竖向钢筋 $\phi16@150$、水平钢筋 $\phi14@150$，钢筋均为Ⅲ级钢。

10.2.3.4　趾板设计

趾板为承上启下的防渗结构，其作用是保证面板与坝基间不透水连接和作为基础灌浆的盖板。

本坝趾板下基岩风化深度大，不可能全部清除至新鲜岩石，右岸中上部有部分置于强风化带岩石上，采取加强固结灌浆、趾板后设内趾板反滤铺盖等工程措施处理。趾板水平面按垂直 "X" 控制线。

趾板的宽度根据其地质条件，水力梯度控制在 10～20。建基面在弱风化带内，趾板宽度按 1/15 水头确定；建基面在强风化带内，其宽度按 1/10 水头确定，趾板宽度共分 5m、6.5m、8m 三种，趾板下游防渗板（内趾板）宽度根据允许水力梯度确定。趾板宽度高程 285.00m 以下取 8m，高程 285.00～300.00m 取 6.5m，高程 300.00m 以上取 5m；趾板厚度高程 255.00m 以下取 0.8m，高程 255m 以上取 0.6m。

趾板采用单层双向配筋，$\phi25@200$ 钢筋网（Ⅲ级钢）布置在表面以下 10cm 处，每向配筋率为断面的 0.4%。趾板与基础岩石之间设 $\phi28$ 锚固钢筋，锚筋间距 1.5m、排距 1.5m，深入基岩 4.8m，钢筋须与趾板面层钢筋网焊接。趾板混凝土采用 C25，抗渗等级 W12。趾板伸缩缝与面板分缝错开布置。

10.2.3.5　分缝止水设计

按面板坝混凝土结构所在部位不同，分缝分为周边缝、面板垂直缝、面板与 "L" 墙间水平缝、面板施工缝、趾板永久缝和施工缝等。

10.2.3.5.1　周边缝止水

1. 止水结构

周边缝止水系统采用二道止水加自愈系统，即 "表层塑性填料-顶部波浪形橡塑止水带-底部铜片止水" 的止水结构。

2. 铜片止水型式

根据周边缝的分缝位移计算值和止水铜片的抗剪能力，确定铜片止水型式，即确定其在接缝中自由段的高度和宽度，以满足接缝止水在最大位移情况下仍能有效防渗限渗。经工程类比，采用的铜片止水厚度为 1.0mm，止水自由段尺寸为：水平段 $L=200mm$、鼻子宽度 $B=25mm$、鼻子高度 $H=70mm$。为防止铜片止水与混凝土之间硬接触处发生撕裂，在止水鼻两侧拐角处放置橡胶棒。铜片嵌入混凝土中 70mm，铜片与混凝土的黏结面可较好地防止绕渗。

3. 表面塑性填料

表面塑性填料在正常情况下能阻止库水进入缝中。当接缝产生变形时，它能在水压力作用下挤入缝中，依托于支撑体，封闭接缝，阻止或减缓渗漏。通过工程类比，本工程塑性填料选用中水科海利公司的 GB 塑性填料。

4. 自愈系统

自愈系统包括周边缝顶部堵缝材料和下部的特殊垫层区。当止水局部破坏而产生渗漏时，堵缝材料受水流作用，经特殊垫层区反滤保护而限制渗漏。堵缝材料 GB 柔性填料，特殊垫层区料采用垫层料中剔除大于 40mm 颗粒后的剩余部分，小于 5mm 含量为 35%～60%。堵缝材料沿周边缝铺设在顶部止水之上，特殊垫层区沿整个周边缝底部填筑。

5. 周边缝底部结构

周边缝中嵌 12mm 厚沥青木板。底部 F 形铜片止水置于沥青砂浆垫层上，外包细料小区，在垫层料区内。水泥砂浆垫层主要是给 F 形铜片止水提供一个坚硬平整的支撑面，也能起到附加阻水作用，阻止塑性填料和自愈材料的流失。F 形铜片止水片与水泥砂浆垫层间有垫片，以利于铜片变形，并且垫片与止水紧密结合，联合止水以防绕渗，限制嵌缝材料的流失。

10.2.3.5.2 面板垂直缝止水

面板坝垂直缝的位移一般以张拉位移为主，剪切和沉降位移较小。同周边缝止水设计原理一样，根据垂直缝的分缝位移计算值和止水铜片的抗剪能力，确定铜片止水型式，即确定其在接缝中自由段的高度和宽度，以满足接缝止水在最大位移情况下仍能有效防渗限渗。只要能保证止水自由段长度大于沉降和张开的叠加值，铜片便可满足面板三向变位要求。

1. 伸缩缝止水

伸缩缝为在两岸坝肩附近的面板分缝。均设有表面塑性填料止水与底部"W1"型铜片止水，塑性填料均用 GB 盖片覆盖。

底部"W1"型铜片止水采用厚度为 1.0mm，止水自由段尺寸为 $L=180$mm，$B=12$mm，$H=60$mm。为使铜片止水更好地适应变形，在止水鼻内侧拐角处放置一根橡胶棒，铜片止水嵌入混凝土长 70mm。

2. 挤压缝止水

为减小面板的平面位移以利于减小周边缝的位移，大部分垂直缝中均不设填料，为硬接触缝，缝面涂沥青乳液防止面板混凝土施工时新老混凝土黏接。相关工程经验表明，狭窄河谷面板坝压性垂直缝容易出现混凝土面板挤压破坏的情况，根据规范要求，高坝应间隔设置几条能吸收坝轴线向变形的压性垂直缝，缝内设置一定强度的填充板。工程在河床段间隔选取四条压性垂直缝，缝内嵌沥青杉板。

10.2.3.5.3 水平缝及 L 形防浪墙沉降缝止水

1. 水平缝止水

L 形防浪墙底高程 320.30m，校核洪水位 320.27m，加上风浪爬高，超过高程

320.30m。因此，该分缝设两道止水，表面设塑性填料，底部为"W2"型铜片止水片。铜片止水置于水泥砂浆垫层上，之间设有垫片。缝中嵌 12mm 沥青木板。

2. 面板分期施工缝

根据施工进度安排，上游防渗面板分两期浇筑，分期浇筑的面板之间设水平施工缝，缝面采用垂直于面板表面的法向缝形式，缝顶面设置 GB 填料和 GB 保护盖片形成的自愈止水系统。两期面板的钢筋需穿过施工缝连成整体，缝面处理应在混凝土强度达到 2.5MPa 后进行，缝面上不应有浮浆、松动料物，宜用冲毛或刷毛处理成毛面，以露出砂粒为准，缝面涂抹一层水泥砂浆，其厚度宜为 15～20mm，水泥砂浆强度等级应与混凝土相同，并在水泥砂浆初凝前浇筑新混凝土。

3. L 形防浪墙沉降缝止水

L 形防浪墙沿长度方向每 12m 设一条沉降缝，缝中设一道"W1"铜片止水，该止水为面板垂直缝止水向上延伸。

面板、趾板各类分缝接缝形式及止水措施见表 10-1。

表 10-1　　　　　　　　　　　接缝形式及止水措施表

缝　型	部　位	数　量	止　水　措　施
A 型张性垂直缝	左右岸面板受拉区	左岸 10 条、右岸 6 条	1. 底部：W1 型止水铜片、ϕ12mm 氯丁橡胶棒 2. 顶部：ϕ50mm 氯丁橡胶棒、GB 塑性填料、GB 三元乙丙复合橡胶保护盖片 3. 缝面：涂刷沥青乳剂 $\delta=2$mm，不设缝宽
B1 型压性垂直缝	面板中部受压区	3 条	1. 底部：W1 型止水铜片、ϕ12mm 氯丁橡胶棒 2. 顶部：ϕ25mm 氯丁橡胶棒、GB 塑性填料、GB 三元乙丙复合橡胶保护盖片 3. 缝面：涂刷沥青乳剂 $\delta=2$mm，不设缝宽
B2 型压性垂直缝	面板中部受压区	4 条	1. 底部：W1 型止水铜片、ϕ12mm 氯丁橡胶棒 2. 顶部：ϕ25mm 氯丁橡胶棒、GB 塑性填料、GB 三元乙丙复合橡胶保护盖片 3. 缝面：沥青浸渍杉木板，厚 12mm
C1/C2 型周边缝	面板与趾板/两岸重力墙接缝	1/2 条	1. 底部：F 型复合止水铜片、双翼 GB 止水板、ϕ25mm 氯丁橡胶 2. 顶部：ϕ70mm 氯丁橡胶棒、波型橡胶止水带、GB 塑性填料、GB 三元乙丙复合橡胶棒 3. 保护盖片；缝面：沥青浸渍杉木板（厚 12mm）
C3 型周边缝	趾墙与重力墙接缝	2 条	1. 底部：W3 型复合止水铜片、ϕ25mm 氯丁橡胶棒 2. 顶部：ϕ70mm 氯丁橡胶棒、波型橡胶止水带、GB 塑性填料、GB 三元乙丙复合橡胶保护盖片 3. 缝面：沥青浸渍杉木板（厚 12mm）
D 型垂直缝	距周边缝坡面长度 20m 内垂直缝	16 条	1. 底部：W1 型止水铜片、ϕ25mm 氯丁橡胶棒、双翼 GB 止水板 2. 顶部：ϕ70mm 氯丁橡胶棒、波型橡胶止水带、GB 塑性填料、GB 三元乙丙复合橡胶 3. 缝面：沥青浸渍杉木板（厚 12mm）
	左岸面板垂直缝	1 条	

缝　型	部　位	数　量	止　水　措　施
E 型变形缝	面板与防浪墙接缝	1 条	1. 底部：W2 型止水铜片、ϕ12mm 氯丁橡胶棒 2. 顶部：ϕ50mm 氯丁橡胶棒、GB 塑性填料、GB 三元乙丙复合橡胶保护盖片 3. 缝面：沥青浸渍杉木板，厚 12mm
F 型伸缩缝	趾板永久分缝	8 条	1. 中部：W1 型止水铜片、双翼复合止水板、ϕ12mm 氯丁橡胶棒 2. 缝面：沥青浸渍杉木板（厚 12mm）
G 型伸缩缝	防浪墙分缝	24 条	1. 中部：W1 型止水铜片、ϕ12mm 氯丁橡胶棒 2. 缝面：沥青浸渍杉木板（厚 12mm）
H 型施工缝	水平施工缝	1 条	顶部：ϕ25mm 氯丁橡胶棒、GB 塑性填料、GB 三元乙丙复合橡胶保护盖片

10.2.3.5.4　面板止水增加辅助防渗措施

工程面板垂直缝及周边缝顶面设置了 GB 塑性填料和 GB 保护盖片的自愈止水系统，当止水局部破坏而产生渗漏时，GB 塑性填料在水流作用进入缝内而限制渗漏。GB 塑性填料采用挤压成型，填料外设置 GB 三元乙丙复合橡胶保护盖片，盖片用镀锌扁钢和螺栓固定在混凝土面板或趾板上。由于镀锌扁钢容易锈蚀，而且扁钢固定并不能保证盖片与混凝土表面的紧密结合，在面止水橡胶盖片扁钢固定区域涂刷聚脲防渗层可以阻断盖片、扁钢及螺栓与外界环境的接触，延长表面止水材料的使用寿命，减少因接缝止水破损引起的大坝渗漏。

具体辅助防渗措施为：将面板垂直缝、周边缝、水平施工缝橡胶保护盖片两侧钢固定区域（扁钢及其两侧各 10cm 范围）清洗，涂刷界面剂、刮涂聚脲。聚脲刮涂厚度不小于 3mm。

10.2.3.6　上游铺盖

原设计大坝上游设置了黏土铺盖及任意料盖重区，铺盖及盖重顶高程 260.00m，黏土铺盖高度 48m。由于上游基坑交通不便、铺盖料进出困难，考虑今后运行期间放空检修方便，面板上游辅助防渗铺盖规模宜尽量减小，施工过程中采用了降低上游防渗铺盖填筑高程的优化方案。

优化方案防渗铺盖顶高程从原设计 260.00m 降低至 230.00m，防渗铺盖顶宽 3m，坡比 1:1.6；任意料盖重顶宽 3m，坡比 1:2.3。根据规范有关要求，结合本工程特点，面板上游铺盖采用牌楼砂砾料场粉细砂（粉土）进行填筑，粉细砂粒径 $d<0.2$mm，且大于 0.075mm 的颗粒质量不超过总质量的 50%。上游盖重采用砂石系统多余的超径卵石（粒径 4~8cm）填筑。为了防止粉细砂铺盖在基坑冲水期间易被水流挟带流失，在粉细砂铺盖和砂卵石盖重之间增设一层土工布。

本工程水库极限发电水位 270.00m，面板上游铺盖优化后铺盖保护范围降低至高程 230.00m，为了提高面板混凝土的耐久性，减少因面板开裂产生的渗漏，并根据投资控制需要，将高程 255.00m 以下面板全部手工涂刮 1mm 厚聚脲保护层。

10.2.3.7　下游坝坡护面设计

原设计大坝下游坝坡护面采用料场开采的新鲜超径块石或粒径不小于 600mm 的块石

砌筑，以大头向外方向码放，并使坝体具有良好的外观。高程 305.00m 以上要求浆砌，高程 305.00m 以下干砌即可，护坡平均厚度不小于 1m。

从现场施工情况来看，下游干砌石护坡需要人工砌筑，施工速度跟不上坝体填筑速度，如果干砌石护坡滞后坝体填筑施工，则施工难度非常大，成本高。人工堆砌干砌石护坡施工与坝体填筑同步上升，施工作业相互干扰，极不安全。为此，经过专题研究并经原主审单位认可，大坝下游高程 240.00m 以下采用干砌石护坡，高程 240.00m 以上采用新型格式生态护坡。格式护坡采用预制混凝土框格现场拼装，框格内培土植草绿化。

10.2.3.8　坝基防渗

大坝为 1 级建筑物，防渗设计标准确定为：坝基及近岸地段透水率 $q \leqslant 3Lu$，帷幕孔深入 $q = 3Lu$ 线下 5m。

综合本工程地层岩性、构造、水文地质条件等因素，防渗帷幕轴线在坝体沿混凝土面板堆石坝趾板中线布置；两岸地下水位均低于正常蓄水位，无防渗接头，因此，两岸帷幕灌浆均要向山脊上游拐弯，左岸延伸 70m、右岸延伸 88.5m，主帷幕轴线长 699.2m。高程 255.00m 以下采用主副帷幕双排布置，高程 255.00m 以上仅布置一排主帷幕。帷幕排距 1.5m，孔距 2m。

10.2.4　筑坝材料和填筑标准

本工程大坝主要采用选定溪江石料场的新鲜和微、弱风化的灰岩填筑，部分来自牌楼砂砾料场和坝区开挖利用料，按坝体分区分述如下：

1. 垫层区

该区位于面板下部，是堆石坝体最重要的部位，级配要求、压实标准高，采用天然砂砾料场砂砾掺配填筑，水平宽度 3m，并沿基岩接触面向下游延伸，河床部位延伸长度 20m，岸坡部位延伸长度 10m。垫层料控制最大粒径 80mm，设计干密度 2.21g/cm³，孔隙率 18%，渗透系数 $k = 10^{-4} \sim 10^{-3}$ cm/s。粒径小于 5mm 颗粒的含量为 35%～50%，小于 0.075mm 颗粒的含量 4%～8%，且级配连续。施工时填筑层厚度 40cm。

周边缝下游侧的特殊垫层区，采用最大粒径小于 40mm 且内部稳定的细反滤料，薄层碾压密实。

根据国外及国内同类工程的施工经验，本工程采用挤压边墙施工技术，为了减少挤压边墙与混凝土面板之间的约束，需在两者之间喷涂乳化沥青，乳化沥青能充填挤压边墙表面空洞，形成表面相对光滑、与混凝土面板异质的柔性隔离层，以达到减少面板与边墙之间约束的工程目的。根据本工程特点，选用的乳化沥青要求沥青含量高、黏结性好、稳定性好，同时要求易于喷洒、破乳固化速度适中。

2. 过渡层区

过渡层位于垫层与主堆石区之间，起反滤和传力过渡作用，采用坝区洞挖砂岩料和料场灰岩料填筑，水平宽度 3m，填料最大粒径 300mm。过渡料设计干密度 2.19g/cm³，孔隙率 20%。过渡料渗透系数 $k = 10^{-3} \sim 10^{-2}$ cm/s。施工时填筑层厚度 40cm。

3. 主堆石区

该区是面板坝受力主体，位于坝剖面上游及底部，呈三角体，填筑新鲜坚硬灰岩料，最大粒径 600mm，设计干密度 2.15g/cm³，孔隙率 21%，渗透系数 $k>10^{-2}$cm/s。小于 5mm 的颗粒含量不超过 8%，小于 0.075mm 颗粒含量不超过 2%，且级配连续。施工时填筑层厚度 80cm。

4. 下游堆石区

该区位于坝剖面下游中上部，其受力和沉陷变形对面板影响很小，对该区石料的级配和压实要求可适当降低，在不影响下游坝坡稳定的前提下，允许掺用强度较低一点的弱风化以下的风化灰岩料和级配较差一点，有一定强度的坝区石英砂岩开挖料。灰岩下游堆石区设计干密度 2.09g/cm³，孔隙率 23%；砂岩下游堆石区设计干密度 2.1g/cm³，孔隙率 23%，粒径要求同主堆石区，渗透系数 $k\geqslant10^{-2}$cm/s。施工时填筑层厚度 80cm。

5. 上坝料颗粒级配

各堆石料设计级配见表 10-2。

表 10-2　　　　　　　　　　　　各堆石料设计级配表

堆石区	颗粒组成/%									
	粒径/mm									
	600~400	400~200	200~100	100~80	80~60	60~40	40~20	20~10	10~5	<5
主堆石	17	22	16	6	5	6	9	8	5	6
次堆石	17	22	16	6	5	6	9	8	5	6
过渡料		15	21	6	7	9	11	9	7	15
垫层料				9	11	15	13	12	40	

6. 压实指标

根据各分区堆石体级配曲线进行压实试验，堆石体分区设计压实指标见表 10-3。

表 10-3　　　　　　　　　　　　堆石体分区设计压实指标表

指　标	垫层区	过渡区（灰岩）	过渡区（砂岩）	主堆区	下游堆石区（灰岩）	下游堆石区（砂岩）
最大粒径 d_{max}/mm	80	300	300	600	600	600
铺料厚度/mm	400	400	400	800	800	800
设计干密度 γ_d/(g/cm³)	2.21	2.19	2.19	2.15	2.09	2.10
设计孔隙率 n/%	18	20	20	21	23	23
渗透系数 k/(cm/s)	$10^{-4}\sim10^{-3}$	$10^{-3}\sim10^{-2}$	$10^{-3}\sim10^{-2}$	$>10^{-2}$	$>10^{-2}$	$>10^{-2}$

10.2.5　反向排水及其封堵

大坝开始填筑时，为了解决施工期反向水压的问题，在河床偏左岸坝体设置了 4 根 ϕ200mm 排水钢管，排水管理设高程 213.00m，间距 6m，从坝体经河床趾板引至上游基坑，排水管端口设置拍门，基坑冲水时拍门自动关闭，基坑水位下降到一定程度，拍门自动打开。该反向排水系统有效解决了施工期面板和挤压边墙承受反向水压力的问题，为面板及挤压边墙结构安全提供了保障。

下闸蓄水前，4 根反向排水管将实施封堵以保证大坝永久运行安全。封堵方案为在防渗铺盖及盖重填筑前将反向排水管向上游接长至老坝坝址处，接长排水管外浇筑混凝土铺盖对排水管进行保护，粉细砂铺盖及卵石盖重填筑完成后在上游封堵排水管端口。具体施工步骤如下：

（1）在大坝下游量水堰挡墙下游侧面高程 221.00m 钻设 2 个 ϕ150mm 排水孔，保证反向排水管封堵期间量水堰前水位不高于高程 222.00m。

（2）将 4 根反向排水管向上游接长至管口距离老坝 3.8m 处，并浇筑 8.3m 长混凝土铺盖，铺盖混凝土浇筑前要求就将铺盖与趾墙结合面进行凿毛冲洗处理，并在接缝位置设置封闭 GB 止水条、埋设灌浆管。

（3）坝 0－157.12 处接缝环氧树脂灌浆，保证新浇筑混凝土铺盖与现有趾墙结合良好。

（4）B0＋206.50～B0＋227.50 趾墙顶面和新浇筑的铺盖侧面涂刷 3mm 厚聚脲。

（5）粉细砂铺盖及砂卵石盖重填筑施工，砂卵石盖重按"封堵前盖重填筑轮廓线"进行填筑以留出反向排水管封堵空间，粉细砂铺盖与砂卵石盖重之间设一层土工布。

（6）清洗排水管上游段 3m 段内壁，然后塞入白麻至反向排水管深处，再塞入不少于 0.5m 长塑性填料，要求白麻及塑性填料充填密实。

（7）采用预缩速凝砂浆封堵上游 2m 长管道，安装闷盖，闷盖上焊接水煤气管并安装阀门，阀门连接灌浆管，进行纯压式灌浆封堵，对砂浆封堵段灌注环氧浆液，灌浆压力 0.1MPa，灌浆过程中须保证浆液不进入塑性填筑下游管道。

（8）封堵完成后浇筑上游 4m 长 C25 混凝土盖帽，混凝土盖帽与铺盖之间设置一圈紫铜止水片，混凝土临水面涂刷 2mm 厚聚脲。

（9）上游砂卵石盖重按设计最终轮廓线进行补坡填筑。

（10）上游排水管封堵及盖重填筑完成后对下游量水堰截水墙上的排水管进行封堵。

10.3　大　坝　施　工

10.3.1　施工导截流设计

1. 施工导流标准

本工程导流采用一次拦断河床的隧洞导流方式，上游围堰导流标准选取 10 年一遇（9 月至次年 4 月洪水流量 1690m³/s），下游围堰导流标准选取 10 年一遇（全年洪水 3070m³/s）。

2. 导流方案

本工程大坝为面板堆石坝，采用一次拦断河床、隧洞导流的导流方式。利用老坝作上游围堰挡水。导流程序为：2012 年 8 月开始施工导流洞；2014 年 4 月导流洞通水，下游围堰形成；至 2015 年汛前，大坝在老坝和下游围堰保护下将临时断面填筑到度汛高程 277.00m；2015 年 11 月底，大坝全断面填筑至高程 320.30m，为保证老灌区正常灌溉，导流洞安排在 2016 年 11 月封堵。

本工程原混凝土老坝作为大坝施工的上游围堰，导流标准为 10 年一遇（9 月至次年 4 月洪水流量 1690m³/s），导流洞单独泄流，调洪后水库水位为 254.15m，低于老坝正常蓄水位 254.26m。大坝和厂房共用下游围堰，导流标准取 10 年一遇（全年洪水流量 3070m³/s）。

导流洞通水后第一个汛期，坝体采用临时断面度汛，度汛标准为 100 年一遇（洪水流量 5190m³/s）；导流洞通水后第二个汛期，坝体临时度汛标准按 200 年一遇（洪水流量 5820m³/s）。

10.3.2 坝体填筑

10.3.2.1 坝体填筑料源

本工程堆石体各分区填筑料源施工组织设计如下：

（1）坝前盖重区采用涔天河天然砂石加工系统和混凝土生产系统（以下简称"两大系统"）"两大系统"工程生产的砾石（40～80mm）进行铺填。

（2）上游铺盖区采用涔天河"两大系统"工程加工生产的粉细砂进行铺填。

（3）垫层区料由涔天河"两大系统"工程加工生产的砂砾石级配料进行铺填。

（4）过渡区、主堆石区由溪江料场开采的爆破料运输上坝进行填筑。

（5）下游堆石体填筑料由溪江料场开采的爆破料、厂房洞群工程开挖利用料及大坝趾板开挖利用料运输上坝进行填筑。

10.3.2.2 大坝填筑施工技术措施

10.3.2.2.1 坝体填筑单元划分情况

大坝从上游至下游的最大底宽为 342.6m，自左岸至右岸最大长度 328m。为了使大坝填筑各个工序尽量连续施工、不停顿，在填筑作业时划分成若干个工作面，即单元，以提高坝面上各类施工机械的使用效率，提高上坝强度。每个单元面积的大小依施工设备的品种、型号和数量而定。具体单元划分情况根据《混凝土面板堆石坝施工规范》（SL 49—2015）要求及坝体压实检测项目和取样次数确定。

坝体单元填筑循环的原则为：第一个单元在铺料平料洒水碾压；第二个单元在质量检查通过验收，如此循环往复。

10.3.2.2.2 大坝填筑施工工艺技术控制措施

坝体填筑原则上应在坝基、两岸岸坡处理验收以及相应部位的趾板混凝土浇筑完成后进行。在基面验收后考虑先组织施工，采用流水作业法组织坝体填筑施工，在各单元内依次完成填筑的各道工序，使各单元上所有工序能够连续作业。各单元之间采用石灰线作为标志，以避免超压或漏压。

坝体填筑程序主要包括坝料挖装、坝料运输、卸料、补充洒水、摊铺平整、振动碾压实和质量检测验收等工序。

1. 上坝料运输技术措施

（1）运输设备选取技术措施。根据本工程施工工期紧、强度高、运距远的特点，为满足大坝填筑施工强度要求以及场内交通条件，施工中所选取的运输设备主要以 20t 自卸汽车为主，采用 1.5~3.0m³ 挖掘机装料。

（2）运输控制措施技术措施。

1）坝料运输采用与直接上坝料源、坝面卸料、铺料等工序持续、连贯进行。

2）运输道路的交叉路口，配专职人员指挥、调度、统计运输车辆，上坝料的运输车辆均设置标志牌，以区分不同的料区。

3）监理人认为不合格的垫层料、过渡料、堆石料、岸坡低压缩区料一律不得上坝。

4）运输垫层料、过渡料和堆石料使用的车辆采用相对固定措施，经常保持车厢、轮胎的清洁，防止残留在车厢和轮胎上的泥土带入清洁的坝体填筑区。垫层料及过渡料运输及卸料过程中，采取措施防止颗粒分离，运输过程中应保持料源湿润，对卸料高度加以限制。

2. 上坝坝料卸料技术措施

（1）主堆石料、下游堆石料采用进占法卸料。即自卸汽车行走平台及卸料平台是该填筑层已经初步推平但尚未碾压的填筑面，有利于工作面的推平整理，提高碾压质量；同时，细颗粒与大颗粒石料间的嵌填作用，有利于提高干密度，确保填筑质量。

（2）特殊垫层料、垫层料、过渡料采用后退法卸料，即在已压实的层面上后退卸料形成密集料堆，再用推土机平料。这种卸料方式可减少填筑料的分离，对防渗、减少渗流量有利。

3. 上坝料铺料技术措施

（1）铺料厚度

根据合同文件技术要求及大坝碾压试验成果结论，每层铺料厚度比压实厚度多填 2~8cm，经碾压后达到技术要求层厚。

（2）平料设备及施工方法

每个填筑单元布置 2 台 TY220 型号推土机进行平料。上游铺盖区和盖重区采用运输车辆和推土机压实。垫层区、特殊垫层区料区料采用后退法铺料，1.0m³ 液压反铲平料。特殊垫层料区紧贴趾板混凝土边，设备难以施铺，因此主要采用人工摊铺。主堆石区、下游堆石区料主要采用进占法铺料，采用 TY220 型号推土机进行平料。

4. 上坝料超径石处理技术措施

（1）对于过渡料在推土机平料过程中，出现个别超径石时，由反铲将超径石清理到主堆石区填筑面上，用作主堆石区填料。

（2）对主堆石区、下游堆石区中出现超径石时，采用液压炮机将超径石破碎。

5. 上坝料洒水技术措施

本工程采用坝外加水和坝面补水相结合的方案进行坝料洒水。

（1）坝外加水：坝料上坝前，通过加水站加水，然后再运输到填筑工作面上。加水量按质量比 5% 控制。

（2）坝面补水：坝面补水采用洒水车与坝面洒水管道进行补水，洒水车配备 2 台 30T 洒水车对填筑体坝面进行定期洒水；坝面补水管道在左右两岸各设置一根 ϕ150mm 供水主管道，从主管道各引三根 ϕ50mm 支管对填筑体坝面进行补水。

6. 上坝料碾压施工技术措施

（1）水平碾压

1）设备配备：采用 20t 自行式振动碾进行垫层料和过渡料碾压，而堆石料则采用 25t 自行式振动碾碾压。

2）碾压方法：振动碾行走方向与坝轴线平行；振动碾行走速度为 1.5～2km/h（一挡）；碾压方法主要采用错距法（碾轮宽/碾压遍数），即从一侧至另一侧一次碾压完成。碾压遍数和错距宽度通过碾压试验最终确定。

（2）特殊填筑区域的碾压。

1）特殊垫层料采用小型振动平碾碾压，靠近趾板周边缝 1m 范围，为保护趾板混凝土，采用液压振动夯板夯实，质量 9.5kN；激震力 13kN；板面积 1.4m×1.0m。

2）垫层料上游 1∶1.4 的斜坡，为保证振动碾行走安全，滚筒上游侧边距垫层料上游边线 30cm 的安全距离碾压不到，在水平碾压完成后，用振动夯板补压。

3）大坝主堆石体与下游堆石体填筑与两岸坝肩山体接触部位碾压，两岸坝肩采用山体接触部位采用过渡料进行填筑，两岸边坡与坝体连接部位采用小型振动碾薄层碾压，陡坡与反坡部位按设计要求进行了专项处理，以确保碾压施工质量。

（3）水平碾压的质量控制

1）振动碾的滚筒重量、激振频率、激振力应满足设计要求。

2）振动碾在使用过程中，每 15d 测定一次激振力和激振频率。

3）振动碾行走工作时采用一挡，速度控制在 2～3km/h。

4）必须按规定的错距宽度进行碾压，错距宽度宁小勿大，操作手应经常下车检查，质检人员经常抽查。

7. 坝体分区交界面处理技术措施

（1）垫层区与过渡区交界面的处理措施为：垫层区、过渡区铺料时按测量放样线先铺填过渡区料，用反铲与人工配合将过渡区滚落到垫层区边坡的大于 20cm 以上的块石清除，然后再铺填垫层区料。采用 20t 自行式振动碾，同时碾压垫层与过渡料。垫层、过渡区料必须与主堆石区一定范围平起上升。各料区高差最大为 40cm。

（2）过渡区与主堆石体交界面的处理措施为：先铺一层过渡料，再铺一层主堆石区料，然后铺一层过渡料。在铺过渡前，先将主堆石区料上游侧坡面上大于 30cm 的块石清除到下游侧，使过渡区与主堆石区有一个平顺的过渡。每上升一层主堆石区料，上升二层过渡料。第二层过渡料与该层主堆石区料同时碾压。

（3）主堆石体与下游堆石体料交界面处理措施为：主堆石体料可侵占下游堆石体料，因此铺料时，先铺主堆石体料，然后再铺下游堆石体料。对主堆石体与下游堆石体交界面，根据铺填厚度采用两种方式，一种铺料厚度相同，因此同时碾压、平起上升；另一种每上升一层下游堆石体料，上升二层主堆料料。第二层主堆料料与该层下游堆石体料同时碾压。

10.3.3　混凝土浇筑

混凝土工程主要为趾板及面板混凝土施工，上游防渗面板总面积 36510m²，设计共分

25 块，不等厚板式结构，最大厚度 68.3cm，最小厚度 30cm，高程 285.00m 以下为 I 期，以上为 II 期。

面板混凝土采用专用拌和站供应，现场配备试验室及专业试验人员严格按照规范及设计要求进行检验，确保混凝土出机口坍落度为 3～7cm、含气量不大于 5% 的标准，混凝土浇筑完毕后初期采用"两布一膜"及淋水花管 24h 淋水养护，后期采用淋水花管 24h 淋水养护。I 期面板浇筑完成后，检查发现混凝土表层存在较多裂缝，II 期面板采取更换外加剂、纤维及调整配合比等相关措施，施工完成后效果明显得以改善。

10.4　大坝施工缺陷处理

10.4.1　大坝地质缺陷处理

1. 大坝右坝坡坡脚卸荷裂隙处理

右岸趾板下方岸坡高程 212.00～221.00m、桩号 0−105.00～0−140.00 发育一条顺河向破碎夹层，长期受老坝泄洪冲刷淘蚀，岩层之间软弱充填物已被水流带走，形成 10～50cm 的缝隙，由于岩石缝隙位于趾板帷幕线下方，为防止帷幕灌浆浆液通过岩石缝隙流走，对该缝隙进行封堵处理，具体措施如下：

（1）在缝隙范围及上游河床与右岸趾板转角范围内浇筑 C20 贴坡混凝土，贴坡混凝土顶宽 0.5m，表面坡比 1:0.65（平行坝轴线坡比），基础坐落在河床基岩面上，顶高程高于岩缝 1.5m，但不得超过趾板建基面。

（2）贴坡混凝土浇筑时，每 10m 埋设一根注浆管，注浆管端部伸入岩缝底部，待该部位堆石料填筑接近贴坡混凝土顶高程时通过注浆管向岩缝内灌注 M20 水泥砂浆，保证岩缝充填密实。

2. 坝体填筑区陡坡倒悬岩体处理

由于受老坝长期泄洪冲刷影响，大坝右岸填筑区岸坡局部形成了倒悬或自然坡比陡于 1:0.25，类似这样的区域碾压设备难以抵进岸坡碾压，而且陡峻的岸坡与填筑坝体接触带变形量大，不利于面板均匀受力，处理不好会给大坝相应区域的面板或周边缝带来隐患，根据规程规范要求及类似工程的经验，填筑过程中采取了视倒悬岩体高度分别采用削除倒悬岩体、过渡料填筑和水泥级配碎石补坡的措施进行处理，具体要求如下：

（1）岸坡岩石倒悬及坡比陡于 1:0.25 的区域较小，碾压设备不具备碾压密实的条件时，采用水泥级配碎石填补负坡区和坡比不足 1:0.25 的区域，并保证补坡以后的水泥级配碎石外表面坡比缓于 1:0.25。

（2）岸坡岩石倒悬及坡比陡于 1:0.25 的区域较大，碾压设备可以进入该区域作业，采用过渡料进行填筑，并保证过渡料的外表面综合坡比缓于 1:0.25。

（3）局部倒悬岩体、尖角凸起削除后可以保证边坡大面平顺时，削除倒悬岩体或尖角凸起，处理后视坡面情况分别采取以上两种方式进行处理。

3. 趾板下游破碎岩体处理

大坝左右岸趾板下方岩体节理裂隙发育。为了避免趾板固结、帷幕灌浆时浆液流向坝体，影响灌浆效果；同时，增加趾板防渗渗径，对趾板下方地基进行了处理，即两岸趾板下方 20m 范围内岸坡设置 $\phi6.5mm$ 钢筋网喷射 20cm 厚 C20 混凝土板。

10.4.2　大坝趾板面板缺陷处理

10.4.2.1　面板裂缝分布情况

面板浇筑过程中及浇筑完成后先后进行了多次裂缝检测。从已有裂缝检测资料来看，面板裂缝基本上为水平向裂缝。检测共发现裂缝 249 条，全长 2570.17m。按缝宽分类小于 0.1mm 有 190 条，0.1～0.2mm 有 50 条，这两类缝总共占比 96.4%，0.2mm 以上裂缝 9 条，裂缝最大宽度 0.3mm。检测发现 Ⅳ 类裂缝计 159 条，且多为水平向贯通，部分裂缝表面有渗水和溶蚀物析出。单条裂缝最大长度 18.4m，最大宽度 0.3mm，钻孔取芯反映裂缝最大深度 186mm。

10.4.2.2　裂缝分类

裂缝分类如下：

（1）Ⅰ类裂缝：细微裂缝，表面缝宽 $\delta \leqslant 0.1mm$ 且裂缝深度小于 10cm。

（2）Ⅱ类裂缝：浅层裂缝，表面缝宽 $0.1mm < \delta \leqslant 0.2mm$，裂缝深度小于 10cm。

（3）Ⅲ类裂缝：深层裂缝，表面缝宽 $\delta > 0.2mm$，或裂缝深度不小于 10cm 但未贯穿。

（4）Ⅳ类裂缝：贯穿裂缝，包括竖向贯穿（深度方向）和水平贯穿（长度方向与两侧永久缝连通）。

10.4.2.3　裂缝处理

1. 总体要求

裂缝检测工作完成后，先对面板裂缝进行分类，按对应方法处理，裂缝处理完成后再在面板表面刮涂聚脲防渗层。根据面板上游盖重优化方案，并兼顾投资控制要求，对高程 255.00m 以下所有混凝土面板区域满刮聚脲涂层，刮涂厚度 1mm；裂缝部位一定范围加厚至 2～3mm，按中间厚、两侧薄方式渐变；对贯穿性裂缝及永久缝增设一层胎基布。

面板裂缝处理程序为：裂缝检测→裂缝分类处理→裂缝处理（化学灌浆）验收及基面打磨清洁→基面验收确认→涂刷界面剂→刮涂聚脲→质量检查及验收。

2. 裂缝处理方法

在借鉴其他工程经验的基础上，本工程面板及趾板裂缝采用处理方法如下：

（1）Ⅰ类、Ⅱ类裂缝。在表面刮涂聚脲前可不对此类裂缝进行专门处理。

（2）Ⅲ类裂缝。先对裂缝内部进行环氧树脂灌浆补强处理，再对裂缝表面环氧胶凝封闭。

1）清洗缝面：对缝表面进行打磨，打磨宽度 15～20cm，除去松动的浆皮及凸出部位，并将混凝土表面的油渍、浮土、灰浆皮及杂物清除掉，并冲洗干净。

2）布设灌浆嘴：沿缝两侧 5～10cm，间距 30～50cm 间隔采用冲击钻在裂缝两侧斜向穿缝布设灌浆孔，然后埋设灌浆嘴，并再次冲洗干净。

3）封缝：表面涂刷环氧底胶，再涂刷 2 道增厚环氧胶泥，涂刷宽度 10cm，厚度 1.0mm。

4）灌浆：灌浆材料采用低黏度高渗透环氧树脂浆液，灌浆材料的性能应满足设计指标要求。灌浆压力控制在 $0.3\sim0.5$MPa，起灌顺序从最下端开始向上逐孔进行，同一裂缝的灌浆应由深到浅进行；灌浆结束标准为吸浆量小于 0.02L/min，再继续灌注 30min 压力不下降即可结束灌浆；灌浆结束孔内浆液固化后拆除灌浆嘴并用环氧胶泥封孔。

（3）Ⅳ类裂缝。先对裂缝内部进行环氧树脂灌浆补强处理，再对裂缝表面环氧胶泥封闭，方法同Ⅲ类裂缝。因Ⅳ类裂缝属于贯穿性裂缝，为了使低黏度环氧浆液扩散范围受控，避免大量浆液扩散至面板下挤压边墙混凝土（为酥松混凝土，渗透性较强）内，裂缝修补过程中采取有效的控制措施。

10.5　本　章　小　结

由于涔天河水库扩建工程的自然约束条件和施工约束条件等具有特有性，因此，该工程面板堆石坝的设计不可直接套用类似工程。通过借鉴已有工程的经验，并开展针对性的比选研究工作，本章逐一阐述了该工程面板堆石坝经过综合分析比选确定的大坝设计和施工方案。其中，大坝设计方案包括大坝布置、坝顶结构布置、坝体设计、筑坝材料和填筑标准、反向排水及其封堵等；大坝施工方案包括施工导截流设计、坝体填筑、混凝土浇筑等；大坝施工缺陷处理方案包括大坝地质缺陷处理、大坝趾板面板缺陷处理等。工程实践表明，该工程面板堆石坝设计和施工方案是行之有效的，确保了大坝顺利竣工和蓄水运行。

第11章 大坝应力变形分析

11.1 概　　述

自工程初步设计阶段以来，陆续开展了面板堆石坝静动力有限元分析，然而由于堆石料物理力学性质的复杂性，至今堆石坝工程领域仍存在"高坝变形计算偏小，低坝变形计算偏大"的问题，究其原因在于：①堆石料材料参数的非线性特性强，由于室内试验材料的级配、几何尺寸、荷载大小、边界初始条件等与大坝工程实际情况存在差异，导致室内试验力学参数难以反映大坝工程实际力学参数；②现有的堆石坝非线性应力应变计算，一般只考虑了瞬时变形，没有反映堆石体的流变变形。此外，由于现场施工条件的复杂性，大坝填筑进度与设计进度也存在差异。为此，本章首先介绍堆石体应力分析中常用的模型以及关于流变和湿化计算理论等方面的一些特色创新工作，然后介绍初步设计阶段的施工进度和材料参数下的浐天河面板堆石坝不考虑与考虑流变的应力应变计算，最后阐述基于实测变形和工程类比智能反演浐天河面板堆石坝的物理力学参数，反馈浐天河面板堆石坝应力变形特性。

11.2　大坝应力变形计算方法

11.2.1　堆石体非线性弹性本构模型

在面板堆石坝的应力分析中，经常采用邓肯 E-B 模型，双屈服面弹塑性模型、各种形式的 K-G 模型，这些模型从不同的方面表征了堆石料的应力应变关系。本书主要采用邓肯 E-B 模型进行面板堆石坝的应力应变分析。

邓肯 E-B 模型是地基和土工建筑物、变形分析中常用的非线性弹性模型，该模型主要有切线模量 E_t 和体积模量 B_t 两个弹性参数，这两个弹性参数都是随应力状态变化的，其表达式为

$$E_t = E_i (1 - R_f S)^2 \tag{11-1}$$

$$B_t = k_b p_a \left(\frac{\sigma_3}{p_a} \right)^m \tag{11-2}$$

$$E_i = k p_a \left(\frac{\sigma_3}{p_a} \right)^n \tag{11-3}$$

$$S = \frac{(1-\sin\phi)(\sigma_1-\sigma_3)}{2c\cos\phi+2\sigma_3\sin\phi} \tag{11-4}$$

$$\phi = \phi_0 - \Delta\phi \lg\left(\frac{\sigma_3}{p_a}\right) \tag{11-5}$$

式中　　E_i——起始弹模；

　　　　S——剪应力水平。

卸载-再加载模量的计算公式为

$$E_{ur} = k_{ur} p_a \left(\frac{\sigma_3}{p_a}\right)^n \tag{11-6}$$

考虑加载-卸载-再加载过程，需要定义加卸载判别准则，引入以下应力状态函数

$$F_2 = SS = S\left(\frac{\sigma_3}{p_a}\right)^{1/4} \tag{11-7}$$

如果将土在历史上曾经受到的最大 SS 值记为 SS_m，则可以根据当前的 σ_3 计算出最大应力水平 S_c，即

$$S_c = SS_m / \left(\frac{\sigma_3}{p_a}\right)^{1/4} \tag{11-8}$$

然后将最大应力水平 S_c 与当前应力水平 S 比较来判别土单元所处的加卸载状态。

当 $S \geqslant S_c$ 时，为加载，取

$$E_t' = E_t, \quad B_t' = B_t$$

当 $S \leqslant 0.75 S_c$ 时，为卸载，取

$$E_t' = E_{ur}, B_t' = \frac{E_t'}{3(1-2\mu)} = \frac{E_t'}{1.2} \text{（泊松比 } \mu = 0.3\text{）}$$

当 $S_c > S > 0.75 S_c$ 时，为再加载，计算式为

$$E_t' = E_t + \frac{S_c - S}{0.25 S_c}(E_{ur} - E_t) \tag{11-9}$$

$$B_t' = \frac{E_t'}{1.2} \tag{11-10}$$

式中参数可通过堆石料三轴试验测定。

11.2.2　堆石体流变计算方法

一般采用流变模型来描述堆石料的流变性。由于堆石坝实测资料表明，堆石坝的变形大都在建成后若干年才逐渐沉降稳定，因此，一般选用随时间衰减的流变模型来反映堆石料的流变特性。依据堆石料的流变试验，以 3 参数指数流变模型为例，对堆石料应力张量各分量的三维流变速率进行了研究，并通过将三维流变速率计算式退化为单轴流变速率计算式来判断其合理性，然后对堆石料轴向应变、体积应变和广义剪切应变合理的关系式进行分析。

11.2.2.1　堆石料 3 参数流变模型

对西北口垫层料进行了流变试验，并用具有衰减特性的指数曲线进行拟合

$$\varepsilon(t) = \varepsilon_f(1 - e^{-ct}) \tag{11-11}$$

相应的应变速率为

$$\dot{\varepsilon} = c\varepsilon_f e^{-ct} \tag{11-12}$$

式中　ε_f——$t \to \infty$ 时的最终流变量；

　　c——当 $t=0$ 时第 1 天流变量占 ε_f 的比值。

最终流变量 ε_f 与应力状态有关。对于堆石料而言，其体积流变和剪切流变有不同的规律。对体积流变 ε_{vf} 与剪切流变 ε_{sf} 计算式为

$$\varepsilon_{vf} = b\,\frac{\sigma_3}{p_a} \tag{11-13}$$

$$\varepsilon_{sf} = d\,\frac{S}{1-S} \tag{11-14}$$

式中　b——相当于 $\sigma_3 = p_a$（大气压）时最终体积流变量；

　　d——应力水平 $S=0.5$ 时的最终剪切流变量；破坏时 $S=1.0$，$\varepsilon_{sf} \to \infty$。

假定堆石料的体积流变与剪切流变都可用式（11-12）描述，由式（11-12）计算体积变形速率 $\dot{\varepsilon}_v$ 和剪切变形速率 $\dot{\varepsilon}_s$ 为

$$\dot{\varepsilon}_v = c\varepsilon_{vf} e^{-ct} \tag{11-15}$$

$$\dot{\varepsilon}_s = c\varepsilon_{sf} e^{-ct} \tag{11-16}$$

11.2.2.2　堆石料三维流变速率

1. Prandtl - Reuss 流动法则

1924 年 Prandtl 将 Levy - Mises 关系式推广应用于塑性平面应变问题，对于塑性部分，其假设塑性应变增量张量和应力偏张量相似且同轴向。1930 年 Reuss 把 Prandtl 应用在平面应变上的这个假设推广到一般三维问题，由此建立的 Prandtl - Reuss 流动法则关系式可表示为

$$d\boldsymbol{\varepsilon}_{ij}^p = d\lambda \boldsymbol{s}_{ij} \tag{11-17}$$

式中　$d\lambda$——比例系数，其是一个非线性关系式；

　　$\boldsymbol{s}_{ij}$——应力偏张量；

　　$d\boldsymbol{\varepsilon}_{ij}^p$——塑性应变增量张量。

当考虑塑性的不可压缩性时，即 $d\boldsymbol{\varepsilon}_{ii}^p = 0$，则 $d\boldsymbol{e}_{ij}^p = d\boldsymbol{\varepsilon}_{ij}^p$。其中，$d\boldsymbol{e}_{ij}^p$ 为塑性应变增量偏张量。

类比弹性势函数，1928 年 Von Mises 提出的塑性势理论为

$$d\boldsymbol{\varepsilon}_{ij}^p = d\lambda\,\frac{\partial Q}{\partial \boldsymbol{\sigma}_{ij}} \tag{11-18}$$

式中　Q——塑性势函数。

对于关联流动法则，假设塑性势函数为 Mises 屈服函数，那么 $Q = F = \sqrt{\dfrac{3s_{ij}s_{ij}}{2}}$，采用张量表示法，则

$$d\boldsymbol{\varepsilon}_{ij}^p = d\lambda\,\frac{\partial Q}{\partial \boldsymbol{\sigma}_{ij}} = \frac{3d\lambda}{2q}s_{ij} \tag{11-19}$$

$$q = \sqrt{3J_2}$$

式中　q——广义剪应力；

J_2——应力偏量的第二不变量。

将系数 $\dfrac{3}{2q}$ 归入 $\mathrm{d}\lambda$，于是得到

$$\mathrm{d}\boldsymbol{\varepsilon}_{ij}^{p}=\mathrm{d}\lambda\boldsymbol{s}_{ij} \tag{11-20}$$

由此，Prandtl - Reuss 流动法则可由 Mises 屈服函数作为塑性势函数导得。

2. 基于 Prandtl - Reuss 流动法则推导堆石料三维流变速率

由式（11 - 15）和式（11 - 16），采用 Prandtl - Reuss 流动法则，可以获得堆石料三维流变速率计算式。目前，一般将三维体积流变速率和三维剪切流变速率分开进行分析。

对于三维体积流变速率，由于 $\dot{\varepsilon}_v$ 为体积流变率，容易得到三维体积流变速率 $\dot{\boldsymbol{\varepsilon}}_m$ 计算式为

$$\dot{\boldsymbol{\varepsilon}}_m=\frac{\dot{\varepsilon}_v}{3}\boldsymbol{I}' \tag{11-21}$$

其中，$\boldsymbol{I}'=\begin{bmatrix}1 & 1 & 1 & 0 & 0 & 0\end{bmatrix}^{\mathrm{T}}$。

对于三维剪切流变速率 $\dot{\boldsymbol{\varepsilon}}^s$，类比塑性势理论，有

$$\dot{\boldsymbol{\varepsilon}}^s=\boldsymbol{N}\dot{\boldsymbol{e}}=\lambda\frac{\partial Q}{\partial\boldsymbol{\sigma}} \tag{11-22}$$

式中　λ——比例系数；

$\dot{\boldsymbol{e}}$——流变应变率偏量；

$\boldsymbol{N}$——工程剪应变和剪应变张量的转换矩阵，$\boldsymbol{N}=\begin{bmatrix}1 & & & & & \\ & 1 & & & & \\ & & 1 & & & \\ & & & 2 & & \\ & & & & 2 & \\ & & & & & 2\end{bmatrix}$。

令比例系数 $\lambda=\dot{\varepsilon}_s$，采用关联流动法则，由于这里仅考虑剪切流变速率，为此假设塑性势 Q 为 Mises 屈服函数，那么 $Q=F=\sqrt{3J_2}$，可以得到

$$\dot{\boldsymbol{\varepsilon}}^s=\lambda\frac{\partial Q}{\partial\boldsymbol{\sigma}}=\dot{\varepsilon}_s\frac{\partial Q}{\partial\boldsymbol{\sigma}}=\dot{\varepsilon}_s\frac{3}{2q}\begin{Bmatrix}s_x\\s_y\\s_z\\2\tau_{xy}\\2\tau_{yz}\\2\tau_{zx}\end{Bmatrix} \tag{11-23}$$

令 $\boldsymbol{s}'=\begin{bmatrix}s_x & s_y & s_z & 2\tau_{xy} & 2\tau_{yz} & 2\tau_{zx}\end{bmatrix}^{\mathrm{T}}$，由式（11 - 23）有

$$\dot{\boldsymbol{\varepsilon}}^s=\lambda\frac{\partial Q}{\partial\boldsymbol{\sigma}}=\dot{\varepsilon}_s\frac{3}{2q}\boldsymbol{s}' \tag{11-24}$$

由式（11 - 21）、式（11 - 23）、式（11 - 24）得到各应变分量的流变速率为

$$\begin{Bmatrix} \dot{\varepsilon}_x \\ \dot{\varepsilon}_y \\ \dot{\varepsilon}_z \\ \dot{\gamma}_{xy} \\ \dot{\gamma}_{yz} \\ \dot{\gamma}_{zx} \end{Bmatrix} = \frac{\dot{\varepsilon}_v}{3} \begin{Bmatrix} 1 \\ 1 \\ 1 \\ 0 \\ 0 \\ 0 \end{Bmatrix} + \frac{3\dot{\varepsilon}_s}{2q} \begin{Bmatrix} s_x \\ s_y \\ s_z \\ 2\tau_{xy} \\ 2\tau_{yz} \\ 2\tau_{zx} \end{Bmatrix} \tag{11-25}$$

或

$$\dot{\boldsymbol{\varepsilon}} = \frac{\dot{\varepsilon}_v}{3} \boldsymbol{I}' + \frac{3\dot{\varepsilon}_s}{2q} \boldsymbol{s}' \tag{11-26}$$

11.2.2.3 流变增量分析

面板堆石坝的施工是分层填筑，蓄水过程是逐渐完成。因此，在面板堆石坝的不同施工及蓄水阶段，不同单元的流变时间不同。采用统一时间，将使时间的记录过程复杂化。为此，对时间的计算技术进行改造，采用相对时间进行流变分析。

将式（11-15）、式（11-16）相应改写为

$$\dot{\varepsilon}_v = c\varepsilon_{vf}\left(1 - \frac{\varepsilon_{vt}}{\varepsilon_{vf}}\right) \tag{11-27}$$

$$\dot{\varepsilon}_s = c\varepsilon_{sf}\left(1 - \frac{\varepsilon_{st}}{\varepsilon_{sf}}\right) \tag{11-28}$$

而 ε_{vt} 和 ε_{st} 为 t 时段已累积的体积和剪切变形，则

$$\varepsilon_{vt} = \sum \dot{\varepsilon}_v \Delta t \tag{11-29}$$

$$\varepsilon_{st} = \sum \dot{\varepsilon}_s \Delta t \tag{11-30}$$

相应 Δt 时段内的体积和剪切流变应变增量为

$$\Delta \varepsilon_{vt} = \dot{\varepsilon}_v \Delta t \tag{11-31}$$

$$\Delta \varepsilon_{st} = \dot{\varepsilon}_s \Delta t \tag{11-32}$$

应变分量的流变增量可以写为

$$\begin{Bmatrix} \Delta \varepsilon_x \\ \Delta \varepsilon_y \\ \Delta \varepsilon_z \\ \Delta \gamma_{xy} \\ \Delta \gamma_{yz} \\ \Delta \gamma_{zx} \end{Bmatrix} = \frac{\dot{\varepsilon}_v}{3} \Delta t \begin{Bmatrix} 1 \\ 1 \\ 1 \\ 0 \\ 0 \\ 0 \end{Bmatrix} + \frac{3\dot{\varepsilon}_s}{2q} \Delta t \begin{Bmatrix} s_x \\ s_y \\ s_z \\ 2\tau_{xy} \\ 2\tau_{yz} \\ 2\tau_{zx} \end{Bmatrix} \tag{11-33}$$

或

$$\Delta \boldsymbol{\varepsilon} = \frac{\dot{\varepsilon}_v}{3} \Delta t \boldsymbol{I}' + \frac{3\dot{\varepsilon}_s}{2q} \Delta t \boldsymbol{s}' \tag{11-34}$$

式中　$\Delta \boldsymbol{\varepsilon}$——应变增量分量；

Δt——时间增量。

11.2.2.4 堆石料三维流变速率合理性分析

现将堆石料三维流变速率计算式退化为单轴应力状态，以考察其合理性。设单轴应力

状态 $\sigma_x = \sigma$、$\sigma_y = \sigma_z = \tau_{ij} = 0$，则

$$q = \sqrt{3J_2} = \sigma, s_x = \frac{2}{3}\sigma, s_y = s_z = -\frac{\sigma}{3} \tag{11-35}$$

将式（11-35）代入式（11-25），则

$$\begin{Bmatrix} \dot{\varepsilon}_x \\ \dot{\varepsilon}_y \\ \dot{\varepsilon}_z \\ \dot{\gamma}_{xy} \\ \dot{\gamma}_{yz} \\ \dot{\gamma}_{zx} \end{Bmatrix} = \frac{\dot{\varepsilon}_v}{3} \begin{Bmatrix} 1 \\ 1 \\ 1 \\ 0 \\ 0 \\ 0 \end{Bmatrix} + \begin{Bmatrix} \dot{\varepsilon}_s \\ -\dfrac{\dot{\varepsilon}_s}{2} \\ -\dfrac{\dot{\varepsilon}_s}{2} \\ 0 \\ 0 \\ 0 \end{Bmatrix} \tag{11-36}$$

将式（11-36）代入应变率强度计算式，有

$$\dot{\varepsilon}_i = \frac{\sqrt{2}}{3}\sqrt{(\dot{\varepsilon}_x - \dot{\varepsilon}_y)^2 + (\dot{\varepsilon}_y - \dot{\varepsilon}_z)^2 + (\dot{\varepsilon}_z - \dot{\varepsilon}_x)^2 + \frac{3}{2}(\dot{\gamma}_{xy}^2 + \dot{\gamma}_{yz}^2 + \dot{\gamma}_{zx}^2)} = \dot{\varepsilon}_s \tag{11-37}$$

由式（11-37）可知，堆石料三维流变速率计算式［式（11-25）］可以退化获得单轴流变速率计算式，即本章导出的三维流变速率计算式理论上是严谨的，另外，这也说明假设比例系数 $\lambda = \dot{\varepsilon}_s$ 也是合理的。

11.2.2.5　广义剪应变及轴向应变和体积应变关系

设常规三轴试验条件下，应力状态 $\sigma_x = p_1 + q_1$，$\sigma_y = \sigma_z = q_1$，$\tau_{ij} = 0$，则

$$q = \sqrt{3J_2} = p_1, s_x = \frac{2}{3}p_1, s_y = s_z = -\frac{p_1}{3} \tag{11-38}$$

将式（11-38）代入式（11-25），有

$$\begin{Bmatrix} \dot{\varepsilon}_x \\ \dot{\varepsilon}_y \\ \dot{\varepsilon}_z \\ \dot{\gamma}_{xy} \\ \dot{\gamma}_{yz} \\ \dot{\gamma}_{zx} \end{Bmatrix} = \frac{\dot{\varepsilon}_v}{3} \begin{Bmatrix} 1 \\ 1 \\ 1 \\ 0 \\ 0 \\ 0 \end{Bmatrix} + \begin{Bmatrix} \dot{\varepsilon}_s \\ -\dfrac{\dot{\varepsilon}_s}{2} \\ -\dfrac{\dot{\varepsilon}_s}{2} \\ 0 \\ 0 \\ 0 \end{Bmatrix} \tag{11-39}$$

当把 x 轴作为轴向时，由式（11-39）可知，$\dot{\varepsilon}_x$ 即为轴向应变率 $\dot{\varepsilon}_1$，此时，轴向应变率、体积应变率和广义剪切应变率之间的关系为

$$\dot{\varepsilon}_1 = \frac{\dot{\varepsilon}_v}{3} + \dot{\varepsilon}_s \tag{11-40}$$

或

$$\varepsilon_s = \varepsilon_1 - \frac{\varepsilon_v}{3} \tag{11-41}$$

11.2.2.6 堆石体流变有限元分析步骤

堆石体流变有限元分析步骤如下：

（1）根据施工及蓄水过程，对相应荷载级先计算其瞬时弹性变形或弹塑性变形，得到本级末的单元应力及应力水平。

（2）根据施工进度安排，确定该级加荷所经历的时间 T_i，将该段时间分为若干时段 Δt。

（3）假定该 Δt 时段内应力不变，按式（11-13）、式（11-14）计算对应的剪切流变 ε_{sf} 和体积流变 ε_{vf}。采用式（11-27）和式（11-28）计算应变速率；采用式（11-29）和式（11-30）计算累积流变量；采用式（11-34）得到相应流变增量。

（4）按初应变法进行有限元分析，得到相应的位移增量、应力增量，累积得到总位移、总应力。

（5）对加荷时段时间进行判断，如该加荷级时间结束，则回到步骤（1）循环，否则回到步骤（3）循环。

采用 Visual Fortran 编制了面板堆石坝流变分析程序。

11.2.2.7 小结

（1）采用 Prandtl-Reuss 流动法则，导出了 3 参数指数流变模型下的三维流变速率计算式，所获得的剪切流变速率计算式与相关文献给出的计算式存在差异。通过将三维流变速率计算式退化为单轴流变速率计算式来判断计算式的合理性，分析表明，本章导出的三维流变速率计算式理论上是严谨的。

（2）由推导的三维流变速率计算公式导出了常规三轴试验时轴向应变、体积应变和广义剪切应变的合理关系式。

11.2.3 堆石体湿化计算方法

堆石料的湿化变形是指在一定的应力状态下浸水，由于颗粒之间被水润滑及颗粒矿物浸水软化等原因而使颗粒发生相互滑移、破碎和重新排列，从而发生变形，并使堆石体中的应力重新分布。对于混凝土面板堆石坝，由于堆石料的湿化变形可能会导致面板和垫层料间脱空，从而对面板的内力分布产生一定的影响，引起面板出现较大的拉应力和开裂现象。目前考虑堆石料湿化变形的试验分为双线法和单线法。双线法为分别用风干样和饱和样作两种状态下的应力-应变关系试验。假定某种应力状态下的湿化应变就是该应力状态下两种状态下的应力-应变关系所对应的应变之差；单线法为将风干样加荷至某一应力状态，然后浸水饱和，测得各应力状态下的湿化变形量，并建立湿化变形量与应力的关系。与双线法相比，单线法与实际情况更接近，但是试验难度较大。

经过多年的研究，国内外学者提出过初应力法和初应变法等多种湿化变形计算模型和方法。当通过试验获得堆石料浸水后湿化变形的计算公式时，采用初应变法研制程序方便。

$C_w - D_w$ 湿化模型将湿化变形区分为湿化体积变形 ε_{vs} 和湿化剪切变形 γ_s 两部分，即

$$\varepsilon_{vs} = C_w \tag{11-42}$$

$$\gamma_s = D_w \frac{S}{1-S} \tag{11-43}$$

式中 S——应力水平；

C_w、D_w——待定参数。

$C_w - D_w$ 湿化模型认为湿化体积变形在整个湿化过程中为一个常数。基于湿化试验成果，改进的湿化体积变形计算公式，考虑了周围压力 σ_3 对湿化体积变形的影响，即

$$\varepsilon_{vs} = \frac{\sigma_3}{a + b\sigma_3} \tag{11-44}$$

式中　a、b——试验参数。

根据糯扎渡水电站心墙堆石坝上游坝壳料湿化变形试验揭示的规律，堆石体湿化变形计算数学模型为

$$\varepsilon_{vs} = C_w \left(\frac{\sigma_3}{p_a}\right)^{n_w} + B_w \frac{\sigma_3 - \sigma_{3d}}{p_a} S \tag{11-45}$$

$$\gamma_s = D_w \frac{S}{1-S} \tag{11-46}$$

式中　C_w、B_w、n_w、D_w——试验参数；

$\qquad\qquad S$——应力水平；

$\qquad\qquad \sigma_{3d}$——随应力水平增加湿化体积应变减少或增加之围压的分界值。

在数值计算中，常常将求得的湿化变形转换为"初应力"或"初应变"，采用迭代法进行计算。

水库蓄水后，堆石坝受水的作用主要有：

（1）水压力。对于面板堆石坝来说，面板的渗透系数很小，在计算分析时，常假设水压力作用在面板上游面并与面板垂直。

（2）浮托力。当面板堆石坝形成稳定渗流场后，在浸润线以下部分将受到水的浮力，容重由原来的湿容重变为浮容重。

（3）湿化。堆石体在浸水前是非饱和的，尽管施工中碾压，仍然不能很密实。浸水后堆石颗粒间受水的润滑，在荷载作用下将重新调整其间位置，改变原来的结构，使堆石体压缩下沉，这种现象叫湿化。

水压力和浮托力的计算相对明确，本书主要介绍湿化模型及其计算方法。

在有限元计算中，将湿化应变作为初应变考虑。目前有两种方法将湿化试验值转换为 6 个应变分量：①由堆石料湿化试验值计算 3 个湿化主应变，然后由转换矩阵获得 6 个应变分量；②采用 Prandtl - Reuss 流动法则，由湿化试验值获得应变分量。由于后一种方法理论严谨，为此，假定应力主轴与应变主轴重合，依据 Prandtl - Reuss 流动法则可以由 Mises 屈服函数作为塑性势函数推导获得，采用关联流动法则，同时假设塑性势函数为 Mises 屈服函数，推导获得湿化剪切应变分量，然后叠加湿化体积应变分量为

$$\begin{Bmatrix} \varepsilon_x \\ \varepsilon_y \\ \varepsilon_z \\ \gamma_{xy} \\ \gamma_{yz} \\ \gamma_{zx} \end{Bmatrix} = \frac{\varepsilon_{vs}}{3} \begin{Bmatrix} 1 \\ 1 \\ 1 \\ 0 \\ 0 \\ 0 \end{Bmatrix} + \frac{3\gamma_s}{2q} \begin{Bmatrix} s_x \\ s_y \\ s_z \\ 2\tau_{xy} \\ 2\tau_{yz} \\ 2\tau_{zx} \end{Bmatrix} \tag{11-47}$$

$$\boldsymbol{\varepsilon} = \frac{\varepsilon_{vs}}{3} \boldsymbol{I}' + \frac{3\gamma_s}{2q} \boldsymbol{s}' \tag{11-48}$$

$$q = \sqrt{3J_2}$$

式中　q——广义剪应力；

　　　J_2——应力偏量的第二不变量。

11.3　基于设计参数的大坝应力变形分析

11.3.1　设计阶段计算参数

本工程堆石料主要来自溪江料场，以灰岩料为主，主要计算参数采用长江科学院岩土试验室三轴试验成果。由于筑坝堆石料是非线性材料，应力应变关系呈现明显的非线性特性，工程上常采用邓肯 E-B 模型。设计阶段邓肯 E-B 模型计算参数表见表 11-1。表中，ϕ_0 为围压为一个大气压时的内摩擦角，$\Delta\phi$ 为随压力变化的内摩擦角，R_f 为破坏比，K 为切线模量系数，n 为切线模量指数，K_b 为体积模量系数，m 为体积模量指数。

表 11-1　　　　　　　　　　设计阶段邓肯 E-B 模型计算参数表

填料	干密度 ρ_d /(g/cm³)	邓肯 E-B 模型参数							
		ϕ_0	$\Delta\phi$	R_f	K	n	K_b	m	K_{ur}
主堆石	2.15	52.1	9.6	0.85	1135	0.31	531	0.26	2270
次堆石	2.10	50.9	9.3	0.83	1023	0.24	459	0.22	2046
垫层料	2.17	49.8	6.6	0.83	1200	0.37	560	0.32	2400
过渡料	2.15	48.0	7.1	0.83	1224	0.22	560	0.21	2448

注　主堆石、垫层料个别参数根据工程经验进行了修正。

11.3.2　设计阶段加载过程

本次计算所考虑的荷载为自重荷载和水荷载。考虑到材料的非线性性质，荷载施加采用逐级施加的方式，共计 17 级主增量。对基础部分自重引起的位移不记入总体位移。分级施工进度表见表 11-2，分级加荷示意图如图 11-1。

表 11-2　　　　　　　　　　分　级　施　工　进　度　表

次序	部　位	时间/d	次序	部　位	时间/d
1	坝体全断面填筑至高程 223.58m	60	10	坝体全断面填筑至 292.00m	40
2	坝体上游填筑至高程 238.73m	40	11	坝体全断面填筑至 310.00m	40
3	坝体上游填筑至高程 252.86m	40	12	浇筑一期面板至高程 285.00m	40
4	坝体上游填筑至高程 262.00m	40	13	坝体全断面填筑至坝顶	40
5	坝体上游填筑至高程 277.00m	40	14	浇筑二期面板	40
6	坝体下游填筑至高程 240.00m	40	15	蓄水至高程 260.00m	100
7	坝体下游填筑至高程 253.08m	40	16	蓄水至高程 290.00m	100
8	坝体下游填筑至高程 262.00m	40	17	蓄水至高程 313.00m	100
9	坝体下游填筑至高程 277.00m	40			

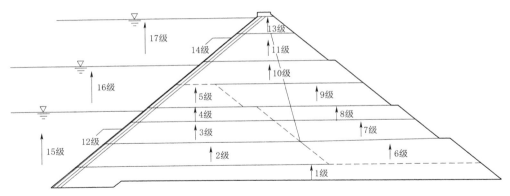

图 11-1　分级加荷示意图

11.3.3　设计阶段坝体应力位移

有限元计算模型采用考虑基础的整体有限元模型，并采用中点增量法进行非线性计算，水荷载分 3 级施加。蓄水期堆石体 Z194 剖面和面板的位移和应力等值线如图 11-2～图 11-11 所示。不同模型三维有限元仿真计算应力变形极大值见表 11-3。其中，堆石体顺

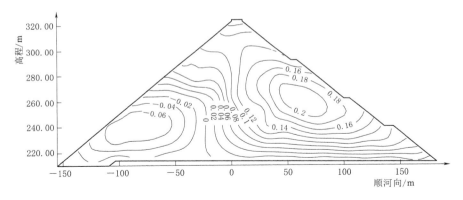

图 11-2　蓄水期 Z194 剖面顺河向位移（单位：m）

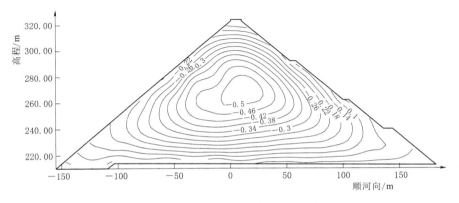

图 11-3　蓄水期 Z194 剖面垂直向位移（单位：m）

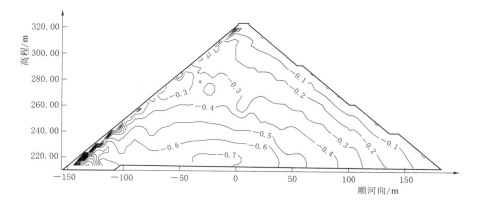

图 11 - 4　蓄水期 Z194 剖面第一主应力（单位：MPa）

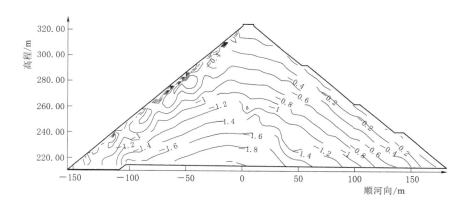

图 11 - 5　蓄水期 Z194 剖面第三主应力（单位：MPa）

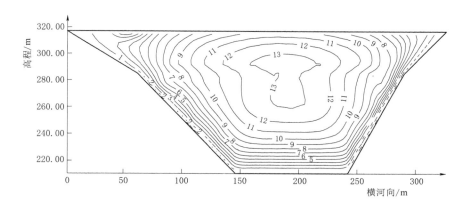

图 11 - 6　蓄水期垂直面板位移（单位：cm）

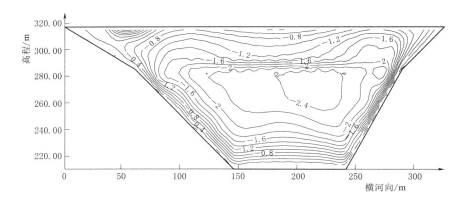

图 11-7　蓄水期沿面板长度向位移（单位：cm）

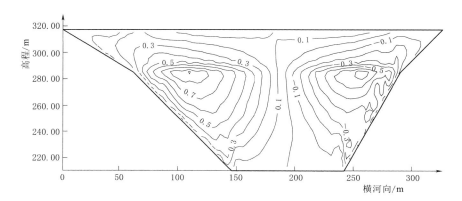

图 11-8　蓄水期面板轴向位移（单位：cm）

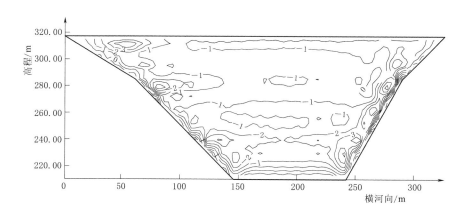

图 11-9　蓄水期垂直面板向应力（单位：MPa）

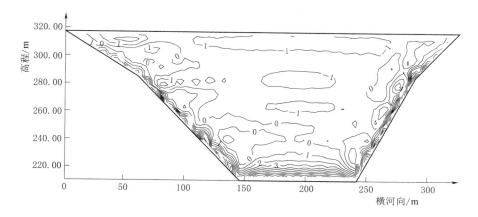

图 11-10　蓄水期沿面板长度方向应力（单位：MPa）

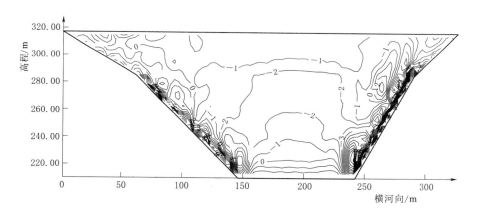

图 11-11　蓄水期面板轴向应力（单位：MPa）

表 11-3　　　　　　　　　　　不同模型三维有限元仿真计算应力变形极大值

工况	计　算　项		本次邓肯 E-B 模型	招标邓肯 E-B 模型	招标弹塑性模型
竣工期	堆石体位移/m	向上游	−0.155	−0.216	−0.104
		向下游	0.179	0.259	0.108
		垂直沉降	−0.497	−0.727	−0.411
	堆石体应力/MPa	第一主应力	−0.693	−0.69	−0.87
		第三主应力	−1.879	−1.86	−1.74
	面板位移/cm	轴向	0.479/−0.439	—	—
		顺坡向	1.496/−1.303	—	—
		法向（挠度）	1.381/−3.019（坝顶）	—	—
	面板应力/MPa	轴向	−1.03	—	—
		顺坡向	−1.63	—	—

263

工况	计　算　项		本次邓肯 E－B 模型	招标邓肯 E－B 模型	招标弹塑性模型
竣工期	周边缝变位/mm	剪切	1.1	—	—
		沉降	1.02	—	—
		张开	0.41	—	—
蓄水期	堆石体位移/m	向上游	−0.077	−0.1	−0.059
		向下游	0.212	0.294	0.12
		垂直沉降	−0.523	−0.735	−0.425
	堆石体应力/MPa	第一主应力	−0.769	−0.77	−0.95
		第三主应力	−2.028	−1.98	−1.85
	面板位移/cm	轴向	0.947/−0.787	—	—
		顺坡向	−2.505	—	—
		法向（挠度）	13.682	22.5	11.1
	面板应力/MPa	轴向	−3.178	−2.64	−1.67
		顺坡向	−3.209	−7.32	−7.07
	周边缝变位/mm	剪切	3.65/−3.22	—	—
		沉降	2.14/−1.44	—	—
		张开	3.78/−0.102	10	20

河向位移以向下游为正，向上游为负；堆石体垂直向位移以上抬为正，下沉为负；垂直面板向位移以向坝内为正，向坝外为负；沿面板向位移以向上为正，以向下为负；面板轴向位移以向右岸为正，向左岸为负；应力以拉为正，以压为负。

1. 堆石体位移和应力

（1）竣工时，堆石体沉降最大值为 0.497m，蓄水后，堆石体沉降最大值为 0.523m，均位于堆石体中部约 1/2 高处；竣工时，堆石体向上游最大位移为 0.155m，堆石体向下游最大位移为 0.179m，蓄水后，由于水压作用，堆石体总体向下游位移，此时，向上游最大位移减小为 0.077m，向下游最大位移增大为 0.212m。下游最大位移位于堆石体中部约 1/2 高处，上游最大位移位于略低于坝体中部位置处。

（2）竣工时，主应力最大值出现在坝底中部位置，蓄水后，主应力最大值位置出现在坝底中部略为偏上游，但增量不大；竣工时，第一主应力为 −0.693MPa，第三主应力为 −1.879MPa。蓄水后，第一主应力略为增大为 −0.769MPa，第三主应力略为增大为 −2.028MPa。

（3）不同阶段堆石体位移计算结果总体规律较为一致，但计算值存在一定差异，招标邓肯 E－B 模型计算结果偏大，本次邓肯 E－B 模型计算结果和招标弹塑性模型计算结果接近。不同阶段采用不同本构模型计算的堆石体应力计算结果十分接近。

2. 面板位移和应力

（1）整个面板在水压力作用下成为一个凹曲面，位移的变化梯度在边界较大，等值线密集，位移梯度在中部较小，等值线较疏。面板挠度的最大值为 13.682cm，出现在面板中部约 1/2 高处。

（2）在蓄水期，面板大部分区域处于受压状态，但在面板与基岩接触部位，虽然设置了周边缝，但仍存在一定程度应力集中现象，这些部位的应力等值线密集。不考虑应力集中现象，在蓄水期，面板最大轴向应力为 -3.148MPa，最大顺坡向应力为 -3.209MPa。已建面板堆石坝的原型监测资料表明，在水压力作用下，面板大部分处于双向受压状态，仅在周缝缝和面板顶部附近较小的区域出现拉应力。由此可见，本次面板应力计算结果满足一般规律。

（3）不同阶段面板位移计算结果总体规律较为一致，但计算值存在一定差异，招标邓肯 E-B 模型计算结果偏大（最大挠度为 22.5cm），本次邓肯 E-B 模型计算结果（最大挠度 13.682cm）和招标弹塑性模型计算结果（最大挠度 11.1cm）接近。而不同阶段不同模型计算的面板应力均存在差异，本次计算的最大轴向应力（-3.178MPa）大于招标设计阶段的计算值（-2.64MPa$/-1.67$MPa），而本次计算的最大顺坡向应力（-3.209MPa）小于招标设计阶段的计算值（-7.32MPa$/-7.07$MPa）。

3. 周边缝位移

（1）由周边缝位移可知，右岸的周边缝位移略大于左岸周边缝的位移。蓄水期，周边缝一般处于张开状态，最大张开量为 3.78mm。

（2）不同阶段不同模型计算的周边缝位移差异较大，招标阶段邓肯 E-B 模型计算的蓄水期周边缝最大张开量为 10mm；招标阶段弹塑性模型计算的蓄水期周边缝最大张开量为 20mm。本次计算的周边缝张开量小于招标设计阶段的计算值，这与本次周边缝有限元网格剖分较粗有较大关系。

11.4 堆石体流变对大坝应力变形的影响

11.4.1 流变计算参数

本次拟采用 3 参数流变模型进行堆石体的流变计算。由于没有试验流变参数，根据工程类比和工程经验，3 参数流变模型计算参数见表 11-4。

表 11-4 3 参数流变模型计算参数表

填 料	b	c	d
主堆石	0.0002	0.005	0.003
次堆石	0.0005	0.007	0.004
垫层料	0.0003	0.005	0.004
过渡料	0.0002	0.005	0.003

11.4.2 分级施工进度

根据初步设计阶段大坝工程施工关键线路，为分析问题方便，略作调整，见本章第 11.3.2 节。

11.4.3　设计阶段考虑流变大坝应力位移

有限元计算模型仍采用考虑基础的有限元模型，仍采用中点增量法进行非线性计算，同时采用3参数模型进行流变分析，水荷载分3级施加。在每级荷载初期，计算时间步长为2d，计算一段时间后，计算时间步长增大为10d。不同模型三维有限元仿真计算应力变形极大值见表11-5。蓄水期堆石体Z194剖面和面板位移以及应力等值线分别如图11-12～图11-21所示。

表11-5　　　　　　　　　不同模型三维有限元仿真计算应力变形极大值

工况	计　算　项		本次邓肯E-B模型	本次流变计算	招标流变计算
竣工期	堆石体位移/m	向上游	-0.155	-0.175	—
		向下游	0.179	0.188	—
		垂直沉降	-0.497	-0.554	—
	堆石体应力/MPa	第一主应力	-0.693	-0.692	—
		第三主应力	-1.879	-1.875	—
	面板位移/cm	轴向	0.479/-0.439	0.416/-0.367	—
		顺坡向	1.496/-1.303	0.000/-1.715	—
		法向（挠度）	1.381/-3.019（坝顶）	1.559/-0.146	—
	面板应力/MPa	轴向	-1.030	-0.994	—
		顺坡向	-1.630	-1.18	—
	周边缝变位/mm	剪切	1.10	1.00	—
		沉降	1.02	1.11	—
		张开	0.41	0.36	—
蓄水期	堆石体位移/m	向上游	-0.077	-0.095	-0.110
		向下游	0.212	0.223	0.372
		垂直沉降	-0.523	-0.587	-0.802
	堆石体应力/MPa	第一主应力	-0.769	-0.756	-0.920
		第三主应力	-2.028	-2.015	-2.000
	面板位移/cm	轴向	0.947/-0.787	1.189/-0.906	—
		顺坡向	-2.505	-3.702	—
		法向（挠度）	13.682	14.505	23.500
	面板应力/MPa	轴向	-3.178	-4.012	-2.860
		顺坡向	-3.209	-4.03	-7.760
	周边缝变位/mm	剪切	3.65/-3.22	2.29/-1.61	—
		沉降	2.14/-1.44	1.08/-0.76	—
		张开	3.78/-0.102	4.45/0.086	21.000

1. 堆石体位移和应力

（1）考虑流变后，堆石体顺河向位移和垂直向位移均较不考虑流变时的大。竣工时，

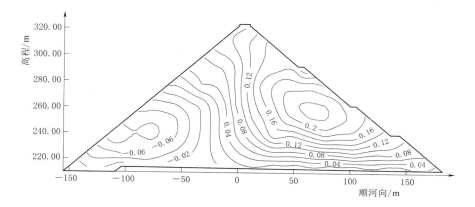

图 11-12　蓄水期 Z194 剖面顺河向位移（单位：m）

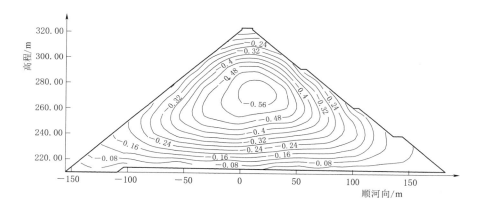

图 11-13　蓄水期 Z194 剖面垂直向位移（单位：m）

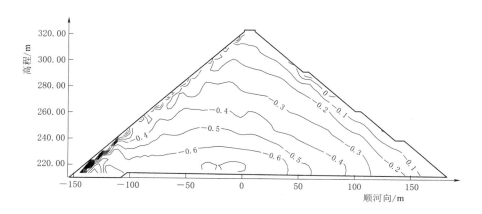

图 11-14　蓄水期 Z194 剖面第一主应力（单位：MPa）

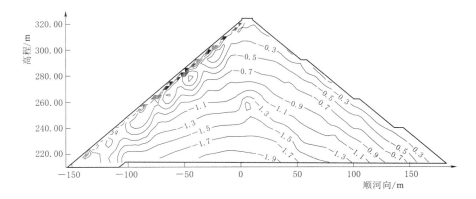

图 11-15　蓄水期 Z194 剖面第三主应力（单位：MPa）

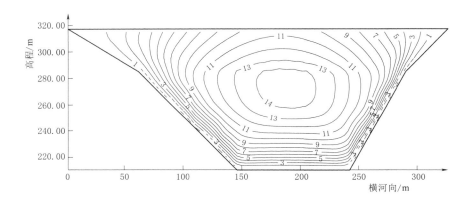

图 11-16　蓄水期垂直面板向位移（单位：cm）

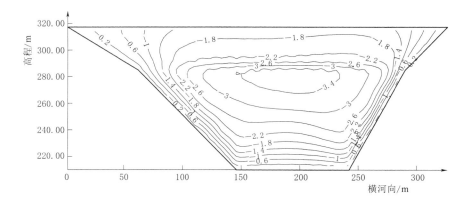

图 11-17　蓄水期沿面板向位移（单位：cm）

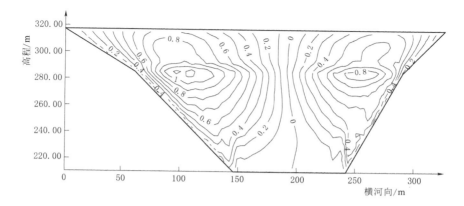

图 11-18　蓄水期面板轴向位移（单位：cm）

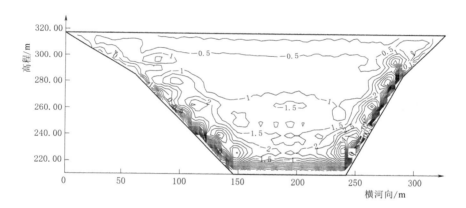

图 11-19　蓄水期垂直面板向应力（单位：MPa）

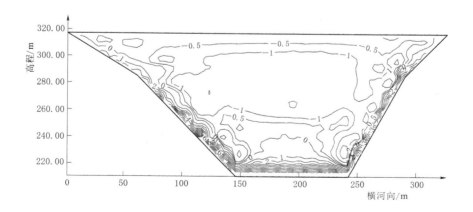

图 11-20　蓄水期沿面板向应力（单位：MPa）

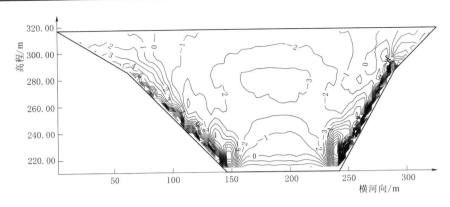

图 11-21 蓄水期面板轴向应力（单位：MPa）

考虑流变时的最大沉降（0.554m）相对于不考虑流变时的最大沉降（0.497m）增大 5.7cm；蓄水期，考虑流变时的最大沉降（0.587m）相对于不考虑流变时的最大沉降（0.523m）增大 6.4cm。考虑流变后，向上游和向下游的顺河向位移，相对于不考虑流变时的计算值，也有一定程度的增大，但最大增大量不超过 2cm。

（2）堆石体的流变变形，使堆石体的应力进一步调整。考虑堆石体的流变效应后，当大坝蓄水到正常高水位时，堆石体的第一主应力和第三主应力分别从 -0.769MPa 和 -2.028MPa 调整到 -0.756MPa 和 -2.015MPa。总体来说，考虑流变后，压应力有一定程度的减小，但减小的幅度比较小。

（3）不同阶段计算的考虑流变的堆石体位移存在一定差异，招标设计阶段的考虑流变计算结果大于本次流变计算结果，但不同阶段计算的考虑流变的堆石体应力十分接近。

2．面板位移和应力

（1）考虑流变后，面板的挠度更大。蓄水期，相对于不考虑流变的面板最大挠度（13.682cm），考虑流变的面板最大挠度（14.505cm）增大了 0.823cm。

（2）由于堆石体的流变导致河床部位的面板进一步压紧，面板压应力有所提高。蓄水期，不考虑流变时，轴向和顺坡向压应力分别为 3.148MPa 和 3.209MPa，考虑流变时，轴向和顺坡向压应力分别增大到 4.012MPa 和 4.030MPa。

（3）不同阶段计算的考虑流变的面板最大挠度存在一定差异，但不同阶段考虑与不考虑流变计算的面板最大挠度增量接近；不同阶段计算的考虑流变的面板应力存在差异，本次计算的面板轴向应力大于招标设计阶段计算的面板轴向应力，而本次计算的面板顺坡向应力小于招标设计阶段计算的面板顺坡向应力，这与面板有限元网格剖分粗细有较大关系。

3．周边缝位移

竣工时，是否考虑流变计算的周边缝位移比较接近；蓄水期，考虑流变时，周边缝最大张开量大于不考虑流变计算的周边缝最大张开量，但周边缝剪切和沉降变形较不考虑流变时略小。

11.4.4　小结

（1）不同阶段堆石体位移计算结果总体规律较为一致，计算值却存在一定差异，但不同阶段采用不同本构模型计算的堆石体应力计算结果十分接近。考虑流变后，堆石体顺河向位移和垂直向位移均较不考虑流变时的大，而考虑流变后，压应力有一定程度的减小，但减小的幅度比较小。

（2）不同阶段面板位移和应力计算结果总体规律较为一致，但计算值均存在差异，这与面板有限元网格粗细关系较大。考虑流变后，面板的挠度更大；由于堆石体的流变导致河床部位的面板进一步压紧，面板压应力有所提高。

（3）不同阶段不同模型计算的周边缝位移差异较大，这与面板周边缝有限元网格粗细关系很大。竣工时，是否考虑流变计算的周边缝位移比较接近；蓄水期，考虑流变时，周边缝最大张开量大于不考虑流变计算的周边缝最大张开量，但周边缝剪切和沉降变形较不考虑流变时略小。

11.5 大坝应力变形反馈分析

11.5.1 施工期堆石体材料参数智能反演分析

面板堆石坝变形监测是面板堆石坝工程特性、运行及安全评估和评判的重要依据。由于室内试验的局限性，通过室内试验获得的堆石料力学参数，与真实情况难免有一定的出入。采用数值方法和原型监测资料相结合，及时反演获得堆石坝的力学材料参数，对合理地评估和预测堆石坝的变形性态具有重要的工程意义。结合涝天河水库扩建面板堆石坝工程，全面分析堆石坝施工期变形监测资料，选取合适的相对位移，采用数值计算-正交设计-神经网络-遗传算法相结合的方法反演获得堆石坝材料力学参数，为涝天河水库扩建工程和类似面板堆石坝工程提供参考。

11.5.1.1 施工进度与沉降监测布置

1. 施工进度

涝天河水库扩建工程面板堆石坝实际分级施工进度见表11-6和图11-22所示，由于工期延后，为了在关键时间节点完成工期，堆石坝在坝基附近的填筑非全断面填筑，在开挖处理上游趾板区域时，即开始填筑。

表11-6　　　　　　　　　　　分级施工进度表

次序	填筑起止日期	次序	填筑起止日期
1	2014年11月11日—2014年12月16日	9	2015年8月29日—2015年9月15日
2	2014年12月17日—2015年2月11日	10	2015年9月15日—2015年10月6日
3	2015年1月30日—2015年2月11日	11	2015年10月6日—2015年10月31日
4	2015年2月11日—2015年3月20日	12	2015年10月31日—2015年11月17日
5	2015年3月20日—2015年4月27日	13	2015年11月17日—2015年11月25日
6	2015年4月27日—2015年6月4日	14	2015年11月25日—2015年11月28日
7	2015年6月4日—2015年7月17日	15	一期面板
8	2015年7月17日—2015年8月29日	16	二期面板

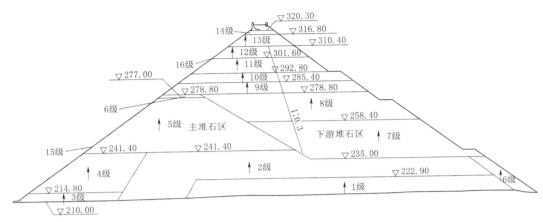

图 11-22　分级施工进度图（单位：m）

2. 沉降仪埋设与测量

为对施工期的大坝内部竖向变形进行监测，安装埋设水管式沉降仪共计 20 套，形成六条测线。其中，坝体剖面 B0＋103.70 共布置 6 处监测点，坝体剖面 B0＋187.70 共布置 11 处监测点，坝体剖面 B0＋252.51 共布置 3 处监测点。在坝轴线处共布置 6 处监测点，在坝体上游共布置 6 处监测点，在坝体下游共布置 8 处监测点。其中主堆石区共布置 12 处监测点，次堆石区布置 8 处监测点。典型剖面（B0＋187.70）监测布置如图 11-23 所示，其中 ES18 测点存在故障。

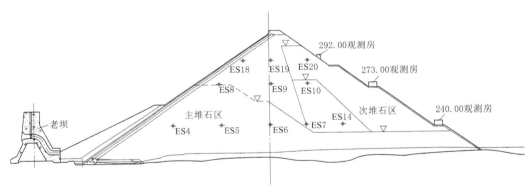

图 11-23　典型剖面（B0＋187.70）监测布置图

大坝内部各水管式沉降仪开始读数时的垂直位移量 H_1 见表 11-7。由表可知，2015 年 8 月 9 日开始对埋设在断面 B0＋187.70 高程 240.00m 观测房的测点沉降进行监测，其他测点陆续开始进行监测，并对截至 2016 年 8 月 25 日之前的变形监测资料进行分析。

11.5.1.2　典型测点沉降变形分析

1. 水管沉降仪测值的组成部分

由水管式沉降仪测量原理可知，坝内测点的垂直总位移主要包括三部分组成，即仪器埋设到开始读数的阶段垂直位移 H_1、观测房自身垂直位移 H_2 及测点与观测房相对位移

表 11 - 7　　　　　　大坝内部各水管式沉降仪开始读数时的垂直位移量 H_1

序号	观测房	测点号	埋设高程/m	桩号		垂直位移量/mm	埋设时间/(年-月-日)	运行时间/(年-月-日)
1	240.00 观测房	ES4	243.42	H0−80.00		294		
2		ES5	243.42	H0−40.00		468		
3		ES6	243.45	H0+0.00	B0+187.70	502	2015-3-22	2015-8-9
4		ES7	243.60	H0+30.00		624		
5		ES14	243.44	H0+60.00		465	2015-6-23	
6	263.00 观测房	ES1	268.60	H0+0.00		652		
7		ES2 *	268.67	H0+30.00	B0+103.70	设备故障	2015-8-6	2015-12-12
8		ES3	268.48	H0+60.00		779		
9	273.00 观测房	ES8	276.99	H0−40.00		663		
10		ES9	277.08	H0+0.00	B0+187.70	995	2015-8-26	2015-12-12
11		ES10	277.12	H0+30.00		1037		
12	280.00 观测房	ES11	283.17	H0−30.00		503		
13		ES12	283.28	H0+0.00	B0+252.50	757	2015-9-12	2015-12-12
14		ES13	283.29	H0+30.00		760		
15	292.00 观测房	ES18 *	297.57	H0−23.00		调试待查		
16		ES19	297.57	H0+0.00	B0+187.70	654	2015-10-24	2016-1-30
17		ES20	297.56	H0+30.00		620		
18	300.00 观测房	ES15 *	303.80	H0−20.00		调试待查		
19		ES16 *	303.85	H0+0.00	B0+103.70	调试待查	2015-11-6	
20		ES17	303.87	H0+20.00		873		2016-1-30

* 表示水管式沉降仪存在故障。

H_3。由于观测房自身位移测值 H_2 部分缺失且测值较小，施工期间主要对测点与观测房相对垂直位移 H_3 的沉降过程线进行分析。由监测数据绘制各测点与观测房相对垂直位移沉降量（H_3）随时间的变化曲线，大坝典型测点沉降过程线如图 11 - 24 所示。

2. 水管式沉降仪测值评价

水管式沉降仪安装后，由于观测房没有修建，导致仪器埋设到开始读数期间的垂直位移只有一个终值 H_1，缺乏沉降变形过程值。以 ES4 测点为例，2015 年 3 月 22 日进行水管式沉降仪的安装，待监测房修建完成之后，于 2015 年 8 月 9 日开始读数，滞后 4 个多月。因此建议尽早修建监测房，对水管式沉降仪进行读数，及时获得变形过程值。

由施工进度和监测资料可知，浒天河面板堆石坝在 2015 年 4 月 27 日完成临时度汛断面（高程 277.00m）的填筑，随后在 4 月 27 日—6 月 4 日期间为施工间歇。在施工间歇期间，经历了 5 月 20 日的度汛，上游洪水漫过老坝，淹没老坝与新坝之间的基坑，但此时水管式沉降仪尚未开始读数。根据对挤压边墙变形监测资料的分析表明：施工间歇期间，挤压边墙各测点的沉降变形逐渐增大，但沉降增量小于 10mm；度汛洪水发生前后，挤压

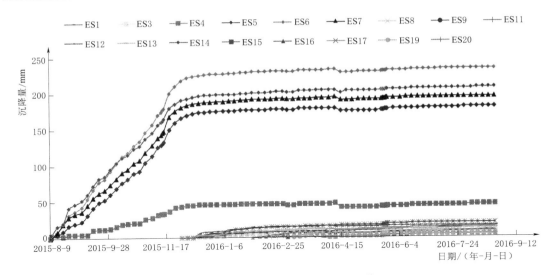

图 11-24　大坝典型测点沉降过程线

边墙各测点的沉降速率仅略有增大，这与挤压边墙的透水性较好，上游面受到的水荷载较小有一定的关系。2015 年 11 月 11 日经历了罕见冬汛，上游洪水再次漫过原大坝，淹没原大坝与新坝之间的基坑。由图 11-24 可知，这次罕见冬汛对主体大坝的变形影响也很小。2015 年 11 月 28 日大坝填筑至高程 320.30m，大坝主体填筑完毕。

堆石坝主监测面（B0+187.70）的沉降随着填筑体的逐步升高而增大，当大坝填筑到高程 320.30m 时，沉降量在 2015 年 12 月 5 日即逐渐趋于稳定，沉降速率约为 0.15mm/d，最大相对沉降量为 234.5mm（ES6 测点）。其他剖面（B0+103.70、B0+252.50）的沉降量与主剖面相比，沉降相对较小且随着堆筑体的升高变化不大。其中，ES8 测点沉降值从监测开始测值一直偏小，到 2016 年 8 月 25 日最终沉降值为 1mm，规律性较差，因此，反演分析时不采用 ES8 测点变形测值。ES10 测点在安装后正常运行了一段时间（2015 年 12 月 12 日—2016 年 2 月 12 日）之后，仪器发生故障；考虑到监测时间较短，因此没有给出测点沉降的过程线。

综上，截至 2016 年 8 月 25 日，坝体内部沉降量随着填筑体的逐步升高而增大，当大坝填筑到高程 320.30m 时，坝体开始预沉降，但从预沉降过程线来看，随时间变化十分缓慢。由此可见，该堆石坝施工质量好，流变变形小。考虑到仪器埋设到开始读数的滞后时间较长，而观测房自身位移测值部分缺失且测值较小，因此，以下主要基于测点与观测房相对位移进行堆石坝材料参数反演。

11.5.1.3　材料参数智能反演原理

目前工程上一般采用邓肯 E-B 模型模拟堆石体的非线性应力应变关系。本次采用数值计算-正交设计-神经网络-遗传算法相结合进行面板堆石坝邓肯 E-B 参数反演，反演分析的流程图如图 11-25 所示。

首先根据正交试验及待反演参数的范围，构造基本参数组合。然后建立堆石坝有限元模型，将正交设计的参数组合输入有限元模型中，计算在不同的参数组合下堆石体竣工时的沉降变形，由此构成神经网络学习样本。利用训练样本对神经网络进行训练，获得合理

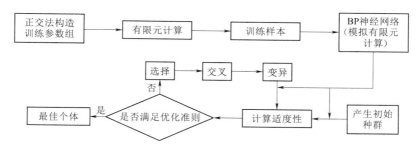

图 11-25 基于正交设计的堆石体参数反演流程

的神经网络模型。根据变形监测资料分析结果选择合理的施工期的堆石体沉降变形输入训练且检验好的神经网络模型，将遗传算法引入到 BP 神经网络的训练中以减弱单一神经网络的缺陷和不足，优化反演获得面板堆石坝最优的材料参数，并利用获得的材料参数代入有限元模型中，计算出坝体的沉降变位值并与实测变形值进行对比，验证反演分析和计算值的合理性。

11.5.1.4 材料参数智能反演

1. 反演参数的确定及参数样本设计

由于堆石体包括主堆石、次堆石、过渡区、垫层区等多个分区，而邓肯 E-B 模型包括 9 个参数，即 c、ϕ_0、$\Delta\phi$、K、k_{ur}、n、R_f、K_b、m，考虑到反分析的不适应性，若直接对这 9 个参数反演会降低其反演精度，根据岑威钧、肖化文等关于堆石坝材料参数敏感性分析研究成果，参数 c 一般取 0，R_f、φ、$\Delta\phi$ 的室内试验值与实际值差别不大，可直接采用室内试验值，参数 K_{ur} 和参数 K 成比例关系，可不单独反演。而对于参数 K、n、K_b、m，由于室内试验条件与现场条件的差异，其室内试验值与实际值差别较大，并且对堆石坝体沉降变形有较明显的影响，因此反演 K、n、K_b、m 等 4 个参数作为反演参数。由于垫层区和过渡区相对于坝体堆石区厚度较小，材料变化对坝体的变形影响小，为此，主要针对主、次堆石区的材料参数 K、n、K_b、m 进行优化反演。

结合浔天河面板堆石坝坝料室内剪切试验参数（表 11-8），拟定了反演参数取值范围见表 11-9。

表 11-8 浔天河面板堆石坝坝料室内剪切试验参数

参　　数	K	K_b	n	m
主堆石区	1200	560	0.21	0.11
次堆石区	700~750	300~320	0.183~0.325	0.10~0.106

表 11-9 反演参数取值范围

参数	$K_主$	$K_{b主}$	$n_主$	$m_主$	$K_次$	$K_{b次}$	$n_次$	$m_次$
初值	700	300	0.2	0.11	600	280	0.18	0.1
步长	125	65	0.035	0.045	50	20	0.035	0.035
终值	1200	560	0.34	0.29	800	360	0.32	0.24

假定主堆石的 4 个参数和次堆石的 4 个参数分别按同样的规律变化，即 $K_主$ 和 $K_次$ 变化规律相同，$K_{b主}$ 和 $K_{b次}$ 变化规律相同，$n_主$ 和 $n_次$ 变化规律相同，$m_主$ 和 $m_次$ 变化规律相同，为此，采用 4 因素 5 水平的正交表进行参数组合，并考虑到 K 和 K_b 的经验关系，对不合理的样本进行了剔除，给出了 18 种不同的组合，见表 11 - 10。

2. 堆石坝有限元计算模型

（1）计算荷载。考虑到材料非线性，荷载施加采用逐级施加的方式，按实际施工进度，共计 16 级主增量，计算所考虑的荷载为自重荷载。对基础部分自重引起的位移不计入总位移。

（2）堆石坝有限元模型。对涔天河水库扩建工程面板堆石坝建立基于施工进度的三维有限元模型。采用六面体八节点等参单元及少量的六节点三棱柱等参单元和四节点四面体单元，坝体共剖分 8792 个单元，节点 9639 个。堆石坝有限元模型如图 11 - 26 所示。

（3）有限元计算。由于实测沉降 H_3 为相对水管式沉降仪开始读数时的测值，为此，在进行堆石坝仿真计算时，需要获得相对水管式沉降仪开始读数时的相对计算值。根据对水管式沉降仪各测值分析，以及综合考虑测点的埋设高程、观测时间及施工进度等因素的影响，选取 ES6、ES7、ES14 三个测点的测值作为该模型的检验样本，用来反演坝体材料参数。结合正交设计方法组合的参数，采用涔天河水库扩建工程面板堆石坝有限元模型进行非线性有限元计算。由分级施工进度可知，

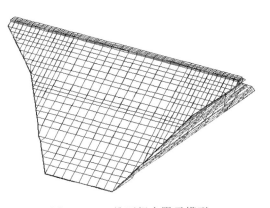

图 11 - 26　堆石坝有限元模型

选取的 ES6、ES7、ES14 三个测点的水管式沉降仪开始读数时，堆石坝开始进行第 8 级加载，故将得到的分级加载下各级的计算值分别扣除第 7 级加载完成后的计算值（水管式沉降仪开始读数时的测值），获得坝体 3 个典型测点与实际施工进度相对应的相对计算过程值。根据正交设计参数组合，共获得 18 个学习样本，见表 11 - 10。表中只给出三个测点竣工时的相对沉降计算值，实际反演时还采用了第 8 级加载到第 16 级加载的相对沉降过程值。

表 11 - 10　　　　　　　　　　　邓肯 E - B 模型参数样本

试验序号	1 ($K_主/K_次$)	2 ($K_{b主}/K_{b次}$)	3 ($n_主/n_次$)	4 ($m_主/m_次$)	ES6 竣工时相对沉降/mm	ES7 竣工时相对沉降/mm	ES14 竣工时相对沉降/mm
1	700/600	300/280	0.20/0.18	0.11/0.10	362	349	312
2	700/600	365/300	0.24/0.22	0.16/0.14	287	261	250
3	700/600	430/320	0.27/0.25	0.20/0.17	256	289	180
4	700/600	560/360	0.34/0.32	0.29/0.24	188	122	121
5	825/650	300/280	0.24/0.22	0.20/0.17	292	303	224

试验序号	1 ($K_主/K_次$)	2 ($K_{b主}/K_{b次}$)	3 ($n_主/n_次$)	4 ($m_主/m_次$)	ES6 竣工时 相对沉降/mm	ES7 竣工时 相对沉降/mm	ES14 竣工时 相对沉降/mm
6	825/650	365/300	0.27/0.25	0.25/0.21	274	269	216
7	825/650	430/320	0.31/0.29	0.29/0.24	218	194	176
8	825/650	495/340	0.34/0.32	0.11/0.10	235	208	176
9	950/700	300/280	0.27/0.25	0.29/0.24	278	284	165
10	950/700	495/340	0.20/0.18	0.20/0.17	243	225	178
11	950/700	560/360	0.24/0.22	0.25/0.21	201	174	141
12	1075/750	430/320	0.20/0.18	0.25/0.21	234	235	158
13	1075/750	495/340	0.24/0.22	0.29/0.24	192	165	143
14	1075/750	560/360	0.27/0.25	0.11/0.10	216	210	168
15	1200/800	300/280	0.34/0.32	0.25/0.21	165	199	147
16	1200/800	365/300	0.20/0.18	0.29/0.24	160	137	160
17	1200/800	430/320	0.24/0.22	0.11/0.10	269	261	188
18	1200/800	560/360	0.31/0.29	0.20/0.17	197	186	152

（4）参数反演结果。运用 MATLAB 提供的神经网络工具箱中函数 newff 建立前馈神经网络，再利用 MATLAB 提供的遗传算法功能函数优化所建立的 BP 神经网络，之后对训练样本进行归一化，使用 train 对网络进行训练学习，训练好以后再使用函数 sim 进行仿真预测，然后对仿真结果进行反归一化，最后得到输出结果即为所求的材料参数的反演值。面板堆石坝反演材料参数见表 11-11。

表 11-11　　　　　　　　　　面板堆石坝反演材料参数表

反演参数	$K_主/K_次$	$K_{b主}/K_{b次}$	$n_主/n_次$	$m_主/m_次$
反演结果	955/702	430/320	0.26/0.24	0.19/0.15

通过与室内剪切试验所测数据（表 11-8）相对比，除反演结果中主堆石区的 K 和 K_b 值偏小，其他反演参数结果和试验值较为接近。

3. 反馈分析

根据堆石坝材料参数反演的结果，对典型断面 B0+187.70 上 8 个监测点的相对沉降值进行有限元模型反馈计算，见表 11-12。

表 11-12　　　　　　　　　　典型测点的相对沉降值

沉降值	测　点							
	ES4	ES5	ES6	ES7	ES9	ES14	ES19	ES20
实测值/mm	46.0	181.0	234.5	195.0	20.0	208.0	5.0	10.0
计算值/mm	21.20	107.73	242.90	225.70	5.01	192.20	12.31	13.40

图 11-27 为 ES6、ES7 和 ES14 三个测点沉降计算值与监测值的时程曲线对比图，仪器监测时间段为 2015 年 8 月 8 日—2016 年 2 月 24 日。

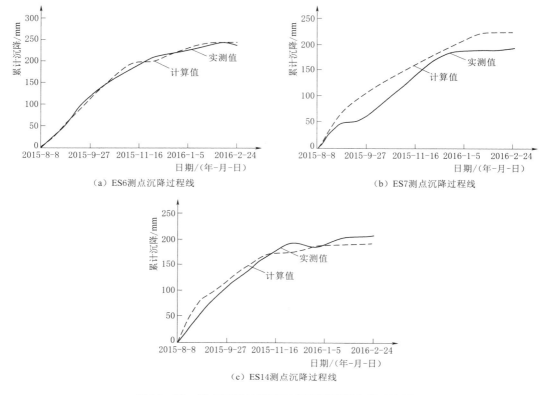

（a）ES6测点沉降过程线　　　　　　　（b）ES7测点沉降过程线

（c）ES14测点沉降过程线

图 11-27　测点沉降计算值与实测值时程曲线对比图

由表 11-12 可知，典型断面上各监测点的沉降计算值与实测值在数值上较为接近。由图 11-27 可知，除 ES7 测点的沉降计算值与实测值在数值上有一定的差距之外，本次反演分析的沉降值计算值与实测值的时程曲线趋势符合较好。说明基于参数反演的有限元计算成果基本上能反映坝体沉降变化的规律，这也验证了反演结果的可靠性。

11.5.1.5　小结

（1）从渗天河面板堆石坝施工期间的变形监测资料分析来看，渗天河面板堆石坝坝体沉降随着大坝填筑的逐步升高而增大，当填筑到高程 320.30m 后，坝体沉降变形渐趋稳定；虽然经历了"5·20"洪水、"11·11"罕见冬汛等重要事件，但对渗天河面板堆石坝变形影响小，这说明渗天河堆石坝施工质量良好。

（2）按实际施工进度建立了渗天河面板堆石坝有限元模型，采用数值计算-正交设计-神经网络-遗传算法相结合的方法，基于相对第一次读数的实测沉降进行了反演分析，分析表明主堆石区的 K 和 K_b 较室内剪切试验参数偏小，而其他反演参数结果和室内剪切试验值较为接近。

11.5.2　基于工程类比法的堆石体流变参数智能反演分析

由于现场条件复杂，室内试验参数一般与堆石坝实际参数存在差异。基于水布垭面板堆石坝实测变形，对南水双屈服面模型中对坝体变形影响较大的参数 K 值、n 值进行了反演分析，反分析得到的参数 K、K_{ur} 为试验参数的 0.7 倍，而 n 值与试验参数差别不大。其原因可能为：

（1）室内试验对于堆石填筑料的缩尺方法在一定程度上改变了堆石料的变形特性。

（2）坝体的实际填筑密度小于室内试样的填筑密度，实际填筑的级配与设计级配存在一定的差异。

（3）大坝填筑料料场特性存在一定的非均匀性和变异性。

（4）高应力下，大坝填筑料的颗粒破碎比较明显，室内试样对颗粒破碎的反映程度不足。

由于浠天河水库扩建工程面板堆石坝填筑工期延后，为了在关键时间节点完成工期，工程建设单位加快了坝体填筑速度。由于监测仪器埋设和测量滞后，不能及时获得实测变形进行堆石坝参数反馈，这导致待建浠天河面板堆石坝的施工速率、面板浇筑的时机以及蓄水的速率等难以合理确定。针对上述问题，采用工程类比的方法探讨待建浠天河面板堆石坝材料参数反馈，即选取坝高、上下游坡比、谷形系数、堆石料岩性等相近的已建面板堆石坝的实测资料，进行待建浠天河面板堆石坝材料参数的反馈，指导浠天河面板堆石坝的施工速率、面板浇筑的时机以及蓄水的速率。

11.5.2.1 类比工程及变形监测特性

浙江省宁海县境内的白溪面板堆石坝最大坝高 124.4m，坝顶长 398m，顶宽 10m，上、下游坝坡 1∶1.4，上游堆石料和下游水下堆石区采用新鲜至微风化含砾熔凝灰岩。由此可见，华中地区待建面板堆石坝和白溪面板堆石坝的最大坝高，坡比，谷形系数以及采用的堆石料岩性等均较接近，具有工程类比性，为此，基于白溪面板堆石坝实测变形进行待建浠天河面板堆石坝流变变形的反馈。

白溪面板堆石坝 1997 年开始施工准备，2000 年 10 月 20 日竣工，2001 年 6 月 26 日蓄水至正常高水位，监测表明，白溪面板堆石坝竣工时最大沉降为 77.8cm，蓄水至正常高水位时，最大沉降为 82.1cm，运行至 2003 年 3 月时，最大沉降基本趋于稳定，最大沉降为 88.6cm；运行至 2003 年 3 月时，面板不同高程的挠度为 16.76～26.85cm；2002 年 1 月开始对坝顶沉降进行监测，至 2003 年 3 月坝顶沉降量为 2.64～2.66cm，从沉降曲线看，该堆石坝的沉降已渐趋稳定。由白溪面板堆石坝的变形特征值可见，该坝蓄水后的后期流变变形不大，以瞬时变形为主，因此，依据类比工程的变形特征值，先通过敏感性分析，反馈该待建面板堆石坝的邓肯 E-B 模型参数，然后通过敏感性分析，反馈待建浠天河面板堆石坝的流变参数。

11.5.2.2 三维非线性有限元计算模型

1. 有限元计算模型

对待建浠天河面板堆石坝建立三维整体有限元模型，如图 11-28 所示，坝体共剖分 7817 个单元，8556 个节点；其中，主堆石体单元 4003 个，次堆石体单元 1254 个，面板单元 604 个，接触面单元和垫层单元 1956 个。

2. 邓肯 E-B 模型参数

采用工程上使用较广泛的邓肯 E-B 模型分析该堆石体应力应变非线性关系。该堆石坝以灰岩料为主，在进行面板堆石坝非线性计算时，对表中少数参数进行了调整。

由于模量参数 K 和 K_b 对堆石体变形影响较大，为此，本节对不同模量参数 K 和 K_b 进行敏感性分析，分别对比了室内试验参数的 1.0 倍、0.9 倍、0.8 倍、0.7 倍下面板堆石坝的变形特性，然后类比白溪面板堆石坝的变形特征值，反馈待建涔天河面板堆石坝的邓肯 E－B 模型参数特性。

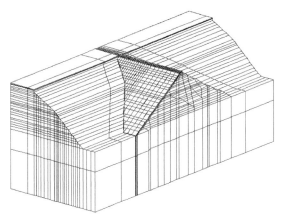

图 11－28　面板堆石坝三维整体有限元模型

3.3　参数指数流变模型计算参数

采用 3 参数指数流变模型进行堆石体的流变分析。对参数 b，c，d 进行敏感性分析，类比白溪面板堆石坝的流变变形特性，反馈待建涔天河面板堆石坝的流变参数特性，见表 11－13。其中，基于实测变形反馈流变参数时，三维流变应变增量计算式为 $\Delta \boldsymbol{\varepsilon} = \dfrac{\dot{\varepsilon}_v}{3} \Delta t \boldsymbol{I} + \dfrac{\dot{\varepsilon}_s}{q} \Delta t \boldsymbol{s}$，剪应力对应的流变应变增量相差 3 倍。

表 11－13　　　　　　　　　3 参数流变模型计算参数表

流变参数	填料	b	c	d
工况 1	主堆石	0.0002	0.0050	0.0010
	次堆石	0.0005	0.0070	0.0013
工况 2	主堆石	0.0004	0.0040	0.0010
	次堆石	0.0006	0.0050	0.0013
工况 3	主堆石	0.0004	0.0030	0.0012
	次堆石	0.0006	0.0040	0.0016
工况 4	主堆石	0.0004	0.0030	0.0015
	次堆石	0.0006	0.0040	0.0020
工况 5	主堆石	0.0026	0.0026	0.0015
	次堆石	0.0006	0.0036	0.0020
工况 1～工况 5	垫层料	0.0003	0.0050	0.0013
	过渡料	0.0002	0.0050	0.0010

4. 计算加荷分级

根据该面板堆石坝初步设计阶段施工关键线路并略做调整，分级加荷次序示意见本章第 11.3.2 节。

11.5.2.3　堆石坝变形特性反馈

1. 邓肯 E－B 模型参数反馈

采用中点增量法对比分析了模量参数 K 和 K_b 分别为室内试验参数的 1.0 倍、0.9

倍、0.8 倍、0.7 倍下面板堆石坝的变形特性,典型时刻堆石体变形和面板挠度见表 11-14。表中,堆石体顺河向位移以向下游为正,向上游为负;堆石体垂直向位移以上抬为正,下沉为负;垂直面板向位移以向坝内为正,向坝外为负。

表 11-14   不考虑流变时不同参数下面板堆石坝变形对比

模量系数/室内试验值	典型时刻	堆石坝变形			面板
		向上游/m	向下游/m	垂直沉降/m	挠度/cm
1.0	竣工	−0.155	0.179	−0.495	
	蓄水	−0.085	0.202	−0.510	11.279
0.9	竣工	−0.172	0.199	−0.549	
	蓄水	−0.095	0.224	−0.566	12.539
0.8	竣工	−0.193	0.224	−0.618	
	蓄水	−0.107	0.252	−0.637	14.099
0.7	竣工	−0.219	0.256	−0.706	
	蓄水	−0.122	0.287	−0.727	16.091

（1）随着模量系数的减小,堆石体的变形逐渐增大,面板挠度也逐渐增大。当模量系数为室内试验值的 0.7 倍时,堆石体竣工时最大沉降为 0.706m,蓄水后最大沉降为 0.727m,最大面板挠度为 16.091cm。

（2）面板最大挠度和坝体施工期最大沉降 S_{max} 关系为 $\delta_n = 0.25 S_{max}$。由计算的面板挠度与施工期沉降的比值可见,面板挠度与施工期沉降的比值为 0.228 左右,而面板挠度与蓄水后沉降的比值约为 0.221,尚未考虑堆石体的流变效应,由此可见,本节计算结果合理。

（3）类比白溪面板堆石坝变形特征值可见,当模量系数为室内试验值的 0.7 倍左右时,堆石体最大沉降与白溪面板堆石坝最大沉降在量级上较为接近,即待建涔天河面板堆石坝模量系数与室内试验参数的比值约为 0.7。

2. 流变参数反馈

假定待建涔天河面板堆石坝邓肯 E-B 模型的模量系数为室内试验值的 0.7 倍,对比分析了表 11-13 中流变参数下待建涔天河面板堆石坝的流变特性,典型时刻堆石体变形和面板挠度见表 11-15,其中,坝顶沉降是蓄水至正常高水位后的增量沉降。流变参数工况 5 对应的流变参数计算的面板堆石坝在竣工、蓄水至正常高水位以及运行 3a 后堆石体的变形如图 11-29 所示。图中位移等值线单位为 m,蓄水至正常高水位后坝顶沉降增量过程线如图 11-30 所示。

（1）随着流变参数 b 的增大,堆石体的最大沉降逐渐增大;随着流变参数 c 的减小,堆石体后期最大沉降增量以及后期坝顶沉降增量逐渐增大;随着流变参数 d 的增大,面板挠度略为减小;流变参数对堆石体上游侧的影响较下游侧的影响大。

（2）考虑堆石体流变变形后,蓄水 3a 后面板挠度与施工期沉降的比值为 0.248～0.275,蓄水 3a 后面板挠度与蓄水 3a 后沉降的比值为 0.240～0.260,该值较不考虑流变变形时的比值略大。

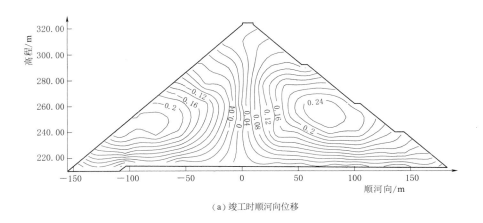

（a）竣工时顺河向位移

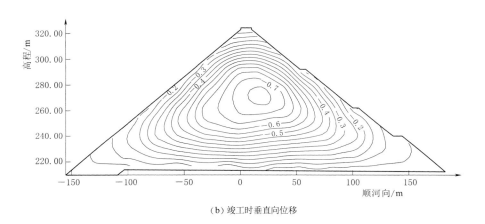

（b）竣工时垂直向位移

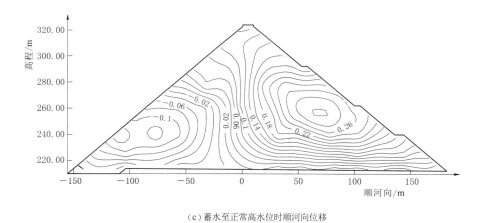

（c）蓄水至正常高水位时顺河向位移

图 11 - 29（一）　典型时刻堆石体变形

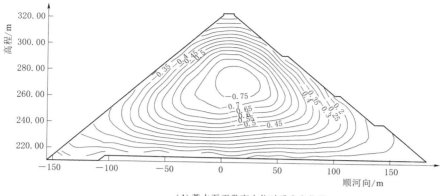

（d）蓄水至正常高水位时垂直向位移

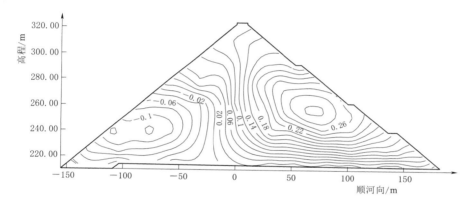

（e）蓄水至正常高水位运行3a顺河向位移

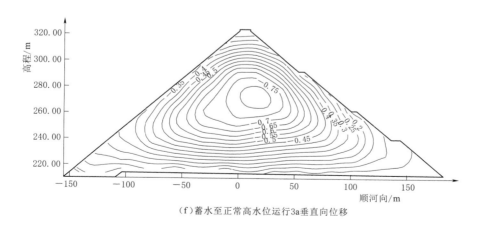

（f）蓄水至正常高水位运行3a垂直向位移

图 11-29（二）　典型时刻堆石体变形

表 11－15　　　　　　考虑流变时不同流变参数下面板堆石坝变形对比

流变参数	典型时刻	堆石坝变形			坝顶	面板
		向上游/m	向下游/m	垂直沉降/m	沉降/cm	挠度/cm
工况 1	竣工	−0.237	0.260	−0.755		
	蓄水	−0.137	0.294	−0.774		18.322
	运行 3a	−0.134	0.293	−0.780	−0.818	18.705
工况 2	竣工	−0.231	0.258	−0.760		
	蓄水	−0.126	0.294	−0.786		19.874
	运行 3a	−0.122	0.291	−0.802	−1.891	20.882
工况 3	竣工	−0.232	0.259	−0.759		
	蓄水	−0.130	0.296	−0.789		18.953
	运行 3a	−0.124	0.295	−0.812	−2.782	20.603
工况 4	竣工	−0.238	0.262	−0.763		
	蓄水	−0.136	0.300	−0.795		19.200
	运行 3a	−0.129	0.300	−0.820	−2.973	20.585
工况 5	竣工	−0.235	0.261	−0.760		
	蓄水	−0.134	0.299	−0.792		19.103
	运行 3a	−0.127	0.301	−0.821	−3.537	20.661

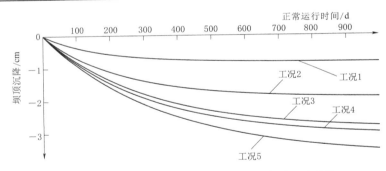

图 11－30　蓄水至正常高水位后坝顶沉降增量过程线

（3）类比白溪面板堆石坝最大沉降特征值可见，当模量系数与室内试验值的比值为 0.7，3 参数指数型流变模型的参数采用工况 5 时，涔天河面板堆石坝竣工时堆石体最大沉降为 76cm，蓄水至正常高水位时堆石体最大沉降为 79.2cm，蓄水运行 3a 后堆石体最大沉降为 82.1cm，而白溪面板堆石坝竣工时最大实测沉降为 77.8cm，蓄水期最大实测沉降为 82.1cm，蓄水运行 2a 后实测最大沉降为 88.6cm，两者的最大沉降值及增量沉降较为接近，但待建涔天河面板堆石坝蓄水运行后的沉降增量（2.9cm）较白溪面板堆石坝蓄水运行后的沉降增量（6.5cm）略小。

（4）类比白溪面板堆石坝面板挠度特征值可见，当模量系数与室内试验值的比值为 0.7，流变模型参数采用工况 5 时，涔天河面板堆石坝蓄水至正常高水位时面板挠度为 19.103cm，蓄水运行 3a 后面板最大挠度为 20.661cm，而白溪面板堆石坝面板挠度为

16.76～26.85cm，两者的面板挠度较为接近。

（5）类比白溪面板堆石坝坝顶沉降特征值可见，当模量系数与室内试验值的比值为0.7，流变模型参数采用工况5时，涔天河面板堆石坝蓄水至正常高水位后，坝顶增量沉降为3.537cm，且渐趋稳定，而白溪面板堆石坝2001年6月26日蓄水至正常高水位，2002年1月开始坝顶沉降监测，2003年3月监测坝顶沉降为2.64cm，由图11-30可见，涔天河面板堆石坝蓄水至正常高水位，运行180d时，坝顶增量沉降为1.445cm，即相对于运行180d时的沉降而言，涔天河面板堆石坝坝顶增量沉降为2.092cm，该值与白溪面板堆石坝坝顶增量沉降较为接近。

（6）综上，类比白溪面板堆石坝的变形特性，本节探讨了待建涔天河面板堆石坝的邓肯E-B模型参数及3参数指数流变模型的参数反馈。待建涔天河面板堆石坝竣工时的最大沉降为坝高的0.667%，蓄水至正常高水位时的最大沉降为坝高的0.695%，运行3a后最大沉降为坝高的0.72%，运行3a后面板挠度分别为施工期和运行3a后最大沉降的0.272和0.252，坝顶增量沉降随流变参数c值减小而增大，但量值较小，运行3a后的坝顶增量沉降为3.537cm。

11.5.2.4 小结

（1）类比白溪面板堆石坝变形特征值可见，当模量系数为室内试验值的0.7倍左右时，涔天河堆石体最大沉降与白溪面板堆石坝最大沉降在量级上较为接近。

（2）随着流变参数b的增大，堆石体的最大沉降逐渐增大；随着流变参数c的减小，堆石体后期最大沉降增量以及后期坝顶沉降增量逐渐增大；随着流变参数d的增大，面板挠度略为减小；流变参数对堆石体上游侧的影响较下游侧的影响大。

（3）考虑堆石体流变变形后，蓄水3a后面板挠度与施工期沉降的比值为0.248～0.275，蓄水3a后面板挠度与蓄水3a后沉降的比值为0.240～0.260，该值较不考虑流变变形时的略大。

（4）类比白溪面板堆石坝的变形特性，待建涔天河面板堆石坝竣工时的最大沉降为坝高的0.667%，蓄水至正常高水位时的最大沉降为坝高的0.695%，运行3a后最大沉降为坝高的0.720%，运行3a后面板挠度分别为施工期和运行3a后最大沉降的0.272和0.252，坝顶增量沉降随流变参数c值减小而增大，但量值较小，运行3a后的坝顶增量沉降为3.537cm。

（5）截至涔天河水库扩建工程2021年12月23日竣工验收时，坝内水管式沉降仪在高程240.00m、273.00m、292.00m的最大实测沉降分别为85.9cm、110.5cm、94.6cm。涔天河面板堆石坝沉降略大于白溪面板堆石坝坝内最大沉降88.6cm，即涔天河面板堆石坝实际模量系数应略低于室内试验模量系数的0.7倍。但由涔天河面板堆石坝蓄水以来实测的流变变形较小可见，涔天河面板堆石坝实际流变参数与工程类比白溪面板堆石坝反演的流变参数大致相当。

11.6 本 章 小 结

（1）采用Prandtl-Reuss流动法则，导出了3参数指数流变模型下的三维流变速率计算式，所获得的剪切流变速率计算式与相关文献给出的计算式存在差异。通过将三维流变速率计算式退化为单轴流变速率计算式来判断计算式的合理性，分析表明，本章导出的三维流变速率计算式理论上是严谨的。

（2）由推导的三维流变速率计算公式导出了常规三轴试验时轴向应变、体积应变和广义剪切应变的合理关系式，指出现有报道的堆石料轴向应变、体积应变和广义剪切应变关系式不严谨。

（3）基于关联流动法则，假设塑性势函数为 Mises 屈服函数，采用 Prandtl-Reuss 流动法则推导了湿化剪切应变分量，叠加湿化体积应变分量，获得湿化应变分量，指出现有报道的湿化剪切应变分量计算式不严谨。

（4）采用三维非线性有限元法仿真分析模拟大坝填筑全过程，计算获得了不考虑流变和考虑流变时施工期关键节点、蓄水期、竣工期和运行期在各种加载与卸载条件下，堆石体、面板和周边缝的应力与变形的大小及分布规律。

（5）结合涔天河面板堆石坝施工期变形监测资料，然后选取合适的相对位移，采用数值计算-正交设计-神经网络-遗传算法相结合的方法反演获得了堆石坝材料力学参数。结果表明主堆石区的 K 和 K_b 较室内剪切试验参数偏小，而其他反演参数结果和室内剪切试验值较为接近。

（6）针对不能及时获得实测变形进行堆石坝参数反馈，导致待建面板堆石坝的施工速率、面板浇筑的时机以及蓄水的速率等难以合理确定的问题，提出采用工程类比的方法探讨待建涔天河面板堆石坝材料参数反馈。类比白溪面板堆石坝监测资料进行反馈分析表明：

1）当模量系数为室内试验值的 0.7 倍左右时，涔天河堆石体最大沉降与白溪面板堆石坝最大沉降在量级上较为接近。

2）随着流变参数 b 的增大，堆石体的最大沉降逐渐增大；随着流变参数 c 的减小，堆石体后期最大沉降增量以及后期坝顶沉降增量逐渐增大；随着流变参数 d 的增大，面板挠度略为减小；流变参数对堆石体上游侧的影响较下游侧的影响大。

3）考虑堆石体流变变形后，蓄水 $3a$ 后面板挠度与施工期沉降的比值为 $0.248\sim0.275$，蓄水 $3a$ 后面板挠度与蓄水 $3a$ 后沉降的比值为 $0.240\sim0.260$，该值较不考虑流变变形时的略大。

（7）由于涔天河水库扩建工程 2021 年 12 月 23 日竣工验收时的坝内实测沉降略大于白溪面板堆石坝坝内沉降，即涔天河面板堆石坝实际模量系数应略低于室内试验模量系数的 0.7 倍；但由涔天河面板堆石坝蓄水以来实测的流变变形较小可见，涔天河面板堆石坝实际流变参数与工程类比白溪面板堆石坝反演的流变参数大致相当。

第 12 章 大坝堆石料现场碾压施工参数与室内力学参数关系分析

12.1 概 述

混凝土面板堆石坝的变形是影响大坝安全稳定的重要因素之一。坝体变形过大将引起面板与垫层之间的脱空，从而容易引起面板发生断裂，以及引起周边缝变形过大甚至破坏，导致严重渗漏，危及大坝安全。

目前针对混凝土面板堆石坝变形的控制主要分为两个方面：

（1）借助堆石体坝料现场大型碾压试验，以碾压质量控制标准为依据，通过对碾压试验结果的分析，优选出满足坝体变形的碾压施工参数。例如，借助神经网络、遗传算法等智能算法建立碾压施工参数（碾压机具、振动频率、碾压吨位、行进速度、铺料厚度、洒水量、碾压遍数等）与碾压试验后质量参数（坝料级配、干密度、孔隙率、渗透系数）之间的关系模型，然后通过碾压控制质量控制标准得到相应的碾压施工参数；或通过对比分析碾压试验结果，得到相应的碾压施工参数。

（2）借助堆石体坝料的室内物理力学参数试验，以坝体变形控制标准为依据，通过室内试验测得坝料工程特性参数，建立堆石坝数值分析模型，引入相应的本构关系，进而对坝体不同分区的应力变形进行分析，然后基于不同分区的变形或变形协调率控制标准，得到相应的堆石料物理力学参数。

然而由上述分析可知，通过堆石体坝料碾压试验对坝体变形的控制并未借助到室内试验得到的坝体变形的分析结论，而基于堆石坝应力变形数值计算对坝体变形的控制也没有反映到坝体的实际施工控制中。虽然堆石坝坝料现场碾压试验和堆石体坝料室内物理力学参数试验的目的都是为了对堆石坝的变形进行控制，但两者之间存在着脱节。因此，有必要研究堆石体坝料室内试验与碾压试验之间的非线性映射关系，为坝体变形控制提供参考。

12.2 堆石料室内力学参数和碾压施工参数相互优选研究思路

为了解决以现场碾压试验控制堆石坝施工质量和以数值计算控制堆石坝变形之间存在的脱节问题，本章拟通过以下四个步骤，搭建以现场碾压试验控制堆石坝施工质量和以数值计算控制堆石坝变形之间的桥梁，提出一种适用于堆石体坝料室内力学参数和碾压施工参数相互优选的方法。具体思路如下：

（1）步骤 1：对堆石体坝料现场大型碾压试验进行分析，建立碾压试验施工参数和碾压质量参数之间的非线性映射关系。

（2）步骤 2：对堆石体坝料室内物理力学参数试验进行分析，建立室内物理力学试验参数和室内试验加载参数之间的非线性映射关系。

（3）步骤 3：对堆石料室内试验与碾压试验之间参数进行分析，建立堆石料室内物理力学试验和现场碾压试验之间的关系。

（4）步骤 4：对步骤 1～步骤 3 建立的三种关系之间的共性进行分析，建立各自之间的关系，提出一种适用于堆石体坝料室内力学参数和碾压施工参数相互优选的方法，搭建以现场碾压试验控制堆石坝施工质量和以数值计算控制堆石坝变形之间的桥梁。技术路线如图 12-1 所示。

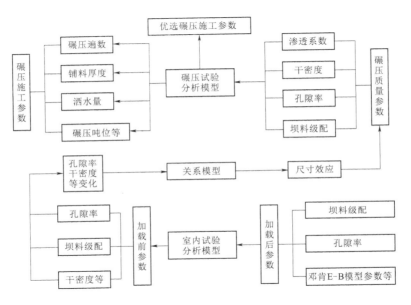

图 12-1　技术路线图

12.3　堆石料施工参数与质量参数关系分析

开展碾压试验，根据浐天河水库扩建工程混凝土面板堆石坝工程的碾压试验数据，获得满足大坝变形控制标准的碾压施工参数，对碾压施工参数（碾压机具、振动频率、碾压吨位、行进速度、铺料厚度、洒水量、碾压遍数等）与碾压质量参数（干密度、孔隙率、渗透系数、坝料沉降、坝料级配等）之间的变化规律进行分析，以确定参与建模的具体参数，借助神经网络模型建立堆石体坝料碾压施工参数与碾压质量参数之间的分析模型，即碾压试验分析模型，由此得到浐天河水库扩建工程堆石料施工参数与质量参数关系分析结果。

12.3.1 碾压试验程序及工艺

1. 试验材料

取待建堆石坝所选料场的爆破开采料作为混凝土面板堆石坝坝料碾压试验所用材料，在碾压试验开始前按照坝料级配要求对其级配进行调整备料和按照试验要求对其含水率进行调整。

2. 试验过程中的变化参数

混凝土面板堆石坝坝料碾压试验中所涉及的变化参数主要有碾压机具、振动频率、碾压吨位、行进速度、铺填厚度、洒水量、碾压遍数。根据现场试验条件，一般碾压机具、振动频率、碾压吨位都为固定值，只对行进速度、铺土厚度、洒水量、碾压遍数进行变化。例如，主堆石料，铺土厚度一般选择为 80cm，洒水量一般按照 0%、5%、10% 进行设置，其中碾压遍数多为 6～10 遍，然后按照一定的组合开展碾压试验。

3. 试验进行顺序

混凝土面板堆石坝坝料碾压试验过程为：平整压实场地→检查碾压机具状况→坝料铺填→粗量铺料厚度→洒水→布置厚度监测点→测量坝料铺填厚度→振动碾压→测量坝料碾压沉降值→试坑取样检查，如图 12-2 所示。

其中，宜采用进占法铺填主次堆石料，宜采用后退法铺填过渡料和垫层料，然后采用推土机进行平料，人工实时控制铺料厚度，同时在铺填坝料过程中需要剔除超径坝料。由于碾压后坝料会产生沉降，在铺料时为了保证碾压后的层厚为设计层厚需要在铺料时按照工程经验虚铺一定高度。主次堆石料的铺料厚度宜控制在 80cm 左右，过渡料和垫层料铺填厚度宜控制在 40cm 上下。

在铺料的同时需按照碾压试验设计洒水量对坝料进行洒水，洒水的主要目的为：对坝料的含水率进行调整，减少碾压时材料之间的摩阻力；软化材料棱角，在碾压时易于产生破碎。适量洒水对提高

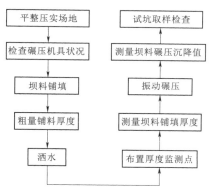

图 12-2 堆石坝料碾压试验过程图

堆石体的碾压密实度及减少坝体后期变形具有重要意义。洒水量可以根据堆石的性质、含水率、堆石体积及现场具体情况确定。

4. 试验结果检测

在混凝土面板堆石坝坝料铺填碾压完毕后，需要测量其碾压后的坝料级配、干密度、孔隙率、渗透系数、坝料沉降等碾压质量参数，按照规范《工程测量规范》（GB 50026—2020）、《土石筑坝材料碾压试验规程》（NB/T 35016—2013）、《水利水电工程注水试验规程》（SL 345—2017）执行。其中，密度采用挖坑灌水法测定，用炒干法或烘干法测定不同粒径组坝料的含水率，采用单环注水法测定渗透系数（图 12-3）。

(a) 试坑灌水测量坝料体积　　　　　　　　　　(b) 原位渗透试验开槽

(c) 试坑开挖料过称重　　　　　　　　　　　　(d) 试坑开挖料筛分

图 12-3　碾压试验参数测定现场图

12.3.2　BP 神经网络原理

BP 神经网络（back propagation neural network）是一种以多层前馈性作为主要特征的神经网络，亦可以称为误差反向传播神经网络。BP 神经网络的主要特点是信号向前传递、误差反向传播，其是一种在工程应用中最具代表性、最常用的神经网络。

BP 神经网络是基于自组织给定的输入输出关系由一个输入层、一个输出层及一个或多个隐含层构成的网络模型结构。BP 神经网络是具有多层网络结构的神经网络模型，其各神经元间常用的传递函数包括 purelin（线性函数）、tansig（tan-sigmoid 型函数）及 logsig（log-sigmoid 型函数）。当 BP 神经网络的输出层采用 logsig 传递函数时，网络的输出就会被限制在 [−1, +1] 范围之内，所以以要网络输出做归一化处理，而采用 purelin 作为输出层的传递函数时，网络的输出值则没有限制。

BP 神经网络的学习为具备输入和输出向量的有监督学习，训练过程中需要提供输入样本 P 和与之对应的期望样本 T，训练过程中网络的权值和偏差根据网络输出值与实际输出值的误差范围进行调整，最终实现期望的功能。前向型神经网络一般默认选择输出值的均方差作为网络的误差控制参数，网络的学习的过程就是均方差达到网络设置的精度要求的过程。BP 神经网络的学习算法根据其基础算法的不同对应的训练函数亦不一致，与之对应的训练函数有 traingdm（带动量的梯度下降算法）、traingd（标准梯度下降算法）、trainrp（弹性梯度算法）、traingda（可边学习速率梯度算法）、traincgp（Polak-Ribiere 共轭梯度算法）、traincgb（Powell-Beale 共轭梯度算法）、trainscg（scaled 共轭梯度算法）、trainbfg（BFGS 拟牛顿算法）、trainoss（一步正割算法）、trainlm（Levenberg-Marquardt 算法）等。BP 神经网络典型结构如图 12-4 所示。

BP 神经网络的各层（输入层、隐含层、输出层）的运算方式如下：

（1）步骤 a：输入层中神经元数目为网络输入样本中输入向量 P 的维数。

（2）步骤 b：隐含层中神经元数目的确定目前还没有明确的要求，可参考式（12-1）～式（12-3），即

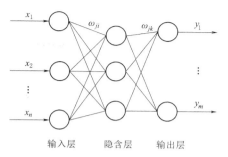

图 12-4 BP 神经网络典型结构

$$l < n - 1 \qquad (12-1)$$

$$l < \sqrt{m+n} + a \qquad (12-2)$$

$$l = \log_2 n \qquad (12-3)$$

式中　　l——隐含层节点数；

　　　　m——输出层节点数（输出向量 T 的维数）；

　　　　n——输入层节点数（神经元个数），a 为 0～10 的常数。

隐含层中神经元的个数是某个区间内的变量值，在 BP 神经网络学习过程中需要通过误差对比分析确定最佳的隐含层中神经元的个数。

（3）步骤 c：隐含层神经元的输出计算。根据输入向量、输入层和隐含层间连接权值 ω_{ij}、隐含层中的阈值及层间的传递函数，计算得到隐含层输出 H_j，即

$$H_j = f\left(\sum_{i=1}^{n} \omega_{ij} x_i - a_j \right) \quad j = 1, 2, \cdots, l \qquad (12-4)$$

式中　　f——隐含层激励函数。

（4）步骤 d：输出层则根据隐含层输出值 H_j、连接隐含层和输出层之间的权值 ω_{jk} 和阈值 b 及层间的传递函数，计算得到输出值 O_k，即

$$O_k = \sum_{j=1}^{l} H_j \omega_{jk} - b_k \quad (k = 1, 2, \cdots, m) \qquad (12-5)$$

选取网络预测输出值 O_R 和期望样本中的输出值 Y 之间的差值作为 BP 神经网络的控制误差，即

$$e_k = Y_k - O_k \quad (k = 1, 2, \cdots, m) \qquad (12-6)$$

然后针对上式计算得到的误差，根据误差要求判断迭代是否结束。若没有结束则根据上式计算得到的误差更新网络之间的连接权值 ω_{ij}，ω_{jk} 及阈值，重复（3）步骤 c 和（4）步骤 d 到满足误差要求为止。

$$\omega_{ij} = \omega_{ij} + \eta H_j (1 - H_j) x(i) \sum_{k=1}^{m} \omega_{jk} e_k \quad (i = 1, 2, \cdots, n; j = 1, 2, \cdots, l) \qquad (12-7)$$

$$\omega_{jk} = \omega_{jk} + \eta H_j e_k \quad (j = 1, 2, \cdots, l; k = 1, 2, \cdots, m) \qquad (12-8)$$

$$a_j = a_j + \eta H_j (1 - H_j) \sum_{k=1}^{m} \omega_{jk} e_k \quad (j = 1, 2, \cdots, l) \qquad (12-9)$$

$$b_k = b_k + e_k \quad (k = 1, 2, \cdots, m) \qquad (12-10)$$

式中　　η——学习速率。

12.3.3　关系模型建立

选择碾压机具、振动频率、碾压吨位、行进速度、铺料厚度、洒水量、碾压遍数及碾压后坝料沉降作为 BP 神经网络的输出参数，选取干密度、级配、渗透系数、孔隙率作为 BP 神经网络的输入参数建立堆石体坝料碾压施工参数与质量参数的分析模型，即堆石体坝料碾压试验分析模型如图 12-5 所示。

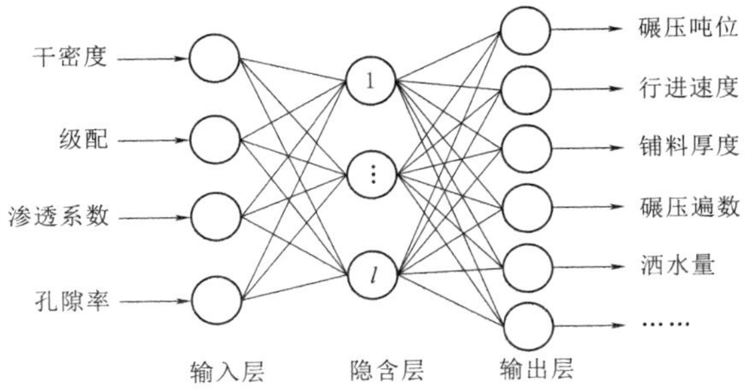

图 12-5　堆石体坝料碾压试验分析模型

12.3.4　样本收集及处理

本工程针对主堆石料共进行了 45 场次的碾压试验。其中由于工程条件限制，碾压机具采用的为自行振动碾、碾压吨位为 26.76、行进速度为 2km/h、虚铺厚度为 85cm、振动频率为标准频率。则混凝土面板堆石坝碾压试验分析模型的输出参数为洒水量、碾压遍数、坝料沉降，输入参数为孔隙率、干密度、渗透系数、级配。混凝土面板堆石坝碾压试验的碾压控制标准见表 12-1，碾压试验分析模型输入、输出样本见表 12-2。

表 12-1　　碾 压 控 制 标 准

参　数	单位	数值		80	41
孔隙率 n	%	21		60	32
干密度	g/cm³	2.15		40	21
渗透系数	cm/s	0.01	级配	20	14
级配	600	100		10	8
	400	91		5	4
	200	71		0.5	3
	100	50			

表 12-2　　碾压试验分析模型输入、输出样本

编号	碾压设计参数（输出向量 T）			碾压后堆石料参数（输入向量 P）					
	沉降/cm	洒水量/%	碾压次数/次	孔隙率 n/%	干密度/(g/cm³)	渗透系数/(cm/s)	级　配		
1	8.9	5	6	28.8	1.89	0.057	100	…	4.2
2	8.9	5	6	28.8	1.81	0.057	100	…	4.2
3	8.9	5	6	28.8	2.05	0.057	100	…	4.2
4	8.9	5	6	28.8	1.97	0.057	100	…	4.2
5	8.9	5	6	28.8	1.91	0.057	100	…	4.2

续表

编号	碾压设计参数（输出向量 T）			碾压后堆石料参数（输入向量 P）					
	沉降 /cm	洒水量 /%	碾压次数 /次	孔隙率 n /%	干密度 /(g/cm³)	渗透系数 /(cm/s)		级　配	
6	8.9	5	8	20.7	2.14	0.053	100	…	4.7
7	8.9	5	8	20.7	2.13	0.053	100	…	4.7
8	8.9	5	8	20.7	2.15	0.053	100	…	4.7
9	8.9	5	8	20.7	2.16	0.053	100	…	4.7
10	8.9	5	8	20.7	2.17	0.053	100	…	4.7
11	8.1	5	10	18.5	2.23	0.050	100	…	4.8
12	8.1	5	10	18.5	2.19	0.050	100	…	4.8
13	8.1	5	10	18.5	2.25	0.050	100	…	4.8
14	8.1	5	10	18.5	2.19	0.050	100	…	4.8
15	8.1	5	10	18.5	2.19	0.050	100	…	4.8
16	8.9	0	6	30.3	1.89	0.078	100	…	4.2
17	8.9	0	6	30.3	1.92	0.078	100	…	4.2
18	8.9	0	6	30.3	1.91	0.078	100	…	4.2
19	8.9	0	6	30.3	1.87	0.078	100	…	4.2
20	8.9	0	6	30.3	1.86	0.078	100	…	4.2
21	8.9	0	8	24.0	1.99	0.075	100	…	4.7
22	8.9	0	8	24.0	2.09	0.075	100	…	4.7
23	8.9	0	8	24.0	2.04	0.075	100	…	4.7
24	8.9	0	8	24.0	2.11	0.075	100	…	4.7
25	8.9	0	8	24.0	2.09	0.075	100	…	4.7
26	8.1	0	10	21.8	2.12	0.070	100	…	4.8
27	8.1	0	10	21.8	2.11	0.070	100	…	4.8
28	8.1	0	10	21.8	2.08	0.070	100	…	4.8
29	8.1	0	10	21.8	2.14	0.070	100	…	4.8
30	8.1	0	10	21.8	2.13	0.070	100	…	4.8
31	8.9	10	6	28.4	1.96	0.042	100	…	4.2
32	8.9	10	6	28.4	1.92	0.042	100	…	4.2
33	8.9	10	6	28.4	1.94	0.042	100	…	4.2
34	8.9	10	6	28.4	1.98	0.042	100	…	4.2
35	8.9	10	6	28.4	1.9	0.042	100	…	4.2
36	8.9	10	8	19.9	2.17	0.039	100	…	4.7
37	8.9	10	8	19.9	2.12	0.039	100	…	4.7

续表

编号	碾压设计参数（输出向量 T）			碾压后堆石料参数（输入向量 P）					
	沉降 /cm	洒水量 /%	碾压次数 /次	孔隙率 n /%	干密度 /(g/cm³)	渗透系数 /(cm/s)	级　配		
38	8.9	10	8	19.9	2.19	0.039	100	…	4.7
39	8.9	10	8	19.9	2.15	0.039	100	…	4.7
40	8.9	10	8	19.9	2.22	0.039	100	…	4.7
41	8.1	10	10	16.2	2.26	0.033	100	…	4.8
42	8.1	10	10	16.2	2.29	0.033	100	…	4.8
43	8.1	10	10	16.2	2.25	0.033	100	…	4.8
44	8.1	10	10	16.2	2.26	0.033	100	…	4.8
45	8.1	10	10	16.2	2.28	0.033	100	…	4.8

12.3.5　模型结果运行分析

选择 MATLAB 工具箱中自带的 BP 神经网络函数作为模型的计算函数，选择式（12-2）确定隐含层神经元的个数。由表 12-2 可知，模型的输入参数有 14 个，输出参数有 3 个，则可确定该模型隐含侧神经元个数的取值范围为 4～14。设置 BP 神经网络模型的训练速度为 0.05、训练步数为 30000、训练精度为 0.05，模型的训练函数选择 Traingda。输入 BP 神经网络模型的输入向量 P 和输出向量 T，运行该神经网络模型，在隐含层神经元个数允许范围内调整其个数，经过比较的到当隐含层神经元个数为 9 个时，模型运行效果最优（图 12-6）。输入涔天河

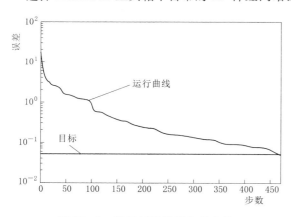

图 12-6　碾压试验模型收敛曲线

扩建工程的碾压控制标准，进行智能运算，得到主堆石区碾压参数的优化结果为：碾压遍数为 8 遍，洒水量为 5%，坝料沉降为 8.6cm。由虚铺厚度的定义可求得坝料的最优铺填厚度为 88.6cm，此时坝料碾压后的厚度为 80cm。综上分析可知涔天河水库扩建工程主堆石区坝料最优碾压参数见表 12-3。

表 12-3　　　　　涔天河水库扩建工程主堆石区坝料最优碾压施工参数

设备型号	自行振动碾	设备型号	自行振动碾
振动频率/Hz	标准频率	虚铺厚度/cm	88.6
碾压吨位/t	26.7	洒水量/%	5
行进速度/(km/h)	2	碾压遍数	8

12.4 堆石料室内试验力学参数之间关系分析

为得到堆石料室内试验力学参数之间关系，首先基于分形理论建立的坝料级配的分形维数分析方法分析坝料的级配特性。然后选择邓肯 E－B 模型作为与坝料室内试验对应的变形计算本构模型进行分析。最后基于量子神经网络模型建立坝料室内试验与变形计算模型之间的关系模型（即室内试验分析模型），由此进行堆石料室内试验力学参数关系的分析。

12.4.1 基于分形理论的坝料级配特性分析

12.4.1.1 分形理论原理

1. 分形定义

分形是由一些在不同的放大缩小倍率下仍然一样的具有自相似性的图形或曲线组成的一类形状。因此，分形理论可以理解为：假设分形的对象为一个零碎的或粗糙的几何形状，它可以被分解为多个子部分，通过观测其子部分可以得到，每一个子部分都是整体形状经过一定比例的尺寸缩小可以得到的，类似与整体形状的"复制品"。

分形理论是非线性科学的重要分支之一，其是用来描述自然界中复杂性和不规则性现象的理论，目前已在自然科学和社会科学的各个领域进行了大量的应用。

迭代生成原则与自相似原则是分形理论的重要原则。满足迭代生成及自相似原则的分形一般可以在不同倍率的放缩后截取同一尺寸的分部后保持其形状不发生变化，这种特性被定义为标度无关性。自相似性是指分形对象是通过不定尺寸的对称变化得到的，也可以指是通过递归的方式获得的。分形对象的各个分形自相似性可以是统计意义上的相似也可以是完全意义上的相同。标准的自相似是经过数学上的抽象、迭代生成的无限精细的结构，例如谢尔宾斯基地毯曲线、科契雪花曲线等。这种标准的有规则的分形只是很少的一部分分形，绝大部分分形都是统计意义上的无规分形。

2. 分形维数

维数是描述空间和集合的重要的几何参数。一个分形集合具有三个要素——外形、机缘、维数，相比外形和机缘，维数可以更容易的描述集合的破碎程度或者不规则程度。在非线性科学中，分形维数是用来定量描述分形集合复杂性的参数。

（1）Hausdorff 维数。Hausdorff 维数是一个能够精确测量复杂集（例如分形）维数的方法，其数学定义非常严密。一个点的 Hausdorff 维数为 0，一条直线或一条曲线的 Hausdorff 维数为 1，一个 n 为欧式空间对象的 Hausdorff 维数为 n。但是 Hausdorff 维数并不是一个自然数。当以一条直线在一个平面内通过各种方式扭曲进行无线填充时，Hausdorff 维数就会逐渐增加并超过 1，然后其值会无限接近 2；同样，当将一个平面在固定的三维空间内通过各种方式进行折叠时，Hausdorff 维数就会无限趋近于 3，即

$$H^s(F) = \lim_{\delta \to 0} H^s_\delta(F) \tag{12-11}$$

$$H^s_\delta(F) = \inf \left\{ \sum_i |U_i|^s \right\} \tag{12-12}$$

式中 F——R^n 中的任一子集；

$\qquad$ s——非负实数，$\delta > 0$；

$H_\delta^s(F)$——Hausdorff 维数的测度；

$\qquad$ inf——下确界 infinmum 的缩写；

$\{U_i\}$——F 的一个 δ-覆盖（对任意的 i 值有 $0 < |U_i| \leqslant \delta$，称为 n 维欧式空间 R^n 的 $\{U_i\}$ 是 F 的一个 δ-覆盖）。

Hausdorff 维数的性质如下：

1) 开集。若 $F \subseteq R^n$ 为非闭集合，因 F 包含一个真实的 n 维梯级的球，则 $\dim_H F = n$。

2) 光滑集。若 F 为 R^n 中的光滑（连续可微）m 维流形（m 维曲面），则 $\dim_H F = m$。特殊的，光滑曲线维数是 1，光滑曲面的维数是 2。

3) 单调性。若 $E \subseteq F$，则 $\dim_H E \leqslant \dim_H F$。

4) 几何不变性。如果 f 是 R^n 中平移、旋转或仿射等之类的变换，则 $\dim_H f(F) = \dim_H F$。

（2）相似维数。与 Koch 曲线相似的严格类型的自相似图形，其任一局部的形状与整体都是相似的，因此可以通过将该局部图形放大一定的倍数得到与整体一致的图形，此种几何被称为自相似集合。假设一个由 m 与其相似的部分组成的集合 E，每个部分与整体集合的相似比 r，在该集合 E 的相似维数定义为

$$D_S(E) = \frac{\log m}{\log 1/r} = -\frac{\log m}{\log r} \tag{12-13}$$

相似维数 D_S 经常用于具有自相似性特征的规则的几何图形的分形，一般选择相似维数是分数的对象作为分形，并将其值 D_S 称为分形维数，一般用 D 表示，且通常认为 $D_S = D_H$。

（3）关联维数。关联维数是从关联函数中得到的一种分形维数，假设记 $\rho(x)$ 为空间随机分布的坐标 x 处的密度，则关联函数为

$$C(\varepsilon) \equiv \, <\rho(x)\rho(x+\varepsilon)> \tag{12-14}$$

式中 $<\quad>$——所有数值或者整体空间的平均值。假如在每个方向都是均匀分布，那么关联函数表示的就是两个点之间的距离函数。Grassberger 和 J. Procassia 给出了关联维数的定义，即

$$D_2 = \lim_{\varepsilon \to 0} \frac{\ln C(\varepsilon)}{\ln \varepsilon} \tag{12-15}$$

$$C(\varepsilon) = \frac{1}{N^2} \sum_{i,j=1}^n H(\varepsilon - 5x_i - 5x_j) \tag{12-16}$$

12.4.1.2 级配分形分析模型

1. 堆石体坝料的粒径分形分布

堆石体坝料的粒径分布函数为

$$F(d) = \frac{N(\leqslant d)}{N_0} \tag{12-17}$$

式中 $N(\leqslant d)$——不大于粒径 d 的坝料颗粒总数；

N_0——所有颗粒的总数。

根据分形理论可得，堆石体坝料的颗粒数目与粒径满足分形分布，即

$$N(\leqslant d) = C_0 + C_1 \left(\frac{d}{d_{\max}}\right)^{-D} \tag{12-18}$$

式中 $d_{\max}$——坝料的最大粒径；

C_0、C_1——常数；

D——堆石体坝料的粒径分布的分形维数。

将式（12-18）代入式（12-17）中，并根据 $F(d_{\max}) = 1$ 和 $F(d_{\min}) = 0$ 求出常数 C_0、C_1，则式（12-17）即为堆石体坝料级配粒径分布的分形函数，则

$$F(d) = \frac{d_{\min}^{-D} - d^{-D}}{d_{\min}^{-D} - d_{\max}^{-D}} \tag{12-19}$$

2. 堆石体坝料的颗粒质量的分形分布

堆石体坝料的颗粒质量的分布函数为

$$P(d) = \frac{m(\leqslant d)}{m_0} \tag{12-20}$$

式中 $m(\leqslant d)$——不大于粒径 d 的坝料颗粒的总质量；

m_0——所有颗粒的总质量。

对式（12-20）进行微分，则可以得到

$$dm(\leqslant d) = m_0 dP(d) \tag{12-21}$$

则根据质量和体积的关系，得

$$dm(\leqslant d) = \rho v(d) dN(\leqslant d) \tag{12-22}$$

其中，颗粒体积 $v(d)$ 计算式为

$$v(d) = k_v d^3 \tag{12-23}$$

式中 ρ——颗粒密度；

$v(d)$、$dN(\leqslant d)$——粒径位于区间 $(d, d+dd)$ 内的堆石体坝料的体积与颗粒数目；

k_v——堆石体坝料的体积的形状因子。

对式（12-17）和式（12-19）进行微分并联立，则

$$dN(\leqslant d) = N_0 dF(d) = \frac{N_0 D d^{-1-D}}{d_{\min}^{-D} - d_{\max}^{-D}} dd \tag{12-24}$$

将式（12-24）、式（12-23）代入式（12-22），再将式（12-22）代入式（12-21），则

$$dP(d) = \frac{\rho k_v}{m_0} \frac{N_0 D d^{-1-D}}{d_{\min}^{-D} - d_{\max}^{-D}} d^3 dd \tag{12-25}$$

对式（12-25）进行积分，然后根据 $P(d_{\min}) = 0$ 与 $P(d_{\max}) = 1$ 求解未知常数，则可得到堆石体坝料的颗粒质量的分形分布函数

$$P(d_i) = \frac{d_{\min}^{3-D} - d_i^{3-D}}{d_{\min}^{3-D} - d_{\max}^{3-D}} \tag{12-26}$$

当堆石体坝料的最小颗粒的粒径较小时，$d_{\min}^{3-D} \to 0$，简化为

$$P(d_i) = \left(\frac{d_i}{d_{\max}}\right)^{3-D} \tag{12-27}$$

与堆石体坝料级配的 Talbot 级配公式对比可得，两者之间的公式形式相似。

3. 级配分形指标

当堆石体坝料的颗粒满足严格的分形分布时，由式（12-27）可知，坝料级配的不均匀系数、曲率系数与堆石体坝料的颗粒质量的分形分布的分形维数的关系为

$$C_u = \frac{d_{60}}{d_{10}} = 6^{\frac{1}{3-D}} \tag{12-28}$$

$$C_c = \frac{d_{30}^2}{d_{10}d_{60}} = 1.5^{\frac{1}{(3-D)^2}} \tag{12-29}$$

12.4.1.3 模型分析

根据粗粒土的定义及室内式样采用的级配的最大粒径选择 60mm 作为室内试验级配分析的最大粒径，然后以 $d \leqslant 5\text{mm}$ 坝料的含量为控制标准，逐次生成了 8 组可以用来进行室内试验的级配样本。基于此对级配分形维数 D 进行分析，对其取对数，即

$$\lg[m(\leqslant d_i)/m_0] = (3-D)\lg(d_i/d_{\max}) \tag{12-30}$$

室内试验级配的分形维数 D 见表 12-4。室内试验级配的分形维数 D 如图 12-7 所示。级配分形维数 D 计算图解如图 12-8 所示。

表 12-4　　　　　　　　　　　室内试验级配的分形维数 D

样　　本		1	2	3	4	5	6	7	8
级配	60	100	100	100	100	100	100	100	100
	40	60	75	80	85	90	91	93	95
	20	30	50	60	65	70	75	80	85
	10	15	30	40	45	50	55	60	65
	5	10	15	20	25	30	35	40	45
决定系数	R^2	0.99	0.99	0.97	0.97	0.97	0.96	0.95	0.93
分形维数	D	2.06	2.26	2.38	2.46	2.52	2.59	2.64	2.68
不均匀系数	C_u	6.78	11.11	18.02	27.47	42.96	75.55	140.93	290.07
曲率系数	C_c	1.59	2.08	2.87	4.00	5.96	10.61	22.03	58.00

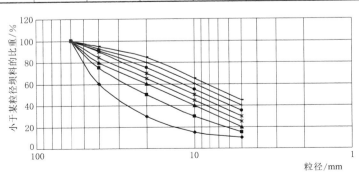

图 12-7　室内试验级配样本

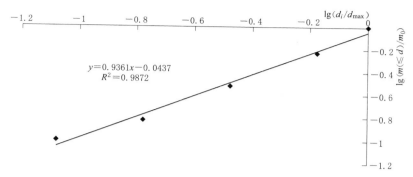

图 12-8　级配分形维数 D 计算图解

根据表 12-4 绘制了坝料级配 $d \leqslant 5\text{mm}$ 的含量与分形维数的关系曲线，如图 12-9 所示。

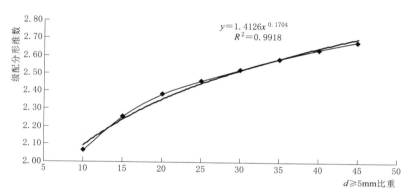

图 12-9　坝料级配 $d \leqslant 5\text{mm}$ 的含量与分形维数的关系曲线

由表 12-4 和图 12-9 可知，坝料级配的分形维数与其 $d \leqslant 5\text{mm}$ 的含量之间满足乘幂关系，且其进行线性拟合时决定系数 R^2 的值均很接近 1（R^2 越接近 1，拟合效果越好），各个级配样本对应的不均匀系数与曲率系数均不相同，则可以说明级配的分形维数 D 可以用来表征级配，从而可以使由多个参数表征级配降为由级配的分形维数 D 单个参数表征级配，因此，在建立室内试验分析模型时选择级配分形维数 D 表征级配。

12.4.2　堆石体坝料室内力学参数之间关系的建立

12.4.2.1　邓肯 E-B 模型

1. 邓肯 E-B 模型简介

如前所述，邓肯非线性弹性 E-B 模型是地基、土工建筑物、坝体变形分析中常用的非线性弹性模型，该模型主要有切线模量 E_t 和体积模量 B_t 两个弹性参数，这两个弹性参数都是随应力状态变化的。切线模量 E_t 表达式为

$$E_t = E_i (1 - R_f S)^2 \tag{12-31}$$

式中　S——应力水平，为实际与破坏时的各自主应力差的比值；

R_f——破坏比，为破坏时的主应力差与其渐近值的比值，其值小于 1.0；

E_i——初始切线模量。

初始切成模量 E_i 表达式为

$$E_i = K p_a \left(\frac{\sigma_3}{p_a}\right)^n \tag{12-32}$$

式中　n——弹性模量指数；

　　　K——初始弹性模量基数；

　　　p_a——标准大气压。

体积模量 B_t 表达式为

$$B_t = K_b p_a \left(\frac{\sigma_3}{p_a}\right)^m \tag{12-33}$$

式中　K_b——初始体积模量基数；

　　　m——体积模量指数。

应力水平 S 的计算式为

$$S = \frac{(1-\sin\phi)(\sigma_1-\sigma_3)}{2c\cos\phi+2\sigma_3\sin\phi} \tag{12-34}$$

$$\phi = \phi_0 - \Delta\phi \lg\frac{\sigma_3}{p_a} \tag{12-35}$$

式中　ϕ_0——初始内摩擦角；

　　　$\Delta\phi$——围压增加一个对数周期时摩擦角 ϕ 的减小值。

材料在卸荷状态下的弹性模量为

$$E_{ur} = K_{ur} p_a \left(\frac{\sigma_3}{p_a}\right)^n \tag{12-36}$$

式中　K_{ur}——卸荷再加荷时的弹性模量基数。

综上可知，邓肯 E-B 模型一共涉及了以下 9 个参数：c、ϕ_0、$\Delta\phi$、n、K、R_f、K_b、m、K_{ur}。这些参数由坝料室内试验测得。

邓肯 E-B 模型参数变化范围见表 12-5。

表 12-5　　　　　　　　　　　邓肯 E-B 模型参数变化范围

参数	c	ϕ_0	$\Delta\phi$	R_f	K	n	K_b	m	K_{ur}
堆石料	0	40~55	6~13	0.6~1.0	500~1300	0.1~0.5	200~1000	0~0.4	(1.5~3.0)K

2. 邓肯 E-B 模型参数关系分析

邓肯 E-B 模型参数中黏聚力 c 一般取为 0，因此在室内试验分析时不考虑其的影响，其余 8 个参数表示为

$$\phi = \phi_0 - \Delta\phi \lg\frac{\sigma_3}{p_a} \tag{12-37}$$

$$\lg\frac{E_i}{P_a} = n\lg\frac{\sigma_3}{P_a} + \lg K \tag{12-38}$$

$$\lg \frac{B_t}{P_a} = m \lg \frac{\sigma_3}{P_a} + \lg K_b \qquad (12-39)$$

$$\lg \frac{E_{ur}}{P_a} = n \lg \frac{\sigma_3}{P_a} + \lg K_{ur} \qquad (12-40)$$

结合式（12-37）~式（12-40）分析可得，邓肯E-B模型参数排除黏聚力c之外的8个参数均与σ_3相关，在分析过程中引入围压参数σ_3。

3. 邓肯E-B模型参数敏感性分析

从定量的角度出发研究单一或多个参数发生变化时对坝体变形计算结果的影响程度的一种不确定分析方法。其实质是通过逐一改变相关变量数值的方式来解释关键指标受这些因素变化影响的程度。邓肯E-B模型参数敏感性分析多借助正交实验设计原理和有限元模型进行。不同工程不同计算要求或同一工程不同计算要求（例如，分别以竖向位移、顺河向位移、横河向位移作为计算目标）时邓肯E-B模型的计算参数的敏感性并不相同，为此需要在分析时首先针对工程的邓肯E-B模型参数的敏感性进行分析以确立其参数的敏感性变化次序。

12.4.2.2 室内试验分析影响参数确定

在室内试验试验过程中的影响因素有干密度、孔隙率、围压及级配。考虑到坝料岩性的不同亦会对室内试验结果产生影响，所以在室内试验过程中的影响因素增加坝料岩性这一影响因素。由于干密度、孔隙率两个参数可以通过实际测量得到，在室内试验分析中直接采用其实测值。由室内试验过程可知，围压是一个变量不适一个固定量，所以在室内试验取值过程中围压取为工程坝高的对数，即$\sigma_3 = \lg H$（H坝高），级配选择上文中提及的分形维数D来表征。

综上分析可知，室内试验分析的影响参数有两部分组成：①室内试验过程中产生的参数，有干密度、孔隙率、围压、坝料岩性及级配；②所选择的坝体变形计算模型（邓肯E-B模型）自身的参数c、ϕ_0、$\Delta\phi$、K、K_{ur}、n、R_f、K_b、m，并根据样本的数目及参数的敏感性次序确定参与室内试验分析的计算模型（邓肯E-B模型）参数的个数。

12.4.2.3 室内试验分析模型

室内试验分析参数之间满足多对多的对应关系，结合碾压试验分析模型选择量子神经网络建立室内试验分析模型。

1. 量子神经网络模型

由多个量子神经元按照一定的拓扑结构组成的多层网络集合称为量子神经网络。量子神经网络模型如图12-10所示，其输入层、隐含层、输出层各有n、p、m个量子神经元。

定义网络输入为x_i，隐含层输出为h_j，网络输出为y_k，隐含层权值为$|\phi_{ij}\rangle$，隐含层活性值为$|\phi_j\rangle$，隐含层阈值为τ_j，输出层权值为$|\phi_{jk}\rangle$，输出层活性值为$|\phi_k\rangle$，输出层阈值为τ_k，则上图所示的量子神经网络输入输出关系可以

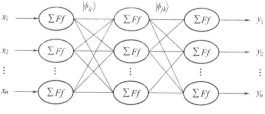

图12-10 量子神经网络模型

用以下函数表示。

$$y_k = f\left(\sum h_j \langle \varphi_{jk} \mid \varphi_k \rangle - \tau_k\right) = f\left[\sum_{j=1}^{p} f\left(\sum_{x=1}^{n} x_i \langle \varphi_{ij} \mid \varphi_j \rangle - \tau_j\right) \langle \varphi_{ij} \mid \varphi_k \rangle\right]$$

$$= f\left\{\sum_{j=1}^{p} f\left[\sum_{i=1}^{n} x_i \cos(\theta_{ij} - \xi_j) - \tau_j\right]\left[\cos(\theta_{jk} - \xi_k) - \tau_k\right]\right\} \qquad (12-41)$$

2. 分析模型

室内试验分析模型需要建立室内试验加载参数（干密度、孔隙率、围压、坝料岩性及级配）与邓肯 E－B 模型计算参数（c、φ_0、$\Delta\varphi$、K、K_{ur}、n、R_f、K_b、m）之间的对应关系。室内试验分析模型如图 12－11 所示，其中输入向量为邓肯 E－B 模型计算参数（c、φ_0、$\Delta\varphi$、K、K_{ur}、n、R_f、K_b、m），输出向量为室内试验加载参数（干密度、孔隙率、围压、坝料岩性及级配），并在 MATLAB 计算软件上对模型进行了编程，建立了该分析模型。

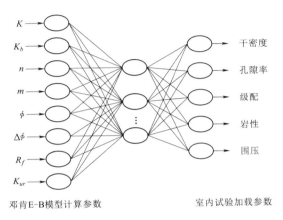

图 12－11　室内试验分析模型

12.4.3　样本搜集及处理

部分堆石坝工程室内试验样本见表 12－6。

表 12－6　　　　　　　　部分堆石坝工程室内试验样本

工程	坝料	岩性	干密度/(kN/m³)	K	n	R_f	K_b	m	$\varphi/(°)$	$\Delta\varphi/(°)$
水布垭	主堆石	灰岩	21.20	1400	0.290	0.810	700	0.000	54.7	10.4
西北口	主堆石	灰岩	20.40	522	0.380	0.680	125	0.220	50.6	5.5
洪家渡	主堆石	灰岩	22.20	1700	0.550	0.929	560	0.470	57.0	13.1
盘石头	主堆石	灰岩	21.00	565	0.503	0.814	146	0.277	54.6	10.7
天生桥	主堆石	灰岩	21.00	940	0.350	0.849	340	0.180	54.0	13.0
天生桥	主堆石	灰岩	20.50	720	0.303	0.798	800	0.180	54.0	13.5
思安江	主堆石	灰岩	21.20	700	0.520	0.876	290	0.140	46.7	6.6
九甸峡	主堆石	灰岩	22.00	1400	0.530	0.798	1000	0.000	50.9	8.5
芭蕉河	主堆石	粉砂岩	21.70	1000	0.320	0.875	320	0.220	49.3	10.0
莲花	堆石料	花岗岩	20.11	570	0.470	0.760	150	0.370	43.4	3.0
莲花	堆石料	花岗岩	19.62	620	0.290	0.750	265	0.110	45.4	5.0
公伯峡	主堆石	花岗岩	20.60	750	0.510	0.878	520	0.270	54.0	13.4
珊溪	堆石料	凝灰岩	19.84	1060	0.630	0.921	660	0.000	56.1	11.6
公伯峡	主堆石	砂砾石	21.40	690	0.310	0.842	410	0.030	47.4	6.0

续表

工程	坝料	岩性	干密度/(kN/m³)	K	n	R_f	K_b	m	ϕ/(°)	$\Delta\phi$/(°)
莲花	堆石料	砂砾石	19.72	442	0.780	0.860	305	0.150	41.6	2.5
	堆石料	砂砾石	18.64	370	0.690	0.810	233	0.300	38.6	1.7
	堆石料	砂砾石	20.11	440	0.750	0.780	900	−0.060	43.6	3.5
	堆石料	砂砾石	20.70	550	0.590	0.770	410	0.320	42.8	1.8
乌鲁瓦提	主堆石	砂砾石	21.78	850	0.340	0.819	468	0.100	43.5	3.0
清河	堆石料	砂砾石	19.90	385	0.790	0.740	335	0.370	42.1	0.0
	堆石料	砂砾石	19.80	350	0.930	0.840	191	0.470	41.1	0.0
察汗乌苏	主堆石	砂砾石	21.90	1260	0.400	0.891	522	0.170	53.2	10.4
龙首二级	堆石料	灰绿岩	22.00	1020	0.340	0.900	260	0.180	48.2	6.8
三板溪	堆石料	砂板岩	21.50	1200	0.350	0.900	500	0.100	56.0	12.0

搜集样本中包含的室内试验加载参数有岩性、干密度 2 个，邓肯 E-B 模型参数有 8 个，其中岩性只是给出了其名称并没有给出具体的强度参数，选择用数字 1～7 分别表示灰岩、粉砂岩、花岗岩、凝灰岩、砂砾石、灰绿岩、砂板岩这 7 类岩石。为了降低引入数字表征岩性带来的误差，对样本进行了归一化处理。

12.4.4　模型建立

在确定室内试验分析模型所涉及到的参数需要结合实际样本与所分析工程的邓肯 E-B 模型参数的敏感性确定。由于搜集到样本室内试验加载参数只有岩性和干密度且样本数目相对较多，所以略去对所分析工程的邓肯 E-B 模型计算参数的敏感性分析一步，将所有的邓肯 E-B 模型参数均考虑进室内试验分析中。所以，综上分析模型的输入向量选择邓肯 E-B 模型参数（7 个），输出向量选择室内试验加载参数岩性和干密度，室内试验分析模型如图 12-12 所示。

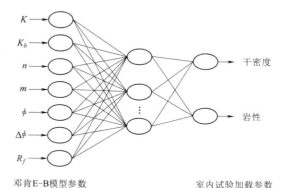

邓肯 E-B 模型参数　　　室内试验加载参数

图 12-12　室内试验分析模型

12.4.5　模型结果运行分析

室内试验参数见表 12-7。

表 12-7　　　　　　　　　室内试验参数

坝料名称	岩性	干密度/(kN/m³)	K	n	R_f	K_b	m	ϕ/(°)	$\Delta\phi$/(°)
主堆石料	灰岩	21.5	1200	0.21	0.717	560	0.11	54	11.6

将邓肯 E - B 模型参数输入到所建立的室内试验分析模型中，得到的干密度为 $21.5kN/m^3$、岩性为灰岩，与实际测得的干密度、岩性相比，相差较少，说明模型的模拟预测效果较好，可以用来对堆石体坝料的室内试验进行模拟分析。模型运行误差曲线图如图 12 - 13 所示。

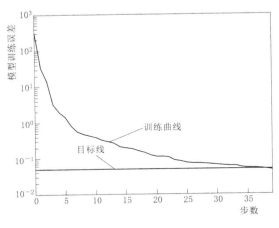

图 12 - 13　模型运行误差曲线图

12.5　堆石料室内试验与碾压试验关系分析

首先对比分析不同堆石坝工程的碾压试验和室内物理力学参数试验的堆石料工程特性参数，获得了两种试验之间的共同工程特性参数；进而借助分形模型对缩尺前后坝料级配变化情况进行分析；然后借助广义回归神经网络建立堆石料室内物理力学参数试验与现场碾压试验之间的关系模型；最后综合分析室内物理力学参数试验分析模型、碾压试验分析模型，以及室内物理力学参数试验和碾压试验之间的分析模型，提出基于堆石料物理力学参数优选碾压试验施工参数的方法，初步搭建以现场碾压试验控制堆石坝施工质量和以数值计算控制堆石坝变形协调之间的桥梁。

12.5.1　碾压试验与室内试验参数的统计分析

碾压试验分析所涉及的参数主要有碾压机具、振动频率、碾压吨位、行进速度、铺料厚度、洒水量、碾压遍数等碾压参数及碾压标准控制参数坝料级配、干密度、孔隙率、渗透系数；室内试验所涉及的参数主要有室内试验试验过程中的影响参数干密度、孔隙率、围压、级配及坝体计算模型（邓肯 E - B 模型）自身的参数。针对碾压试验后的参数（碾压标准控制参数）和室内试验加载前的参数（室内试验过程中的影响参数）之间的异同进行分析，因此，选择干密度、孔隙率、级配进行分析。

12.5.1.1　样本搜集

为对堆石体坝料室内试验与碾压试验之间的异同进行分析，查阅相关工程资料搜集了多个混凝土面板堆石坝工程的室内试验与碾压试验数据样本（主要对主堆石体坝料进行分析，只给出了主堆石体坝料的相关参数），见表12-8～表12-10。

表 12-8 　　　　　　　　　　　　**碾 压 试 验 分 析 样 本**

样本序号	工程	坝高/m	主 堆 石 料		
			干密度/(kN/m³)	孔隙率/%	填筑层厚/cm
1	水布垭	233.0	21.8	19.6	80
2	猴子岩	223.5	21.8	19.0	80
3	江坪河	219.0	22.0	18.8	80
4	巴贡	205.0	22.2	20.0	80
5	三板溪	185.5	21.7	19.3	80
6	洪家渡	179.5	21.8	20.0	80
7	天生桥一级	178.0	21.0	22.0	80
8	溧阳上库	165.0	21.8	20.0	80
9	滩坑	162.0	21.2	20.0	80
10	紫坪铺	156.0	21.6	22.0	80～100
11	吉林台一级	157.0	22.9	23.0	80
12	马鹿塘二期	154.0	21.8	18.4	80
13	董箐	150.0	21.8	18.4	80
14	宜兴上库	138.0	21.3	20.5	80
15	九甸峡	136.5	22.0	17.3	80
16	乌鲁瓦提	133.0	22.9	23.0	80～100
17	珊溪	132.5	21.0	20.0	80
18	公伯峡	132.2	21.5	20.0	80
19	引子渡	129.5	21.5	20.0	80
20	芹山	122.0	20.5	22.0	80
21	白云	120.0	21.0	22.0	80
22	古洞口	117.6	22.0	20.0	80
23	高塘	111.3	21.0	20.2	80
24	茄子山	106.1	20.7	21.3	80
25	鱼跳	106.0	20.5	22.0	100
26	柴石滩	101.8	22.0	23.3	80
27	白水坑	101.3	21.0	22.0	80
28	泰安上库	100.0	21.1	20.0	80
29	西北口	95.0	21.5	23.0	80
30	万安溪	93.8	21.0	19.0	—
31	大桥	93.0	21.6	21.7	100
32	大坳	90.2	21.2	21.0	100
33	陡岭子	88.5	22.0	19.0	60

续表

样本序号	工程	坝高/m	主 堆 石 料		
			干密度/(kN/m³)	孔隙率/%	填筑层厚/cm
34	崖羊山	88.0	21.5	21.0	80
35	天荒坪下库	87.2	20.0	23.0	80
36	小山	86.3	20.9	24.0	80
37	东津	85.5	21.0	21.3	80
38	花山	80.8	20.5	22.1	80
39	松山	80.8	21.9	23.0	—
40	株树桥	78.0	21.0	22.0	80
41	狼牙上上库	64.0	21.0	23.0	80

表 12-9　　　　　　　　　　　　室 内 试 验 分 析 样 本

样本序号	工程	坝料	坝高	堆石岩性	干密度/(kN/m³)	孔隙率/%
1	水布垭	主堆石	233.0	灰岩	21.20	—
2	西北口	主堆石	95.0	灰岩	20.40	27.2
3	洪家渡	堆石料	179.5	灰岩	21.28	21.9
4	洪家渡	堆石料	179.5	灰岩	21.20	22.2
5	盘石头	主堆石	102.2	灰岩	21.00	—
6	天生桥	主堆石	178.0	灰岩	21.00	—
7	思安江	主堆石	103.0	灰岩	21.20	25.6
8	九甸峡	主堆石	136.5	灰岩	22.00	—
9	莲花	堆石料	71.8	花岗岩	20.11	—
10	公伯峡	主堆石	132.2	花岗岩	20.60	23.1
11	珊溪	堆石料	132.5	凝灰岩	19.84	24.9
12	公伯峡	主堆石	132.2	砂砾石	21.40	22.7
13	莲花	—	71.8	砂砾石	19.72	
14	乌鲁瓦提	次堆石	133.0	砂砾石	21.68	
15	珊溪	—	156.8	砂砾石	21.70	18.0
16	察汗乌苏	主堆石	110.0	砂砾石	21.90	
17	龙首二级	—	146.5	灰绿岩	22.00	
18	三板溪	—	185.5	砂板岩	21.50	

表 12-10　　　　　　　　　　室内试验与碾压试验共同样本

样本序号	工程	坝料	坝高/m	堆石岩性	室内试验		碾压试验	
					干密度/(kN/m³)	孔隙率/%	干密度/(kN/m³)	孔隙率/%
1	水布垭	主堆石	233.0	灰岩	21.20		21.80	19.6
2	西北口	主堆石	95.0	灰岩	20.40	27.2	21.50	23.0

样本序号	工程	坝料	坝高/m	堆石岩性	室内试验		碾压试验	
					干密度 /(kN/m³)	孔隙率 /%	干密度 /(kN/m³)	孔隙率 /%
3	洪家渡	堆石料	179.5	灰岩	21.28	21.9	21.80	20.0
4	洪家渡	堆石料	179.5	灰岩	21.20	22.2	21.80	20.0
5	天生桥	主堆石	178.0	灰岩	21.00	—	21.00	22.0
6		主堆石	178.0	灰岩	20.50	—	21.00	22.0
7	九甸峡	主堆石	136.5	灰岩	22.00	—	22.00	17.3
8	珊溪	堆石料	132.5	凝灰岩	19.84	24.9	21.04	20.0
10	公伯峡	主堆石	132.2	砂砾石	21.40	22.7	21.50	20.0
11	乌鲁瓦提	主堆石	133.0	砂砾石	21.78		22.90	23.0
12	察汗乌苏	主堆石	110.0	砂砾石	21.90		22.50	23.0
13	三板溪	主堆石	185.5	砂板岩	21.50		21.70	19.3

注　"—"表示资料缺失。

搜集到的碾压试验样本与室内试验样本中均缺少坝料级配这一参数，所以将借助级配分形维数对缩尺效应对坝料级配的影响进行分析；同时室内试验样本中亦缺少部分孔隙率参数的样本值，所以亦将对室内试验的干密度与孔隙率之间的关系进行分析。

12.5.1.2　干密度与孔隙率分析

为了直观地分析室内试验与碾压试验之间参数的异同，分别绘制室内试验与碾压试验样本干密度和孔隙率变化曲线，如图 12-14 和图 12-15 所示。

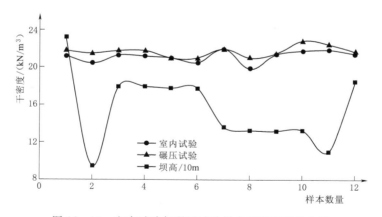

图 12-14　室内试验与碾压试验样本干密度变化曲线

不同工程的室内试验与碾压试验的干密度较为接近变化较为稳定，孔隙率室内试验一般大于碾压试验的且不同工程之间两种试验之间孔隙率的差值变化不大，室内试验的孔隙率变化规律与坝高的变化规律成反比，因此在分析时不选择坝高这一参数作为分析对象。

同时，为了分析干密度与孔隙率两种参数在碾压试验中与室内试验中的对应关系，分别绘制了室内试验与碾压试验干密度及孔隙率对应曲线，如图 12-16、图 12-17 所示。

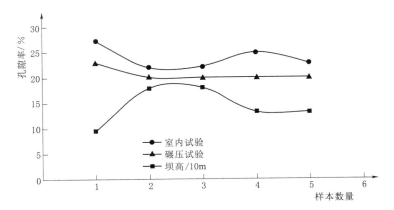

图 12-15　室内试验与碾压试验样本孔隙率变化曲线

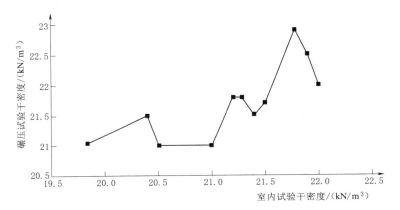

图 12-16　室内试验与碾压试验干密度对应曲线

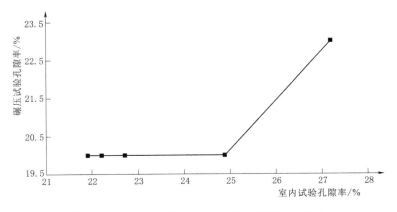

图 12-17　室内试验与碾压试验孔隙率对应曲线

干密度与孔隙率两种参数在碾压试验与室内试验之间不存在明显的函数关系。因此，选择相应的神经网络模型以模拟两种试验下两种参数之间的对比关系。

12.5.1.3 缩尺效应分析

天然存在的和应用于工程上的粗粒土和超径粗粒土的最大粒径一般远远大于试验仪器容许的最大粒径，因此粗粒土试验开始前一般采取剔除法、相似级配法、等量代替法、混合法等对超径料进行处理。

搜集室内试验与碾压试验样本时级配的样本数据过少，所以选择五座混凝土面板堆石坝工程设计级配进行分析（表 12-11），按照不同的缩尺方法分别计算出与之对应的坝料缩尺后级配及坝料级配的分形维数（选择 60mm 作为室内试验的允许最大粒径），进行基于分形维数的级配缩尺效应分析。

表 12-11　　　　　　　　五座混凝土面板堆石坝工程设计级配对比分析

工　程		水布垭	猴子岩	紫坪铺	高塘	涔天河
坝高/m		233.0	223.5	156.0	111.3	114.0
级配	800	100.0	100.0	100	90.0	
	600	95.9	92.0	89	83.2	100.0
	400	82.8	80.0	73	73.6	90.3
	200	64.9	63.5	53	51.0	69.7
	100	47.4	47.5	40	30.0	48.6
	80	41.9	43.0	36	25.0	42.8
	60	36.4	37.5	31	21.3	33.7
	40	26.8	31.0	26	17.5	25.0
	20	14.3	21.5	19	14.5	15.3
	10	6.9	16.0	15	11.0	9.4
	5	1.8	12.5	9	8.0	5.6

1. 剔除法

采用剔除法计算坝料缩尺前后级配如图 12-18 所示。剔除法计算坝料缩尺前后级配特性变化见表 12-12。

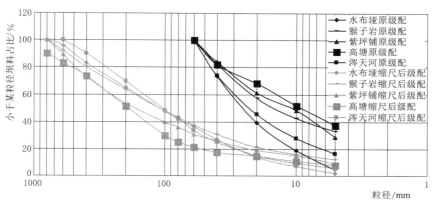

图 12-18　剔除法计算坝料缩尺前后级配

表 12 - 12　　　　　　　剔除法计算坝料缩尺前后级配特性变化

工　程			水布垭	猴子岩	紫坪铺	高塘	涔天河
原级配	不均匀系数	Cu	5.28	2.34	2.07	1.94	3.59
	曲率系数	Cc	1.68	1.15	1.09	1.09	1.28
	分形维数	D	2.29	2.58	2.54	2.50	2.38
缩尺后级配	分形维数	D	1.83	2.55	2.52	2.62	2.28
	不均匀系数	Cu	4.62	54.37	42.66	110.39	12.11
	曲率系数	Cc	1.34	7.51	5.92	16.36	2.19

剔除法下坝料级配变化受工程的原级配影响较大，其中水布垭、涔天河工程缩尺前后坝料级配的均匀性变化较小，猴子岩、紫坪铺、高塘坝料级配的粗颗粒的含量增大较多。缩尺前后坝料的分形维数均产生了不同幅度的变化，其中以水布垭工程的变化最大。

2. 相似级配法

采用相似级配法计算坝料缩尺前后级配如图 12 - 19 所示，相似级配法计算坝料缩尺前后级配特性变化见表 12 - 13。

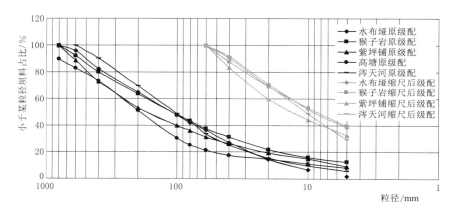

图 12 - 19　相似级配法计算坝料缩尺前后级配

表 12 - 13　　　　　　相似级配法计算坝料缩尺前后级配特性变化

工　程			水布垭	猴子岩	紫坪铺	高塘	涔天河
原级配	不均匀系数	Cu	5.28	2.34	2.07	1.94	3.59
	曲率系数	Cc	1.68	1.15	1.09	1.09	1.28
	分形维数	D	2.29	2.58	2.54	2.50	2.38
缩尺后级配	分形维数	D	2.60	2.62	2.55	—	2.51
	不均匀系数	Cu	92.26	118.12	52.86	—	39.14
	曲率系数	Cc	13.27	17.74	7.30	—	5.47

相似级配法下坝料缩尺后级配的细颗粒含量明显增加，且其不均性也明显增加，与规范中描述的不同，原因为求解分形维数时函数拟合控制系数较小。相似级配法下缩尺前后坝料的分形维数均产生了不同幅度的变大，其中以水布垭工程的增幅最大。

3. 等量代替法

采用等量代替法计算坝料缩尺前后级配如图 12-20 所示。等量代替法计算坝料缩尺前后级配特性变化见表 12-14。

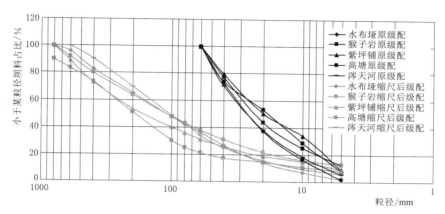

图 12-20 等量代替法计算坝料缩尺前后级配

表 12-14 等量代替法计算坝料缩尺前后级配特性变化

工 程			水布垭	猴子岩	紫坪铺	高塘	涔天河
原级配	不均匀系数	C_u	5.28	2.34	2.07	1.94	3.59
	曲率系数	C_c	1.68	1.15	1.09	1.09	1.28
	分形维数	D	2.29	2.58	2.54	2.50	2.38
缩尺后级配	分形维数	D	1.48	2.16	2.10	2.05	1.87
	不均匀系数	C_u	3.25	8.50	7.28	6.55	4.90
	曲率系数	C_c	1.19	1.78	1.65	1.56	1.38

等量代替法下坝料缩尺后级配的小于 5mm 颗粒的含量保持不变,随着粒径的增加对应的颗粒含量的增加逐渐增大。缩尺后级配的曲率系数变化较小,不均匀性变化不大。缩尺后坝料级配的分形维数均产生了不同幅度的减小。

4. 混合法

混合法坝料缩尺前后级配特性变化见表 12-15,混合法坝料缩尺前后级配如图 12-21 所示。

表 12-15 混合法坝料缩尺前后级配特性变化

工 程			水布垭	猴子岩	紫坪铺	高塘	涔天河
原级配	不均匀系数	C_u	5.28	2.34	2.07	1.94	3.59
	曲率系数	C_c	1.68	1.15	1.09	1.09	1.28
	分形维数	D	2.29	2.58	2.54	2.50	2.38
缩尺后级配	分形维数	D	2.24	2.39	2.34	—	2.14
	不均匀系数	C_u	10.53	18.77	14.98	—	8.09
	曲率系数	C_c	2.01	2.96	2.52	—	1.74

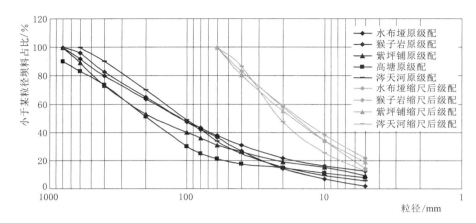

图 12-21　混合法坝料缩尺前后级配

混合法下坝料缩尺后级配的曲率系数变化不大，不均匀系数产生了较小幅度的增大。缩尺后坝料的分形维数亦产生了不同幅度的减小，变化幅度略小于等量代替法下缩尺前后坝料级配分形维数的变化。

由以上分形结果可知，不同缩尺方法下坝料缩尺前后级配的分形维数均产生了不同幅度的变化，根据分形维数求得坝料的不均匀系数、曲率系数的变化与规范中给出的变化趋势较为符合。级配的分形维数可以用来表示坝料缩尺前后级配的变化。所以，可以选择级配的分形维数来表征级配，用来模拟缩尺前后级配的变化。

综上，堆石体坝料室内试验与碾压试验之间关系涉及到干密度、孔隙率、级配三个参数间的对应关系，所以选择室内试验与碾压试验坝料干密度、孔隙率、级配作为模型的分析对象，其中级配选择级配的分形维数表征。由于室内试验与碾压试验之间关系不可以通过固定的函数关系进行表示且其满足多对多参数之间的关系分析，所以选择广义回归神经网络作为建模的基础模型。

12.5.2　广义回归神经网络原理

广义回归神级网络（GRNN，generalized regression neural network）的结构与径向基神经网络的结构较为相似，由输入层（input layer）、模式层（pattern layer）、求和层（summation layer）及输出层（output layer）四层构成。对应的网络输入为 $X = [x_1, x_2, \cdots, x_n]$，输出为 $Y = [y_1, y_2, \cdots, y_k]^T$。GRNN 网络结构如图 12-22 所示。

1. 输入层（input layer）

输入层的主要任务是模型的输入变量传递至模式层，其层内神经元的个数由输入变量的维数决定，并且各个输入神经元之间是简易的分布式单元。

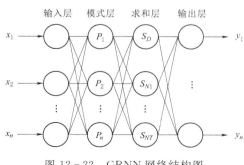

图 12-22　GRNN 网络结构图

2. 模式层（pattern layer）

模式层神经元的个数与学习样本的数量相同，即为 n，其各神经元分别对应不同的样本，模式层神经元的传递函数如下

$$p_i = \exp\left[-\frac{(X-X_i)^{\mathrm{T}}(X-X_i)}{2\sigma^2}\right] \quad i=1,2,\cdots,n \tag{12-42}$$

式中　　　　　　X——网络的输入变量；

X_i——网络的第 i 个神经元对应的学习样本；

$(X-X_i)^{\mathrm{T}}(X-X_i)$——第 i 个神经元对应的样本 X_i 与输入样本 X 之间的 Euclid 距离；

σ——光滑因子。

3. 求和层（summation layer）

在求和层中可以使用以下两种类型的神经元求和方式进行求和计算，第一种求和方式的计算公式为

$$P_i = \sum_1^i \exp\left[-\frac{(X-X_i)^{\mathrm{T}}(X-X_i)}{2\sigma^2}\right] \tag{12-43}$$

与之对应的模式层神经元的输出值进行求和计算，其中模式层与求和层各个神经元之间的连接权值为 1，传递函数为

$$S_D = \sum_1^i P_i \tag{12-44}$$

另一类求和的计算公式为

$$P_i = \sum_1^i Y_i \exp\left[-\frac{(X-X_i)^{\mathrm{T}}(X-X_i)}{2\sigma^2}\right] \tag{12-45}$$

将与之相对应的模式层的各神经元的输出以加权的方式进行求和计算，模式层中的第 i 个神经元和求和层中的第 j 个神经元之间的连接权值为第 i 输出样本 Y_i 中的第 j 个元素。该种求和方式下，两层之间的传递函数为

$$S_{Nj} = \sum_1^i Y_{ij} P_i \quad j=1,2,\cdots,k \tag{12-46}$$

4. 输出层（output layer）

输出层中神经元的数目与输出向量的维数相同，即为 k，各个神经元求和层的输出结果相除，神经元 j 的输出为与之对应的估计结果 $\hat{Y}(X)$ 中的第 j 个元素，即

$$y_j = \frac{S_{Nj}}{S_D} \quad j=1,2,\cdots,k \tag{12-47}$$

12.5.3　关系模型建立

根据堆石体坝料室内试验与碾压试验之间参数的统计分析结果，选择室内试验的干密度、孔隙率、缩尺后坝料级配的分形维数作为模型的输入变量，选择碾压试验的干密度、孔隙率、缩尺前坝料级配的分形维数作为模型的输出变量，基于广义神经网络建立室内试验与碾压试验之间的关系模型。模型程序基于 Matlab 实现，并采用循环训练的方法优选

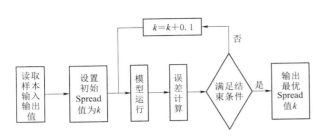

图 12-23　模型 Spread 参数优选过程

关系模型的 Spread 参数，Spread 参数优选过程如图 12-23 所示。

其中，选择模型的预测输出与实际输出之间的误差作为 Spread 参数优选的控制条件。Spread 参数的初始值与每次循环的增加值可以根据模型的实际运行效果进行设置。所建模型的输入输出参数可以根据所搜集到的分析样本的实际情况进行调节。

12.5.4　关系模型分析

按照前述建模原理建立了坝料室内试验与碾压试验之间的关系模型，关系模型结构如图 12-22 所示，输入层为 $x_i = [A, B]$，其中 A、B 分别为室内试验的干密度、孔隙率；输出层为 $y_i = [a, b]$，其中 a、b 分别表示与室内试验对应的同一工程的碾压试验的干密度、孔隙率。选择表 12-16 中的数据作为模型的训练样本，选择表 12-17 中的涔天河水库扩建工程数据作为模型的检验样本。

表 12-16　　　　　　　　　　　模 型 训 练 样 本

样本	工程	坝料	室内试验		碾压试验	
			干密度/(kN/m³)	孔隙率/%	干密度/(kN/m³)	孔隙率/%
1	西北口	主堆石	20.40	27.2	21.50	23
2	洪家渡	堆石料	21.28	21.9	21.80	20
3	洪家渡	堆石料	21.20	22.2	21.80	20
4	珊溪	堆石料	19.84	24.9	21.04	20
5	公伯峡	主堆石	21.40	22.7	21.50	20

表 12-17　　　　　　　　　　　模 型 检 验 样 本

试验类别	室 内 试 验		碾 压 试 验	
坝料	干密度/(kN/m³)	孔隙率/%	干密度/(kN/m³)	孔隙率/%
主堆石料	21.50	26.5	21.30	21

基于 Matlab 编写了模型的运行程序，首先进行了模型 Spread 参数的优选，得到的最优 Spread 参数取值为 0.7。基于训练好的模型，将检验样本输入得到的预测数据见表 12-18，模型训练曲线如图 12-24 所示。

表 12-18　　　　　　　　　　　模 型 的 预 测 数 据

碾压试验	干密度/(kN/m³)	孔隙率/%
实测值	21.50	21
预测值	21.4527	21.0734
误差	0.22	0.35

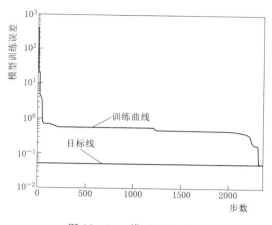

图 12-24 模型训练曲线

模型预测误差很小，可以较好的模拟出堆石体坝料室内试验参数与碾压试验参数之间的对应关系。

12.6 堆石料碾压施工参数与室内力学参数关系分析

本节将已建立的堆石体坝料碾压试验分析模型、室内试验分析模型以及碾压试验分析模型和室内试验分析模型之间的关系模型链接起来，形成一个室内试验与碾压试验之间关系的分析模型，由此对堆石料碾压施工参数与室内力学参数之间关系进行分析，最终给出基于堆石体坝料室内力学参数优选室内力学参数及基于堆石体坝料碾压施工参数优选室内力学参数的方法，并在涔天河水库扩建工程中得到验证。

12.6.1 堆石料碾压施工参数与室内力学参数关系模型建立

根据对碾压试验分析模型、室内试验分析模型及碾压试验分析模型和室内试验分析模型之间的关系模型的介绍与分析处理，可以得到各个模型所涉及参数之间的关系，如图 12-25 所示。

由图 12-25 可知，所建立的室内试验分析模型输出参数即为碾压试验分析模型和室内试验分析模型的输入参数，而同时碾压试验分析模型和室内试验分析模型的输出参数又为碾压试验分析模型的输入参数，因此可以将建立的三个模型依次连接起来形成一个整体的模型。连接后的模型即表示了堆石体室内力学参数与碾压参数之间的对应关系，连接后整体模型的工作流程图如图 12-26 所示，基于此进行堆石体坝料室内力学参数优选碾压施工参数分析。

根据三个基础模型的性质可得，可以通过置换各个基础模型的输入输出参数构成堆石体坝料室内力学参数优选碾压施工参数模型的逆反模型，即堆石体碾压施工参数优选室内力学参数模型。置换后各个模型输入输出参数的关系及工作流程分别如图 12-27 和图 12-28 所示。

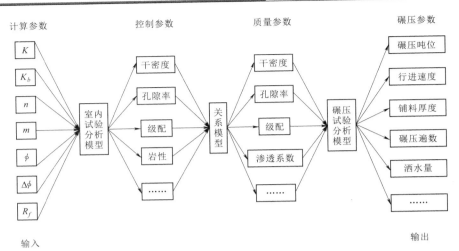

图 12 - 25　各模型参数之间的关系图

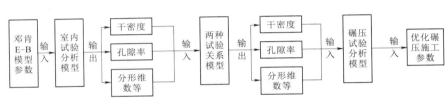

图 12 - 26　连接后模型工作流程图

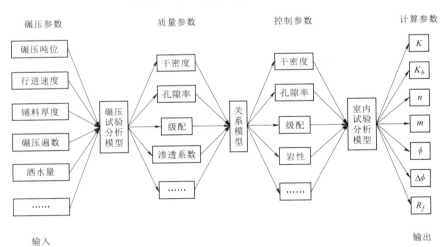

图 12 - 27　逆反后各模型输入与输出参数关系

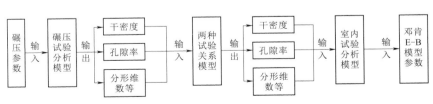

图 12 - 28　逆反后模型工作流程图

12.6.2 基于堆石体室内力学参数优选碾压施工参数分析

1. 样本选择

以表 12-2 中的数据作为碾压试验分析模型分析的初始样本，表 12-6 中的数据做室内试验分析模型的初始样本，表 12-16 中的数据作为室内试验与碾压试验之间关系模型分析的初始样本。

基于堆石体坝料室内力学参数对堆石体的碾压施工参数进行优选，选择由反演获得的邓肯 E-B 模型参数及由室内试验计算得到的邓肯 E-B 模型参数中的主堆石料计算参数作为模型的检验样本，见表 12-19。

坝料	K	K_b	n	m
反演值	955	430	0.26	0.20
试验值	1200	560	0.21	0.11

表 12-19 模型检验样本

由表 12-19 可得，室内试验输入四个邓肯 E-B 模型计算参数 K、K_b、n、m，所以对室内试验分析模型的初始样本进行修改，得到其训练样本见表 12-20。

表 12-20 室内试验分析模型之训练样本

工程	坝料	干密度/(kN/m³)	孔隙率/%	K	K_b	n	m
西北口	主堆石	20.40	27.2	522	125	0.38	0.22
洪家渡	堆石料	21.28	21.9	658	177	0.47	0.40
洪家渡	堆石料	21.20	22.2	760	205	0.25	0.28
金野	堆石料	21.00	21.9	650	280	0.35	0.24
思安江	主堆石	21.20	25.6	700	290	0.52	0.14
南车	主堆石	20.70	22.6	790	330	0.39	0.23
公伯峡	主堆石	20.60	23.1	750	520	0.51	0.27
珊溪	堆石料	19.84	24.9	1060	660	0.63	0.00
公伯峡	主堆石	21.40	22.7	690	410	0.31	0.03
珊溪	主堆石	21.70	18.0	550	380	0.78	0.82

室内试验与碾压试验关系模型的输入参数为室内试验的干密度和空隙率。由于表 12-16 中室内试验与碾压试验关系模型的输入参数为室内试验的干密度和空隙率，因此不作修改，可直接选取作为室内试验与碾压试验关系模型的训练样本。

碾压试验分析模型训练样本见表 12-21。

2. 结果分析

按照所选择三个模型的输入和输出参数分别对室内试验分析模型、两试验间的关系模型及碾压试验分析模型进行修改，通过调节各自的参数使模型的结构最优。模型学习过程如图 12-29 所示。

模型训练好后，输入模型的检验样本，依次得到模型预测值见表 12-22。

表 12 - 21　　　　　　　　　　　　碾压试验分析模型训练样本

样本	碾压质量参数			碾压参数		样本	碾压质量参数			碾压参数	
	沉降/cm	洒水量/%	碾压遍数	孔隙率 n/%	干密度/(g/cm³)		沉降/cm	洒水量/%	碾压遍数	孔隙率 n/%	干密度/(g/cm³)
1	8.9	5	6	28.8	1.89	24	8.9	0	8	24.0	2.11
2	8.9	5	6	28.8	1.81	25	8.9	0	8	24.0	2.09
3	8.9	5	6	28.8	2.05	26	8.1	0	10	21.8	2.12
4	8.9	5	6	28.8	1.97	27	8.1	0	10	21.8	2.11
5	8.9	5	6	28.8	1.91	28	8.1	0	10	21.8	2.08
6	8.9	5	8	20.7	2.14	29	8.1	0	10	21.8	2.14
7	8.9	5	8	20.7	2.13	30	8.1	0	10	21.8	2.13
8	8.9	5	8	20.7	2.15	31	8.9	10	6	28.4	1.96
9	8.9	5	8	20.7	2.16	32	8.9	10	6	28.4	1.92
10	8.9	5	8	20.7	2.17	33	8.9	10	6	28.4	1.94
11	8.1	5	10	18.5	2.23	34	8.9	10	6	28.4	1.98
12	8.1	5	10	18.5	2.19	35	8.9	10	6	28.4	1.9
13	8.1	5	10	18.5	2.25	36	8.9	10	8	19.9	2.17
14	8.1	5	10	18.5	2.19	37	8.9	10	8	19.9	2.12
15	8.1	5	10	18.5	2.19	38	8.9	10	8	19.9	2.19
16	8.9	0	6	30.3	1.89	39	8.9	10	8	19.9	2.15
17	8.9	0	6	30.3	1.92	40	8.9	10	8	19.9	2.22
18	8.9	0	6	30.3	1.91	41	8.1	10	10	16.2	2.26
19	8.9	0	6	30.3	1.87	42	8.1	10	10	16.2	2.29
20	8.9	0	6	30.3	1.86	43	8.1	10	10	16.2	2.25
21	8.9	0	8	24.0	1.99	44	8.1	10	10	16.2	2.26
22	8.9	0	8	24.0	2.09	45	8.1	10	10	16.2	2.28
23	8.9	0	8	24.0	2.04						

表 12 - 22　　　　　　　　　　　　模 型 预 测 值

预测值	反演邓肯 E - B 模型参数		计算邓肯 E - B 模型参数		碾压控制标准
	室内试验模型	关系模型	室内试验模型	关系模型	—
干密度/(kN/m³)	20.90	21.53	20.86	21.64	21.00
孔隙率/%	23.00	20.60	23.34	20.15	2.15
振动频率	碾压试验模型				
	标准频率		标准频率		标准频率
碾压吨位/t	26.7		26.7		26.7
行进速度/(km/h)	2		2		2
虚铺厚度/cm	88.6		88.5		87
洒水量/%	5		8		5
碾压遍数	8		9		8

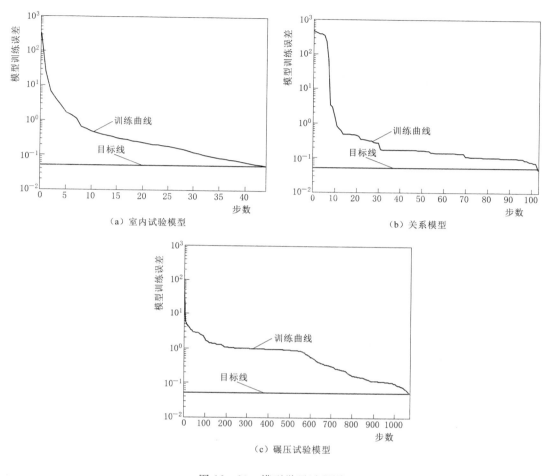

图 12-29　模型学习过程图

邓肯 E-B 反演参数模型优化得到的碾压参数与坝体实际施工参数较为接近且与基于坝体碾压控制标准优化得到的碾压施工参数较为接近；基于由室内试验测值计算得到的邓肯 E-B 模型参数通过所建模型优化得到的碾压参数与坝体实际施工碾压参数相比碾压遍数与洒水量均有差别。所建立的室内试验与碾压试验之间的模型可以用来优化坝体施工的碾压参数，同时可以为碾压试验的设计提供参考，且所建模型的准确度较高。

12.6.3　基于堆石体碾压参数优选室内力学参数分析

1. 样本选择

基于堆石体室内力学参数优选碾压施工参数，所选择的各个模型的训练样本置换输入、输出后，作为基于堆石体碾压参数，优选室内力学参数的各个子模型的训练样本，并根据碾压试验分析模型的训练样本选择实例工程的实际碾压施工参数作为模型的检验样本。逆反模型检验样本见表 12-23。

表 12－23　　　　　　　　　　　　逆 反 模 型 检 验 样 本

碾压参数	沉降/cm	洒水量/%	碾压遍数
碾压遍数	7	5	8

2. 结果分析

选择个三个模型的输入和输出参数，分别对碾压试验分析模型、两试验间的关系模型及室内试验分析模型进行修改，通过调节各自的参数使模型的结构最优。模型训练好后，输入模型的检验样本，依次得到逆反模型预测值见表 12－24。

表 12－24　　　　　　　　　　　　逆 反 模 型 预 测 值

预测值	碾压试验		关系模型
干密度/(kN/m³)	20.8		20.8
孔隙率/%	23.2		23.8
室内试验	预测值	试验值	反演值
K	713	1200	955
K_b	338	560	430
n	0.46	0.21	0.26
m	0.26	0.11	0.20

通过涔天河水库扩建工程的碾压施工参数优选得到的室内力学参数（邓肯 E－B 模型计算参数）中的 K、K_b 值与通过室内试验测得值和通过反演得到的值相比偏小；n、m 值与通过室内试验测得值和通过反演得到的值相比偏大。由以上分析可知，通过所建立的基于堆石体碾压参数优选室内力学参数模型优选得到的室内力学参数具有一定的参考价值，可以为工程的变形计算及稳定分析提供参考。

12.7　本 章 小 结

通过分别分析堆石体坝料的室内试验、碾压试验及两试验之间的关系，建立了可以表征室内试验与碾压试验之间关系的分析模型，得到了以下主要结论：

（1）针对现场碾压试验是多因素复杂系统问题，探讨了碾压试验施工参数和碾压质量参数之间的非线性映射关系。以碾压机具、振动频率、碾压吨位、行进速度、铺料厚度、洒水量、碾压遍数及碾压后坝料沉降作为输出，以坝料级配、干密度、孔隙率、渗透系数等碾压质量参数作为输入，采用人工神经网络模型建立了碾压试验施工参数和碾压质量参数之间的关系，并通过实例工程验证了所建模型的合理性。

（2）探讨了室内物理力学试验参数和室内试验加载参数之间的非线性映射关系，即选择邓肯 E－B 模型的计算参数作为输入，室内试验加载参数（干密度、孔隙率、围压、坝料岩性及级配）作为输出，基于量子神经网络模型建立室内物理力学试验参数和室内实验加载参数之间的关系模型，并通过实例分析验证了所建模型的可靠性。

（3）探讨了堆石料室内物理力学试验和现场碾压试验之间的关系，即选择室内试验的干密度、孔隙率、缩尺后坝料级配的分形维数作为输入参数，碾压试验的干密度、孔隙率、缩尺前坝料级配的分形维数作为输出参数，基于广义回归神经网络模型建立堆石体坝料室内试验与碾压试验之间的关系模型。实例分析表明，该模型可以模拟室内试验与碾压试验之间参数的对应关系。

（4）基于上述建立的碾压试验分析模型、室内物理力学参数试验分析模型，以及碾压试验和室内物理力学参数试验之间的关系模型，提出了基于堆石料室内力学参数优选碾压施工参数的方法，给出了该新方法的分析步骤，通过实例验证了本书提出的新方法，从而初步搭建了以现场碾压试验控制堆石坝施工质量和以数值计算控制堆石坝变形之间的桥梁。

第13章　筑坝新技术与新工艺

　　涔天河水库扩建工程是湖南省"十二五"水利"一号工程"，被国务院列为全国172个重大节水工程之一。此外，水库扩建工程趾板紧邻原挡水大坝下游侧，并将原挡水大坝作为水库扩建工程的上游围堰，这在国内外筑坝史上具有鲜明的特色。为此，在涔天河水库扩建工程建设期间，基于创新技术和工艺的理念，开展了系列筑坝新技术和新工艺的应用，为保证涔天河水库扩建工程施工质量提供了有力的支撑。以下介绍涔天河水库扩建工程在建设期间的新技术及新工艺。

13.1　挤压边墙变形监测新技术

　　三维激光扫描技术是继 GPS 空间定位系统之后又一项测绘技术新突破。近年来，三维激光扫描技术已广泛应用于隧道、滑坡体、基坑沉陷及岩体结构调查等监测领域。实践证明，该技术用于变形监测具有可行性，其与常规变形监测手段相比，突破了传统的单点监测方法，具有数据采集效率高、数据获取速度快、数据分辨率高、测量精度高、无接触测量等优点。

　　在涔天河水库扩建工程堆石体预沉降期间，首次采用三维激光扫描新技术进行面板堆石坝挤压边墙位移监测，为面板混凝土浇筑提供了有力的技术支撑。以下介绍该监测新技术的应用。

13.1.1　三维激光扫描技术

　　三维激光扫描通过高精度，高密集对监测对象进行立体空间面状扫描，获取监测体的整体数据，通过定期或周期对监测体的扫描数据对比分析，做出对监测对象的正确评估。在涔天河水库扩建工程中首次基于三维激光扫描仪（徕卡 ScanStationP40）对涔天河面板堆石坝挤压边墙进行三期扫描，将第一期扫描点云数据作为参考数据，利用不同时期扫描的点云数据与参考数据进行对比分析来获取挤压边墙的变形特性，然后将其与同期挤压边墙上的棱镜实测数据对比分析。三维激光扫描技术在面板堆石坝挤压边墙变形监测中应用的技术工作路线如图 13-1 所示。

13.1.2　监测布置

　　由挤压边墙上游立视图（图 13-2）可见，由于原大坝与新坝距离较近，挤压边墙平整性和通视性较好，为采用三维激光扫描技术进行变形监测提供了良好的条件。因此，选

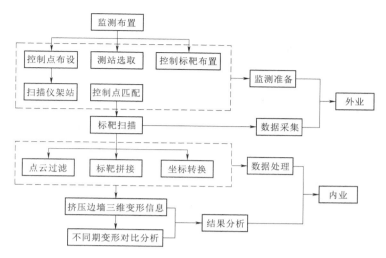

图 13-1 面板堆石坝挤压边墙变形监测工作路线图

取原大坝作为监测场地，在原大坝左右两岸各设置了一个监测基准点，在两个监测基准点之间设置了 5 处公共标靶，测站位于标靶范围内。堆石坝挤压边墙监测控制点与控制标靶布置如图 13-3 所示。

图 13-2 挤压边墙上游立视图

图 13-3 挤压边墙监测控制点布置图

13.1.3 监测数据分析

采用三维激光扫描技术对涔天河水库扩建工程面板堆石坝挤压边墙进行了三次扫描，监测日期分别为 2015 年 8 月 6 日、2015 年 10 月 8 日及 2015 年 12 月 16 日。根据工程实际施工进度安排，三次监测时挤压边墙顶高程分别为 278.00m、296.33m、320.30m。

选取 8 月 6 日三维激光扫描的区域作为挤压边墙变形分析区域，即高程 217.00m 至高程 278.00m，并将其监测数据作为初始数据，对第二、三期采集的点云进行对比分析来获取面板堆石坝挤压边墙变形信息。

根据现场条件，扫描时将分辨率设置为 3.1mm@10m，单站平均扫描时间 1.5min，与此同时站站之间采集公共标靶用于进行数据拼接，单站标靶获取时间 1min，扫描仪站点之间的数据联合配准精度控制在 1mm。现场累计共计扫描 9 站数据（每期各三站），共计用时累计 60 分钟。三期扫描数据的点云数据拼接结果见图 13 - 4。

（a）第一次扫描点云拼接数据　　　　　　　　　　　　（b）第二次扫描点云拼接数据

（c）第三次扫描点云拼接数据

图 13 - 4　点云数据拼接示意图

　　将第一期扫描的控制点坐标，通过仪器高度的去除计算之后，以文本文件的方式分别导入第二、第三期扫描数据中，分别以两个控制点位基准进行坐标校准，并将两期的扫描数据配准到一个坐标系下面，通过配套 Cyclone 软件进行点云的过滤工作，将多余的扫描数据和噪声通过软件功能进行剔除，然后对其变形进行分析。

　　为了直观表达挤压边墙的位移变化，通过 surfer 软件绘制挤压边墙 10 月 8 日和 12 月 16 日分别相对于 8 月 6 日的顺河向和垂直向位移场（图 13 - 5、图 13 - 6）。由于横河向位移较小，不再给出。图中数值符号规定为：顺河向位移以向下游为正、向上游为负；垂直向位移以上抬为正，下沉为负，下同。

　　经过软件自动计算得到面板堆石坝挤压边墙表面变形信息及由图 13 - 5 和图 13 - 6 可知：

　　（1）10 月 8 日挤压边墙顺河向最大位移为 52mm，最小位移为 -8mm，底部 1/3 以下略向上游凸出，但位移较小；中上部向下游位移，位移变化梯度较大；12 月 16 日挤压边墙位移略有增大，顺河向最大位移为 87mm，最小位移为 -10mm，最大位移主要集中在上部，两岸位移较小。这主要由于前后两期扫描时间间隔内堆石体重压所致。

　　（2）10 月 8 日挤压边墙最大沉降为 70mm，分布在坝体上部；挤压边墙监测区域的底部沉降基本不变，两侧沉降较小，上部沉降较大；而 12 月 16 日监测区域上部变化梯度较大，沉降最大达到 127mm，这主要由于施工期坝体前后扫描阶段堆石填筑重压变形所致。

　　由 10 月 8 日与 12 月 16 日面板堆石坝挤压边墙变形情况可知，挤压边墙中上部处于变形发展阶段，尚不适合进行面板施工，而应预沉降一段时间。

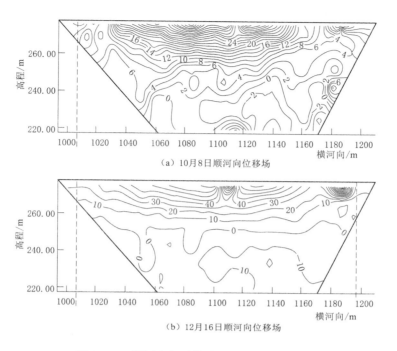

（a）10月8日顺河向位移场

（b）12月16日顺河向位移场

图 13-5 顺河向相对位移场图（单位：mm）

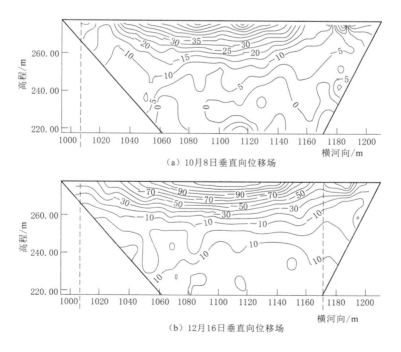

（a）10月8日垂直向位移场

（b）12月16日垂直向位移场

图 13-6 垂直向相对位移场图（单位：mm）

13.1.4　三维激光扫描及全站仪棱镜测值对比分析

基于三维激光扫描数据处理结果，在相同的变形监测区域内，采用拓普康全站仪配合反射棱镜法在同样监测日期内对挤压边墙进行监测，对比研究两种不同的监测设备对面板堆石坝挤压边墙变形测量结果异同。采用全站仪配合棱镜法的挤压边墙监测点布置如图 13-7 所示。

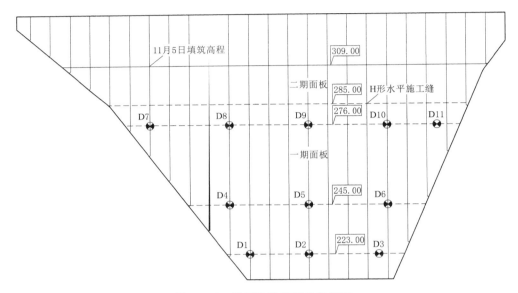

图 13-7　挤压边墙监测点布置图

选取 2015 年 8 月 6 日与 2015 年 10 月 8 日两期监测数据进行对比分析，10 月 8 日棱镜实测相对位移场如图 13-8 所示。

由图 13-5、图 13-6、图 13-8 可以看出，在 2015 年 8 月 6 日和 2015 年 10 月 8 日分别使用三维激光扫描仪和全站仪对挤压边墙进行变形监测，在水平位移监测、沉降监测方面的两种手段所得到的挤压边墙变形情况存在一定的差异。这主要由于全站仪测点数量过少且大部分位于坝体中下部，仅仅用少量的测点插值来获得整个坝面的变形信息，显然有一定的误差。

（1）从顺河向位移场看，对比全站仪配合棱镜法，三维激光扫描获得的挤压边墙变形数据较密，但两种手段监测的顺河向位移变化梯度较大值皆集中于坝体上部区域，下部区域等值线较疏；此外，基于三维激光扫描的顺河向位移变化区域明显大于全站仪配合棱镜实测的顺河向位移变化区域，说明利用三维激光扫描技术获取的点云数据拟合出的坝体模型能全面地提取到挤压边墙变形信息且与施工期挤压边墙实际变形情况基本相符。

（2）从垂直向位移场看，10 月 8 日棱镜实测最大沉降为 38mm，三维激光扫描实测最大沉降为 70mm；12 月 8 日棱镜实测最大沉降为 118mm，12 月 16 日三维激光扫描实测最大沉降为 127mm。两种手段监测得到的挤压边墙变形趋势基本一致，挤压边墙中上部沉降皆很大，底部沉降较小甚至出现上抬现象，这主要由于上部堆石填筑施工完毕后堆石体

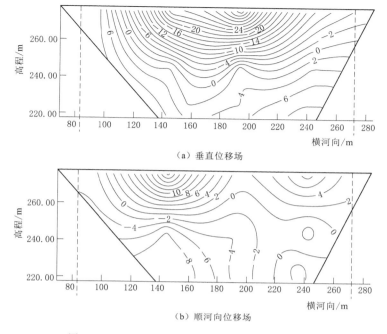

图 13-8　棱镜实测相对位移图（单位：mm）

重压导致沉降变化梯度较大。

（3）三维激光扫描技术关键要素在于点云数据的扫描精度和拼接精度。在监测数据扫描与拼接过程中可能存在一定的误差，对数据分析结果可能造成一定影响。由结果分析可知，三维激光扫描技术在面板堆石坝挤压边墙变形监测中应用是可行的。

13.1.5　技术应用分析评价

将三维激光扫描技术应用于浒天河面板堆石坝挤压边墙变形监测数据采集、处理、分析中，并与同期的全站仪配合棱镜法实测获取的数据进行对比，可得出：

（1）基于三维激光扫描的挤压边墙顺河向位移变化区域大于全站仪配合棱镜法顺河向位移变化区域；两种手段监测的顺河向位移变化梯度较大值皆集中于挤压边墙上部区域，挤压边墙中上部位移较大，呈向下游位移的趋势，而挤压边墙底部呈向上游位移趋势。

（2）从垂直向位移场看，挤压边墙中上部沉降较大，两岸沉降较小。两种手段监测得到的挤压边墙变形趋势基本一致，尚不适合进行面板施工，而应预沉降一段时间。

（3）对比全站仪配合棱镜法，三维激光扫描技术能快速获得更全面、更直观的面板堆石坝挤压边墙表面数据，所得到的监测数据与棱镜实测数据较为接近，实现了以面代替单点的数据提取，使得挤压边墙变形监测工作更全面、更便捷。

13.2　挤压边墙挡水度汛技术

实践表明，堆石体预沉降时间越长，对减小垫层料与面板之间的脱空越有利。为此，涔天河水库扩建工程在施工期将由临时断面的垫层料挡水度汛。为确保垫层料挡水度汛的安全，在施工中采取了施工程序更为简单、施工效率更高的混凝土挤压边墙进行保护，实现挡水度汛的作用，同时，为解决面板和挤压边墙承受反向水压力的问题，保证施工期面板及挤压边墙结构安全，采用了反压排水处理技术。

13.2.1　上游坝面垫层料保护方式比选

在涔天河水库扩建工程中度汛方式为在汛前完成大坝挡水临时断面，由临时断面的垫层料挡水度汛。采用垫层料挡水度汛方案，可以保证一期面板下的堆石料有足够长的预沉降时间。目前我国面板堆石坝垫层料上游坝面的保护方式有喷涂沥青、碾压砂浆或混凝土挤压墙等多种常用形式。

1. 沥青护坡

垫层料完成斜坡碾压后，采用阳离子乳化沥青，先在垫层面上喷一层乳化沥青，然后在上面撒一层砂子，用滚筒压平，再在上面喷一层沥青，接着再撒一层砂子，再用滚筒压平。从而形成"两油两砂"的沥青保护层，达到保护垫层面的目的。由于沥青保护层较薄、强度不高，在绑扎钢筋时容易受到破坏。此外，当采用该保护方式时，垫层料填筑需采用斜坡碾压工艺。

2. 碾压砂浆护坡

碾压砂浆为低标号干硬砂浆，90d 抗压强度约 5MPa，渗透系数约为 10^{-5} cm/s。采用碾压砂浆固面时，垫层料的修坡、碾压及固坡可以合为一道工序，施工程序大致如下：人工修坡→垫层料斜坡碾压→人工二次修坡、铺填 4～9cm 后干硬砂浆→垫层料斜坡静碾压实。当采用这种施工方法时，砂浆可以渗入垫层料形成坚固的表面，但垫层料同样需要采用斜坡碾压工艺。

3. 混凝土挤压边墙

目前由国外引进的挤压式边墙技术在我国面板堆石坝施工中得到了快速推广应用。采用挤压边墙固坡后，全部垫层料均可采用水平碾压，取消垫层料的超填削坡和斜面碾压，简化施工程序，加快施工进度，且垫层料可得到及时保护。挤压边墙一般为梯形断面，层厚 40cm 左右，可以采用专业厂家生产的挤压机成型。一级配干硬性混凝土，坍落度为零，具有低抗压强度、低弹模、密度和渗透系数与垫层料接近等特点。目前挤压边墙一般有喷涂沥青和不喷涂沥青两种类型。

经过比选，借鉴同类工程的经验，本工程大坝垫层料保护采用混凝土挤压边墙的形式，挤压边墙表面喷涂沥青以减小挤压边墙与混凝土面板之间的约束。

13.2.2　混凝土挤压墙设计与施工

1. 挤压边墙有关设计参数

本工程采用挤压边墙为梯形断面，顶宽 10cm，底宽 71cm，高 40cm，外坡 1∶1.4，内坡 8∶1，断面尺寸如图 13-9 所示，挤压边墙布置如图 13-10 所示，挤压边墙混凝土控制指标见表 13-1，配合比见表 13-2。

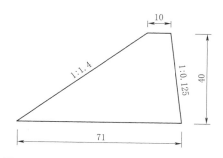

图 13-9 挤压边墙断面尺寸（单位：cm）

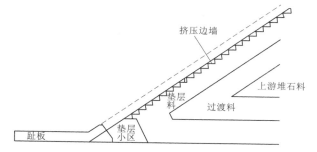

图 13-10 挤压边墙布置示意图

表 13-1 挤压边墙混凝土控制指标

强度 R_{28}/MPa	密度/(g/cm³)	弹模/MPa	渗透系数
3~5	2.15	<8000	10^{-3}~10^{-4}

表 13-2 挤压边墙混凝土配合比

设计等级	配制强度/MPa	卵石级配	水胶比	砂率/%	材料用量/(kg/m³)					强度/MPa			备注
					水	水泥	砂	小石	速凝剂	3d	7d	28d	
C5	<5	—	1.4	35	119	85	681	1265	4.0	2.29	3.15	4.52	

2. 挤压边墙施工

本工程挤压边墙采用陕西省水利机械厂专利产品 BJY40 型挤压机施工，该设备由发动机驱动的液压系统带动螺旋机挤压混凝土，挤压螺旋机驱动挤压机前进，并用附着式液压振捣器对混凝土进行振捣。该挤压机净重 3t，成型速度 40~80m/h。

挤压边墙混凝土由拌和站拌制，混凝土搅拌车运输至仓面，混凝土通过挤压机挤压成型。挤压机备有速凝剂贮存罐，可以根据需要在挤压作业时掺加速凝剂。挤压边墙外观控制标准：水平超欠量±50mm，层间错台或凹凸面采用补填、抹平和打磨处理。挤压边墙起点及终点断面采用人工立模浇筑，每 10cm 层厚进行夯锤击实。垫层料在挤压边墙成型后 1h 铺料，采用后退法，层厚 40cm。约 2h 后开始垫层料碾压，距墙 20cm 以外垫层料由 20t 自行式振动碾压实，靠近挤压边墙的垫层料由液压振动板进行，分两层（每层 20cm）压实，图 13-11 为挤压边墙施工现场。

图 13-11 挤压边墙施工现场

13.2.3　反向排水管技术

大坝开始填筑时，为了解决施工期反向水压的问题，在河床偏左岸坝体了设置了 4 根 ϕ200 排水钢管，排水管理设高程 213.00m，间距 6m，从坝体经河床趾板引至上游基坑，排水管端口设置拍门。当基坑冲水时（如施工期遭遇洪水造成的基坑冲水）拍门自动关闭，基坑水位下降到一定高度，拍门自动打开。反向排水管布置示意图如图 13-12 所示。

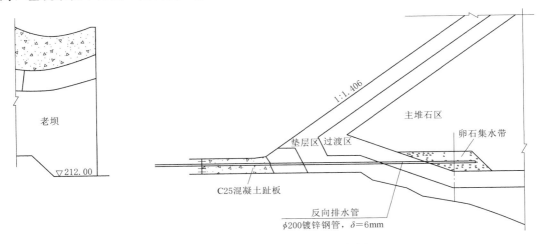

图 13-12　反向排水管布置示意图

13.2.4　技术应用评价

混凝土挤压边墙施工程序简单，施工进度快，使垫层料得到了及时保护，在浐天河水库扩建工程实际挡水度汛过程中取得了良好的效果，且在挤压边墙表面喷涂沥青减小了挤压边墙与混凝土面板之间的约束。与此同时，为解决施工期间的反向水压问题，设置了反向排水系统，有效解决了施工期面板和挤压边墙承受的反向水压问题，为挤压边墙结构安全和后续面板浇筑提供了保障。

13.3　上游铺盖体型优化

13.3.1　优化缘由

浐天河水库扩建工程面板堆石坝上游铺盖位于老坝与新坝之间形成的 45m 高差的深基坑内，两岸为人工开挖形成的高陡边坡，基本不具备布置进出基坑的施工道路条件，这导致大型机械设备不能进出基坑，黏土铺盖及盖重料填筑施工难度非常大。当扩建工程投入运行后，如果需对铺盖以下面板、趾板或周边缝止水进行检修，需揭开面板上的铺盖及盖重，将渣料运出基坑外，施工难度将更大。由于浐天河水库工程设有放空设施，放空洞进口底板高程 240.00m，上游老坝堰顶高程 241.00m，扩建工程具备放空水库、排干老坝与新坝之间基坑积水，从而为检修下部面板或趾板提供了有利条件。从满足后期大坝检修需要的角度分析，降低上游铺盖填筑高度甚至取消是可行的。

另外，受老溢流坝泄洪冲刷影响，老坝下游形成了冲刷坑，堆石坝坝基上游河床高程低于下游河床高程，河床趾板基面高程212.00m，下游河床高程约218.00m，这导致存在施工期面板反向水压力的问题。由于施工期河床趾板内埋设了反向排水管，蓄水前进行封堵，封堵前需在面板上形成一定的压重，以保证面板在反向水压力作用下不发生失稳破坏。由此可见，完全取消上游盖重可能危及蓄水前上游面板安全。

根据面板堆石坝上游铺盖及盖重的作用机制，结合本工程实际情况分析认为，本工程大坝上游铺盖体型具备优化的条件。铺盖填筑高度减小后，面板及接缝止水受保护的范围减小，虽然铺盖辅助防渗的功能减弱，但是方便施工，特别是为今后降低库水位检修下部面板及接缝止水创造了有利条件，总体利大于弊。

13.3.2　优化思路

（1）上游面板存在反向水压力的问题，蓄水前反向排水系统封堵后可能危及面板安全，宜设置适当的盖重后才能封堵反压排水系统。

（2）大坝上游基坑施工道路布置困难，交通不便，铺盖填筑施工难度大，宜尽量减小铺盖及盖重填筑方量；水库蓄水后，面板坝若出现较强渗漏，可能需放空水库、排干上游基坑积水，进行面板或接缝止水检修，大量铺盖及盖重料难以运出，宜尽量控制方量不需外运。

（3）面板垂直缝及周边缝缝面表层止水的盖板易老化破损，对更换、修复难度较大部位的面板止水盖板增设辅助防渗层，对原铺盖以下面板及趾板增设防渗涂层，增强混凝土耐久性与防渗效果。

13.3.3　优化措施

1. 铺盖体型调整

根据面板在反向水压力作用下的稳定需要，并结合本工程基坑特点，考虑今后检修铺盖料转运平衡，拟定上游铺盖体型。

2. 面板稳定需要

大坝河床段趾板建基面高程212.00m，大坝下游河床基岩面最低高程218.00m，河床建基面从上游至下游呈现逐步抬高的趋势，施工期面板或挤压边墙存在反向水压的问题，从而在上游趾板下设置了反压排水系统。为了保证蓄水前反压排水系统封堵时面板的安全，在面板上游填筑一定体量的铺盖和盖重兼顾辅助防渗并解决施工期和运行检修期面板压重的问题是必要的。因此，根据下游水位及河床趾板建基面高程，在保证面板抗浮安全的前提下，计算确定上游铺盖及盖重填筑的最优体型。

3. 运行期检修铺盖料倒运需要

面板上游基坑空间狭小，两岸地形陡峻，施工道路布置困难，不具备大型机械设备进出施工的条件，今后如果需要揭开铺盖检修面板，应尽可能做到铺盖及盖重料不需要外运出基坑，根据基坑现有容积及铺盖料自然稳定坡比要求，考虑将铺盖料揭开堆放于原大坝坝趾附近，计算确定铺盖及盖重的填筑量。

4. 铺盖材料选择

为了尽量减少铺盖及盖重填筑量，结合工地人工砂石料场的废料情况，铺盖采用粉细沙（粒径小于 0.2mm），盖重采用砂卵石（粒径 4～8cm），从原大坝坝顶倾倒入仓和新坝坝面溜槽入仓、反铲平仓施工。

5. 上游铺盖优化体型

根据上述原则确定面板上游防渗铺盖及盖重的填筑体型。防渗铺盖顶高程 230.00m，顶宽 3m，坡比 1:1.6；盖重顶宽 3m，坡比 1:2.3，体型优化后粉细沙铺盖 0.8 万 m^3、砂卵石盖重 1.5 万 m^3。上游铺盖优化示意图如图 13-13 所示。

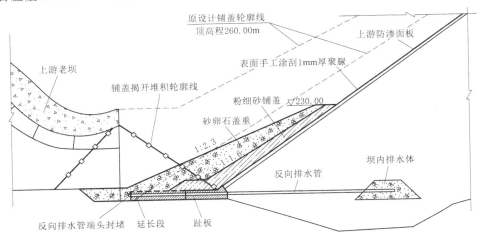

图 13-13　上游铺盖优化示意图

6. 反向排水管封堵

水库蓄水前，反向排水管封堵方案如下：上游铺盖及盖重填筑时，排水管处按临时稳定坡比填筑以留出排水管封堵施工空间，盖重填筑到顶后，大坝下游量水堰截水墙高程 220.00m 的 2 个 $\phi150$ 排水孔打开，封堵上游反向排水管，再按设计最终轮廓线进行补坡完成盖重填筑，然后进行上游基坑充水，至上游水位高于 228.00m 后，关闭下游量水堰截水墙上的排水孔。

7. 辅助防渗措施

面板上游铺盖优化后铺盖保护范围降低至高程 230.00m，铺盖以上面板及接缝止水缺少了辅助防渗铺盖的保护。为了减少放空库容检修面板及接缝止水的频次，加强死水位以下面板和接缝止水的保护、提高面板混凝土的耐久性，结合面板裂缝处理，对高程 255.00m 以下面板、趾板及接缝面止水上刮涂聚脲保护层。

聚脲涂层具有耐老化性能好、无毒、强度高、延伸率大、抗渗性能好，与基础混凝土黏结强度大、施工简单等特点，满足工程大坝面板辅助防渗的功能要求。

13.3.4　优化效果

涔天河水库扩建工程面板堆石坝上游铺盖的优化，减少了铺盖填筑方量，降低了施工难度，加快了施工进度；同时对原铺盖以下的面板和接缝止水涂刷聚脲进行辅助防渗，提高了面板混凝土和面止水材料的耐久性，从而提高了大坝防渗性能，节省工程投资 178 万元，并为今后面板及接缝止水检修创造了有利条件。

水库自 2016 年 12 月下闸后开始蓄水，2017 年 4 月库水位蓄至高程 282.00m 并维持该水位运行至今，大坝各项监测指标正常，渗漏量很小（2~5L/s）。初期蓄水运行表明，大坝上游铺盖体型优化后防渗效果良好。

13.4　下游护坡新工艺

13.4.1　护坡形式优化缘由

截至 2015 年 6 月，涔天河水库扩建工程大坝高程 240.00m 以下干砌石护坡已基本实施完成，高程 240.00m 以上剩余护坡面积约 2.95 万 m²。根据第二枯水期（2015 年 9 月—2016 年 3 月）施工进度计划，2015 年 11 月底大坝填筑至高程 320.00m，下游干砌石护坡需要人工砌筑，施工速度跟不上坝体填筑速度，如果干砌石护坡滞后坝体填筑施工，工作面分离后，则施工难度非常大，成本高。人工堆砌干砌石护坡施工与坝体填筑同步上升，施工作业相互干扰，极不安全。因此，开展大坝下游护坡采用其他护坡形式的可行性研究工作。通过广泛调研，重点进行了混凝土网格梁植草护坡、混凝土格式新型护坡和格宾护垫三种护坡的比选工作。

13.4.2　护坡形式比选

13.4.2.1　三种护坡形式

1. 混凝土网格梁植草护坡

为了加快大坝坝坡护坡施工进度，将大坝下游坝坡干（浆）砌石改为 400mm 厚预制混凝土网格梁支护，网格梁内覆 300mm 厚表土，播撒高羊茅草籽，种植小叶女贞（间排距 1.5m）并养护，达到绿化效果。

C20 预制混凝土网格梁尺寸为 250mm×400mm（宽×高）、菱形布置、间排距 3.0m。预制网格梁构件长 2500mm，两端钢筋外露 350mm，节点现浇时焊接。预制梁两端各设一吊钩，吊点与端部距离 0.8m，$\phi8$ 圆钢埋入混凝土梁内 240mm，并与预制梁钢筋焊接。网格梁支护和绿化工作随坝体填筑高度的升高同时进行，节点混凝土待沉降稳定后浇筑。图 13-14 所示为某工程面板堆石坝下游坝坡设置的混凝土网格梁植草护坡。

2. 混凝土格式新型护坡

混凝土格式新型护坡由厂家定型生产的混凝土框格组装形成骨架，框格内回填种植土，并植草绿化的新型护坡形式。混凝土框格由工厂预制生产，质量较好，同时箱体间的柔性连接，不会整体失稳。框格采用金属螺栓连接、卡件固定的安装方式，方便快捷；全天候施工，施工不受季节影响。框格内可种植花草，使坡面和稳定性进一步提高，并且起到美化环境的作用。图 13-15 所示为混凝土格式新型护坡及预制框格。

3. 格宾垫护坡

由于本工程大坝为面板堆石坝，下游坝坡为堆石料经碾压形成的稳定边坡，坡比1:1.4。选用格宾垫对坡面进行保护，可以对外观美化起到一定作用。格宾垫是将低碳钢丝经机器编制而成的双绞合六边形金属网格组合的工程构件。填充物采用卵石、片石或块石，格宾垫填石粒径100~250mm 为宜，空隙率不超过 30%，要求石料质地坚硬，遇水不易崩解和水解，抗风化。格宾垫构件各部件如图 13-16 所示。

图 13-14　混凝土网格梁植草护坡

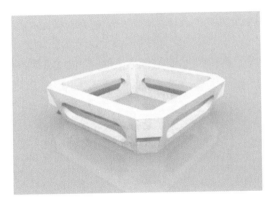

图 13-15　混凝土格式新型护坡及预制框格

格宾垫具有如下特点：

（1）天然透水性。格宾垫护坡可以迅速降低坝体内由于降雨等原因导致的过高地下水位，消散孔隙水压力，提高坝坡稳定性；同时可以加强水体交换能力，促进植被生长和生态系统的恢复。

（2）生态环保性。整体结构没有采用任何污染性材料，结构主材料石材为自然界中寻找，附加的限制性材料钢丝网对于自然也没有任何污染。天然材料可以为植物提供生存空间，维持生态系统的平衡，建设生态水利工程。

（3）柔性结构设计。特有的柔性结

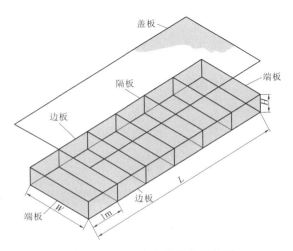

图 13-16　格宾垫构件各部件图

构设计及高伸张率的低碳钢丝使得格宾垫具有很强的柔韧性及变形能力，尤其能够适应基础的不均匀沉降引起的变形。

（4）施工便捷，效率高。格宾垫可按设计图，工厂化生产制作出半成品，施工现场按施工图进行组装定型。操作简便、工序少、无需特殊的技术工人、受气候干扰小，整体施工效率颇高且效果易于保证。在有机械进行配合的时候，更加能够加快施工进度，可以大大减少施工周期。

13.4.2.2 护坡形式比选

虽然通过采取工程措施，三种护坡形式均可以用于本工程大坝下游坝坡的防护，但其各有优缺点。

（1）混凝土网格梁植草护坡采用预制混凝土梁吊装拼接形成框格，坡面稳定后节点浇筑混凝土形成整体框架，内部填土植草对坡面进行绿化。该种形式护坡的关键是预制混凝土杆件吊装拼接，由于重量相对较大，吊装施工需要与坝体填筑上升基本同步进行，施工会有一定的干扰；各框格之间节点采用现浇混凝土浇筑固定，适应坝体沉降变形能力相对较差。

（2）格宾垫护坡，在本大坝坡面上需要设置拉结筋，拉结筋分层设置必须跟大坝填筑施工同步，同时需在格宾笼内装入填充石，施工工艺复杂，且施工干扰大，不利于大坝填筑快速施工；格宾垫护坡绿化效果难以达到。

（3）混凝土格式新型护坡采用厂家预制框格拼接形成骨架，内部填土植草对坡面进行绿化。该种形式护坡的关键也是预制框架吊装拼接。由于单个框架采用镂空结构，重量小，吊装施工方便，可以待大坝填筑完成后在下游坝坡之字路上吊装，与大坝填筑互不影响；各框格之间节点螺杆固定，可以较好地适应坝体沉降变形。

经过经济分析，三种护坡形式单位造价由高到低依次为格宾垫护坡、混凝土格式新型护坡、混凝土网格梁植草护坡，后两种护坡造价比较接近。

综合考虑景观、稳定性、施工难度、施工工期和工程造价等因素，确定本工程面板堆石坝下游坝坡采用混凝土格式新型护坡。

13.4.3 新型格式护坡主要设计参数

大坝下游坝坡高程 240.00m 以下采用干砌石护坡，水平宽度 3m，坝面 1m，宽采用人工干砌，内侧 2m 范围机械堆码。

高程 240.00m 以上采用混凝土格式新型护坡，混凝土格式新型护坡混凝土框格采用预制轻型构件，格式护坡框格尺寸 1.08m×1.08m×0.3m（长×宽×高），框格内培填种植土、撒播高羊茅草籽配以适合本地生长的灌木进行绿化，种植土厚度 25cm。框格安装前坡面需整平并铺设土工布（300g/m²）。坡面局部边角、顶（底）缘采用 M10 浆砌石护坡，浆砌石护坡厚度 40cm，坡面底部设置 M10 浆砌石基座，基座宽 105cm、厚 60cm，浆砌石护坡及基座每 5～8m 留一施工缝，缝宽 2cm，缝间勾嵌强度等级 M10 砂浆。

预制框格内回填种植土之前，在整个下游坝坡内埋设喷灌管网，为后期坡面植物提供水源。

13.4.4　实施情况及效果分析

截至目前，大坝下游护坡工程已完成预制框格安装、种植土培填及绿化。框格为整体结构，先在预制场预制好，然后运输至碾压工作面、机械吊装至坝面，再辅以人工就位、节点螺杆连接，吊装就位固定方便，施工简便、速度快。预制框格采用机械吊装对大坝填筑的施工干扰小，就位及固定所需人工较少，安全性高。

混凝土格式新型护坡相比砌石坡面，具备良好的绿化环境，可种植草皮和灌木，美观环保。框格侧壁镂空，随着植被的生长，坡面整体性不断增强。

13.5　大坝填筑压实系统

13.5.1　常规填筑质量检测方法

混凝土面板堆石坝施工规范要求加强施工过程控制，对于坝体压实质量采用碾压参数和干密度同时控制，目前对碾压施工参数的控制，只能依靠机手的主观判断和经验来实现，监理旁站只能靠眼睛和记忆来监管，业主和其他监管单位无法做到压实质量实时控制。且土工检测只是以点代面进行坑检，无法反映整个作业面压实质量。压实密度通常采用土工检测为主。推荐的填筑施工质量检测方法是挖坑灌水（砂）法，该检测方法存在缺点如下：

（1）由于大坝碾压一般采用进退错距法和条带搭接法，通过人工放线、肉眼观察的方法来控制碾压遍数和界定碾压区域，单纯依赖机手的操作水平和工作态度，难以完全控制振动碾的走向，容易造成欠压、漏压和超压频繁发生的现象，挖坑检测法难以控制。

（2）现行规程规范规定用原位试验检测压实密度，存在数据精度有限、人为因素难以排除和以点代面的问题，难以全面、真实地反映大坝的整体压实情况和压实均匀性。

（3）由于坑检法为事后检测评定施工质量的方法，检测时间滞后，大坝填筑质量问题难以做到及时发现、及时处理，事后返工既影响施工进度，又加大施工成本。

（4）坑检法检测样本有限，填筑质量问题常常无据可查。

（5）大部分施工单元的填筑参数数据无法追溯。

常规检测手段和标准在水利工程中的应用已经较为成熟，而如何采用新技术进行堆石坝碾压施工实时引导、过程控制以及实现事后有据可查，是控制压实质量的关键，也是目前急需引入的施工过程控制手段。为有效解决坑检法带来的上述问题，加强坝体填筑碾压质量，业主决定在涔天河大坝填筑碾压过程中引进智能压实过程控制系统（简称"压实系统"），通过压实度值（CMV 值）和直观显示的碾压遍数，有效避免出现漏压、欠压现象，可以适当减少检测频次，加快工程进度。

13.5.2　新型压实系统硬件组成

压实系统硬件由两部分组成：GPS 基准站、振动碾车载部分。

1. GPS 基准站

GPS 基准站安装在生活营区房顶，采用 UPS 供电方式，实现无人值守全天候连续运行。天线周围非常开阔，符合架设 GPS 基准站条件。如图 13-17 所示为 GPS 基准站现场安置示意图。

2. 振动碾车载部分

振动碾车载部分主要由四部分组成：GPS 接收机、车载电台、压实传感器、控制箱。图 13-18 所示为振动碾车载部分组成示意图。图 13-19 为压实传感器。

图 13-17 GPS 基准站现场安置示意图

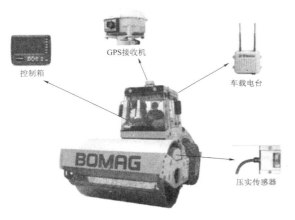

图 13-18 振动碾车载部分组成示意图

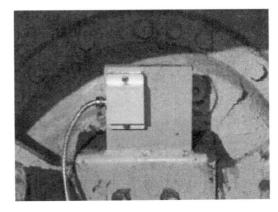

图 13-19 压实传感器

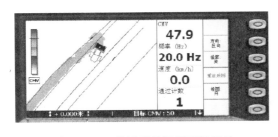

图 13-20 碾压质量视图面板显示

安装在驾驶室的控制箱实时处理获取的 GPS 三维位置坐标和压实传感器实时监测到的 CMV 值，记录并以图形、数值等方式实时显示碾压区域的 CMV 值（压实度值）、碾压遍数、填筑厚度、行进速度、振动幅度等信息。引导机手进行碾压作业，为现场管理人员提供可视化的碾压质量视图，其面板显示如图 13-20 所示。

13.5.3 压实系统工作原理

1. GPS 基准站

压实系统采用最先进的高精度 GNSS 实时差分定位技术（RTK 定位），架设在控制点上的 GPS 基准站和无线电发射器，实时向安装在振动碾顶部的 GPS 接收机和无线电接收器发送差分信号，振动碾接收 GPS 卫星信号和基站发送的差分信号进行实时厘米级定位。

压实系统信息交互示意图如图 13 - 21 所示。

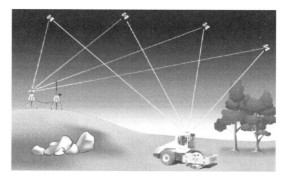

图 13 - 21　压实系统信息交互示意图

2. 压实传感器

压实传感器 CM310 能够实时测量并记录振动轮的激振力。在碾压过程中振动轮同时受到来自机械本身的激振力和作业面的抵抗力（反力）作用，二者的共同作用引起振动轮的振动响应，基于这种振动响应建立相应的评定和控制体系，实现碾压过程中的实时监测和反馈控制。而 CMV 值就是振动压实值，即系统所建立的反映作业面压实状态的指标，计算过程由传感器内置的微处理器完成的。

安装在压路机钢轮上的压实传感器 CM310，通过内置的微处理器实时计算钢轮的振动压实值，即 CMV 值，反映碾压区域的压实度。图 13 - 22 为压实传感器工作原理示意图。

图 13 - 22　压实传感器工作原理示意图

3. 压实系统数据流

压实系统采用 GPS 实时动态定位控制技术和压实传感器监测技术，以及 CAN 总线技术。GPS 接收机接收卫星信号与车载电台接收基准站发送的差分信号进行实时厘米级定位。压实传感器实时监测 CMV 值、振动频率、振动幅度信号。这两组信号通过 CAN 总线传输到控制箱，控制箱实时记录并处理这些信息，以图形、数值等方式实时显示碾压区域的 CMV 值（压实度值）、碾压遍数、填筑厚度、行进速度、振动幅度等信息，引导机手进行可视化的碾压作业。碾压原始数据也能够保存下来，从而达到碾压过程控制和数据可追溯的目的。

13.5.4　压实系统现场应用

连续压实控制工艺流程图如图 13 - 23 所示。按照坝体碾压参数要求将目标碾压遍数、目标 CMV 值、目标镇筑厚度等参数设置到控制箱中。机手按照控制箱各碾压参数的提示以及碾压遍数视图和 CMV 值视图进行碾压施工作业，当碾压参数达到设定值即为碾压完成。

碾压设备完成区域碾压作业，现场施工管理人员及时到压实系统的控制器查看碾压遍

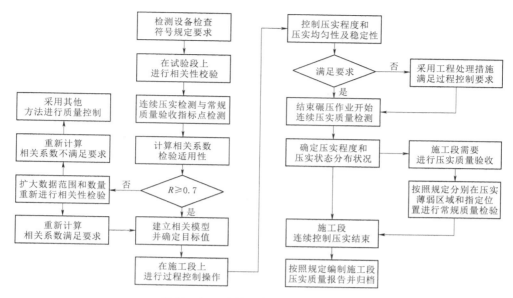

图 13-23　连续压实控制工艺流程图

数视图、CMV 值视图是否符合施工工艺要求，如果碾压遍数和 CMV 值不满足施工工艺要求，及时到漏压区域和 CMV 值薄弱区域进行补压，直至碾压区域满足施工工艺要求，及时填写压实系统碾压参数记录表报经现场监理检查签字确认。

现场查看碾压遍数视图，坝体主堆石区目标碾压遍数 8 遍，碾压遍数区间图例如下：第一遍、第二遍用浅黄和深黄表示，第三遍、第四遍用浅红和深红表示，第五遍、第六遍用浅蓝和深蓝表示，第七遍用湖蓝表示，第八遍用绿色表示，大于八遍用紫色和灰色表示。碾压区域 80% 以上变成绿色代表碾压遍数合格。

现场查看 CMV 值视图，大坝主堆石区目标 CMV 值 80，目标范围是 80%～130%，则目标 CMV 值范围是 64～104。CMV 值区间图例如下：CMV 值小于 64 分别用黄色、红色、蓝色表示，CMV 值在 64～104 区间用绿色表示，CMV 值大于 104 用灰色表示。根据碾压区域颜色有针对性的查找碾压薄弱区域，为常规检测提供精确可视化参考。

1. 碾压遍数视图

从压实系统数据存储卡拷贝的当天压实数据经后处理软件 SVO 处理，在软件 SVO 中将视图显示选择为"通过计数"，主视图各种颜色显示为作业面不同碾压遍数。如经处理得到图 13-24。

按照大坝碾压施工工艺要求，堆石区碾压遍数必须达到 8 遍以上，因此，分析作业面碾压遍数是否达到要求，只要碾压 8 遍以上的比例达到 80% 以上就算做合格（此比例已经考虑到作业面边缘和搭接部分）。

碾压遍数统计应为 8 遍（80%）以上，压实区域无漏压。如上图划分为 A、B、C 三个单元工程，B 为合格，A、C 为不合格。A 有碾压薄弱区域和未碾压区域，C 有大面积未碾压区域和碾压遍数不足的区域，A、C 只有经补压达到无漏压和满足碾压遍数要求方能确定为合格。

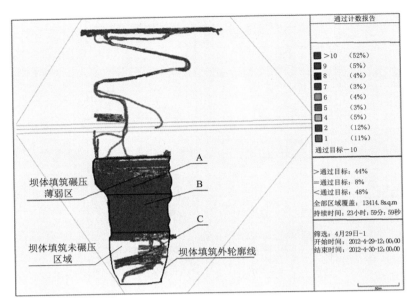

图 13-24　碾压遍数视图

2. 压实度视图

将视图显示选择为"CMV"，主视图各种颜色显示为作业面不同压实度（图 13-25）。

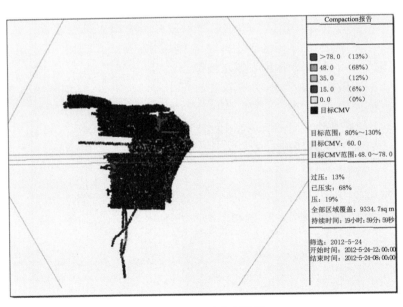

图 13-25　压实度视图

其中，首先要设定一个目标 CMV 值，然后再按照相对目标 CMV 值的比例设置其他颜色。如目标 CMV 值设定为 60（此值为根据施工现场经验取得的）。设定目标值的 80%～130% 为压实度合格区段。

　　压实度 CMV 值是一个相对值，其受很多因素（如：填料粒径、含水量、填料厚度、行驶速度、压路机吨位等）的影响，每一个因素发生变化都会使 CMV 值有变化，因此，目标 CMV 值的确定需要根据大量的生产经验获得。但是，由于整个作业面的 CMV 值都被记录下来，所以，可以利用压实度视图找出压实度相对较薄弱的区域，作为检测试验取点区域，假设在这些区域检测试验为合格，那么可以相信在 CMV 值较高的区域，压实度也合格。

　　3. 高程视图

　　将视图显示选择为"高程"，主视图各种颜色显示为作业面不同高程（图 13 - 26）。

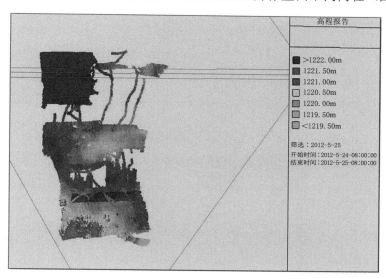

图 13 - 26　高程视图

　　其中，每个高程数值所用的颜色可自行设置。上图设置了 5 种色差，每种色差高程差为 0.5m，可以看到当前填层的高程以及次堆石区和主堆石区高程差别。

　　对坝体填筑单元工程应是同一个颜色，若上图大面积蓝色区域为一个单元工程，即可认定为合格。

　　4. 厚度查看

　　填筑厚度通过断面视图和详细数据阅读器视图进行查看。几层的数据累积到一起后，用造型线截出一个截面（图 13 - 27），可以看到分层填筑的厚度一致性、均匀性及平整度等。

　　在造型视图中，选中某一点，点击右键查看"详细数据阅读器"，就可以查看该点分层填筑的厚度。填筑厚度合格的判断依据严格按照施工工艺要求。建议此处考虑振动压路机因振动和大颗粒填料造成的高程误差。

　　5. 制作报告

　　将以上视图信息详实地反应到压实数据报告中，并进行必要的说明，附上报告模版完成一个大坝填筑单元工程的数据报告。

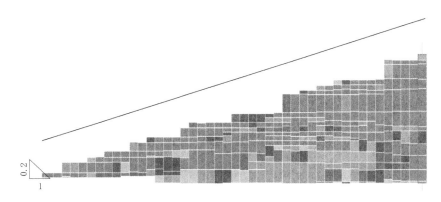

图 13-27 填筑厚度断面视图

13.5.5 压实系统实际应用效果

1. 提高大坝质量

传统碾压施工方法控制与使用智能压实过程控制系统对比见表 13-3。

表 13-3   传统碾压施工方法控制与使用智能压实过程控制系统对比表

项 目	传统碾压施工方法	使用智能压实过程控制系统
质量控制	事后控制	实时过程控制和记录数据
碾压厚度	无法记录起始桩号，不能真实记录每一层碾压的厚度	可以记录起始桩号，真实记录每一层碾压的厚度
碾压次数记录	过程碾压无记录证明	过程碾压次数实时以颜色显示在屏幕上并进行记录，满足工艺要求，质量得到保证
实时密实度显示	无法显示和记录当前点的密实度数据	可显示当前点的压实程度信息，现场及时找到不符合要求的区域
检测方法及效果	以点代面，无法反映整个作业的压实质量	CMV 值实时反映整个作业面的整体压实质量

2. 加快施工进度

（1）减少重复检测时间，加快检测效率。通过设定 CMV 值，操作手能够直接从驾驶室里的屏幕上实时获得当前振动碾所处碾压段落的压实程度、碾压遍数等信息，与常规只采用压实遍数进行控制相比较，可减少重复检测时间，缩短施工周期，加快大坝施工进度。

（2）有针对性指导操作手操作，提高机械工作效率。智能压实过程控制系统的显示屏幕可以直观的给操作手提供压实的参考线，在压实过程中能够直观反映出当前填筑层的压实程度，在合适的时间进行检测，优化了碾压遍数，防止欠压、过压及漏压，尤其在夜间施工，为操作手提供便利，提高施工质量，节约了碾压工序时间。

3. 降低施工成本

（1）减少重复检测时间，节约检测人员成本。根据智能压实过程控制系统 CMV 值的控制原理，当安装智能压实过程控制系统的振动碾 CMV 值达到目标值时，即可进行试验检测工作，上述过程能够保证坝体填筑各项检测指标符合规范要求。与以往只通过压实遍数进行控制的施工方法相比较，能够减少重复检测所需资源，缩短施工周期，加快施工进度。

（2）提高机械工作效率，节约操作人员成本

智能压实过程控制系统的显示屏幕可以直观的给操作手提供压实的参考线，在压实过程中在直观反映出当前填筑层的压实程度，在合适的时间进行检测，优化了碾压遍数，防止过压、漏压及欠压。

（3）缩短路基施工周期，节约管理人员成本

采用智能压实过程控制系统进行路基填筑碾压，能够及时全面地反映路基压实情况，节约了检测时间，提高了机械工作效率，缩短路基施工周期，从而节约了现场管理人员成本。

（4）降低了油耗

采用智能压实过程控制系统，操作手可以直接从屏幕上知道各填筑层碾压的实际情况，不会出现盲目碾压，避免过压、漏压及欠压现象，这样就能很好地提高了机械工作效率。从而降低压路机械的油耗量。采用数字化施工，每 $900\mathrm{m}^3$ 填筑可以节省约 26L 柴油。

13.5.6 技术应用分析评价

（1）智能压实过程控制系统能实现对碾压施工参数进行实时记录和存储，并通过数据处理软件生成填筑体任一点的压实参数，以图表或数据的形式进行标识，能为大坝碾压施工质量评价提供更加客观真实的依据。

（2）智能压实过程控制系统采集的试验数据与实际检测数据具有良好的相关性和统一性，其精度能满足工程施工质量控制要求，同时对传统施工质量试验检测方法具有很好的指导意义。

（3）智能压实过程控制系统通过控制施工主要参数，从而实现高效经济的施工质量全过程控制，对存在的质量缺陷具有较好的可追溯性，为大坝全过程质量控制提供了全新的技术手段。

（4）智能压实过程控制系统在浐天河水库扩建工程大坝填筑中的应用达到了预期目的，为该质量控制系统在水利水电工程土石坝和碾压混凝土坝填筑中全面推广进行了重要的研究和有益的探索。

（5）随着信息化、数字化和智能化的现代施工技术的发展，智能压实过程控制系统在大坝填筑中取代传统质量检测和控制方法是必然趋势。

13.6 大直径岔管水压试验检测方法

13.6.1 岔管水压试验目的

在浐天河水库扩建工程中，电站引水隧洞后段至机组蝶阀采用了包括 4 个岔管和 2 个

弯管的压力钢管，其中岔管直径为湖南省内最大。为保证施工质量，有必要进行岔管水压试验以达到如下目的：

（1）以超载内压暴露结构缺陷、检验结构整体安全度，为岔管的长期安全运行提供可靠保证。

（2）通过水压试验削减焊接残余应力及不连续部位的峰值应力。

（3）通过水压试验，在缓慢加载条件下，缺陷尖端发生塑性变形，使缺陷尖端钝化，卸载后产生预压应力。在开展岔管水压试验时，提出了一种简便、有效的水压试验检测方法。

13.6.2　岔管设计参数及状况

2#、3# 岔管均采用不对称 "卜" 形内加强月牙型肋钢岔管，钢岔管分岔角为 60°。其中 2# 岔管主管直径为 $D=7.1m$，支管直径为 $D_1=5.8m$、$D_2=4.1m$，公切球半径为 4211.4mm，直径是主管管径的 1.186 倍；3# 岔管主管直径为 $D=5.8m$，支管直径为 $D_1=4.1m$，$D_2=4.1m$，$D_1>D_2$，公切球半径为 3634.4mm，直径是主管管径的 1.253 倍。2# 岔管管壳厚度 48mm，肋板厚度 100mm；3# 岔管管壳厚度 48mm，肋板厚度 96mm。设计内水压力 1.402MPa，最大试验压力（设计压力的 1.25 倍）1.76MPa。岔管由 WDB620 高强度钢组成。

13.6.3　岔管试验状态

采用两个岔管联合水压试验方式，试验时，2# 岔管与 3# 岔管通过直管段相连，闷头分别与主管、支管对接，形成密闭容器。整个岔管水平卧放于数个支架上，岔管底点离地 500mm，支架与地面埋件相连，有足够的刚性。岔管水压试验现场如图 13-28 所示。按规范要求试验在环境温度在不低于 10℃ 时，水温不低于 5℃ 的条件下进行。

根据试验要求，本次水压试验最高压力为 1.76MPa，压力等级为 0.2MPa、0.4MPa、0.6MPa、0.8MPa、1.05MPa、1.402MPa、1.76MPa，水压试验流程如图 13-29 所示。

（a）岔管放置状态　　　　　　　　　　　　（b）水压试验加压系统

图 13-28 （一）　岔管水压试验现场

（c）水压试验测试系统

图 13-28（二） 岔管水压试验现场

图 13-29 水压试验流程图

13.6.4　测试过程

1. 岔管位移变形监测

（1）测试设备：LH-08 位移传感器和 5G103 位移传感器。

（2）测试方法：用位移传感器测量各个压力等级下岔管各测点的位移。

（3）测点布置：在 2# 和 3# 岔管的顶、底、腰及月牙肋腰等部位布置位移传感器，如图 13-30 所示。

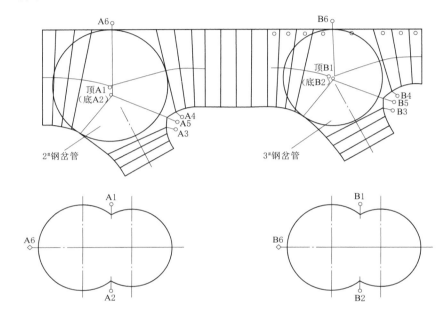

图 13-30　位移传感器布置图

2. 岔管体积变形监测

（1）测试设备：电子秤。

（2）测试方法：用电子秤计量各个压力等级下进水量，然后按 1000kg/m^3 换算成体积。

（3）测试目的：用进水量来测量岔管群内部体积变化规律。

13.6.5　检测结果分析

（1）水压试验岔管位移变形分析。水压试验过程中，在各个压力等级下，测试部位位移与压力等级呈线性关系，2# 岔管管外底部 A2 位移与压力等级线性关系如图 13-31所示。

（2）水压试验岔管体积变形分析。水压试验过程中，在各个压力等级下，进水量与压力等级成良好的线形关系。水压试验进水量与压力等级关系如图 13-32 所示。

（3）水压试验过程中，岔管本体未发生异响及异常变形，未发生渗水和渗漏情况，从位移检测及进水量检测结果来看，各测点的位移量及岔管整体变形量均与试验压力近似成

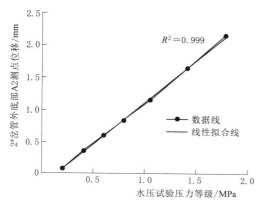
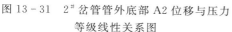

图 13-31 2#岔管管外底部 A2 位移与压力
等级线性关系图

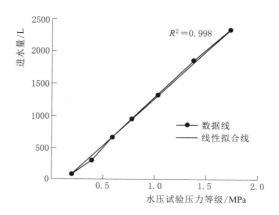

图 13-32 水压试验进水量与压力等级关系图

线性关系，说明钢岔管主体结构在水压试验时在弹性变形范围内，故钢岔管能满足工程运行安全要求。

13.6.6 岔管水压试验评价分析

水压试验过程中，岔管本体未发生渗漏和焊缝开裂情况，说明岔管的制作质量经受了实践检验；岔管的位移变形较小，说明岔管的刚度较好；在各个压力等级下，进水量与压力等级成良好的线形关系。

本次水压试验采用位移检测及进水量检测来验证岔管安全性，从结果上来看是成功的。水库枢纽电站自 2018 年运行以来，从原型观测数据来看，钢岔管运行正常。本次水压试验的检测方法具有操作简单，费用低，耗时短的优点，值得推广。

13.7 叠梁门型式分层取水技术

13.7.1 分层取水

电站引水发电进口需采取表层取水设施，使发电引水尽量取水库表层水，减缓低温水下泄对下游环境的影响。然而，浐天河水库扩建工程正常蓄水位 313.00m，发电引水隧洞进口高程 256.50m，设计最大取水深度接近 60m。根据对国内多年服役的大中型水库水温的实际观测及相关研究发现，水库垂向水温基本呈分层分布，库表水温高，库底水温低。一般的深式取水口下泄的水温可能对下游生态环境造成不利甚至有害的影响，统计资料表明，通过设置分层取水设施，控制取水区域，能够有效地解决下泄低温水问题。

13.7.2 水库水温估算

13.7.2.1 水库水温结构判别

根据《水电站分层取水进水口设计规范》有关规定，采用参数 $\alpha-\beta$ 判别法对水库水

温结构进行判别，判别式为

$$\alpha = \frac{\text{多年平均年径流量}}{\text{水库总库容}} \qquad (13-1)$$

当 $\alpha \leqslant 10$ 时，水库水温为稳定分层型；当 $10 < \alpha < 20$ 时，水库水温为不稳定分层型；当 $\alpha \geqslant 20$ 时，水库水温为混合型。

在扩建后的涔天河水库，多年平均流量 $84.8\text{m}^3/\text{s}$，水库总库容 15.1 亿 m^3，由式（13-1）计算，该水库水温为稳定分层型。

13.7.2.2　水库水温

根据涔天河水库表面水温统计资料，计算各月不同水深的水温，作为取水口分层设计及闸门调度的依据。

1. 水库水温计算公式

$$T_y = (T_0 - T_b)\mathrm{e}^{-(y/x)^n} + T_b \qquad (13-2)$$

$$n = \frac{15}{m^2} + \frac{m^2}{35}, \quad x = \frac{40}{m} + \frac{m^2}{2.37(1+0.1m)}$$

$$T_b = T_b' - K'N \qquad (13-3)$$

式中　T_y——水深 y 处的月平均水温，℃；

$\quad\quad T_0$——水库表面月平均水温，℃；

$\quad\quad y$——水深，m；

$\quad\quad m$——月份，$m = 1, 2, \cdots, 12$；

$\quad\quad T_b$——水库底部月平均水温，℃。

对于分层型水库个月库底水温与其年平均差值差别很小可用年平均值代替；对于过渡型和混合型水库，各月库底水温可用式（13-3）计算。T_b'、K' 可按《水利水电工程进水口设计规范》（SL 285—2020）查得。

2. 水库水温计算结果

扩建后涔天河水库水温计算结果见表 13-4。

表 13-4　　　　　　　　　　扩建后涔天河水库水温计算结果表

月份	1			2			3			4		
表面水温/℃	9.62			11.8			15.8			20.3		
计算水深/m	20	40	60	20	40	60	20	40	60	20	40	60
计算水温/℃	9.6	10.9	11.8	11.8	11.8	11.8	15.8	11.8	11.8	18.8	13.7	11.6
温差/℃	0.0	1.3	2.2	0.0	0.0	0.0	0.0	−4.0	−4.0	−1.5	−6.6	−8.7
月份	5			6			7			8		
表面水温/℃	24.1			27.2			28.8			27.5		
计算水深/m	20	40	60	20	40	60	20	40	60	20	40	60
计算水温/℃	19.7	13.9	11.6	25.5	19.3	11.9	24.9	19.2	11.9	24.9	19.2	11.9
温差/℃	−4.4	−10.2	−12.5	−1.7	−7.9	−15.3	−3.9	9.7	−16.9	−2.6	−8.4	−15.6

月份	9			10			11			12		
表面水温/℃	23.9			19			13.9			15.3		
计算水深/m	20	40	60	20	40	60	20	40	60	20	40	60
计算水温/℃	25.2	19.3	12.6	20.1	17.3	12.6	16.0	17.8	13.1	15.3	15.5	15.5
温差/℃	1.3	−4.6	−11.3	1.1	−1.7	−6.4	2.1	3.9	−0.8	0.0	0.2	0.2

计算结果表明，扩建后浐天河水库水温随深度变化。在 4—10 月，库水温随着水深的加大，温度呈明显下降趋势，其中以 7 月变化最明显，60m 深度处较水库表面温度下降 16.9℃，20m 深度处水温也降低了 3.9℃。因此，低温水对环境影响不可忽视。

13.7.3　表层取水口选型

浐天河水库扩建工程电站机组设计满发引用流量 290.0m³/s，发电尾水直接进入下游河道。发电分层取水口的选型应确保其布置与枢纽工程其他建筑物相协调，结构形式满足地形地质要求；保证水力条件优越、流态平顺、水头损失小；同时应操作控制灵活、运行方便，具备良好的检修条件。根据本工程地形地质条件及引水规模，类比相关工程，发电引水进口采用叠梁门型式分层取水。

13.7.4　分层取水口布置

1. 进水口高程确定

当水库出现发电最低运行水位（发电死水位）270.00m 时，保证不进入空气和不产生漏斗状的吸气漩涡，则进水口顶部须有最小淹没深度为

$$h > h_{kp} = cva^{1/2} \tag{13-4}$$

式中　h——门顶淹没深度，m；

$\quad\quad a$——孔口高度，m；

$\quad\quad v$——闸门断面流速，m/s；

$\quad\quad c$——经验系数，取 $c=0.55$。

当发电机单台机运行时 $v_1 = 0.93$m/s，当发电机四台同时运转时 $v_2 = 3.73$m/s，则 $h_{kp1} = 1.4$m，$h_{kp2} = 5.4$m。

水库设计淤砂高程 225.00m，发电最低运行水位（发电死水位）270.00m，隧洞进口闸室高度 8.0m，要求进水口底板高程 225.00m$\leqslant H \leqslant 270-5.4-8=256.60$m，根据进口段地形地质情况，为节约金结工程量，并考虑到淹没深度的要求，取进水口底板高程 256.50m。

2. 表层取水口结构布置

根据本工程地形地质条件、枢纽各建筑物布置及《水电站分层取水进水口设计规范》（NB/T 35053—2015）相关规定，发电引水洞取水口布置于原大坝右坝端与 1# 泄洪洞进口之间，叠梁门分层取水口为岸塔式结构，进口底板高程 256.50m，顶高程

324.00m，有交通道路连接坝顶。

分层取水口前缘总宽度 27m，净宽 16m，平面上用闸墩分为 4 孔，每孔净宽 4m，边闸墩厚 2.5m，中闸墩厚 2m。分层取水口上下游全长 12m，自上游而下依次设置拦污栅、分层取水叠梁门、闸门存放槽，取水口末端接喇叭进水口。

根据拦污栅过栅流速要求及尽量减少水头损失的原则，类比相关工程，确定本分层取水口叠梁门设置及调度方案。本取水口立面上共分 4 层，层高 8m，从下至上，各层闸门顶高程分别为 264.50m、272.50m、280.50m、288.50m，从正常蓄水位 313.00m 开始，库水位每下降 8m，开启一层叠梁门，当电站引用设计满发流量时，取水口流速 0.76～1.13m/s。

3. 进口段结构布置

进口段由表层取水进口、喇叭口、隧洞连接段、事故闸门井及渐变段等组成，全长 60.26m。

表层取水进口段布置拦污栅、叠梁门、闸门存放槽及移动式门机，顺水流方向长度 12m。叠梁门上游设置拦污栅，拦污栅沿进水口上游面垂直布置，单孔平面净宽 4m，共分 4 孔，栅顶高程 321。拦污栅和叠梁门共用移动式门机启闭。

喇叭口段全长 12m，底板高程 256.50m，顶部高程 270.00m，部分位于洞内。平面尺寸由 22m 渐变为 12m，两端圆弧连接；立面尺寸由 13.5m 渐变为 8m，顶板椭圆曲线为 $x^2/12^2 + y^2/5.5^2 = 1$。钢筋混凝土衬砌厚度 1～1.5m。

隧洞连接段长 8.26m，连接喇叭口末端和闸门井段，截面尺寸 12m×8m，后段内设中隔墩，中墩厚度 2m。钢筋混凝土衬砌厚度 1～1.5m。

闸门竖井段长 13m，底板高程 256.50m。为了减小闸门金结工程量，事故检修门分 2 扇，孔口尺寸（2～5）×8m，中墩厚度 2m。闸门后设通气孔，面积 4.0m²。闸门竖井顶部设置检修平台和启闭台，平台高程分别为 313.50m 和 327.50m，工作桥与启闭台和检修平台之间有楼梯连通。

渐变段长 15m，为方变圆渐变，中心线高程 260.50m，起点截面尺寸 12m×8m，末端截面尺寸 ϕ9.5m。钢筋混凝土衬砌厚度 1.0m。

13.7.5　技术应用评价

在涔天河水库扩建工程发电取水口利用叠梁门实现分层取水的设计具有下列明显的优势：

（1）利用叠梁门实现分层取水与达到同样目的的其他分层取水方式相比，大幅度降低了工程量和工程投资。

（2）该技术适用于水利水电工程的各种分层取水建筑物，降低了工程对场地的要求。而且该技术具有布置简单、运行灵活方便、可靠性好且投资省、对枢纽布置影响小、对电站动能指标影响小等优点。

根据工程需求，取用水库不同层水体，减轻了下泄低温水对下游河段环境的负面影响，该项技术实际应用可为同等类型工程提供参考。

13.8 发电洞超大直径超厚板钢衬组圆机新技术

13.8.1 钢管自动化组圆技术应用缘由

涔天河水库扩建工程发电引水隧洞洞内钢衬最大直径为 9.5m，最大壁厚达 44mm，直径大，管壁厚，单个管节重，运输难度大。钢管在工厂下料卷板后，只能在现场进行竖直方向拼接组圆，无法采用自动焊技术，而现场焊接工作量大，焊缝质量难以控制，管节组圆后还需龙门吊进行起吊，翻身，安全风险大；同时，由于工程施工场地狭窄，工期紧，在项目前期的实施过程中，引水隧洞因工程地质等多方面的原因，工期有所延误。如按原方案现场建钢管组圆厂，厂内拼装焊接、运输、安装，工期不能满足要求。为此，经多方协商，决定引进成都阿朗科技有限责任公司（下称"阿朗公司"）钢管自动化组圆技术进行施工。

13.8.2 自动化组圆技术优势

钢管自动化组圆技术将组圆、测量、焊接、加劲环装配、加劲环焊接等全集中在一台设备上，拼圆后可在组圆机上绕钢管水平中心线旋转，不必翻身，纵缝及大部分环缝均可使焊接位置处于水平位置，采用自动埋弧焊机施焊，焊接质量好，速度快，减少了大量人力投入。具体优势如下：

1. 施工安全

（1）交通道路优化，减少了开挖，工程系统安全性提高。

（2）传统方式需要对钢管整节进行二次转运，在钢管进洞前的洞口等多个部位均需起吊、翻身，风险较大，也易刮擦，造成钢管管壁本体及防腐层损伤；自动组焊后直接放置在小车上，专用小车自动运输，取消了管节的二次倒运，从而能有效地避免二次倒运过程中存在的风险和损害。

2. 提高了质量

采用自动焊接技术，纵缝及大部分环缝均采用埋弧焊，焊接位置为水平位置，焊接稳定，一次成型好，极大的提高焊接质量。经检验，本次自动化批量制造钢管的一次探伤合格率达到了 99.7%。同时，瓦片在厂内制作涂漆后，通过卡车直接运至安装位置，再用汽车吊吊到组圆机上，组圆后用转运小车直接移至安装位置，有效减少了钢管内外表面污染的可能性，提高了安装质量。

3. 缩短了工期

钢管自动化组焊新技术工艺的单节管节直线工期工序：瓦片吊运，自动组圆，纵缝自动焊接（含加劲环缝焊接），管片下台车，管片自动转运至钢管安装位，工期为 2d/节；钢管环缝焊接时间（1.5d）不占用直线工期；

双节钢管制作，在两个单节完成后，在洞口焊接位进行环缝焊接，也不占用直线工期；两个单管节焊节为一个钢管单元后整体自动运输进洞。

由于钢管组焊专机的自动化，使钢管纵缝、环缝自动焊接技术应用条件成熟。同时自动组焊技术是流水线作业，后续的管节间环缝焊接节及安装调试和焊接均同时开展，不占用直线工期，作业进度大大加快，作业时间比传统方式提升 1/3。

4. 减少了场地占用

自动组焊技术可减少了钢管组圆及堆放场地，只需考虑厂内运送瓦片卡车停放地，大大减少了钢管安装施工占地。

5. 经济性强

（1）减少钢管现场拼圆占地尺寸，同时多节管可在洞外环缝拼接，减少了洞内环缝焊接量，占用空间要求减小，降低洞室开挖工程量。

（2）减少钢管加工厂建安费和场地费用。

（3）减少龙门吊等设备的投入。

（4）组圆机可在各工程项目工地重复利用，减少了材料及设备的浪费。

13.8.3 施工实施过程

自动化组焊主机布置在引水隧洞下游出口与 1# 岔管之间，从自动化组焊主机至洞内预先安装好小车轨道，瓦片运输到厂房上游侧，通过移动式汽车吊，直接从车上将瓦片吊入自动组焊机工位组圆，组圆后通过转运小车送至安装位置，与洞内钢管进行环缝对接。

自动化组圆机采取的是瓦片运输-车上吊装-组圆机瓦片组圆-自动焊接主管-自动焊接加劲环的一条龙式流水线作业，完全取消了现场钢管制造厂和堆放场（所有瓦片均在安装单位制造厂进行卷制，然后运至工地），有效缩短钢管组装配和组焊时间，缩短钢管现场焊接安装施工工期，将原来的 3d/节的产能提高到 1～2d/节，节约人力资源 50% 以上，减少起重设备 80%。工程引水隧洞采用钢管自动化组焊技术焊接，自 2016 年 3 月开始组圆，2016 年 10 月已全部安装完成，完全达到了预期效果，各项焊接性能优于传统人工焊接质量，确保了工程建设质量和进度要求。

13.8.4 技术应用评价

涔天河水库扩建工程发电洞超大直径超厚钢衬采用组圆新技术安装，在施工安全、环保和质量等方面提高了工程管理水平，于 2016 年圆满地完成了压力钢管安装工程，经过运行检验，引水隧洞运行正常，完全符合设计要求。

13.9 本 章 小 结

在涔天河水库扩建工程中采用的一些新技术新工艺在实际工程运用过程中达到了工程目的，取得了良好的工程效果。

（1）通过三维激光扫描技术对挤压边墙变形进行监测对比传统的全站仪配合棱镜法，三维激光扫描技术能快速获得更全面、更直观的面板堆石坝挤压边墙表面数据，所得到的监测数据与棱镜实测数据较为接近，实现了以面代替单点的数据提取，使得挤压边墙变形监测工作更全面、更便捷。

（2）在涔天河水库扩建工程实际挡水度汛过程中采用混凝土挤压墙进行防洪度汛，其施工程序简单，施工进度快，使垫层料得到了及时保护，且在挤压边墙表面喷涂沥青以减小挤压边墙与混凝土面板之间的约束。同时设置的反向排水系统有效解决了施工期面板和挤压边墙承受反向水压的问题，可为面板及挤压边墙结构安全提供保障。

（3）在上游体型优化中所采用的减小上游铺盖及盖重体型的设计方案方便了施工、节省了投资并为今后运行检修提供了便利，该设计思路和方案对类似工程具有一定的借鉴意义。

（4）大坝下游护坡采用的新型格式护坡施工简便、速度快。预制框格采用机械吊装对大坝填筑的施工干扰小，就位及固定所需人工较少、安全性高。混凝土格式新型护坡相比砌石坡面，具备良好的绿化环境，可种植草皮和灌木，美观环保。而且框格侧壁镂空，随着植被的生长，坡面整体性可以不断增强。

（5）在大坝填筑压实的过程中采用的智能压实过程控制系统能实现对碾压施工参数进行实时记录和存储，并通过数据处理软件生成填筑体任一点的压实参数，以图表或数据的形式进行标识，为大坝碾压施工质量评价提供更加客观真实的依据。采集的试验数据与实际检测数据具有良好的相关性和统一性，其精度能满足工程施工质量控制要求，同时对传统施工质量试验检测方法具有很好的指导意义。系统能通过控制施工主要参数，实现高效经济的施工质量全过程控制，对存在的质量缺陷具有较好的可追溯性，为大坝全过程质量控制提供了全新的技术手段。

（6）为保证湖南省内最大直径岔管的施工质量，提出了具有针对性的水压试验检测方法。该方法在实际工程运用中操作简单，费用低，耗时短，取得了良好的检测效果，值得推广。

（7）在发电取水口取用不同层水体，采用梁门型式分层取水设计，与其他分层取水方式相比，梁门型式分层取水设计具有布置简单，运行灵活方便，可靠性好，投资省，对枢纽布置影响小，对电站动能指标影响小等优点。

（8）在涔天河发电洞超大直径超厚板钢衬安装中采用了钢管自动化组圆技术将组圆、测量、焊接、加劲环装配、加劲环焊接等集中在一台设备上，拼圆后可在组圆机上绕钢管水平中心线旋转，不必翻身；纵缝及大部分环缝均可使焊接位置处于水平位置，采用自动埋弧焊机施焊，焊接质量好，速度快，减少了大量人力投入，自动组焊后直接放置在专用自动运输车上，取消了管节的二次倒运，与传统施工方式相比提高了施工效率，减小了开挖量，提升了工程系统安全性。

参 考 文 献

［1］ 曹克明，汪易森，徐建军，等．混凝土面板堆石坝［M］．北京：中国水利水电出版社，2008.

［2］ 长江科学院．涔天河水库扩建工程大坝填料土工试验报告［R］．武汉，2013.

［3］ 长江科学院．涔天河水库扩建工程——1#泄洪洞单体模型试验报告［R］．武汉，2013.

［4］ 长江科学院．涔天河水库扩建工程——1#泄洪洞局部体型减压模型试验研究报告［R］．武汉，2013.

［5］ 长江科学院．涔天河水库扩建工程——2#泄洪洞体型布置调研报告［R］．武汉，2013.

［6］ 长江科学院．涔天河水库扩建工程——2#泄洪洞局部体型减压模型试验研究报告［R］．武汉，2013.

［7］ 长江空间信息技术工程有限公司（武汉）．湖南省潇水涔天河水库扩建工程竣工验收安全监测资料分析报告［R］．武汉，2021.

［8］ 陈勋辉，陈义涛，黄耀英，等．边坡稳定性分析的上三种极限平衡法对比研究［J］．人民黄河，2016，38（1）：116－119.

［9］ 陈勋辉．库水荷载对牵引式和推移式滑坡稳定性影响研究［D］．宜昌：三峡大学，2016.

［10］ 陈勋辉，黄耀英，李春光，等．地下水位对雾江滑坡体稳定性的影响［J］．长江科学院院报，2017，34（1）：104－108.

［11］ 陈勋辉，黄耀英，武志刚，等．牵引式滑坡模型的破坏机理及其验证［C］．第26届全国结构工程学术会议论文集（第Ⅱ册），2017：190－195.

［12］ 陈祖煜．土质边坡稳定分析——原理、方法、程序［M］．北京：中国水利水电出版社，2003.

［13］ 程展林，丁红顺．堆石料蠕变特性试验研究［J］．岩土工程学报，2004，26（4）：473－476.

［14］ 陈玺，李守义，孙平，等．考虑压脚措施下滑坡涌浪经验估算法对比研究［J］．水资源与水工学报，2017，28（4）：131－136.

［15］ 邓军，许唯临，雷军，等．高水头岸边泄洪洞水力特性的数值模拟［J］．水利学报，2005，36（10）：1209－1212.

［16］ 丁凤凤，潘少红，焦进勇．大型堆积体滑坡治理施工技术研究［J］．水利规划与设计，2016，10：91－93，124.

［17］ 丁辉．湖南涔天河水库扩建工程对库首雾江古滑坡体影响监测分析［J］．水利水电快报，2019，40（9）：33－36.

［18］ DL/T 5353—2006，水利水电工程边坡设计规范［S］．北京：中国电力出版社，2006.

［19］ 方开泰，马长兴．正交与均匀试验设计［M］．北京：科学出版社，2001.

［20］ 冯夏庭，周辉，李邵军，等．岩石力学与工程综合集成智能反馈分析方法及应用［J］．岩石力学与工程学报，2007，26（9）：1737－1744.

［21］ Fionn Dunne，Nik Petrinic．Introduction to Computational Plasticity［M］．New York：Oxford University Press，2005.

［22］ 高俊，左全裕，黄耀英，等．基于临界压脚体的某滑坡体削坡压脚土方量平衡研究［J］．水力发电，2016，42（7）：36－39.

［23］ 关志诚．高混凝土面板砂砾石（堆石）坝技术创新［J］．水利规划与设计，2017，11：9－14，36.

［24］ 国际大坝委员会．混凝土面板堆石坝设计与施工概念［M］．北京：中国水利水电出版社，2007.

［25］ 郭军，张东，刘之平，等．大型泄洪洞高速水流的研究进展及风险分析［J］．水利学报，2006，37（10）：1193－1198．

［26］ 郭兴文，王德信，蔡新，等．混凝土面板堆石坝流变分析［J］．水利学报，1999，30（11）：42－47．

［27］ 河海大学．涔天河水库扩建工程混凝土面板堆石坝静动力有限元分析［R］．南京，2012．

［28］ 何佳，吴建华，徐建荣，等．"龙落尾"起始段掺气设施空腔回水特性研究［J］．水动力学研究与进展 A 辑，2021，36（5）：743－748．

［29］ 湖南省水利水电勘测设计研究总院．湖南省潇水涔天河水库扩建工程初步设计阶段近坝库区雾江滑坡体专题报告［R］．长沙，2012．

［30］ 湖南省水利水电勘测设计研究总院．湖南省潇水涔天河水库扩建工程初步设计报告［R］．长沙，2012．

［31］ 湖南省水利水电勘测设计规划研究总院有限公司．湖南省潇水涔天河水库扩建工程竣工验收设计工作报告［R］．长沙，2021．

［32］ 黄耀英．高坝与基岩时变效应的正反分析方法及其应用［D］．南京：河海大学，2007．

［33］ 黄耀英，沈振中，包腾飞．稳定渗流作用下圆弧滑动土坡稳定分析的代替法改进［J］．力学与实践，2014，36（3）：285－287，293．

［34］ 黄耀英，沈振中，郑宏，等．关于堆石料三维流变速率的一点注记［J］．岩土力学，2014，35（6）：1569－1571，1592．

［35］ 黄耀英，田斌，沈振中．基于工程类比法的面板堆石坝流变变形反馈［J］．中国科学：技术科学，2015，45（4）：434－442．

［36］ 黄耀英，包腾飞，田斌，等．基于组合指数型流变模型的堆石坝流变分析［J］．岩土力学，2015，36（11）：3217－3222．

［37］ 黄耀英．考虑时变效应的面板堆石坝三维湿化变形研究［J］．力学与实践，2016，38（3）：290－293，268．

［38］ 黄耀英，郑宏．整数及分数阶微积分流变模型研究及应用［M］．北京：中国水利水电出版社，2016．

［39］ 黄耀英，孙冠华，李春光，等．基于实测变形的雾江滑坡体弹—黏塑形参数反馈［J］．岩土力学，2017，38（6）：1739－1745，1780．

［40］ Huang Yaoying，Li Chunguang. Back - analysis for the elasto - viscoplastic parameters of landslides based on the observed displacement：a case study of the Wujiang landslide，China［J］Arabian journal for science and engineering，2019，44：4639－4651．

［41］ 黄耀英，万智勇，赵新瑞，等．一种用于快速监测高面板堆石坝挤压边墙变形的方法［P］．中国：ZL201610621282.6，2018－10－23．

［42］ 黄耀英，赵新瑞，肖磊，等．堆石坝室内力学参数和碾压施工参数相互优选的方法［P］．中国：ZL201710835246.4，2020－10－02．

［43］ 黄波林，殷跃平．水库区滑坡涌浪风险评估技术研究［J］．岩石力学与工程学报，2018，37（3）：621－629．

［44］ 姜弘道，赵光恒，向大润，等．水工结构工程与岩土工程现代计算方法及程序［M］．南京：河海大学出版社，1992．

［45］ 焦爱萍，张春满，刘宪亮．溪洛渡泄洪洞掺气减蚀设施及体型优化的试验研究［J］．灌溉排水学报，2008，27（2）：70－73．

［46］ 练迪，左全裕，黄耀英，等．基于正交试验法的雾江滑坡体治理措施优化［J］．水电能源科学，2016，34（7）：163－166．

［47］ 李国英，米占宽，傅华，等．混凝土面板堆石坝堆石料流变特性试验研究［J］．岩土力学，2004，25（11）：1712－1716．

[48] 李全明，于玉贞，张丙印，等．黄河公伯峡面板堆石坝三维湿化变形分析 [J]．水力发电学报，2005，24（3）：24－29．

[49] 李守义，杨阳，梁倩，等．垫层的 E/d 对水电站蜗壳结构的影响分析 [J]．应用力学学报，2015，32（1）：145－149．

[50] 李静，胡国毅．泄洪洞掺气减蚀设施空腔回水研究 [J]．长江科学院院报，2013，30（8）：50－53．

[51] 梁尚英．泄洪洞掺气减蚀探讨 [J]．水利规划与设计，2017，4：51－54．

[52] 罗先启，葛修润．混凝土面板堆石坝应力应变分析方法研究 [M]．北京：中国水利水电出版社，2007．

[53] 卢珊珊，刘晓青，赵兰浩，等．水电站钢蜗壳垫层厚度对应力的影响分析 [J]．水电能源科学，2011，29（2）：59－61．

[54] 吕晓曼．基于进化神经网络预测反演分析的待建面板堆石坝分区比选 [D]．宜昌：三峡大学，2015．

[55] 郦能惠．高混凝土面板堆石坝新技术 [M]．北京：中国水利水电出版社，2007．

[56] 蒙富强．长河坝水电站泄洪洞掺气减蚀设施设计 [J]．水力发电，2016，42（10）：36－38．

[57] 米占宽，沈珠江，李国英．高面板堆石坝坝体流变性状 [J]．水利水运工程学报，2002，2：35－41．

[58] 潘家铮．建筑物的抗滑稳定和滑坡分析 [M]．北京：水利出版社，1980．

[59] 钱家欢，殷宗泽．土工原理与计算 [M]．北京：中国水利水电出版社，2000．

[60] 任坤杰，韩继斌，陆虹．滑坡涌浪首浪高度试验研究 [J]．人民长江，2012，43（2）：43－45，61．

[61] 三峡大学．湖南省涔天河水库扩建工程雾江滑坡体稳定性分析及治理优化研究（极限平衡计算部分）[R]．宜昌，2015．

[62] 三峡大学．湖南省涔天河水库扩建工程雾江滑坡体稳定性分析及治理优化研究（有限元计算部分）[R]．宜昌，2015．

[63] 三峡大学．湖南省涔天河水库扩建工程钢筋混凝土面板堆石坝应力变形分析及反馈 [R]．宜昌，2015．

[64] 沈珠江，赵魁芝．堆石坝流变变形的反馈分析 [J]．水利学报，1998，29（6）：1－6．

[65] 沈珠江．理论土力学 [M]．北京：中国水利水电出版社，2000．

[66] 水布垭面板堆石坝前期关键技术研究编写委员会．水布垭面板堆石坝前期关键技术研究 [M]．北京：中国水利水电出版社，2005．

[67] 中华人民共和国水利部．水利水电工程边坡设计规范：SL 386—2007 [S]．北京：中国水利水电出版社，2007．

[68] 中华人民共和国水利部．掺气减蚀模型试验规程：SL 157—2010 [S]．北京：中国水利水电出版社，2010．

[69] 中华人民共和国水利部．水电站厂房结构设计规范：SL 266—2014 [S]．北京：中国水利水电出版社，2014．

[70] Sun Guanhua, Huang Yaoying, Li Chunguang, et al. Formation mechanism, deformation characteristics and stability analysis of Wujiang landslide near Centianhe reservoir dam [J]. Engineering Geology, 2016, 211: 27－38.

[71] 孙志恒，李萌，倪燕，等．SK 柔性防护涂料在伸缩缝及裂缝快速修复中的应用 [J]．大坝与安全，2011，1：48－51．

[72] 索丽生，刘宁．水工设计手册//高安泽，王柏乐，刘志明，周建平．第 6 卷：泄水与过坝建筑物 [M]．2 版．北京：中国水利水电出版社，2013．

［73］ 索丽生，刘宁. 水工设计手册//冯树荣，彭土标. 第 10 卷：边坡工程与地质灾害防治［M］. 2 版. 北京：中国水利水电出版社，2013.

［74］ 万智勇，黄耀英，陈勋辉，等. 基于潘家铮法的某滑坡体滑坡涌浪敏感性分析［J］. 水力发电，2016，42（1）：23－28.

［75］ 万智勇，黄耀英，赵新瑞，等. 三维激光扫描技术在面板堆石坝挤压边墙变形监测中的应用［J］. 长江科学院院报，2017，34（6）：56－61.

［76］ 王文星，张继业. 雾江滑坡滑动面黏土蠕变试验及积分蠕变方程［J］. 中南工业大学学报，1996，27（4）：392－395.

［77］ 王祥秋，高文华，杨林德，等. 边坡滑移面软弱夹层时间效应与相关特性的试验研究［J］. 湘潭矿业学院学报，2002，17（1）：65－68.

［78］ 王富强，郑瑞华，张噶. 积石峡面板堆石坝湿化变形分析［J］. 水力发电学报，2009，28（2）：56－60.

［79］ 王俊勇. 明渠高速水流掺气水深计算公式的比较［J］. 水利学报，1981，12（5）：48－52.

［80］ 武汉大学. 湖南省涔天河水库扩建工程雾江滑坡体稳定分析及处理措施优化方案研究［R］. 武汉，2015.

［81］ 夏志皋. 塑性力学［M］. 上海：同济大学出版社，2002.

［82］ 向庆银，刘杰. 岸坡弯道式溢洪道优化设计应用［J］. 水利技术监督，2017，6：166－169.

［83］ 谢海清，蒋昌波，邓斌，等. 狭窄型库区河道滑坡涌浪的形成及其传播规律［J］. 交通科学与工程，2017，33（4）：45－50，76.

［84］ 徐青，葛韵. 雾江滑坡稳定分析及工程治理［J］. 武汉大学学报（工学版），2017，50（4）：526－530.

［85］ 杨弘，王继敏，刘卓. 锦屏一级水电站泄洪洞的掺气减蚀及消能防冲问题［J］. 水利水电技术，2018，49（7）：115－121.

［86］ 杨启贵，刘宁，孙役，等. 水布垭面板堆石坝筑坝技术［M］. 北京：中国水利水电出版社，2010.

［87］ 杨伟，高菊容，王和鑫. 特大地质滑坡原因分析及处理措施［J］. 水利技术监督，2014，4：47－49.

［88］ 杨志明，郑洪，詹双桥，等. "龙落尾"布置型式在高速水流泄洪洞中的应用研究［J］. 水利与建筑工程学报，2019，17（2）：105－108.

［89］ 杨忠超，刁明军，邓军. 高水头大流量泄洪隧洞体型优化数值模拟研究［J］. 重庆交通大学学报（自然科学版），2009，28（5）：855－860.

［90］ 余爱武. 涔天河水库扩建工程枢纽电站岔管水压试验方案设计［J］. 湖南水利水电，2020，5：40－42.

［91］ 于跃，张启灵，伍鹤皋. 大型水电站厂房弹性垫层蜗壳结构研究水电站垫层蜗壳配筋计算［J］. 天津大学学报，2009，42（8）：673－677.

［92］ 于野，刘亚坤，倪汉根，等. 洞式溢洪道掺气减蚀设施的体型优化研究［J］. 水利与建筑工程学报，2010，8（1）：7－9.

［93］ 袁斌，黄耀英，陈勋辉，等. 基于受力状态的雾江滑坡体类型判定［J］. 防灾减灾工程学报，2017，37（4）：675－680.

［94］ 袁斌，黄耀英，赵新瑞，等. 涔天河面板堆石坝施工期变形监测资料及参数反演分析［J］. 水利水电技术，2018，49（1）：82－89.

［95］ 曾玉娟. 无压泄洪洞高速水流掺气水深的计算分析［J］. 云南水力发电，2001，3：62－64.

［96］ 张宗亮. 200m 级以上高心墙堆石坝关键技术研究及工程应用［M］. 北京：中国水利水电出版社，2011.

［97］ 詹双桥，周自力，谢育健，等. 大洞径溢洪明流泄洪洞设计［J］. 湖南水利水电，2022，1：15 - 18.

［98］ 詹双桥，杨志明，郑洪. 面板堆石坝上游铺盖体型优化探讨［J］. 水利规划与设计，2019，10：125 - 127.

［99］ 詹双桥，杨志明，郑洪. "龙抬头"泄洪洞高速水流掺气减少蚀研究［J］. 水利规划与设计，2019，4：133 - 138.

［100］ 詹双桥. 一种新型高速水流泄洪洞掺气坎结构［P］. 中国，ZL201921604528.4，2020 - 06 - 12.

［101］ 张启灵，伍鹤皋. 水电站垫层蜗壳结构研究和应用的现状和发展［J］. 水利学报，2012，43（7）：869 - 876.

［102］ 赵兰浩，侯世超，毛佳. 库区滑坡涌浪的数值计算及方法研究进展［J］. 水利水电科技进展，2016，36（2）：79 - 86.

［103］ 赵新瑞，景继，黄耀英，等. 基于人工神经网络模型的涔天河面板堆石坝爆破试验分析［J］. 水电能源科学，2016，34（2）：136 - 139.

［104］ 赵新瑞，黄耀英，左全裕，等. 基于时空分布模型的混凝土面板堆石坝挤压边墙变形监测资料分析［J］. 水利水电技术，2016，47（10）：29 - 33，49.

［105］ 赵新瑞，吕晓曼，黄耀英，等. 基于进化神经网络模型的面板堆石坝沉降和面板挠度预测［J］. 水力发电，2017，43（3）：68 - 71，105.

［106］ 赵新瑞. 堆石体坝料现场碾压施工参数与室内力学参数关系初探［D］. 宜昌：三峡大学，2017.

［107］ 中国科学院水工研究室译. 高速水流论文译丛［M］. 北京：科学出版社，1958.

［108］ 中国水利水电科学研究院. 湖南省涔天河水库扩建工程雾江滑坡体稳定分析及处理措施优化方案研究［R］. 北京，2015.

［109］ 郑宏，李春光，李焯芬，等. 求解安全系数的有限元法［J］. 岩土工程学报，2002，24（5）：626 - 628.

［110］ 郑宏. 严格三维极限平衡法［J］. 岩石力学与工程学报，2007，26（8）：1529 - 1537.

［111］ 郑洪，詹双桥，左全裕，等. 大洞径深孔明流泄洪洞设计［J］. 湖南水利水电，2022，1：2 - 5.

［112］ 郑洪，杨志明，詹双桥. 涔天河库区雾江大型滑坡体治理及涌浪分析［J］. 水利规划与设计，2019，8：131 - 136.

［113］ 郑颖人，时卫民，孔位学. 库水位下降时渗透力及地下水浸润线的计算［J］. 岩石力学与工程学报，2004，23（18）：3203 - 3210.

［114］ 郑颖人，陈祖煜，王恭先，等. 边坡与滑坡工程治理［M］. 2 版. 北京：人民交通出版社，2012.

［115］ 周赤，姜伯乐，邢岩. 适宜大流量小底坡掺气设施的翼型挑坎研究［J］. 长江科学院院报，2016，33（9）：57 - 59.

［116］ 周伟，常晓林，曹艳辉. 堆石体流变对分期浇筑的面板变形影响研究［J］. 岩石力学与工程学报，2006，25（5）：1043 - 1048.

［117］ 周伟，徐干，常晓林，等. 堆石体流变本构模型参数的智能反演［J］. 水利学报，2007，38（4）：389 - 394.

［118］ 朱春英，凌霄，刘杰，等. 小浪底工程明流洞掺气减蚀设计研究［J］. 水力发电，2001，27（2）：23 - 26.

［119］ 朱伯芳. 有限单元法原理与应用［M］. 北京：中国水利水电出版社，2009.